"十三五"国家重点出版物出版规划项目
现代机械工程系列精品教材
"十二五"普通高等教育本科国家级规划教材
普通高等教育"十一五"国家级规划教材

液压与气压传动

第5版

主　编　刘银水　许福玲　陈尧明
副主编　朱碧海
参　编　唐晓群　余祖耀　罗小辉
主　审　杨华勇

机械工业出版社

本书分为液压传动和气压传动两篇，第一篇为液压传动，具体包括液压流体力学基础、液压泵、液压马达与液压缸、液压控制阀、液压辅件、液压基本回路、典型液压系统、液压系统的设计计算八章内容；第二篇为气压传动，具体包括气压传动基础知识、气源装置及气动元件、气动回路、气动逻辑系统设计、气压传动系统实例五章内容。此外，本书附录摘录了液压控制元件图形符号和气动控制元件图形符号。

本书配套教学大纲、PPT课件、模拟试卷及答案、教学知识点整理等资源，选用本书的教师可以登录机械工业出版社教育服务网（www. cmpedu. com）免费下载。本书为新形态教材，以二维码的形式链接了很多原理动画，便于学生直观地了解液压与气动元件的结构和工作原理，提高学习兴趣。此外，由陈尧明、许福玲编写的《液压与气压传动学习指导与习题集 第3版》与本书配套，便于学生巩固知识和进行练习。

本书适合作为普通高等院校机械工程、机械电子工程、机械设计制造及其自动化、智能制造工程、机器人工程等专业“液压与气压传动”课程教材，也适合作为高职、高专等院校相关课程教材，还可供工程技术人员参考。

图书在版编目（CIP）数据

液压与气压传动/刘银水，许福玲，陈尧明主编. 5版. -- 北京：机械工业出版社，2024. 9（2025. 1重印）.（普通高等教育“十一五”国家级规划教材）（“十二五”普通高等教育本科国家级规划教材）（现代机械工程系列精品教材）. -- ISBN 978-7-111-76623-0

Ⅰ. TH137；TH138

中国国家版本馆CIP数据核字第2024JC5214号

机械工业出版社（北京市百万庄大街22号　邮政编码100037）
策划编辑：徐鲁融　　责任编辑：徐鲁融
责任校对：宋　安　　封面设计：张　静
责任印制：单爱军
保定市中画美凯印刷有限公司印刷
2025年1月第5版第2次印刷
184mm×260mm · 19. 25印张 · 521千字
标准书号：ISBN 978-7-111-76623-0
定价：59. 80元

电话服务
客服电话：010-88361066
010-88379833
010-68326294

网络服务
机　工　官　网：www. cmpbook. com
机　工　官　博：weibo. com/cmp1952
金　　书　　网：www. golden-book. com
机工教育服务网：www. cmpedu. com

前　　言

本书自1997年5月出版以来，始终得到广大读者的关爱和同行们的肯定，并先后被评为普通高等教育“十一五”国家级规划教材、“十二五”普通高等教育本科国家级规划教材，第4版被列入“十三五”国家重点出版物出版规划项目——现代机械工程系列精品教材，并获首届全国教材建设奖全国优秀教材二等奖。

本书经过历次修订，整体具有如下特点。

（1）**延续结构体系和风格**　本书除绪论和附录、参考文献外，分为液压传动和气压传动两篇，保留了自第1版以来的“元件-回路-系统”结构体系，力求使学生系统而全面地掌握液压与气压传动的相关知识，并能够理论联系实际，具有一定的分析和设计能力。

（2）**完善教师配套资源**　本书配套有教学大纲、PPT课件、模拟试卷及答案、教学知识点整理等资源，选用本书的教师可以登录机械工业出版社教育服务网（www.cmpedu.com）免费下载。

（3）**丰富学生学习手段**　本书以二维码的形式链接了很多原理动画，便于学生直观地了解液压与气动元件的结构和工作原理，提高学习兴趣。此外，由陈尧明、许福玲编写的《液压与气压传动学习指导与习题集 第3版》与本书配套，便于学生巩固知识和进行练习。

（4）**融入党的二十大精神**　绪论部分介绍液压与气压传动技术在我国重大技术装备中的应用，将党的二十大精神融入其中，让学生了解我国重大技术装备的发展历程、先进成果及本学科前沿，树立学生的科技自立自强意识，助力培养德才兼备的高素质人才。

本书由刘银水、许福玲、陈尧明任主编，朱碧海任副主编，唐晓群、余祖耀、罗小辉参与修订内容编写。

本书特别邀请了中国工程院院士、浙江大学杨华勇教授担任主审。杨院士对本书编写的总体思路和具体内容均提出了很多建设性的意见，在此表示衷心感谢。本书还得到了华中科技大学教材建设项目的支持，在此一并表示感谢。

限于编者水平，书中难免存在不当之处，恳请广大读者批评指正。

编　者

目　录

第四章 液压控制阀 74

第五章 液压辅件 116

第六章 液压基本回路 132

第七章 典型液压系统 164

第二篇 气压传动

第十二章 气动逻辑系统设计 248

第十三章 气压传动系统实例 265

附录 272

参考文献 298

绪 论

液压与气压传动是以流体（液体或气体）为工作介质进行能量传递和控制的一种传动形式。它们通过各种元件组成不同功能的基本回路，再由若干基本回路有机地组合成具有一定控制功能的传动系统，是工程装备中广泛应用的一种动力传动和控制方式。

一、液压与气压传动的工作原理及特征

液压与气压传动的基本工作原理是相似的。现以图 0-1 所示液压千斤顶来简述液压传动的工作原理。

在图 0-1 中，当向上抬起杠杆时，小液压缸 1 的小活塞向上运动，其下腔容积增大形成局部真空，排油单向阀 2 关闭，油箱 4 中的油液在大气压作用下经吸油管顶开吸油单向阀 3 进入小液压缸下腔。当向下压杠杆时，小液压缸下腔容积减小，油液受挤压，压力升高，关闭吸油单向阀 3，顶开排油单向阀 2，油液经排油管进入大液压缸 6 的下腔，推动大活塞上移顶起重物。如此不断上下扳动杠杆，则不断有油液进入大液压缸下腔，使重物逐渐举升。如杠杆停止动作，大液压缸下腔油液压力将使排油单向阀 2 关闭，大活塞连同重物一起被自锁不动，停止在举升位置。如打开截止阀 5，大液压缸下腔通油箱，大活塞将在自重作用下向下移动，迅速回复到原始位置。

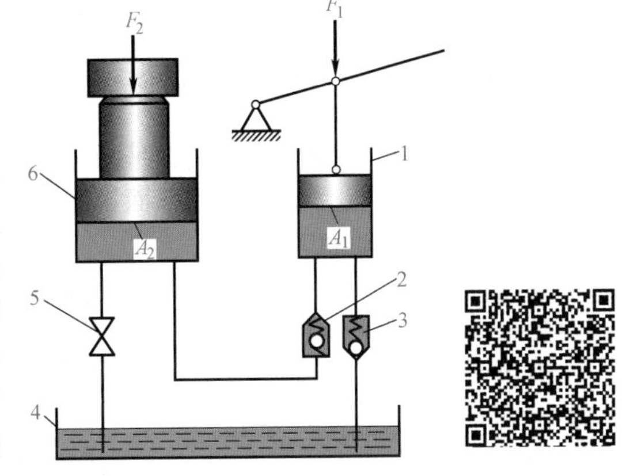

图 0-1 液压千斤顶工作原理图

（扫描二维码获得原理动画）

1—小液压缸 2—排油单向阀 3—吸油单向阀 4—油箱 5—截止阀 6—大液压缸

由液压千斤顶的工作原理得知，小液压缸 1 与排油单向阀 2、吸油单向阀 3 一起完成吸油与排油，将杠杆的机械能转换为油液的压力能输出，称为（手动）液压泵。大液压缸 6 将油液的压力能转换为机械能输出，抬起重物，称为（举升）液压缸。在这里大、小液压缸组成了最简单的液压传动系统，实现了力和运动的传递。

1. 力的传递

设液压缸活塞的有效作用面积为 A_2，作用在活塞上的负载力为 F_2。该力在液压缸中所产生的液体压力 $p_2=F_2/A_2$。根据帕斯卡原理，“在密闭容器内，施加于静止液体上的压力将以等值同时传递到液体各点”，液压泵的排油压力 p_1 应等于液压缸中的液体压力，即 $p_1=p_2=p$，液压泵的排油压力又称为系统压力。

为了克服负载力使液压缸活塞运动，作用在液压泵活塞上的作用力 F_1 应为

$$F_1 = p_1 A_1 = p_2 A_1 = pA_1 \tag{0-1}$$

式中 A_1——液压泵活塞的有效作用面积。

在 A_1、A_2一定时，负载力 F_2越大，系统中的压力 p 也越高，所需的作用力 F_1也越大，即系统压力与外负载密切相关。这是液压与气压传动工作原理的第一个特征：液压与气压传动中工作压力取决于外负载。

2. 运动的传递

如果不考虑液体的可压缩性、漏损和缸体、管路的变形，液压泵排出的液体体积必然等于进入液压缸的液体体积。设液压泵活塞位移为 s_1，液压缸活塞位移为 s_2，则有

$$s_1 A_1 = s_2 A_2 \tag{0-2}$$

式（0-2）两边同除以运动时间 t，得

$$q_1 = v_1 A_1 = v_2 A_2 = q_2 \tag{0-3}$$

式中 v_1、v_2——液压泵活塞和液压缸活塞的平均运动速度；

q_1、q_2——液压泵输出的平均流量和液压缸输入的平均流量。

由上述可见，液压与气压传动是靠密闭工作容积变化相等的原则实现运动（速度和位移）传递的。调节进入液压缸的流量 q，即可调节活塞的运动速度 v，这是液压与气压传动工作原理的第二个特征：活塞的运动速度只取决于输入流量的大小，而与外负载无关。

从上面的讨论还可以看出，与外负载力相对应的流体参数是流体压力，与运动速度相对应的流体参数是流体流量。因此，压力和流量是液压与气压传动中两个最基本的参数。

二、液压与气压传动系统的组成

工程实际中的液压传动系统，在液压泵与液压缸的基础上还设置有控制液压缸的运动方向、运动速度和最大推力的装置，下面以图 0-2 所示典型液压系统为例，说明其组成。

液压泵 3 由电动机驱动旋转，从油箱 1 经过滤器 2 吸油。当换向阀 5 的阀芯处于图示位置时，压力油经节流阀 4、换向阀 5 和管道 9 进入液压缸 7 的左腔，推动活塞向右运动。液压缸右腔的油液经管道 6、换向阀 5 和管道 10 流回油箱。改变换向阀 5 的阀芯工作位置，使之处于左端位置时，液压缸活塞反向运动。

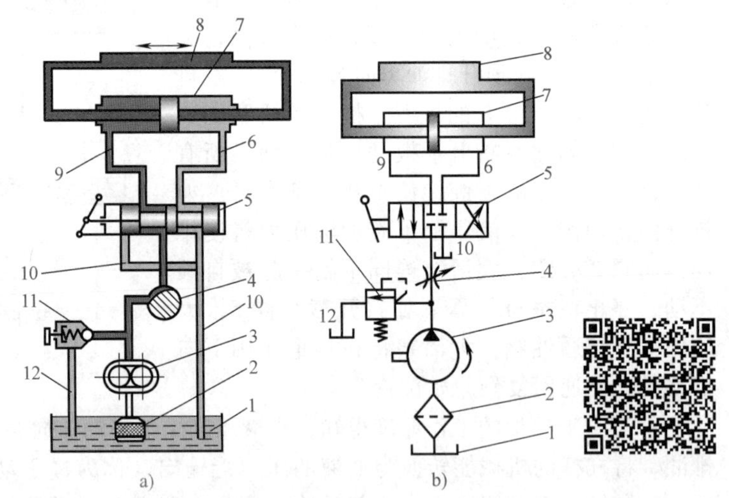

图 0-2 典型液压系统原理图（扫描二维码获得原理动画）

a）结构示意图 b）图形符号图

1—油箱 2—过滤器 3—液压泵 4—节流阀 5—换向阀

6、9、10、12—管道 7—液压缸 8—工作台 11—溢流阀

改变节流阀 4 的开口，可以改变进入液压缸的流量，从而控制液压缸活塞的运动速度。液压泵排出的多余油液经溢流阀 11 和管道 12 流回油箱。液压缸的工作压力取决于负载。液压泵的最大工作压力由溢流阀 11 调定，其调定值应为液压缸的最大工作压力及系统中油液流经阀和管道的压力损失的总和。因此，系统的工作压力不会超过溢流阀的调定值，溢流阀对系统起着过载保护作用。

气压传动系统与液压传动系统相似，如图 0-3 所示，在气压发生器和气缸之间有控制压缩空气的压力、流量和流动方向的各种动力控制元件，逻辑运算、检测、自动控制等信号控

制元件，以及使压缩空气净化、润滑、消声和传输所需要的一些装置。

从上面的例子可以看出，液压与气压传动系统主要由以下五部分组成：

(1) 能源装置　将机械能转换成流体压力能的装置。常见的是液压泵或空气压缩机，为系统提供压力油液或压缩空气。在图 0-1 中，小液压缸 1、排油单向阀 2、吸油单向阀 3 组成的阀配流液压泵；在图 0-3 中，空气压缩机及储存、净化压缩空气的附属设备集中在工厂或车间的压缩空气站内，向各用气点分配压缩空气。

(2) 执行元件　将流体的压力能转换成机械能输出的装置。它可以是做直线运动的液压缸或气缸，也可以是做回转运动的液压马达、气马达、摆动缸，如图 0-1 中的大液压缸 6。

(3) 控制元件　对系统中流体的压力、流量及流动方向进行控制和调节的装置，以及进行信号转换、逻辑运算和放大等的信号控制元件，如图 0-2 中的溢流阀、节流阀、换向阀，以及图 0-3 中的减压阀、节流阀、换向阀、逻辑元件组、行程阀等。

(4) 辅助元件　保证系统正常工作所需的上述三种以外的装置，如图 0-2 中的过滤器、油箱、管道，图 0-3 中的消声器、油雾器、分水滤气器等。

(5) 工作介质　用它进行能量和信号的传递。液压系统以液压油液作为工作介质，气动系统以压缩空气作为工作介质。

为了简化液压、气动系统的表示方法，通常采用图形符号来绘制系统的原理图。各类元件的图形符号脱离了具体结构，只表示其职能，由它们组成的系统原理图表达了系统的工作原理及各元件在系统中的作用，如图 0-2b、图 0-3b 所示。我国制定了《流体传动系统及元件图形符号和回路　第 1 部分：用于常规用途和数据处理的图形符号》(GB/T 786.1—2009)，从中摘取的一些常见液压与气动元件图形符号见本书附录。在下面每讲一类元件，都会介绍其图形符号，要求熟记常用元件的图形符号。

三、液压与气压传动的优缺点

与机械传动和电力拖动系统相比，液压与气压传动具有以下优点：

1) 液压与气动元件的布置不受严格的空间位置限制，系统中各部分用管道连接，布局安装有很大的灵活性，能构成用其他方法难以组成的复杂系统。

2) 可以在运行过程中实现大范围的无级调速，调速范围可达 2000 : 1。

3) 液压传动和液气联动传递运动均匀平稳，易于实现快速起动、制动和频繁的换向。

4) 操作控制方便、省力，易于实现自动控制、中远程距离控制、过载保护。与电气控制、电子控制相结合，易于实现自动工作循环和自动过载保护。

5) 液压与气动元件属机械工业基础件，标准化、系列化和通用化程度较高，有利于缩短机器的设计、制造周期和降低制造成本。

除此之外，液压传动突出的优点还有单位质量输出功率大（功率密度高）。因为液压传动的动力元件可采用很高的压力（一般可达 32MPa，个别场合更高），因此，在同等输出功率下具有体积小、质量小、运动惯性小、动态性能好的特点。

气压传动突出的优点还有以空气作为工作介质，处理方便，无介质费用、泄漏污染环境、介质变质及补充等问题。

液压与气压传动的缺点：

1) 在传动过程中，能量需经两次转换，传动效率偏低。

2) 由于传动介质的可压缩性和泄漏等因素的影响，不能严格保证定比传动。

3) 液压传动性能对温度比较敏感，不能在高温下工作，采用石油基液压油作传动介质时还需注意防火问题。

4) 液压与气动元件制造精度高，系统工作过程中发生故障不易诊断。

总的来说，液压与气压传动的优点是主要的，其缺点将随着科学技术的发展会不断得到

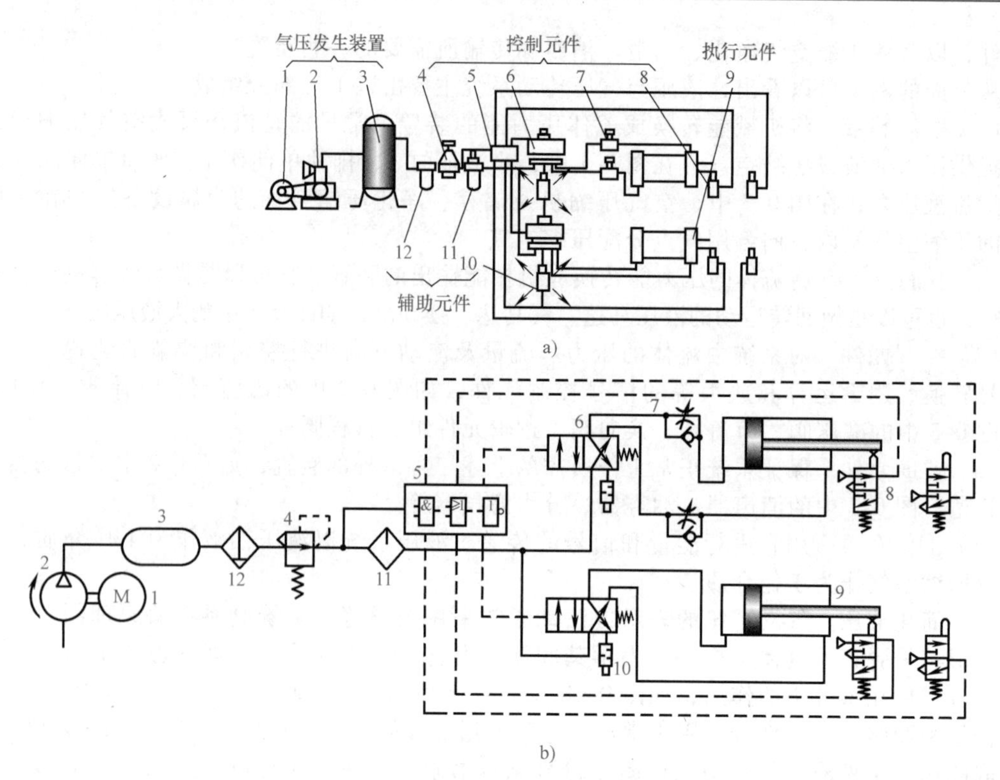

图 0-3 气压传动及控制系统原理图

a）组成示意图 b）图形符号图

1—电动机 2—空气压缩机 3—气罐 4—减压阀 5—逻辑元件组 6—换向阀 7—节流阀 8—行程阀 9—气缸 10—消声器 11—油雾器 12—分水滤气器

克服。例如：将液压传动与气压传动、电力传动、机械传动合理地联合使用，构成气液、电液（气）、机液（气）等联合传动，以进一步发挥各自的优点，相互补充，弥补某些不足之处；采用新型环保型液体作为工作介质可以解决环境污染等问题。

四、液压与气动技术发展概况及在我国重大技术装备中的应用

液压与气压传动相对于机械传动来说是一门新兴技术。虽然从 17 世纪中叶帕斯卡提出静压传递原理、18 世纪末英国制造出世界上第一台水压机算起，已有几百年的历史，但液压与气压传动在工业上被广泛采用和迅猛发展却是 20 世纪以后的事情。尤其在第二次世界大战期间，军事工业和装备迫切需要反应迅速、动作准确、输出功率大的液压传动及控制装置，促使液压技术迅速发展。战后，液压技术很快转入民用工业，在机床、工程机械、冶金机械、塑料机械、农林机械、汽车、船舶等行业得到了广泛的应用和发展。特别是在工程机械中，液压是最主要的驱动和传动形式。

近几十年来，液压技术与传感技术、微电子技术密切结合，朝着数字化、智能化的方向快速发展，同时在高压、高速、大功率、节能高效、低噪声、长使用寿命、高度集成化等方面取得了重大进展。在绿色环保方面，以海水或淡水直接作为工作介质的水液压传动技术可以解决高温、明火条件下的安全性问题，以及由于泄漏引起的环境污染问题，从而获得高度重视。

气压传动方面，人们很早就懂得用空气作工作介质传递动力做功，如利用自然风力推动风车、带动水车提水灌田。气压传动具有防火、防爆、防电磁干扰及抗振动、冲击、辐射等优点，已广泛应用于汽车的自动开关门、火车的自动抱闸、采矿用风钻等典型场景中，以及化工、轻工、食品、军事工业等各行各业。与液压技术一样，当今气动技术与微电子、控制

与检测技术相结合，朝着高精度、高可靠、智能化的方向发展。

我国的液压与气动技术尽管起步晚，但经过不懈努力，取得了跨越式的发展。新中国成立以后，我国研制出一批改变行业历史的重大技术装备，如“东方红”拖拉机（1958 年）、新中国最早的万吨水压机（1961 年）、新中国第一台煤矿液压支架（1964 年）等（扫描下方二维码观看这三种重大技术装备相关视频），液压技术均为不可替代的关键技术。

信物百年
新中国第一台煤矿液压支架

进入到 21 世纪，一批大国重器相继研制成功，整体提升了我国装备制造业的水平。液压技术由于其功重比高、布置灵活、运动平稳等突出优势，在重大技术装备中广泛应用，如“蛟龙号”载人潜水器（2009 年）作业系统、位居国家“十一五”期间重点建设的十二大科学装置之首的“散裂中子源”中子束闸门开关（2018 年）、亚洲最大的重型自航绞吸船“天鲲号”（2019 年）铰刀驱动，以及大型灭火/水上救援水陆两栖飞机“鲲龙 AG600”（2022 年）起落架收放等（扫描下方二维码观看这四种重大技术装备相关视频），为装备的研制成功发挥了重要的支撑作用。

习　题

0-1　在图 0-4 中，两活塞缸水平放置，之间用管道连接。缸 2 活塞用于推动工作台，工作台运动阻力 $F_1=1962.5\text{N}$，在缸 1 活塞上施加的作用力为 F。已知缸 1 活塞直径 $D_1=20\text{mm}$，缸 2 活塞直径 $D_2=50\text{mm}$，试计算：

1）当 $F=314\text{N}$ 时密闭容积中液体压力及两活塞的运动情况。

2）当 $F=157\text{N}$ 时密闭容积中液体压力及两活塞的运动情况。

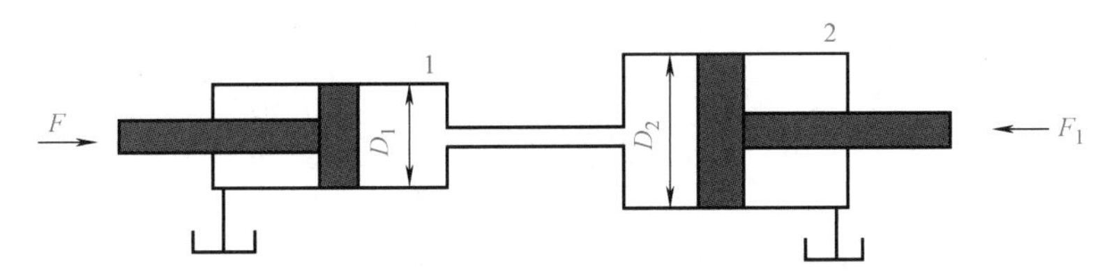

图 0-4　习题 0-1 图

0-2　液压与气压传动的工作原理有哪两大特征？在液压与气压传动中有哪两个基本参数？

0-3　液压与气压传动系统由哪几部分组成？各部分的功用是什么？

0-4　试比较气压传动与液压传动，指出气压传动独特的优缺点。

0-5　液压与气压传动技术有哪些发展趋势？

Part I

第一篇

液压传动

Chapter 1

第一章 液压流体力学基础

液体是液压传动的工作介质。了解液体的基本性质，掌握其主要力学规律，对于正确理解液压传动原理以及合理设计和使用液压系统都是十分重要的。

本章除了简要地叙述液压油液的性质、液压油液的要求和选用等内容外，将着重阐述液体的静力学特性、静力学基本方程式和动力学的几个重要方程式。

第一节 液压油液

一、液压油液的性质

（一）密度

单位体积液体的质量称为该液体的密度，即

$$\rho=\frac{m}{V} \tag{1-1}$$

式中 V——液体的体积；

m——体积为 V 的液体的质量；

ρ——液体的密度。

密度是液体的一个重要物理参数。随着温度或压力的变化，其密度也会发生变化，但变化量一般很小，可以忽略不计。一般液压油的密度为 900kg/m^3。

（二）可压缩性

液体受压力作用而发生体积减小的性质称为液体的可压缩性。体积为 V 的液体，当压力增大 Δp 时，体积减小 ΔV，则液体在单位压力变化下的体积相对变化量为

$$k=-\frac{1}{\Delta p}\frac{\Delta V}{V} \tag{1-2}$$

式中 k——液体的压缩系数。

由于压力增大时液体的体积减小，因此式（1-2）的右边须加一负号，以使 k 为正值。

k 的倒数称为液体的体积弹性模量，以 K 表示。于是有

$$K=\frac{1}{k}=-\frac{\Delta p}{\Delta V}V \tag{1-3}$$

K 表示产生单位体积相对变化量所需要的压力增量。在实际应用中，常用 K 值说明液体抵抗压缩能力的大小。

液压油的体积弹性模量 $K=(1.2\sim2)\times10^3\text{MPa}$，数值很大，故对于一般液压系统，可认为液压油是不可压缩的。但是，当液压油中混入空气时，其可压缩性将显著增加，并将严重影响液压系统的工作性能。故在液压系统中应尽量减少液压油中的空气含量。

（三）黏性

1. 黏性的意义

液体在外力作用下流动时，液体分子间内聚力会阻碍分子相对运动，即分子之间产生一

种内摩擦力，这一特性称为液体的黏性。黏性是液体的重要物理特性，也是选择液压油的主要依据。

液体流动时，由于液体和固体壁面间的附着力以及液体的黏性，液体内各液层间的速度大小不等。如图1-1所示，设在两个平行平板之间充满液体，当上平板以速度 u_0 相对于静止的下平板向右移动时，在附着力的作用下，紧贴于上平板的液体层速度为 u_0，而中间各层液体的速度则从上到下近似呈线性递减的规律分布，这是因为在相邻两液体层间存在有内摩擦力，该力对上层液体起阻滞作用，而对下层液体则起拖曳作用。

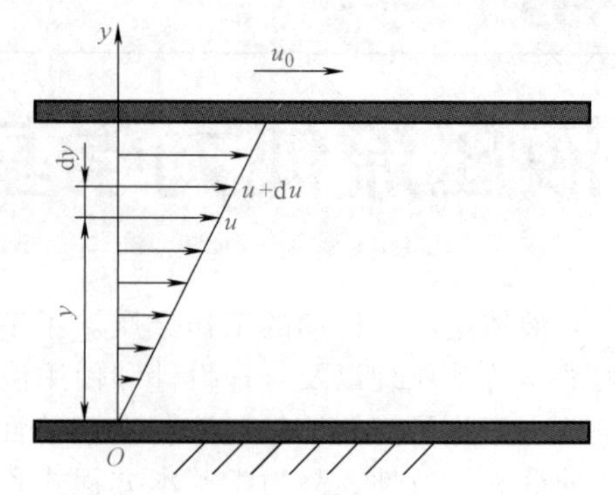

图1-1　液体黏性示意图

实验测定结果表明，液体流动时相邻液层间的内摩擦力 F_f 与液层接触面积 A、液层间的速度梯度 du/dy 成正比，即

$$F_f = \mu A \frac{du}{dy} \tag{1-4}$$

式中　μ——比例系数，又称为黏度系数或动力黏度。

若以 τ 表示液层间在单位面积上的内摩擦力，则式（1-4）可写成

$$\tau = \frac{F_f}{A} = \mu \frac{du}{dy} \tag{1-5}$$

这就是牛顿液体内摩擦定律。

由上式可知，在静止液体中，因速度梯度 $du/dy=0$，故内摩擦力为零，因此液体在静止状态下是不呈现黏性的。

2. 液体的黏度

液体黏性的大小用黏度来表示。常用的黏度有三种，即动力黏度、运动黏度和相对黏度。

（1）动力黏度 μ　它是表征液体黏度的内摩擦因数，故由式（1-5）可知

$$\mu = \tau / \frac{du}{dy} \tag{1-6}$$

由此可知动力黏度的物理意义是：当速度梯度等于1时，接触液体液层间单位面积上的内摩擦力 τ 即为动力黏度，又称绝对黏度。

在我国法定计量单位制及SI制中，动力黏度 μ 的单位是Pa·s（帕·秒），或用 $N \cdot s/m^2$（牛·秒/米^2）表示。

在CGS制中，μ 的单位为 $dgn \cdot s/cm^2$（达因·秒/厘米^2），又称为P（泊）。P的百分之一称为cP（厘泊）。其换算关系如下

$$1Pa \cdot s = 10P = 10^3 cP$$

（2）运动黏度 ν　动力黏度 μ 和该液体密度 ρ 的比值 ν 称为运动黏度，即

$$\nu = \mu / \rho \tag{1-7}$$

在我国法定计量单位制及SI制中，运动黏度 ν 的单位是 m^2/s（米^2/秒）。

在CGS制中，ν 的单位是 cm^2/s（厘米^2/秒），通常称为St（斯）。1St（斯）= 100cSt（厘斯）。两种单位制的换算关系为

$$1m^2/s = 10^4 St = 10^6 cSt$$

运动黏度 ν 没有明确的物理意义。因为在其单位中只有长度和时间的量纲，所以称为运动黏度。它是工程实际中经常用到的物理量。例如：液压油的牌号，就是这种液压油在40℃时的运动黏度 ν（mm^2/s）的平均值，如L-AN32液压油就是指这种液压油在40℃时的运动黏度 ν 的平均值为 $32mm^2/s$。

（3）相对黏度　相对黏度又称条件黏度。它是采用特定的黏度计在规定的条件下测出来的液体黏度。根据测量条件的不同，各国采用的相对黏度的单位也不同。如我国、德国及俄罗斯等采用恩氏黏度（°E），美国采用国际赛氏秒（SSU），英国采用雷氏黏度（R）。

恩氏黏度由恩氏黏度计测定，即将200cm^{3}的被测液体装入底部有ϕ2.8mm小孔的恩氏黏度计的容器中，在某一特定温度t时，测定液体在自重作用下流过小孔所需的时间t_1和同体积的蒸馏水在20℃时流过同一小孔所需的时间t_2，两者的比值便是该液体在温度t时的恩氏黏度。恩氏黏度用符号$°E_t$表示。于是有

$$°E_t = t_1/t_2 \tag{1-8}$$

一般以20℃、50℃、100℃作为测定恩氏黏度的标准温度，由此而得来的恩氏黏度分别用$°E_{20}$、$°E_{50}$和$°E_{100}$表示。

恩氏黏度（单位为m^2/s）和运动黏度的换算关系式为

$$\nu = \left(7.31°E - \frac{6.31}{°E}\right) \times 10^{-6} \tag{1-9}$$

3. 调和油的黏度

选择合适黏度的液压油，对液压系统的工作性能有着十分重要的作用。有时现有的油液黏度不能满足要求，可把两种不同黏度的油液混合起来使用，称为调和油。调和油的黏度与两种油所占的比例有关，一般可用下面的经验公式计算

$$°E = \frac{a°E_1 + b°E_2 - c(°E_1 - °E_2)}{100} \tag{1-10}$$

式中　$°E_1$、$°E_2$——混合前两种油液的黏度，取$°E_1 > °E_2$；

$°E$——混合后的调和油的黏度；

a、b——参与调和的两种油液各占的体积百分数（$a+b=100\%$）；

c——实验系数，见表1-1。

表1-1　系数c的数值

a(%)	10	20	30	40	50	60	70	80	90
b(%)	90	80	70	60	50	40	30	20	10
c	6.7	13.1	17.9	22.1	25.5	27.9	28.2	25	17

4. 黏度和温度的关系

温度对油液黏度影响很大，当油液温度升高时，其黏度显著下降。油液黏度的变化直接影响液压系统的性能和泄漏量，因此希望黏度随温度的变化越小越好。不同的油液有不同的黏度温度变化关系，这种关系称为油液的黏温特性。

对于黏度不超过15°E的油液，当温度在30～150℃范围内时，可用下述近似公式计算温度为t时的运动黏度

$$\nu_t = \nu_{50}\left(\frac{50}{t}\right)^n \tag{1-11}$$

式中　ν_t——温度为t时油液的运动黏度（$\times10^{-6}$m^2/s）；

ν_{50}——温度为50℃时油液的运动黏度（$\times10^{-6}$m^2/s）；

n——与油液黏度有关的特性指数，见表1-2。

表1-2　特性指数n的数值

$°E_{50}$	1.2	1.5	1.8	2.0	3.0	4.0	5.0	6.0	7.0	8.0	9.0	10.0	15.0
$\nu_{50}/(\times10^{-6}\text{m}^2\cdot\text{s}^{-1})$	2.5	6.5	9.5	12	21	30	38	45	52	60	68	76	113
n	1.39	1.59	1.72	1.79	1.99	2.13	2.24	2.32	2.42	2.49	2.52	2.56	2.75

油液温度为 t 时的黏度，除用上述公式求得外，还可以从图表中直接查出。图 1-2 为几种常用的国产液压油的黏温特性图。

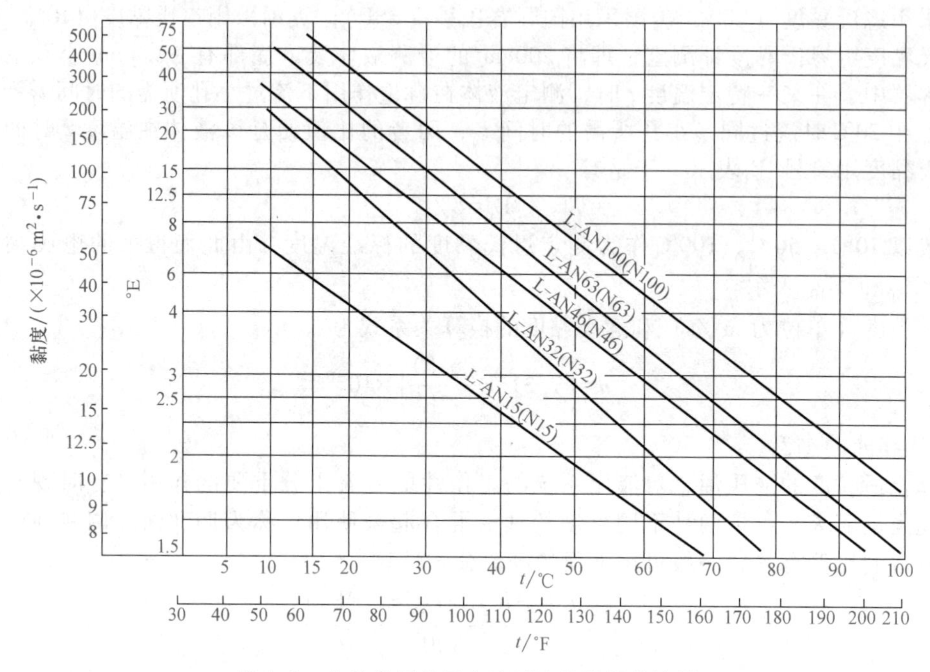

图 1-2 几种常用的国产液压油的黏温特性图

5. 黏度与压力的关系

压力对油液的黏度也有一定的影响。压力越高，分子间的距离越小，因此黏度越大。不同的油液有不同的黏度压力变化关系。这种关系称为油液的黏压特性。

黏度随压力的变化关系为

$$\nu_p = \nu_0 e^{bp} \tag{1-12}$$

式中 ν_p——压力为 p 时的运动黏度（$\times10^{-6}$m^2 · s^{-1}）；

ν_0——一个大气压下的运动黏度（$\times10^{-6}$m^2 · s^{-1}）；

b——黏度压力系数，对一般液压油 b=0.002~0.003。

在实际应用中，当液压系统中使用的矿物油压力在 0~500×10^{6}Pa 的范围内时，可按下式计算油的黏度，即

$$\nu_p = \nu_0(1+0.003p) \tag{1-13}$$

在液压系统中，若系统的压力不高，压力对黏度的影响较小，一般可忽略不计。当压力较高或压力变化较大时，则压力对黏度的影响必须考虑。

（四）其他特性

液压油液还有其他一些物理化学性质，如抗燃性、抗氧化性、抗凝性、抗泡沫性、抗乳化性、防锈性、润滑性、导热性、稳定性以及相容性（主要指对密封材料、软管等不侵蚀、不溶胀的性质）等，这些性质对液压系统的工作性能有重要影响。对于不同品种的液压油液，这些性质的指标是不同的，具体应用时可查油类产品手册。

二、对液压油液的要求和选用

（一）要求

液压系统中的工作油液具有双重作用，一是作为传递能量的介质，二是作为润滑剂润滑

运动零件的工作表面，因此油液的性能会直接影响液压传动的性能：如工作的可靠性、灵敏性、工况的稳定性、系统的效率及零件的寿命等。一般在选择油液时应满足下列几项要求：

1）黏温特性好。在使用温度范围内，油液黏度随温度的变化越小越好。

2）具有良好的润滑性，即油液润滑时产生的油膜强度高，以免产生干摩擦。

3）成分要纯净，不应含有腐蚀性物质，以免侵蚀机械零件和密封元件。

4）具有良好的化学稳定性。油液不易氧化，不易变质，以防产生黏质沉淀物影响系统工作，同时防止氧化后油液变为酸性而对金属表面起腐蚀作用。

5）抗泡沫性好，抗乳化性好，对金属和密封件有良好的相容性。

6）体积膨胀系数低，比热容和传热系数高；流动点和凝固点低，闪点和燃点高。

7）无毒性，价格便宜。

随着液压技术应用领域的不断扩大和对性能要求的不断提高，其工作介质的品种越来越多，按 ISO 6743/4—1999（GB/T 786.1—2009），液压介质分为两类：一类是易燃的烃类液压油（矿物油型和合成烃型）；另一类是难燃（或抗燃）液压油液。难燃液压油液包括含水型及无水型两大类。含水型如高水基液（HFA）、油包水乳化液（HFB）、水-乙二醇（HFC）；无水型合成液（HFD）如磷酸酯。除此之外，直接以水作介质的液压传动技术也正在蓬勃兴起。目前，最广泛使用的仍然是矿物油型液压油。

几种常用的国产液压油的主要质量指标见表 1-3。

表 1-3 几种常见的国产液压油的主要质量指标

项目	质量指标									
品种	普通液压油					高级抗磨液压油			低温液压油	
牌号	32	46	68	32G	68G	L-AN 32	L-AN 46	L-AN 68	22	32
40℃时运动黏度 /($\times10^{-6}m^2\cdot s^{-1}$)	28.8~35.2	41.4~50.6	61.2~74.8	28.8~35.2	61.2~74.8	28.8~35.2	41.4~50.6	61.2~74.8	22	32
黏度指数 不小于	90					95			130	
闪点(开口)/℃ 不低于	170					180		200	140	160
凝点/℃ 不高于	-10					-15			-36	
机械杂质（质量分数,%）	无					无			无	
氧化稳定性(酸值达 2.0mg KOH/g) 不小于	1000					1000			1000	

（二）选用

选择液压油液时首先要考虑的是黏度问题。在一定条件下，选用的油液黏度太高或太低，都会影响系统的正常工作。黏度高的油液流动时产生的阻力较大，克服阻力所消耗的功率较大，而此功率损耗又将转换成热量使油温上升。黏度太低，会使泄漏量加大，使系统的容积效率下降。

在选择液压油液时要根据具体情况或系统的要求来选用黏度合适的油液。选择时一般考虑以下几个方面：

（1）液压系统的工作压力　工作压力较高的液压系统宜选用黏度较大的液压油液，以减少系统泄漏；反之，可选用黏度较小的液压油液。

（2）环境温度　环境温度较高时宜选用黏度较大的液压油液。

（3）运动速度　液压系统执行元件运动速度较高时，为减小液流的功率损失，宜选用黏度较低的液压油液。

（4）液压泵的类型 在液压系统的所有元件中，因为液压泵内零件的运动速度很高，承受的压力较大，润滑要求苛刻，温升高，因此，常根据液压泵的类型及要求来选择液压油液的黏度。

各类液压泵适用的黏度范围见表1-4。

表1-4 各类液压泵适用的黏度范围

液压泵类型		环境温度5~40℃ $\nu/(\times10^{-6}m^2\cdot s^{-1})(40℃)$	环境温度40~80℃ $\nu/(\times10^{-6}m^2\cdot s^{-1})(40℃)$
叶片泵	$p<7\times10^6$Pa	30~50	40~75
	$p\geq7\times10^6$Pa	50~70	55~90
齿轮泵		30~70	95~165
轴向柱塞泵		40~75	70~150
径向柱塞泵		30~80	65~240

第二节 液体静力学

液体静力学主要研究液体处于静止状态下的力学规律以及这些规律的应用。这里所说的静止，是指液体内部质点之间没有相对运动，至于液体整体，完全可以像刚体一样做各种运动。

一、静压力及其特性

1. 液体的静压力

静止液体在单位面积上所受的法向力称为静压力，如果在液体内某点处微小面积ΔA上作用有法向力ΔF，则$\Delta F/\Delta A$的极限就定义为该点处的静压力，并用p表示，即

$$p=\lim_{\Delta A\to0}\frac{\Delta F}{\Delta A} \tag{1-14}$$

若在液体的面积A上，所受均匀分布的作用力为F，则静压力可表示为

$$p=\frac{F}{A} \tag{1-15}$$

液体静压力在物理学上称为压强，在工程实际应用中习惯上称为压力。

2. 液体静压力的特性

1）液体静压力垂直于其承压面，其方向和该面的内法线方向一致。

2）静止液体内任一点所受到的静压力在各个方向上都相等。

二、静压力基本方程式及压力的表示方法与单位

（一）静压力基本方程式

在重力作用下的静止液体所受的力，除了液体重力，还有液面上作用的外加压力，其受力情况如图1-3a所示。如果计算离液面深度为h的某一点处的压力，可以从液体内取出一个底面通过该点的垂直小液柱（图1-3b）作为研究体，设液柱底面面积为ΔA，高为h，液体密度为ρ，则液柱的重力为$\rho gh\Delta A$，且作用于液柱的重心上。由于液柱处于受力平衡状态，因此在垂直方向上存在如下关系

$$p\Delta A=p_0\Delta A+\rho gh\Delta A$$

等式两边同除以ΔA，得

$$p=p_0+\rho gh \tag{1-16}$$

式（1-16）即为液体的静压力基本方程式，由此基本方程式可知静止液体的压力分布有如下特征：

1）静止液体内任一点处的压力都由两部分组成：一部分是液面上的外加压力 p_0，另一部分是该点以上液体自重所形成的压力，即 ρg 与该点离液面深度 h 的乘积。当液面上只受大气压力 p_a 作用时，液体内任一点处的压力为

$$p=p_a+\rho gh \tag{1-17}$$

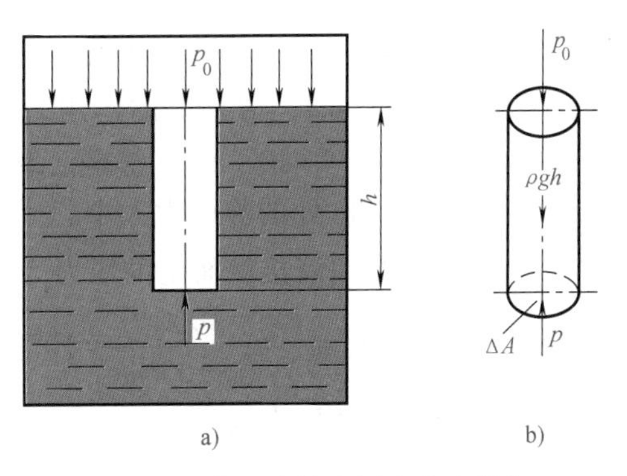

图 1-3 静止液体内压力分布规律
a）受力情况 b）液柱

2）静止液体内的任一点压力随该点距离液面的深度呈线性规律递增。

3）离液面深度相同处各点的压力均相等，而压力相等的所有点组成的面称为等压面。在重力作用下静止液体中的等压面为水平面，而与大气接触的自由表面也是等压面。

4）对静止液体，如记液面外加压力为 p_0，液面与基准水平面的距离为 h_0，液体内任一点的压力为 p，与基准水平面的距离为 h，则由静压力基本方程式可得

$$\frac{p_0}{\rho}+h_0g=\frac{p}{\rho}+hg=\text{常量} \tag{1-18}$$

式中 p/ρ——静止液体中单位质量液体的压力能；

hg——单位质量液体的势能。

式（1-18）的物理意义为静止液体中任一质点的总能量保持不变，即能量守恒。

5）在常用的液压装置中，一般外加压力 p_0 远大于液体自重所形成的压力 ρgh，因此分析计算时 ρgh 可忽略不计，即认为液压装置静止液体内部的压力是近似相等的。在以后的有关章节中分析、计算压力时，都采用这一结论。

（二）压力的表示方法及单位

根据度量基准的不同，液体压力分为绝对压力和相对压力两种。当压力以式（1-17）表示时，称为绝对压力，以绝对真空为基准度量。而超过大气压力的那部分压力 $p-p_a=\rho gh$ 称为相对压力或表压力，其值以大气压为基准进行度量。因大气中的物体受大气压的作用是自相平衡的，所以用压力表测得的压力数值是相对压力。在液压技术中所提到的压力，如不特别指明，均为相对压力。

当绝对压力低于大气压时，绝对压力不足于大气压力的那部分压力值，称为真空度。此时相对压力为负值，又称负压。绝对压力、相对压力和真空度的关系见图 1-4，由图可知，以大气压为基准计算压力时，基准以上的正值是表压力，基准以下的负值就是真空度。

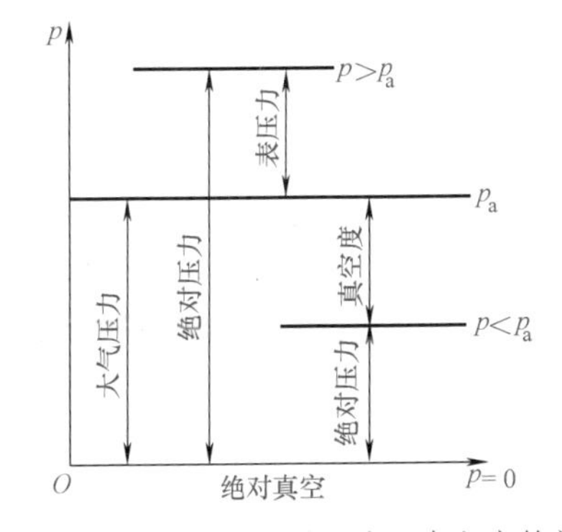

图 1-4 绝对压力、相对压力和真空度的关系

压力的单位除法定计量单位 Pa（帕，N/m^2）外，还有允许使用的单位 bar（巴）和以前常用的一些单位，如工程大气压 at、水柱高和汞柱高等。各种压力单位之间的换算关系如下：

$$1\text{Pa(帕)}=1\text{N/m}^2$$

$$1\text{bar(巴)}=1\times10^5\text{Pa}=1\times10^5\text{N/m}^2$$

$$1\text{at(工程大气压)}=1\text{kgf/cm}^2=9.8\times10^4\text{N/m}^2$$

$$1\text{mH}_2\text{O(米水柱)}=9.8\times10^3\text{N/m}^2$$

$$1\text{mmHg(毫米汞柱)}=1.33\times10^2\text{N/m}^2$$

例 1-1 在图 1-5 中，容器内充满油液。已知油液的密度 $\rho=900\text{kg/m}^3$，活塞上的作用力 $F=1000\text{N}$，活塞有效作用面积 $A=1\times10^{-3}\text{m}^2$，忽略活塞的质量，求活塞下方深度 $h=0.5\text{m}$ 处的静压力大小。

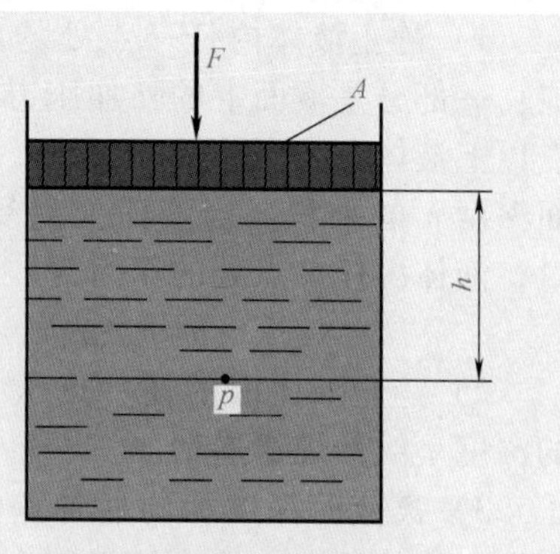

图 1-5 液体内压力计算

解 活塞与油液接触面上的压力为

$$p_0=\frac{F}{A}=\frac{1000\text{N}}{1\times10^{-3}\text{m}^2}=10^6\text{Pa}$$

则深度 h 处的液体压力为

$$\begin{aligned}p&=p_0+\rho gh=10^6\text{Pa}+900\times9.8\times0.5\text{Pa}\\&=1.0044\times10^6\text{Pa}\approx10^6\text{Pa}\end{aligned}$$

三、帕斯卡原理

密闭容器内的液体，当外加压力 p_0 发生变化时，只要液体仍保持原来的静止状态不变，则液体内任一点的压力将发生同样大小的变化。这就是说，在密闭容器内，施加于静止液体的压力可以等值地传递到液体各点。这就是帕斯卡原理，也称为静压传递原理。

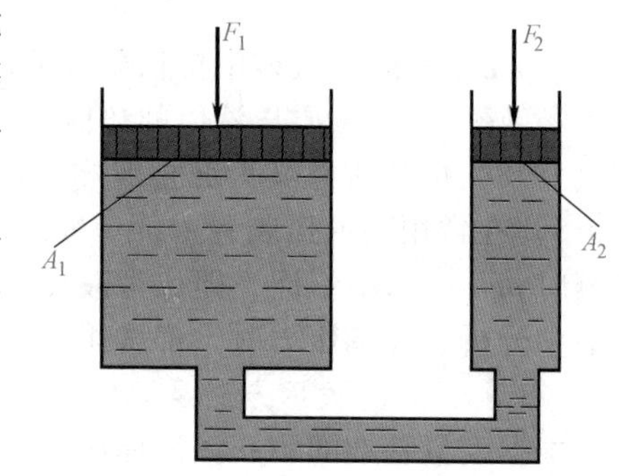

图 1-6 帕斯卡原理应用实例

图 1-6 所示是帕斯卡原理应用实例。图中大小两个液压缸由连通管相连构成密闭容积。其中大液压缸活塞的有效作用面积为 A_1，作用在活塞上的负载为 F_1，液体所形成的压力 $p=F_1/A_1$。由帕斯卡原理知：小活塞处的压力也为 p，若小液压缸活塞的有效作用面积为 A_2，则为防止大活塞下降，在小活塞上应施加的力为

$$F_2=pA_2=\frac{A_2}{A_1}F_1 \qquad (1\text{-}19)$$

由式（1-19）可知，由于 $A_2/A_1<1$，所以用一个较小的推力 F_2，就可以推动一个比较大的负载 F_1。液压千斤顶就是依据这一原理制成的。从负载与压力的关系还可以发现，当大活塞上的负载 $F_1=0$ 时，不考虑活塞自重和其他阻力，则不论怎样推动小液压缸的活塞，也不能在液体中形成压力，这说明液体内的压力是由外负载决定的。这是液压传动中一个很重要的概念。

四、静压力对固体壁面的作用力

液体和固体壁面接触时，固体壁面将受到液体静压力的作用。

当固体壁面为一平面时，液体压力在该平面上的总作用力 F 等于液体压力 p 与该平面面积 A 的乘积，其作用方向与该平面垂直，即

$$F=pA \qquad (1\text{-}20)$$

当固体壁面为一曲面时，液体压力在该曲面某 x 方向上的总作用力 F_x 等于液体压力 p 与曲面在该方向投影面积 A_x 的乘积，即

$$F_x=pA_x \qquad (1\text{-}21)$$

公式（1-21）适用于任何曲面，下面以液压缸缸筒的受力情况为例加以证明。

例 1-2 液压缸缸筒如图 1-7 所示，缸筒半径为 r，长度为 l，试求液压油液对缸筒右半壁内表面在 x 方向上的作用力 F_x。

解 在右半壁面上取一微小面积 $dA = lds = lrd\theta$，则液压油液作用在 dA 上的力 $dF = pdA$ 的水平分力为

$$dF_x = dF\cos\theta = pdA\cos\theta = plr\cos\theta d\theta$$

对上式积分，得右半壁面在 x 方向的作用力

$$F_x = \int_{-\frac{\pi}{2}}^{\frac{\pi}{2}} dF_x = \int_{-\frac{\pi}{2}}^{\frac{\pi}{2}} plr\cos\theta d\theta = 2plr = pA_x$$

式中，A_x——缸筒右半壁面在 x 方向的投影面积，$A_x = 2rl$。

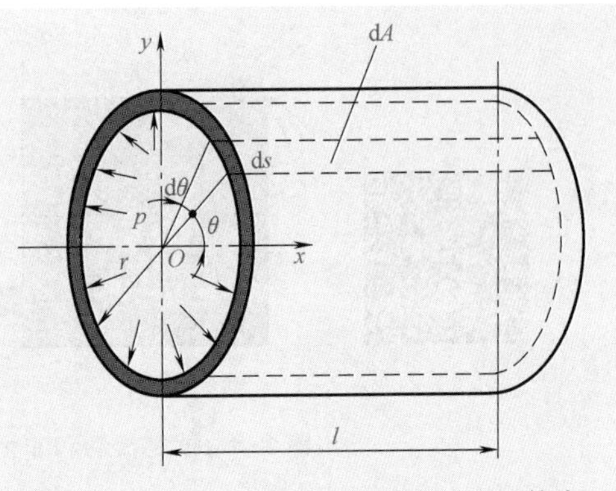

图 1-7 压力油液作用在缸筒内壁面上的力

同理可求得液压油液作用在左半壁面 x 反方向的作用力 $F'_x = pA$。因 $F_x = -F'_x$，所以液压油液作用在缸筒内壁的合力为零。

第三节 液体动力学

液体动力学的主要内容是研究液体流动时流速和压力的变化规律。流动液体的连续性方程、伯努利方程、动量方程是描述流动液体力学规律的三个基本方程式。前两个方程式反映压力、流速与流量之间的关系，动量方程用来解决流动液体与固体壁面间的作用力问题。这些内容不仅构成了液体动力学的基础，而且还是液压技术中分析问题和设计计算的理论依据。

一、基本概念

（一）理想液体和恒定流动

由于液体具有黏性，而且黏性只是在液体运动时才体现出来，因此在研究流动液体时必须考虑黏性的影响。液体中的黏性问题非常复杂，为了分析和计算问题的方便，开始分析时可先假设液体没有黏性，然后再考虑黏性的影响，并通过实验验证等办法对已得出的结果进行补充或修正。对于液体的可压缩性问题，也可采用同样的方法来处理。

理想液体：在研究流动液体时，把假设的既无黏性又不可压缩的液体称为理想液体。而把事实上既有黏性又可压缩的液体称为实际液体。

恒定流动：当液体流动时，如果液体中任一点处的压力、速度和密度都不随时间而变化，则液体的这种流动称为恒定流动（也称定常流动或非时变流动）；反之，如果液体中任一点处的压力、速度和密度中有一个随时间而变化，就称为非恒定流动（也称非定常流动或时变流动）。如图 1-8 所示，图 1-8a 所示为恒定流动，图 1-8b 所示为非恒定流动。非恒定流动情况复杂，本节主要介绍恒定流动时的基本方程。

（二）通流截面、流量和平均流速

液体在管道中流动时，其垂直于流动方向的截面称为通流截面（或过流截面）。

单位时间内流过某一通流截面的液体体积称为流量，用 q 表示，单位为 m^3/s 或 L/min。

由于流动液体黏性的作用，在通流截面上各点的流速 u 一般是不相等的。在计算流过整个通流截面 A 的流量时，可在通流截面 A 上取一微小断面 dA（图 1-9a），并认为在该微小断

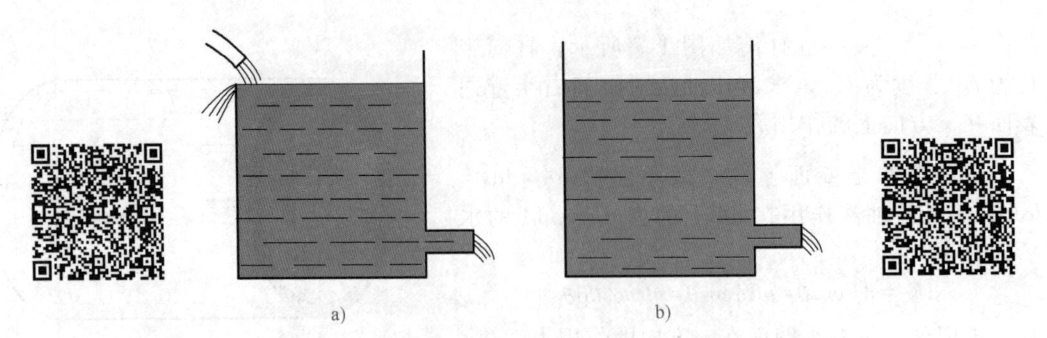

图 1-8 恒定流动和非恒定流动（扫描二维码获得原理动画）

面上各点的速度 u 相等，则流过该微小断面的流量为

$$dq = u dA$$

流过整个通流截面 A 的流量为

$$q = \int_A u dA \tag{1-22}$$

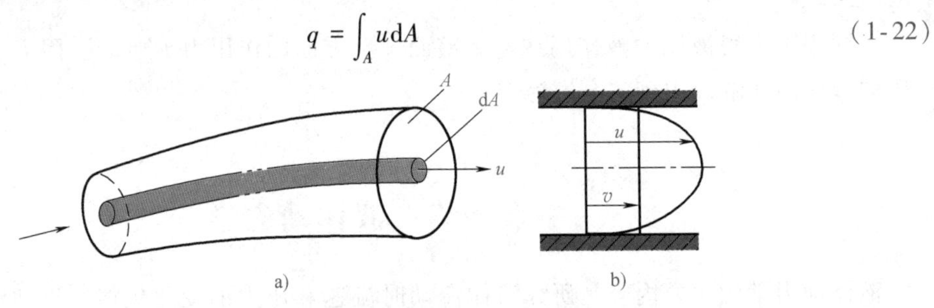

图 1-9 流量和平均流速

对于实际液体的流动，速度 u 的分布规律很复杂（图 1-9b），故按公式（1-22）计算流量是困难的。因此，提出一个平均流速的概念，即假设通流截面上各点的流速均匀分布，液体以此均布流速 v 流过通流截面的流量等于以实际流速流过的流量，即

$$q = \int_A u dA = vA$$

由此得出通流截面上的平均流速为

$$v = q/A \tag{1-23}$$

在实际的工程计算中，平均流速才具有应用价值。液压缸工作时，活塞的运动速度就等于缸内液体的平均流速，当液压缸有效作用面积一定时，活塞运动速度由输入液压缸的流量决定。

二、流量连续性方程

流量连续性方程是质量守恒定律在流体力学中的一种表达形式。

图 1-10 所示为一不等截面管，液体在管内做恒定流动，任取 1、2 两个通流截面，其面积分别为 A_1 和 A_2，两个截面中液体的平均流速和密度分别为 v_1、ρ_1 和 v_2、ρ_2。根据质量守恒定律，在单位时间内流过两个截面的液体质量相等，即

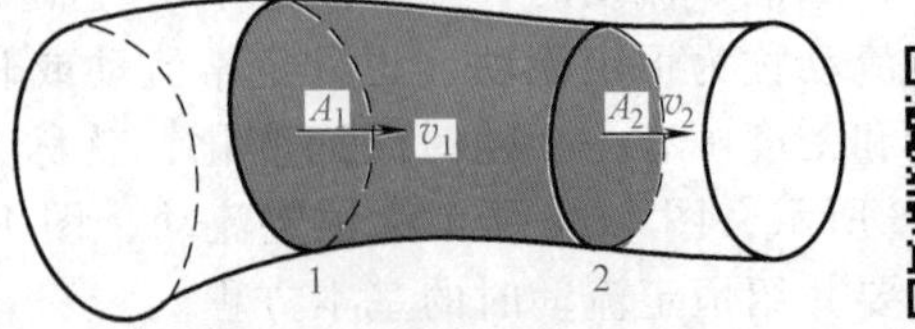

图 1-10 液流的流量连续性方程推导用图（扫描二维码获得原理动画）

$$\rho_1 v_1 A_1 = \rho_2 v_2 A_2$$

不考虑液体的可压缩性，且有 $\rho_1 = \rho_2$，则得

$$v_1 A_1 = v_2 A_2 \tag{1-24}$$

或写为

$$q=vA=常量$$

这就是液流的流量连续性方程，它说明恒定流动中流过各截面的不可压缩流体的流量是不变的。因而流速和通流截面的面积成反比。

三、伯努利方程

伯努利方程是能量守恒定律在流体力学中的一种表达形式。

（一）理想液体的伯努利方程

理想液体因无黏性，又不可压缩，因此在管内做稳定流动时没有能量损失。根据能量守恒定律，同一管道每一截面的总能量都是相等的。

如前所述，对静止液体，单位质量液体的总能量为单位质量液体的压力能 p/ρ 和势能 zg 之和；而对于流动液体，除以上两项外，还有单位质量液体的动能 $v^2/2$。

在图 1-11 中任取两个截面 A_1 和 A_2，它们距基准水平面的距离分别为 z_1 和 z_2，断面平均流速分别为 v_1 和 v_2，压力分别为 p_1 和 p_2。根据能量守恒定律有

$$\frac{p_1}{\rho}+z_1g+\frac{v_1^2}{2}=\frac{p_2}{\rho}+z_2g+\frac{v_2^2}{2} \tag{1-25}$$

因两个截面是任意取的，因此式（1-25）可改写为

$$\frac{p}{\rho}+zg+\frac{v^2}{2}=常量$$

以上两式即为理想液体的伯努利方程，其物理意义为：在管内做稳定流动的理想流体具有压力能、势能和动能三种形式的能量，在任一截面上这三种能量可以互相转换，但其总和不变，即能量守恒。

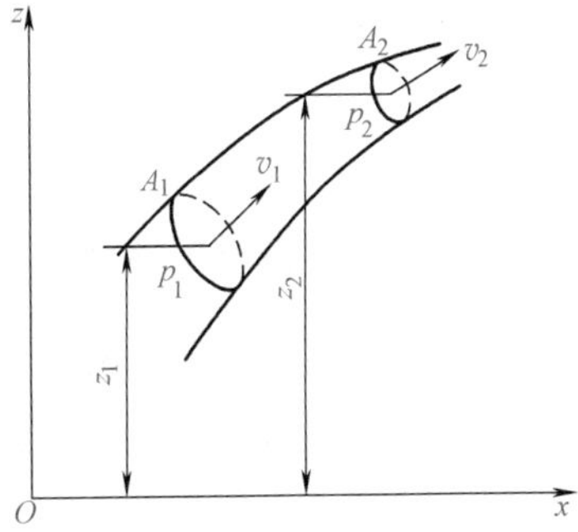

图 1-11　伯努利方程推导用图

（二）实际液体伯努利方程

实际液体在管道内流动时，由于液体存在黏性，会产生内摩擦力，消耗能量；由于管道形状和尺寸的变化，液流会产生扰动，消耗能量。因此，实际液体流动时存在能量损失。设单位质量液体在两截面之间流动的能量损失为 h_wg。

另外，因实际流速 u 在管道通流截面上的分布不是均匀的，为方便计算，一般用平均流速 v 替代实际流速计算动能。显然，这将产生计算误差。为修正这一误差，引进了动能修正系数 α，它等于单位时间内某截面处的实际动能与按平均流速计算的动能之比，其表达式为

$$\alpha=\frac{\frac{1}{2}\int_A u^2\rho u\mathrm{d}A}{\frac{1}{2}\rho Av\cdot v^2}=\frac{\int_A u^3\mathrm{d}A}{v^3A} \tag{1-26}$$

动能修正系数 α 在湍流时取 1.1，在层流时取 2，实际计算时常取 1。

在引进了能量损失 h_wg 和动能修正系数 α 后，实际液体的伯努利方程表示为

$$z_1g+\frac{p_1}{\rho}+\frac{\alpha_1v_1^2}{2}=z_2g+\frac{p_2}{\rho}+\frac{\alpha_2v_2^2}{2}+h_wg \tag{1-27}$$

利用式（1-27）进行计算时，必须注意如下两点：

1）截面 1、2 应顺流向选取，且选在流动平稳的通流截面上。

2）z 和 p 应为通流截面上同一点上的两个参数，为方便起见，一般将这两个参数定在通流截面的轴心处。

例 1-3 应用伯努利方程分析液压泵正常吸油的条件。液压泵装置如图 1-12 所示。设液压泵吸油口处的绝对压力为 p_2，油箱液面压力 p_1 为大气压 p_a，液压泵吸油口至油箱液面高度为 h。

解 取油箱液面为基准面，并定为 1—1 截面，液压泵的吸油口处为 2—2 截面，两截面列伯努利方程（动能修正系数取 $\alpha_1=\alpha_2=1$）为

$$\frac{p_1}{\rho}+\frac{v_1^2}{2}=\frac{p_2}{\rho}+\frac{v_2^2}{2}+hg+h_wg$$

式中 v_1——油箱液面流速，可视为零；

v_2——吸油管内流速；

h_wg——吸油管路的能量损失。

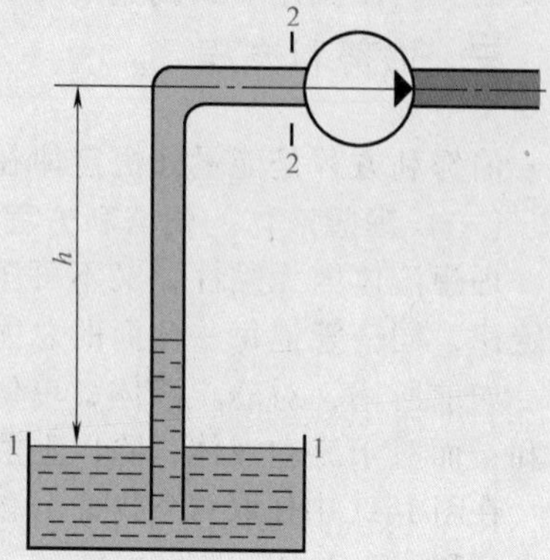

图 1-12 液压泵装置

代入已知条件，上式可简化为

$$\frac{p_a}{\rho}=\frac{p_2}{\rho}+hg+\frac{v_2^2}{2}+h_wg$$

即液压泵吸油口的真空度为

$$p_a-p_2=\rho gh+\frac{1}{2}\rho v_2^2+\rho gh_w=\rho gh+\frac{1}{2}\rho v_2^2+\Delta p$$

由此可知：液压泵吸油口的真空度由三部分组成，即产生一定流速 v_2 所需的压力、把油液提升到高度 h 所需的压力和吸油管的压力损失。

为保证液压泵正常工作，液压泵吸油口的真空度不能太大。若真空度太大，在绝对压力 p_2 低于油液的空气分离压 p_g 时，溶于油液中的空气会分离析出形成气泡，产生气穴现象，出现振动和噪声。为此，必须限制液压泵吸油口的真空度小于 0.3×10^5Pa，具体措施除增大吸油管直径、缩短吸油管长度、减少局部阻力以减小 $\frac{1}{2}\rho v^2$ 和 Δp 两项外，一般对液压泵的吸油高度 h 进行限制，通常取 $h\leqslant0.5$m。若将液压泵安装在油箱液面以下，则 h 为负值，对降低液压泵吸油口的真空度更为有利。

四、动量方程

动量方程是动量定理在流体力学中的具体应用。动量方程可以用来计算流动液体作用于限制其流动的固体壁面上的总作用力。根据刚体力学动量定理：作用在物体上全部外力的矢量和应等于物体在力作用方向上的动量的变化率，即

$$\sum F=\frac{\Delta(mu)}{\Delta t} \tag{1-28}$$

为推导液体做稳定流动时的动量方程，在图 1-13所示的管流中，任意取出被通流截面 1、2 所限制的液体体积，称为控制体积，截面 1、2 为控制表面。截面 1、2 上的通流面积分别为 A_1、A_2，流速分别为 u_1、u_2。设该段液体在 t 时刻的动量为 $(m\boldsymbol{u})_{1-2}$。经 Δt 时间后，该段液体移动到 1′—2′位置，在新位置上液体的动量为 $(m\boldsymbol{u})_{1'-2'}$。在 Δt 时间内动量的变化为

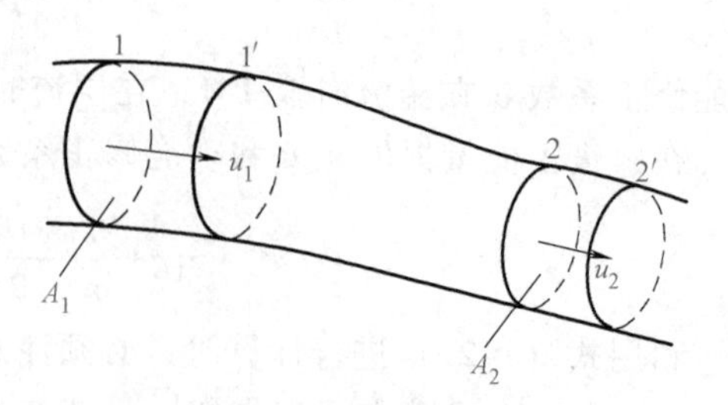

图 1-13 动量方程推导用图

$$\Delta(m\boldsymbol{u})=(m\boldsymbol{u})_{1'-2'}-(m\boldsymbol{u})_{1-2}$$

而

$$(m\boldsymbol{u})_{1-2}=(m\boldsymbol{u})_{1-1'}+(m\boldsymbol{u})_{1'-2}$$

$$(m\boldsymbol{u})_{1'-2'}=(m\boldsymbol{u})_{1'-2}+(m\boldsymbol{u})_{2-2'}$$

如果液体做稳定流动，则 1′—2 之间液体的各点流速经 Δt 后没有变化，动量也没有变化，故

$$\begin{aligned}\Delta(m\boldsymbol{u})&=(m\boldsymbol{u})_{1'-2'}-(m\boldsymbol{u})_{1-2}\\&=(m\boldsymbol{u})_{2-2'}-(m\boldsymbol{u})_{1-1'}\\&=\rho q\Delta t\boldsymbol{u}_2-\rho q\Delta t\boldsymbol{u}_1\end{aligned}$$

于是

$$\sum\boldsymbol{F}=\frac{\Delta(m\boldsymbol{u})}{\Delta t}=\rho q(\boldsymbol{u}_2-\boldsymbol{u}_1) \tag{1-29}$$

式（1-29）为液体做稳定流动时的动量方程。方程表明：作用在液体控制体积上的外力总和等于单位时间内流出控制表面与流入控制表面的液体的动量之差。该式为矢量表达式，在应用时可根据具体要求，向指定方向投影，求得该方向的分量。显然，根据作用力与反作用力相等原理，液体也以同样大小的力作用在使其流速发生变化的物体上。由此，可按动量方程求得流动液体作用在固体壁面上的作用力。其中，由于液体稳定流动而引起液体对固体壁面的附加作用力，称为稳态液动力。

例 1-4　图 1-14 为一滑阀示意图。当液流通过滑阀时，试求液流对阀芯的轴向作用力。

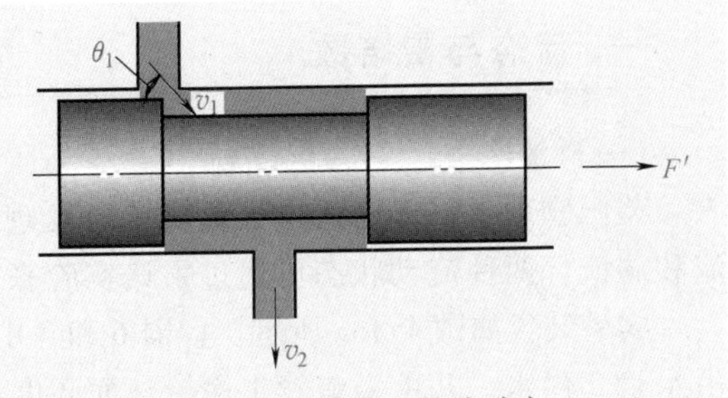

图 1-14　滑阀上的液动力

解　取阀进出口之间的液体为控制体积。设液流做稳定流动，则作用在此控制体积内液体上的力按式（1-29）应为

$$F=\rho q(v_2\cos\theta_2-v_1\cos\theta_1)$$

式中　θ_1、θ_2——液流流经滑阀时进、出口流束与滑阀轴线之间的夹角，称为液流速度方向角。

显然，无论是流入还是流出，v_2 与滑阀轴线之间的夹角 $\theta_2=90°$。由此可得 $F=-\rho qv_1\cos\theta_1$，方向向左。而液体对阀芯的轴向作用力 $F'=-F=\rho qv_1\cos\theta_1$，方向向右，即这时液流有一个力图使阀口关闭的稳态液动力。

例 1-5　图 1-15 所示为一锥阀，其锥角为 2α。液体在压力 p 的作用下以流量 q 流经锥阀，求作用在阀芯上的稳态液动力的大小和方向。

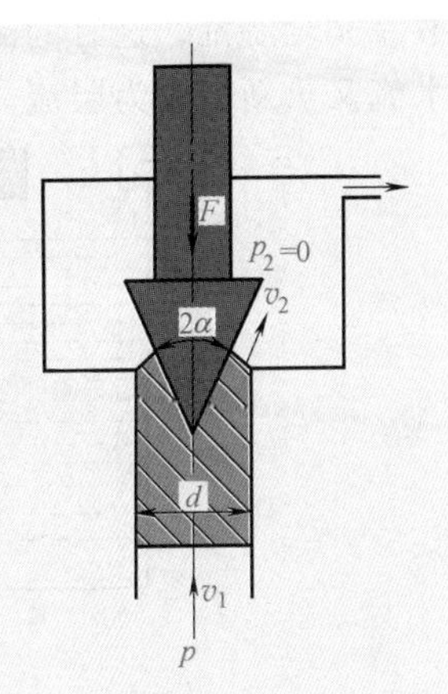

图 1-15　锥阀上的液动力

解　取阀口下方阴影部分为控制体，并假定控制体之外低压区（$p_2=0$）的流动液体对阀芯的作用力可忽略不计。

设阀芯对控制体的作用力为 F，流入速度为 v_1，流出速度为 v_2，则沿液流方向列出动量方程为

$$p\frac{\pi}{4}d^2-F=\rho q(v_2\cos\theta_2-v_1\cos\theta_1)$$

因为 $v_1\ll v_2$，故可忽略 v_1；$\theta_2=\alpha$，$\theta_1=0°$，代入上式整理后得

$$F=\frac{\pi}{4}d^2p-\rho qv_2\cos\alpha$$

则液体作用在阀芯上的力 F' 为

$$F'=\rho qv_2\cos\alpha-\frac{\pi}{4}d^2p$$

从上述结果可知，$-\frac{\pi}{4}d^2p$ 为液体作用在阀芯上的液压力，方向向上；$\rho qv_2\cos\alpha$ 为液体稳定流动时作用在阀芯上的稳态液动力，方向向下，该力使阀口趋于关闭。

第四节　管道流动

由于流动液体具有黏性，以及液体流动时突然转弯和通过阀口会产生相互撞击和出现漩涡等，液体在管道中流动时必然会产生阻力。为了克服阻力，液体流动时需要损耗一部分能量。这种能量损失可用液体的压力损失来表示。压力损失即伯努利方程中的 ρgh_w 项，它由沿程压力损失和局部压力损失两部分组成。

液体在管路中流动时的压力损失和液体的运动状态有关，下面先分析液体的流态，然后分析两类压力损失。

一、流态与雷诺数

（一）流态

英国物理学家雷诺通过大量实验，发现了液体在管道中流动时存在两种流动状态，即层流和湍流。两种流动状态可通过雷诺实验来观察。

实验装置如图 1-16a 所示。容器 6 和 3 中分别装满了水和密度与水相同的红色液体，容器 6 由水管 2 供水，并由溢流管 1 保持液面高度不变。打开阀门 8 让水从玻璃管 7 中流出，这时打开阀门 4，红色液体也经细导管 5 流入水平玻璃管 7 中。调节阀门 8 使玻璃管 7 中的流速较小时，红色液体在玻璃管 7 中呈一条明显的直线，将细导管 5 的出口上下移动，则红色直线也上下移动，而且这条红线和清水层次分明不相混杂，如图 1-16b 所示。液体的这种流动状态称为层流。当调整阀门 8 使玻璃管中的流速逐渐增大至某一值时，可以看到红线开始出现抖动而呈波纹状，如图 1-16c 所示。这表明层流状态被破坏，液流开始出现紊乱。若玻璃管 7 中流速继续增大，红线消失，红色液体便和清水完全混杂在一起，如图 1-16d 所示。表明管中液流完全湍乱，这时的流动状态称为湍流。如果将阀门 8 逐渐关小，当流速减小至一定值时，水流又重新恢复为层流。

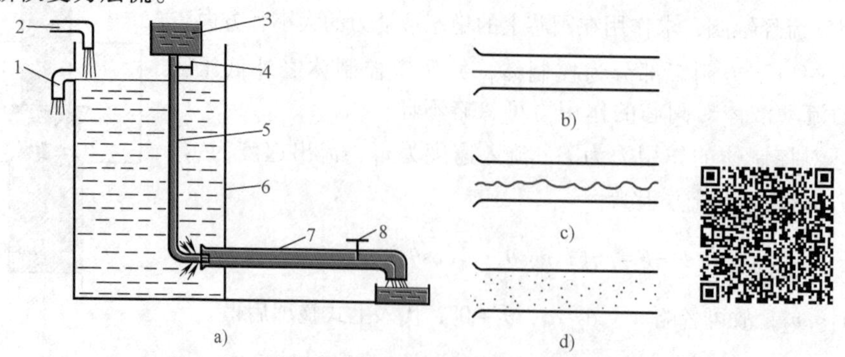

图 1-16　雷诺实验装置（扫描二维码获得原理动画）

1—溢流管　2—水管　3、6—容器　4、8—阀门　5—细导管　7—玻璃管层流与湍流是两种不同性质的流动状态。层流时液体流速较低，液体质点间的黏性力起主导作用，液体质点受黏性力的约束，不能随意运动；湍流时液体流速较高，液体质点间黏性力的制约作用减弱，惯性力起主导作用。

（二）雷诺数

液体的流动状态可用雷诺数来判断。

实验结果证明，液体在圆管中的流动状态不仅与管内的平均流速 v 有关，还与管道内径 d、液体的运动黏度 ν 有关。而用来判别液流状态的是由这三个参数所组成的一个无量纲数——雷诺数 Re。

$$Re=\frac{vd}{\nu} \tag{1-30}$$

雷诺数的物理意义表示了液体流动时惯性力与黏性力之比。如果液流的雷诺数相同，则流动状态也相同。

液流由层流转变为湍流时的雷诺数与由湍流转变为层流时的雷诺数是不相同的，后者的数值小，所以一般都用后者作为判别液流状态的依据，称为临界雷诺数，记为 Re_{cr}。当液流的实际雷诺数 Re 小于临界雷诺数 Re_{cr}时，为层流；反之，为湍流。常见液流管道的临界雷诺数由实验求得，见表 1-5。

表 1-5　常见液流管道的临界雷诺数

管　道	Re_{cr}	管　道	Re_{cr}
光滑金属圆管	2320	带环槽的同心环状缝隙	700
橡胶软管	1600~2000	带环槽的偏心环状缝隙	400
光滑的同心环状缝隙	1100	圆柱形滑阀阀口	260
光滑的偏心环状缝隙	1000	锥阀阀口	20~100

对于非圆截面的管道来说，Re 可由下式计算

$$Re=\frac{4vR}{\nu} \tag{1-31}$$

式（1-31）中的 R 为通流截面的水力半径，它等于液流的有效面积 A 和它的湿周（有效截面的周界长度）x 之比，即

$$R=\frac{A}{x} \tag{1-32}$$

水力半径的大小对管道的通流能力的影响很大。在流通截面面积 A 一定时，水力半径 R 大，表示液流和管壁的接触周长短，管壁对液流的阻力小，通流能力大。在面积相等但形状不同的所有通流截面中，圆形管道的水力半径最大。

二、圆管流动的沿程压力损失

液体在等直径圆管中流动时因黏性摩擦而产生的压力损失称为沿程压力损失。它不仅取决于管道长度、直径及液体的黏度，而且与流体的流动状态即雷诺数有关，因此实际分析计算时应先判别液体的流态是层流还是湍流。

（一）层流时的沿程压力损失

液流在层流流动时，液体质点做有规则的运动，因此可以方便地用数学工具来分析液流的速度、流量和压力损失。

1. 通流截面上的流速分布规律

在图 1-17 中，液体在等径水平圆管中做层流运动。在液流中取一段与圆管轴线相重合的

微小圆柱体作为研究对象。设其半径为 r，长度为 l，作用在两端面的压力分别为 p_1 和 p_2，作用在侧面的内摩擦力为 F_f。液流在做匀速运动时受力平衡，故有

$$(p_1-p_2)\pi r^2=F_f$$

由式（1-4）知内摩擦力 $F_f=-2\pi rl\mu \mathrm{d}u/\mathrm{d}r$（因流速 u 随 r 的增大而减小，故 $\mathrm{d}u/\mathrm{d}r$ 为负值，所以加一负号）。令 $\Delta p=p_1-p_2$，并将 F_f 代入上式整理可得

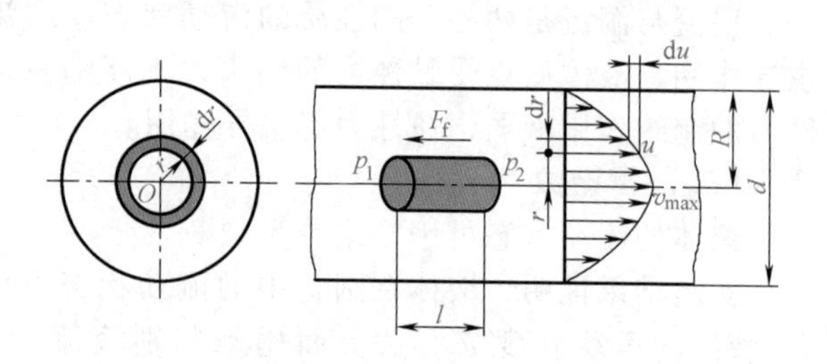

图 1-17 圆管层流运动

$$\mathrm{d}u=-\frac{\Delta p}{2\mu l}r\mathrm{d}r$$

对上式积分，并应用边界条件，当 $r=R$ 时，$u=0$，得

$$u=\frac{\Delta p}{4\mu l}(R^2-r^2) \tag{1-33}$$

可见管内液体质点的流速在半径方向上按抛物线规律分布。最小流速在管壁 $r=R$ 处，$u_{\min}=0$；最大流速发生在轴线 $r=0$ 处，$u_{\max}=\Delta pR^2/4\mu l$。

2. 通过管道的流量

对于微小环形通流截面面积 $\mathrm{d}A=2\pi r\mathrm{d}r$，所通过的流量

$$\mathrm{d}q=u\mathrm{d}A=2\pi ur\mathrm{d}r=2\pi\frac{\Delta p}{4\mu l}(R^2-r^2)r\mathrm{d}r$$

于是积分得

$$q=\int_0^R 2\pi\frac{\Delta p}{4\mu l}(R^2-r^2)r\mathrm{d}r=\frac{\pi R^4}{8\mu l}\Delta p=\frac{\pi d^4}{128\mu l}\Delta p \tag{1-34}$$

3. 管道内的平均流速

根据平均流速的定义，可得

$$v=\frac{q}{A}=\frac{1}{\pi R^2}\frac{\pi R^4}{8\mu l}\Delta p=\frac{R^2}{8\mu l}\Delta p=\frac{d^2}{32\mu l}\Delta p \tag{1-35}$$

将式（1-35）与 $u_{\max}$ 值比较可知，平均流速 v 为最大流速的 1/2。

4. 沿程压力损失

从式（1-35）中求出 Δp 即为沿程压力损失

$$\Delta p_\lambda=\Delta p=\frac{32\mu lv}{d^2} \tag{1-36}$$

由式（1-36）可知，液流在直管中做层流流动时，其沿程压力损失与管长、流速、黏度成正比，而与管径的平方成反比。适当变换式（1-36），可写成如下形式

$$\Delta p_\lambda=\frac{64}{Re}\frac{l}{d}\frac{\rho v^2}{2}=\lambda\frac{l}{d}\frac{\rho v^2}{2} \tag{1-37}$$

式中 λ——沿程阻力系数，理论值 $\lambda=64/Re$。考虑实际流动中的油温变化不匀等问题，因而在实际计算时，对金属管取 $\lambda=75/Re$，橡胶软管取 $\lambda=80/Re$。

在液压传动中，因为液体自重和位置变化对压力的影响很小而可以忽略，所以在水平管的条件下推导的公式（1-37）同样适用于非水平管。

（二）湍流时的沿程压力损失

液体在等直径圆管中做湍流流动时的沿程压力损失要比层流时大得多，因为它不仅要克服液层间的内摩擦，还要克服由于液体横向脉动而引起的湍流摩擦，且后者远大于前者。实验证明，湍流时的沿程压力损失计算可采用层流时的计算公式，但式中的沿程阻力系数 λ 除

与雷诺数有关外，还与管壁的表面粗糙度有关，即 $\lambda=f(Re,\ \Delta/d)$。这里 Δ 为管壁的绝对粗糙度，Δ/d 为管壁的相对粗糙度。

湍流时圆管的沿程阻力系数 λ 值可以根据不同的 Re 和 Δ/d 值从表 1-6 中选择公式进行计算。

表 1-6　圆管湍流流动时的沿程阻力系数 λ 的计算公式

Re	λ 的计算公式
$2320<Re<10^5$	$\lambda=0.3164Re^{-0.25}$
$10^5<Re<3\times10^6$	$\lambda=0.032+0.221Re^{-0.237}$
$Re>900\dfrac{\Delta}{d}$	$\lambda=\left(2\lg\dfrac{\Delta}{d}+1.74\right)^{-2}$

管壁绝对粗糙度 Δ 的值和管道的材料有关，计算时可参考下列数值：钢管取 0.04mm，铜管取 0.0015~0.01mm，铝管取 0.0015~0.06mm，橡胶软管取 0.03mm。另外，湍流中的流速分布是比较均匀的，其最大流速 $u_{max}\approx(1\sim1.3)v$。

三、管道流动的局部压力损失

液体流经管道的弯头、接头、突然变化的截面以及阀口等处时，液体流速的大小和方向将急剧发生变化，会产生旋涡，并发生强烈的紊动现象，从而产生流动阻力，由此造成的压力损失称为局部压力损失。液流流过上述局部装置时的流动状态很复杂，影响因素也很多，局部压力损失值除少数情况能从理论上分析和计算外，一般都依靠实验测得各类局部障碍的阻力系数，然后进行计算。局部压力损失 Δp_ξ 的计算式为

$$\Delta p_\xi=\xi\frac{\rho v^2}{2} \tag{1-38}$$

式中　ξ——局部阻力系数（具体数值可查阅有关手册）；

ρ——液体密度（kg/m^3）；

v——液体的平均流速（m/s）。

因阀芯结构较复杂，故按式（1-38）计算液体流过各种阀的局部压力损失较困难，这时可在产品目录中查出阀在额定流量 q_s 下的压力损失 Δp_s。当流经阀的实际流量不等于额定流量时，通过该阀的压力损失 Δp_ξ 可用下式计算

$$\Delta p_\xi=\Delta p_s\left(\frac{q}{q_s}\right)^2 \tag{1-39}$$

式中　q——通过阀的实际流量。

在求出液压系统中各段管路的沿程压力损失和各局部压力损失后，整个液压系统的总压力损失应为所有沿程压力损失和所有局部压力损失之和，即

$$\sum\Delta p=\sum\Delta p_\lambda+\sum\Delta p_\xi$$

或

$$\sum\Delta p=\sum\lambda\frac{l}{d}\frac{\rho v^2}{2}+\sum\xi\rho\frac{v^2}{2} \tag{1-40}$$

式（1-40）适用于两相邻局部障碍之间的距离大于管道内径 10~20 倍的场合，否则计算出来的压力损失值比实际数值小。这是因为如果局部障碍距离太小，通过第一个局部障碍后的流体尚未稳定就进入第二个局部障碍，这时的液流扰动更强烈，阻力系数要高于正常值的2~3 倍。

第五节　孔口流动

在液压元件特别是液压控制阀中，对液流压力、流量及方向的控制通常是通过一些特定的孔口实现的，它们对流过的液体形成阻力，使其产生压降，其作用类似电路中的电阻，因

此称为液阻。本节主要介绍液流经过孔口的流量公式及液阻的特性。

一、薄壁小孔

当小孔的通流长度 l 与孔径 d 之比 $l/d \leqslant 0.5$ 时，称为薄壁小孔。如图 1-18 所示，一般薄壁小孔的孔口边缘都做成刃口形式。

当液流经过管道由小孔流出时，由于液体的惯性作用，通过小孔后的液流形成一个收缩断面 $C—C$，然后扩散，这一收缩和扩散过程产生很大的能量损失。当孔前通道直径与小孔直径之比 $D/d \geqslant 7$ 时，液流的收缩作用不受孔前通道内壁的影响，这时的收缩称为完全收缩；当 $D/d<7$ 时，孔前通道对液流进入小孔起导向作用，这时的收缩称为不完全收缩。

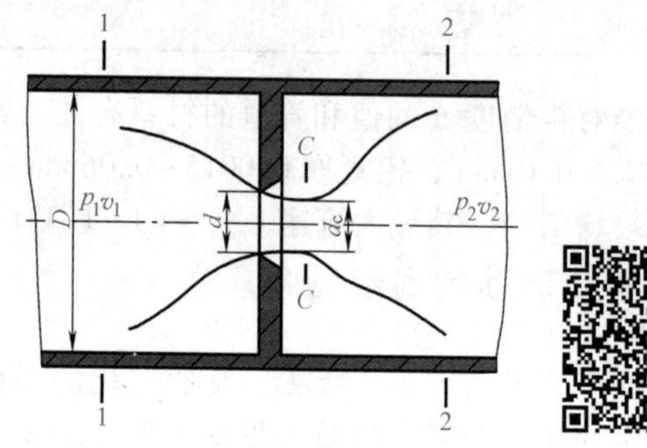

图 1-18 通过薄壁小孔的液流
（扫描二维码获得原理动画）

现对孔前、后通道断面 1—1 和 2—2 列伯努利方程，并设动能修正系数 $\alpha=1$，则有

$$\frac{p_1}{\rho g}+\frac{v_1^2}{2g}=\frac{p_2}{\rho g}+\frac{v_2^2}{2g}+\sum h_\xi \tag{1-41}$$

式（1-41）中的 $\sum h_\xi$ 为液流流经小孔的局部能量损失，它包括两部分：液流经截面突然缩小时的 $h_{\xi1}$ 和突然扩大时的 $h_{\xi2}$。$h_{\xi1}=\xi v_c^2/(2g)$，经查手册，$h_{\xi2}=(1-A_c/A_2)/(2g)$。因为 $A_c \ll A_2$，所以 $\sum h_\xi=h_{\xi1}+h_{\xi2}=(\xi+1)v_c^2/(2g)$。又因为 $A_1=A_2$ 时，$v_1=v_2$，将这些关系代入伯努利方程，得出

$$v_c=\frac{1}{\sqrt{\xi+1}}\sqrt{\frac{2}{\rho}(p_1-p_2)}=C_v\sqrt{\frac{2\Delta p}{\rho}} \tag{1-42}$$

式（1-42）中的 $C_v=\frac{1}{\sqrt{\xi+1}}$，称为速度系数，它反映了局部阻力对速度的影响。

经过薄壁小孔的流量为

$$q=A_c v_c=C_c A_0 v_c=C_c C_v A_0\sqrt{\frac{2\Delta p}{\rho}}=C_d A_0\sqrt{\frac{2\Delta p}{\rho}} \tag{1-43}$$

式中 A_0——小孔截面积；
C_c——截面收缩系数，$C_c=A_c/A_0$；
C_d——流量系数，$C_d=C_v C_c$。

流量系数 C_d 的大小一般由实验确定，在液流完全收缩的情况下，$Re \leqslant 10^5$ 时，C_d 可由下式计算

$$C_d=0.964Re^{-0.05} \tag{1-44}$$

当 $Re>10^5$ 时，C_d 可以认为是不变的常数，计算时按 $C_d=0.60\sim0.61$ 选取。液流不完全收缩时，C_d 可按表 1-7 来选择，这时由于管壁对液流进入小孔起导向作用，C_d 可增大至 0.7~0.8。

表 1-7 不完全收缩时流量系数 C_d 的值

A_0/A	0.1	0.2	0.3	0.4	0.5	0.6	0.7
C_d	0.602	0.615	0.634	0.661	0.696	0.742	0.804

薄壁小孔因其沿程阻力损失非常小，通过小孔的流量与油液黏度无关，即对油温的变化不敏感，因此薄壁小孔多用作调节流量的节流器。

二、滑阀阀口

图 1-19 所示为常用的圆柱滑阀阀口，图中 A 为阀套，B 为阀芯，D 为阀芯台肩直径，阀芯与阀套孔之间的半径间隙为 C_r，C_r一般为 0.01~0.02mm。当阀芯相对于阀套向左移动一个距离 x_v时（$x_v=2\sim4$mm，又称阀口开度），阀口的有效宽度为$\sqrt{x_v^2+C_r^2}$，令 w 为阀口的圆周长度（也称面积梯度），则 $w=\pi D$，阀口的通流截面积 $A_0=w\sqrt{x_v^2+C_r^2}$。

由于 $C_r \ll x_v$，因此$\sqrt{x_v^2+C_r^2}=x_v$；又因为 $x_v \ll \pi D$，因此滑阀阀口也可视为薄壁小孔，类似于公式（1-43），流经滑阀阀口的流量为

$$q=C_d \pi D x_v \sqrt{\frac{2\Delta p}{\rho}} \tag{1-45}$$

式（1-45）中，流量系数 C_d可在图 1-20 中查出。查图时需先计算雷诺数 Re，即

$$Re=\frac{4vR}{\nu}=\frac{4vA_0}{\nu\ x}=\frac{4v}{\nu}\sqrt{x_v^2+C_r^2} \tag{1-46}$$

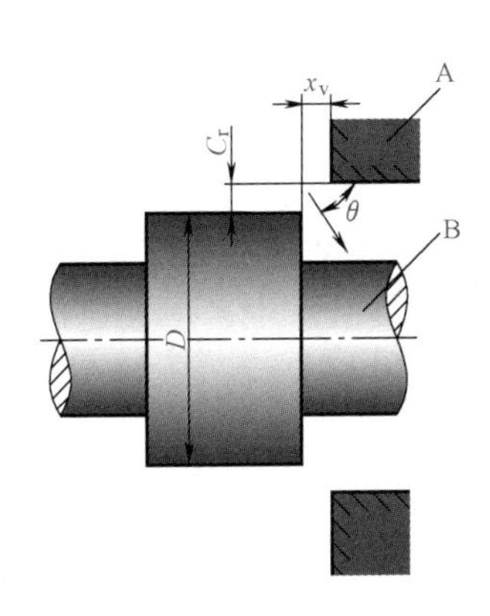

图 1-19　圆柱滑阀阀口示意图

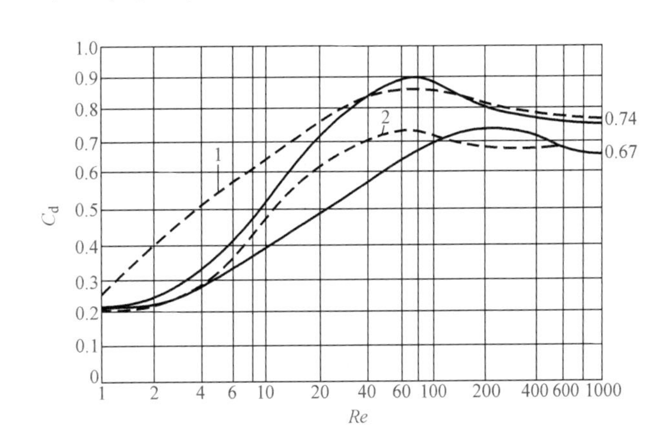

图 1-20　滑阀阀口的流量系数

在图 1-20 中，虚线 1 表示 $x_v=C_r$时的理论曲线，虚线 2 表示 $x_v \gg C_r$时的理论曲线，实线则表示实验测定的结果。当 $Re \geqslant 10^3$时，C_d一般为常数，其值在 0.67~0.74 之间。阀口棱边圆滑或有很小的倒角时，C_d一般在 0.8~0.9 之间，比阀口棱边为锐边时大。

三、锥阀阀口

图 1-21 所示为锥阀阀口，阀座孔直径为 d_1，阀座孔倒角长度为 l，倒角处大直径为 d_2，锥阀阀芯半锥角为 α，阀芯抬起高度（阀口开度）为 x_v，则阀口通流面积 $A_0=\pi d_m x_v \sin\alpha$，$d_m=(d_1+d_2)/2$，无倒角时，$d_m=d_1$。与薄壁小孔类似，流经锥阀阀口的流量为

$$q=C_d A_0 \sqrt{\frac{2\Delta p}{\rho}}=C_d \pi d_m x_v \sin\alpha \sqrt{\frac{2\Delta p}{\rho}} \tag{1-47}$$

流量系数 C_d可在图 1-22 中查出，由图可知，当雷诺数较大时，C_d变化很小，其值在 0.77~0.82 之间。

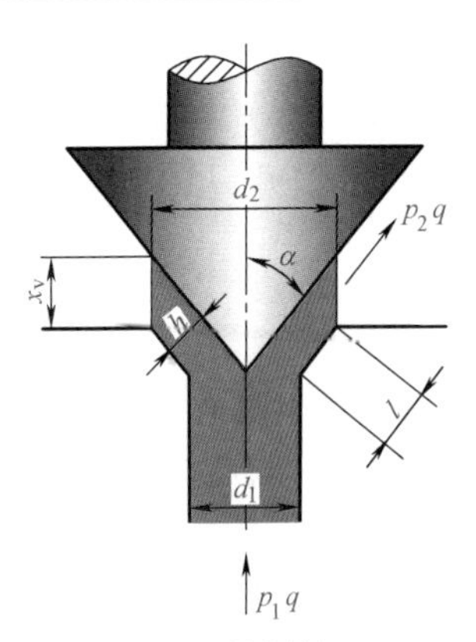

图 1-21　锥阀阀口

四、短孔和细长孔

当长径比为 $0.5<\frac{l}{d}\leqslant 4$ 时，称为短孔；当 $\frac{l}{d}>4$ 时，称为细长孔。

短孔的流量表达式同公式（1-43），但流量系数 C_d 应按图 1-23 中的曲线来查。由图1-23可知，雷诺数较大时，C_d 基本稳定在 0.8 左右。由于短孔加工比薄壁孔容易得多，因此短孔常用作固定节流器。

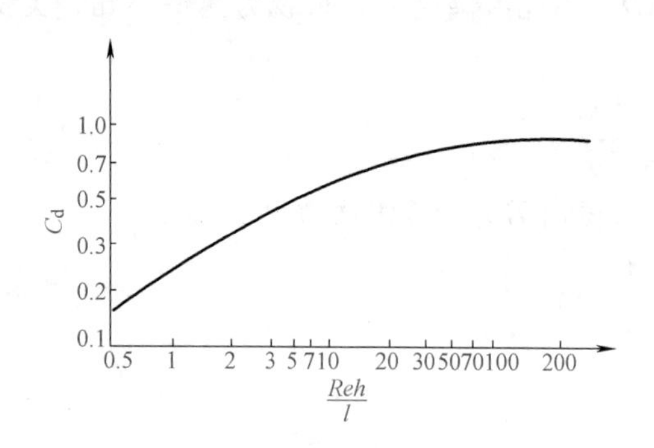

图 1-22 锥阀的流量系数

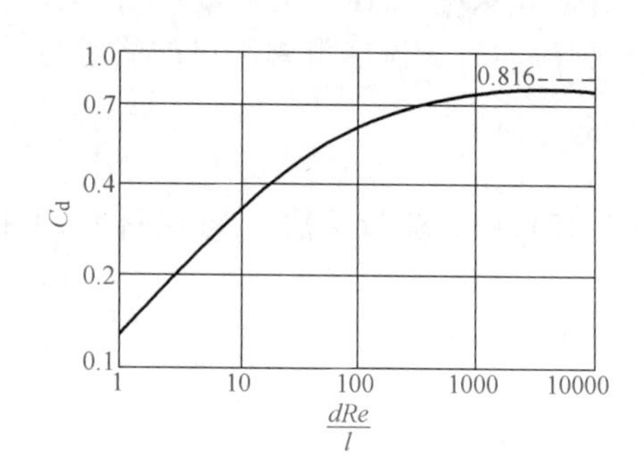

图 1-23 短孔的流量系数

流经细长孔的液流，由于黏性的影响，流动状态一般为层流，所以细长孔的流量可用液流流经圆管的流量公式，即式（1-34）

$$q=\frac{\pi d^4}{128\mu l}\Delta p$$

从上式可看出，液流经过细长孔的流量和孔前后压差 Δp 成正比，而和液体黏度 μ 成反比，因此流量受液体温度影响较大，这和薄壁小孔是不同的。

五、液阻

如果将上述不同孔口的阀口流量公式写成通用表达式，则有

$$q=K_L A\Delta p^m \tag{1-48}$$

其中：薄壁小孔、滑阀阀口、锥阀阀口及短孔的指数 $m=0.5$，系数 $K_L=C_d\sqrt{\frac{2}{\rho}}$；细长孔的指数 $m=1$，系数 $K_L=\frac{d^2}{32\mu l}$。

式（1-48）又称为孔口压力流量方程。它描述了孔口结构形式及几何尺寸确定之后，流经孔口的稳态流量 q 与孔口前后压降 Δp 中之间的关系。类似电工学中电阻的概念，一般定义孔口前后压降 Δp 与稳态流量 q 之间的比值为液阻，即在稳态下，液阻 R 与流量变化所需要的压差变化成正比。

$$R=\frac{\mathrm{d}\Delta p}{\mathrm{d}q}=\frac{\Delta p^{1-m}}{K_L A m} \tag{1-49}$$

显然，液阻具有以下特性：

1）液阻 R 与孔口的通流面积 A 成反比，即 A 越小，R 越大。当 $A=0$ 时，R 为无限大；当 A 足够大时，$R=0$。

2）在孔口前后压降 Δp 一定时，调节孔口通流面积 A 可以改变液阻 R，从而调节流经孔口的流量 q。这种特性即液压系统的节流调节特性。

3）在孔口通流面积 A 一定时，改变流经孔口的流量，孔口压降 Δp 随之变化。这种特性为液阻的阻力特性，一般用于压力控制阀的内部控制。

4）当多个孔口串联时，总液阻 $R=\sum R_i$；当多个孔口并联时，总液阻 $R=\left(\frac{1}{R_1}+\frac{1}{R_2}+\cdots\right)^{-1}$。

第六节　缝隙流动

在液压元件中，构成运动副的一些运动件与固定件之间存在着一定缝隙，而当缝隙两端的液体存在压差时，势必形成缝隙流动，即泄漏。泄漏的存在将严重影响液压元件，特别是液压泵和液压马达的工作性能。当圆柱体存在一定锥度时，其缝隙流动还可能导致卡紧现象，这是一个需要引起注意的问题。

一、平板缝隙

当两平行平板缝隙间充满液体时，如果液体受到压差 $\Delta p=p_1-p_2$ 的作用，液体会产生流动。如果没有压差 Δp 的作用，而两平行平板之间有相对运动，即一平板固定，另一平板以速度 u_0（与压差方向相同）运动时，由于液体存在黏性，液体也会被带着移动，这就是剪切作用所引起的流动。液体通过平行平板缝隙时的最一般的流动情况，是既受压差 Δp 的作用，又受平行平板相对运动的作用，如图 1-24 所示。

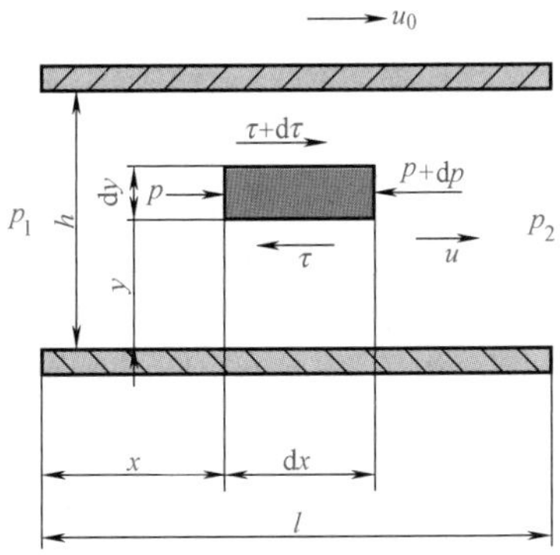

图 1-24　平行平板缝隙间的液流

图 1-24 中 h 为缝隙高度，b 和 l 分别为缝隙宽度和长度，一般 $b\gg h$，$l\gg h$。在液流中取一个微元体 $\mathrm{d}x\mathrm{d}y$（宽度方向取单位长），其左右两端面所受的压力分别为 p 和 $p+\mathrm{d}p$，上下两面所受的切应力分别为 $\tau+\mathrm{d}\tau$ 和 τ，则微元体的受力平衡方程为

$$p\mathrm{d}y+(\tau+\mathrm{d}\tau)\mathrm{d}x=(p+\mathrm{d}p)\mathrm{d}y+\tau\mathrm{d}x$$

整理后得

$$\frac{\mathrm{d}\tau}{\mathrm{d}y}=\frac{\mathrm{d}p}{\mathrm{d}x}$$

由于 $\tau=\mu\frac{\mathrm{d}u}{\mathrm{d}y}$，上式可变为

$$\frac{\mathrm{d}^2u}{\mathrm{d}y^2}=\frac{1}{\mu}\frac{\mathrm{d}p}{\mathrm{d}x}$$

将上式对 y 积分两次得

$$u=\frac{1}{2\mu}\frac{\mathrm{d}p}{\mathrm{d}x}y^2+C_1y+C_2$$

上式中 C_1、C_2 为积分常数。当平行平板间的相对运动速度为 u_0 时，在 $y=0$ 处，$u=0$；在 $y-h$ 处，$u=u_0$。此外，液流做层流运动时 p 只是 x 的线性函数，即 $\mathrm{d}p/\mathrm{d}x=(p_2-p_1)/l=-\Delta p/l$，将这些关系式代入上式并整理后得

$$u=\frac{y(h-y)}{2\mu l}\Delta p+\frac{u_0}{h}y \tag{1-50}$$

由此得到通过平行平板缝隙的流量为

$$q=\int_0^h ub\mathrm{d}y=\int_0^h\left[\frac{y(h-y)}{2\mu l}\Delta p+\frac{u_0}{h}y\right]b\mathrm{d}y=\frac{bh^3\Delta p}{12\mu l}+\frac{u_0}{2}bh \tag{1-51}$$

当平行平板间没有相对运动，即 $u_0=0$ 时，通过的液流单纯由压差引起，称为压差流动，其流量为

$$q=\frac{bh^3\Delta p}{12\mu l} \tag{1-52}$$

当平行平板两端不存在压差时，通过的液流单纯由平板运动引起，称为剪切流动，其流量为

$$q=\frac{u_0}{2}bh \tag{1-53}$$

从式（1-51）、式（1-52）可以看到，在压差作用下，流过固定平行平板缝隙的流量与缝隙值的三次方成正比，这说明液压元件内缝隙的大小对其泄漏量的影响是非常大的。

二、圆柱环形缝隙

在液压元件中，某些相对运动零件，如柱塞与柱塞孔、圆柱滑阀阀芯与阀体孔之间的间隙为圆柱环形间隙。根据两者是否同心又分为同心圆柱环形间隙和偏心圆柱环形间隙。

（一）通过同心圆柱环形缝隙的流量

图1-25所示为同心圆柱环形缝隙的流动。设圆柱体直径为 d，缝隙值为 h，缝隙长度为 l，如果将圆柱环形缝隙沿圆周方向展开，就相当于一个平行平板缝隙。因此只要将 $b=\pi d$ 代入式（1-51）中，就可得同心圆柱环形缝隙的流量公式

$$q=\frac{\pi dh^3}{12\mu l}\Delta p\pm\frac{\pi dhu_0}{2} \tag{1-54}$$

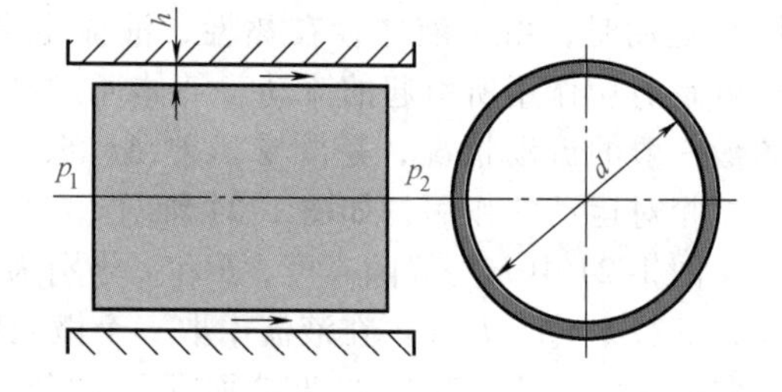

图1-25 同心圆柱环形缝隙流动

当圆柱体移动方向和压差方向相同时取正号，相反时取负号。若无相对运动，即 $u_0=0$，则同心圆柱环形缝隙流量公式为

$$q=\frac{\pi dh^3}{12\mu l}\Delta p \tag{1-55}$$

（二）流经偏心圆柱环形缝隙的流量

图1-26所示为偏心圆柱环形缝隙，设内外圆的偏心量为 e，在任意角度 θ 处的缝隙为 h，因缝隙很小，$r_1\approx r_2=r=d/2$，可把微小圆弧 db 所对应的环形缝隙间的流动近似地看成平行平板缝隙的流动。将 $b=r\mathrm{d}\theta$ 代入式（1-51）得

$$\mathrm{d}q=\frac{r\mathrm{d}\theta h^3}{12\mu l}\Delta p\pm\frac{r\mathrm{d}\theta}{2}hu_0$$

由图1-26中几何关系可知

$$h\approx h_0-e\cos\theta\approx h_0(1-\varepsilon\cos\theta)$$

式中 h_0——内外圆同心时半径方向的缝隙值；

ε——相对偏心率，$\varepsilon=e/h_0$。

将 h 值代入上式并积分，可得流量公式为

$$q=\frac{\pi dh_0^3\Delta p}{12\mu l}(1+1.5\varepsilon^2)\pm\frac{\pi dh_0u_0}{2} \tag{1-56}$$

正负号意义同前。

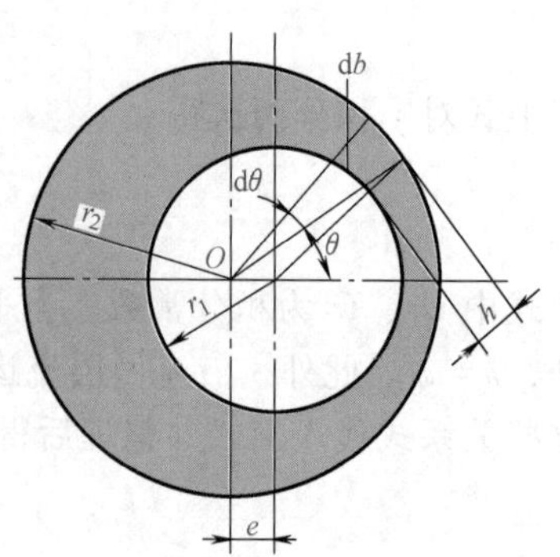

图1-26 偏心圆柱环形缝隙流动

当内外圆之间没有轴向相对移动，即 $u_0=0$ 时，其流量为

$$q=\frac{\pi dh_0^3\Delta p}{12\mu l}(1+1.5\varepsilon^2) \tag{1-57}$$

由式（1-57）可以看出，当偏心量 $e=h_0$，即 $\varepsilon=1$ 时（最大偏心状态），其通过的流量是同心圆柱环形缝隙的2.5倍。因此在液压元件中，有配合的零件应尽量使其同心，以减小缝隙泄漏量。

三、圆锥环形间隙

当柱塞或柱塞孔、阀芯或阀体孔因加工误差带有一定锥度时，两相对运动零件之间的间隙为圆锥环形间隙，其间隙大小沿轴线方向变化。图1-27a所示阀芯大端为高压，液流由大端流向小端，称为倒锥；图1-27b所示阀芯小端为高压，液流由小端流向大端，称为顺锥。阀芯存在锥度不仅影响流经间隙的流量，而且影响缝隙中的压力分布。

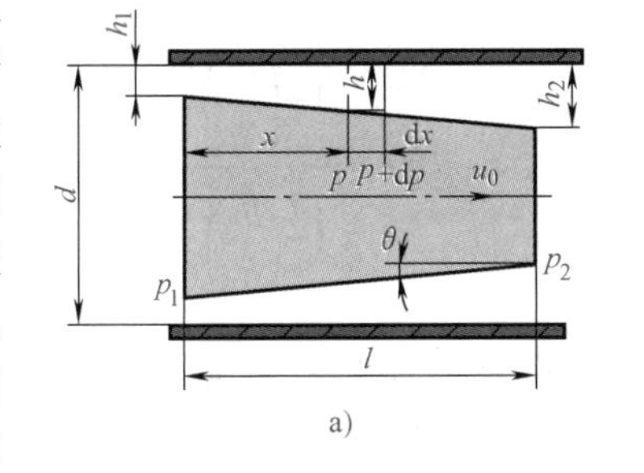

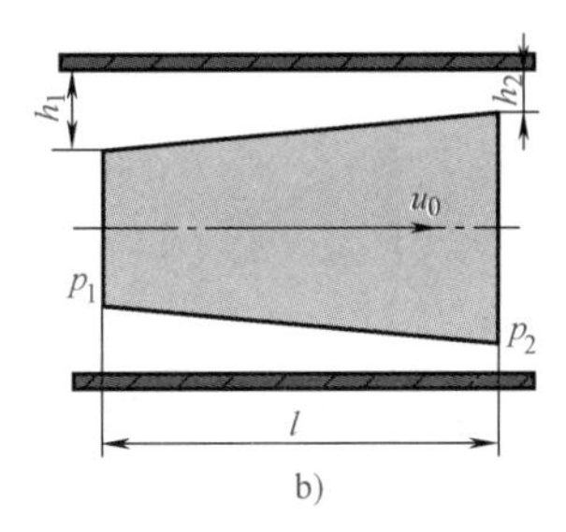

图1-27 圆锥环形间隙的液流

a）倒锥 b）顺锥

设圆锥半角为 θ，阀芯以速度 u_0 向右移动，进出口处的缝隙和压力分别为 h_1、p_1 和 h_2、p_2，并设距左端面 x 距离处的缝隙为 h，压力为 p，则在微小单元 dx 处的流动，由于 dx 值很小而认为 dx 段内缝隙宽度不变。

对于图1-27a所示的流动情况，由于 $-\frac{\Delta p}{l}=\frac{dp}{dx}$，代入同心圆柱环形缝隙流量公式（1-54）得

$$q=-\frac{\pi dh^3}{12\mu}\frac{dp}{dx}+\frac{\pi du_0h}{2}$$

由于 $h=h_1+x\tan\theta$，$dx=\frac{dh}{\tan\theta}$，代入上式并整理后得

$$dp=-\frac{12\mu q}{\pi d\tan\theta}\frac{dh}{h^3}+\frac{6\mu u_0}{\tan\theta}\frac{dh}{h^2} \tag{1-58}$$

对上式进行积分，并将 $\tan\theta=(h_2-h_1)/l$ 代入后得

$$\Delta p=p_1-p_2=\frac{6\mu l(h_1+h_2)}{\pi d(h_1h_2)^2}q-\frac{6\mu l}{h_1h_2}u_0$$

将上式移项可求出环形圆锥缝隙的流量公式为

$$q=\frac{\pi d(h_1h_2)^2}{6\mu l(h_1+h_2)}\Delta p+\frac{\pi dh_1h_2}{(h_1+h_2)}u_0 \tag{1-59}$$

当阀芯没有运动，即 $u_0=0$ 时，流量公式为

$$q=\frac{\pi d(h_1h_2)^2}{6\mu l(h_1+h_2)}\Delta p \tag{1-60}$$

四、液压卡紧现象

若对式（1-58）积分，并将边界条件 $h=h_1$、$p=p_1$ 代入，可得圆锥环形间隙中的压力分

布为

$$p=p_1-\frac{6\mu q}{\pi d\tan\theta}\left(\frac{1}{h_1^2}-\frac{1}{h^2}\right)-\frac{6\mu u_0}{\tan\theta}\left(\frac{1}{h_1}-\frac{1}{h}\right)$$

将式（1-59）及 $\tan\theta=(h-h_1)/x$ 代入上式得

$$p=p_1-\frac{1-\left(\frac{h_1}{h}\right)^2}{1-\left(\frac{h_1}{h_2}\right)^2}\Delta p-\frac{6\mu u_0(h_2-h)}{h^2(h_1+h_2)}x \tag{1-61}$$

当 $u_0=0$ 时，则有

$$p=p_1-\frac{1-\left(\frac{h_1}{h}\right)^2}{1-\left(\frac{h_1}{h_2}\right)^2}\Delta p \tag{1-62}$$

对于图 1-27b 所示的顺锥情况，其流量计算公式和倒锥安装时相同，但其压力分布在 $u_0=0$时为

$$p=p_1-\frac{\left(\frac{h_1}{h}\right)^2-1}{\left(\frac{h_1}{h_2}\right)^2-1}\Delta p \tag{1-63}$$

如果阀芯在阀体孔内出现偏心（图 1-28），由式（1-62）和式（1-63）可知，作用在阀芯一侧的压力将大于另一侧，使阀芯受到一个液压侧向力的作用。图 1-28a 所示的倒锥的液压侧向力使偏心距加大，当液压侧向力足够大时，阀芯将紧贴在孔的壁面上，产生所谓的液压卡紧现象。图 1-28b 所示的顺锥的液压侧向力则力图使偏心距减小，阀芯自动定心，不会出现液压卡紧现象，即出现顺锥是有利的。

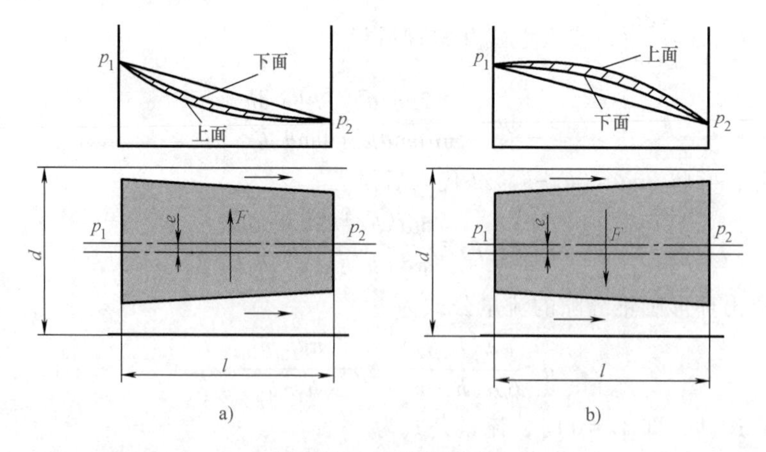

图 1-28 液压卡紧力

a）倒锥 b）顺锥

为减少液压侧向力，一般在阀芯或柱塞的圆柱面开径向均压槽，使槽内液体压力在圆周方向处处相等。均压槽的深度和宽度一般为 0.3~1.0mm。实验表明，当均压槽达到七个时，液压侧向力可减小到原来的 2.7%，阀芯与阀体孔基本同心。

当然，在开设径向均压槽后，环形缝隙的长度 l 会减小，但由于均压槽会使阀芯与阀体孔之间的偏心距减小，因此，均压槽的开设不会使缝隙的泄漏量增大。

第七节　液压冲击和气穴现象

在液压传动中，液压冲击和气穴现象都会给液压系统的正常工作带来不利影响，因此需要了解这些现象产生的原因，并采取相应的措施以减小其危害。

一、液压冲击

在液压系统中，因某些原因液体压力在一瞬间会突然升高，产生很高的压力峰值，这种现象称为液压冲击。液压冲击的压力峰值往往比正常工作压力高好几倍，瞬间压力冲击不仅引起振动和噪声，而且会损坏密封装置、管道和液压元件，有时还会使某些液压元件（如压力继电器、顺序阀等）产生误动作，造成设备事故。

（一）液压冲击的类型

液压系统中的液压冲击按其产生的原因分为：①因液流通道迅速关闭或液流迅速换向使液流速度的大小或方向发生突然变化时，液流的惯性导致的液压冲击；②运动的工作部件突然制动或换向时，因工作部件的惯性引起的液压冲击。下面对两种常见的液压冲击现象进行分析。

1. 管道阀门突然关闭时的液压冲击

在图 1-29 中，具有一定容积的容器（蓄能器或液压缸）中的液体沿长度为 l、直径为 d 的管道经出口处的阀门以速度 v_0 流出。若将阀门突然关闭，则在靠近阀门处 B 点处的液体立即停止运动，液体的动能转换为压力能，B 点处的压力升高 Δp，接着后面的液体分层依次停止运动，动能依次转换为压力能，形成压力波，并以速度 c 由 B 向 A 传播，到 A 点后，又反向向 B 点传播。于是，压力冲击波以速度 c 在管道的 A、B 两点间往复传播，在系统内形成压力振荡。实际上由于管道变形和液体黏性损失需要消耗能量，因此振荡过程逐渐衰减，最后趋于稳定。

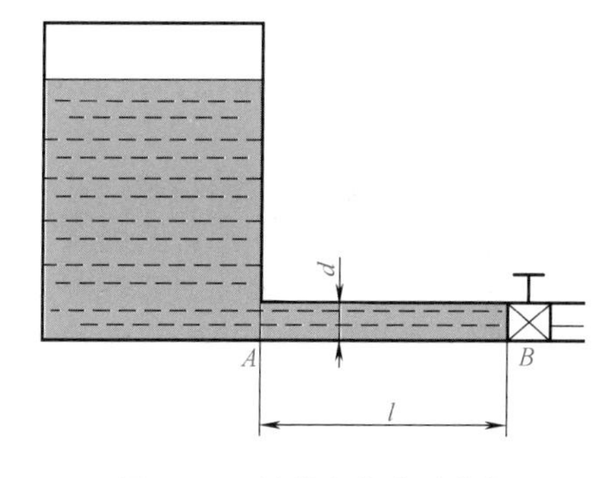

图 1-29　管道中的液压冲击

下面来计算阀门迅速关闭时的最大压力升高值 Δp。设管路截面面积为 A，管长为 l，压力波从 B 点传递到 A 点的时间为 t，液体密度为 ρ，管道中液流速度为 v_0，阀门关闭后的流速为零，则由动量方程得

$$\Delta pA=\rho Al\frac{v_0}{t}$$

$$\Delta p=\rho\frac{l}{t}v_0=\rho cv_0 \tag{1-64}$$

式中，$c=l/t$ 为压力冲击波在管中的传播速度，其不仅与液体的体积弹性模量 K 有关，还和管道材料的弹性模量 E、管道的内径 d 及管道壁厚 δ 有关。c 值可按下式计算

$$c=\frac{\sqrt{\dfrac{K}{\rho}}}{\sqrt{1+\dfrac{Kd}{E\delta}}} \tag{1-65}$$

在液压传动中，冲击波在管道油液中的传播速度 c 一般在 900~1400m/s 之间。

如果阀门不是完全关闭的，而是使液流速度从 v_0 降到 v_1，则式（1-64）可改写成

$$\Delta p=\rho c(v_0-v_1)=\rho c\Delta v \tag{1-66}$$

当阀门关闭时间 $t<T=\frac{2l}{c}$ 时，称为完全冲击（也称直接液压冲击）。式（1-64）和式（1-66）适用于完全冲击。

当阀门关闭时间 $t>T=\frac{2l}{c}$ 时，称为不完全冲击（也称间接液压冲击）。此时压力峰值比完全冲击时低，压力升高值可近似按下式计算

$$\Delta p=\rho c v_0\frac{T}{t} \tag{1-67}$$

不论是哪一种冲击，只要求出液压冲击时的最大压力升高值 Δp，便可求出冲击时管道中的最大压力

$$p_{\max}=p+\Delta p \tag{1-68}$$

式中 p——正常工作压力。

在估算由于阀门突然关闭引起的液压冲击时，通常把阀门的关闭假设为瞬间完成的，即认为是完全冲击，这样计算的结果是偏于安全的。

2. 运动部件制动时产生的液压冲击

设总质量为 Σm 的运动部件在制动时的减速时间为 Δt，速度的减小值为 Δv，液压缸有效工作面积为 A，则根据动量定理可求得系统中的冲击压力的近似值 Δp 为

$$\Delta p=\frac{\sum m\Delta v}{A\Delta t} \tag{1-69}$$

式（1-69）中因忽略了阻尼和泄漏等因素，计算结果比实际值要大，但偏于安全，因而具有实用价值。

（二）减小液压冲击的措施

分析前面各式中 Δp 的影响因素，可以归纳出减小液压冲击的主要措施有：

1）延长阀门关闭和运动部件制动换向的时间，可采用换向时间可调的换向阀。

2）限制管道流速及运动部件的速度，一般在液压系统中将管道流速控制在 4.5m/s 以内，而运动部件的质量 Σm 越大，越应控制其运动速度不要太大。

3）适当增大管径，不仅可以降低流速，而且可以减小压力冲击波的传播速度。

4）尽量缩短管道长度，可以减小压力波的传播时间，使完全冲击改变为不完全冲击。

5）用橡胶软管或在冲击源处设置蓄能器，以吸收冲击的能量；也可以在容易出现液压冲击的地方安装限制压力升高的安全阀。

二、气穴现象

（一）气穴现象的机理及危害

气穴现象又称为空穴现象。在液压系统中，当某点处的压力低于液压油液所在温度下的空气分离压时，原先溶解在液体中的空气就会分离出来，使液体中迅速出现大量气泡，这种现象称为气穴现象。当压力进一步减小而低于液体的饱和蒸气压时，液体将迅速汽化，产生大量蒸汽气泡，使气穴现象更加严重。

气穴现象多发生在阀门和液压泵的吸油口。在阀口处，一般由于通流截面较小而流速很高，根据伯努利方程，该处的压力会很低，以致产生气穴。在液压泵的吸油过程中，吸油口的绝对压力会低于大气压，如果液压泵的安装高度太大，再加上吸油口处过滤器和管道阻力、油液黏度等因素的影响，泵入口处的真空度会很大，也会产生气穴。

当液压系统出现气穴现象时，大量的气泡使液流的流动特性变差，造成流量和压力的不稳定。当带有气泡的液流进入高压区时，周围的高压会使气泡迅速崩溃，使局部产生非常高的温度和冲击压力，引起振动和噪声。当附着在金属表面的气泡破灭时，局部产生的高温和高压会使金属表面疲劳，时间一长会造成金属表面的侵蚀、剥落，甚至出现海绵状的小洞穴。这种由于气穴造成的对金属表面的腐蚀作用称为气蚀。气蚀会缩短元件的使用寿命，严重时会造成故障。

（二）减小气穴危害的措施

为了减小气穴和气蚀的危害，一般采取如下一些措施：

1）减小阀孔或其他元件通道前后的压降，一般使前后压力比小于 3.5。

2）尽量降低液压泵的吸油高度，采用内径较大的吸油管并少用弯头，吸油管端的过滤器容量要大，以减小管道阻力，必要时对大流量泵采用辅助泵供油。

3）各元件的连接处要密封可靠，防止空气进入。

4）对容易产生气蚀的元件，如泵的配油盘等，要采用抗腐蚀能力强的金属材料，以增强元件的机械强度。

习 题

1-1 某液压油在大气压下的体积是 50L，当压力升高后其体积减少到 49.9L，设液压油的体积弹性模量 $K=7000\times10^5$Pa，求压力升高值。

1-2 用恩氏黏度计测得 $\rho=850\text{kg/m}^3$ 的某种液压油 200mL 流过的时间 $t_1=153\text{s}$。20℃时 200mL 蒸馏水流过的时间 $t_2=51\text{s}$。求该液压油的恩氏黏度°E、动力黏度 μ（Pa·s）、运动黏度 $\nu(\text{m}^2/\text{s})$。

1-3 图 1-30 所示容器 A 内充满着 $\rho=900\text{kg/m}^3$ 的液体，汞 U 形测压计的 $h=1\text{m}$，$z_A=0.5\text{m}$，求容器 A 中心处的压力。

1-4 图 1-31 所示具有一定真空度的容器用一管子倒置于一液面与大气相通的槽中，液体在管中上升的高度 $h=0.5\text{m}$。设液体的密度 $\rho=1000\text{kg/m}^3$，试求容器内的真空度。

1-5 图 1-32 所示直径为 d、质量为 m 的柱塞浸入充满液体的密闭容器中，在力 F 的作用下处于平衡状态。若浸入深度为 h，液体密度为 ρ，试求液体在测压管内上升的高度 x。

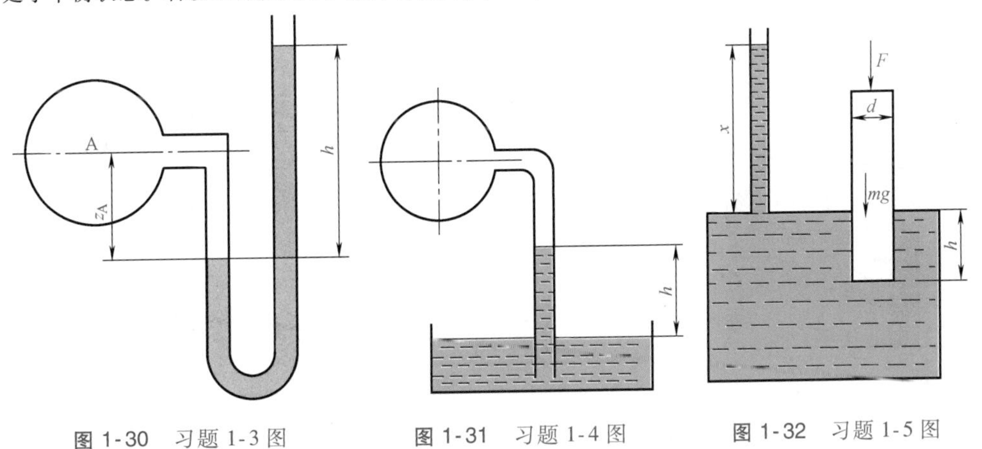

图 1-30 习题 1-3 图　　图 1-31 习题 1-4 图　　图 1-32 习题 1-5 图

1-6 将流量 $q=16\text{L/min}$ 的液压泵安装在油面以下。已知油的运动黏度 $\nu=0.11\text{cm}^2/\text{s}$，油的密度 $\rho=880\text{kg/m}^3$，弯头处的局部阻力系数 $\xi=0.2$，其他尺寸如图 1-33 所示，求液压泵入口处的绝对压力。

1-7 图1-34所示为一种抽吸设备。水平管出口通大气，当水平管内液体流量达到某一数值时，处于面积为A_1处的垂直管子将从液箱内抽吸液体。液箱表面为大气压力。水平管内液体（抽吸用）和被抽吸介质相同。有关尺寸为：截面面积$A_1=3.2\text{cm}^2$、$A_2=4A_1$，$h=1\text{m}$。不计液体流动时的能量损失，求水平管内流量达到多少时才能开始抽吸。

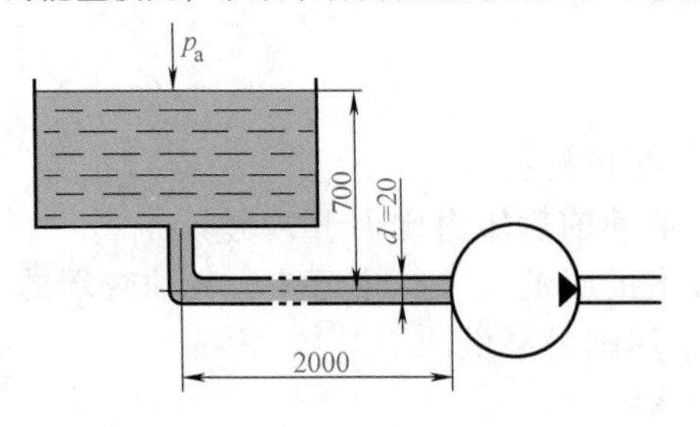

图1-33 习题1-6图

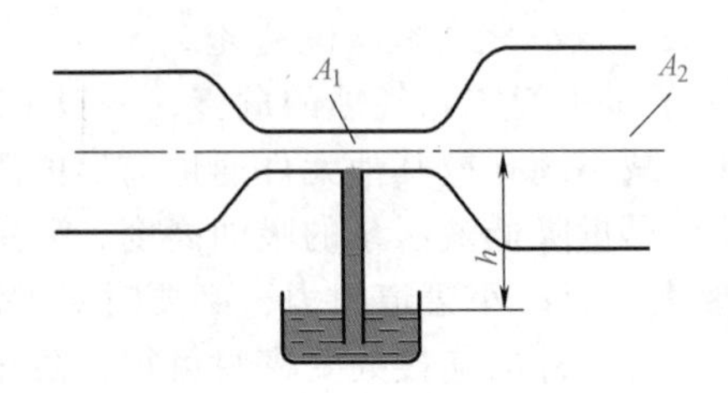

图1-34 习题1-7图

1-8 图1-35所示管道输送$\rho=900\text{kg/m}^3$的液体。已知$d=10\text{mm}$，$L=20\text{m}$，$h=15\text{m}$，液体运动黏度$\nu=45\times10^{-2}\text{m}^2/\text{s}$，点1处的压力为$4.5\times10^5\text{Pa}$，点2处的压力为$4\times10^5\text{Pa}$，试判断管中液流的方向并计算流量。

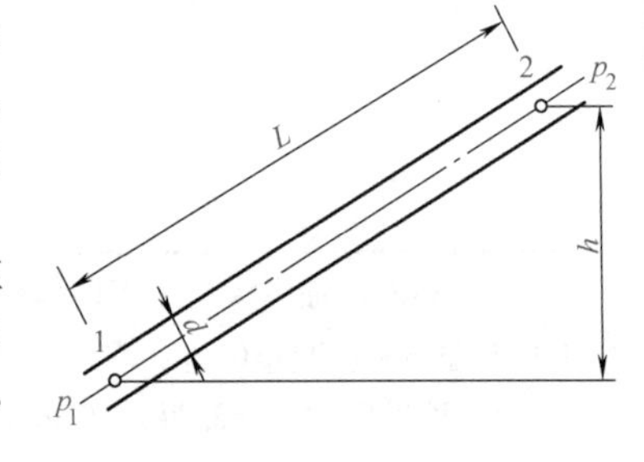

图1-35 习题1-8图

1-9 图1-36所示活塞上作用有外力$F=3000\text{N}$，活塞直径$D=50\text{mm}$。若使油从液压缸底部的锐缘孔口流出，设孔口直径$d=10\text{mm}$，流量系数$C_d=0.61$，油的密度$\rho=900\text{kg/m}^3$，不计摩擦，试求作用在液压缸缸底壁面上的力。

1-10 在图1-37中，当阀门关闭时压力表的读数为$3\times10^5\text{Pa}$，阀门打开时压力表的读数为$0.8\times10^5\text{Pa}$，如果$d=12\text{mm}$，不计损失，求阀门打开时管中的流量。

1-11 在图1-38中，一个水深为2m、水平截面面积为3m×3m的水箱，底部接一直径$d=150\text{mm}$、长2m的竖直管，在水箱进水量等于出水量下做恒定流动，求点3处的压力及出流速度（略去各种损失）。

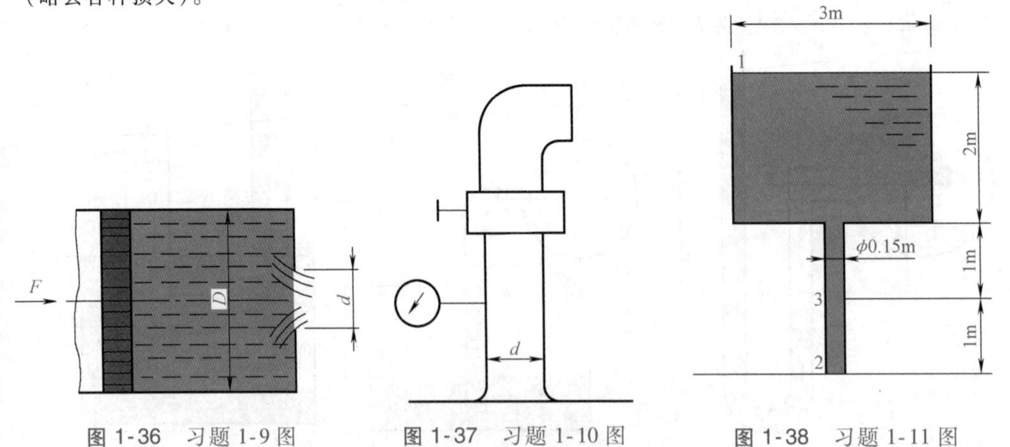

图1-36 习题1-9图 图1-37 习题1-10图 图1-38 习题1-11图

1-12 在图1-39中，试利用动量方程求流动液体对弯管的作用力。设管道入口处的压力为p_1，出口处的压力为p_2，管道通流面积为A，通过流量为q，流速为v，动量修正系数$\beta=1$，油的密度为ρ。

1-13　图 1-40 所示将一平板插入水的自由射流之内，并垂直于射流的轴线。该平板截去射流流量的一部分 q_1，并引起射流剩余部分偏转 α 角。已知射流速度 $v=30\text{m/s}$，全部流量 $q=30\text{L/s}$，$q_1=12\text{L/s}$，求 α 角及平板上的作用力 F。

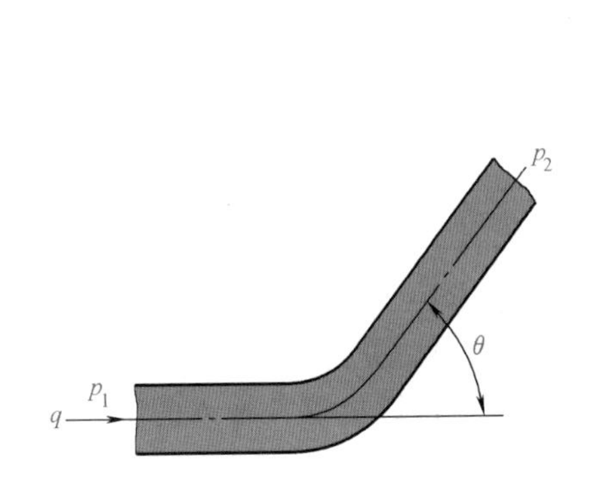

图 1-39　习题 1-12 图

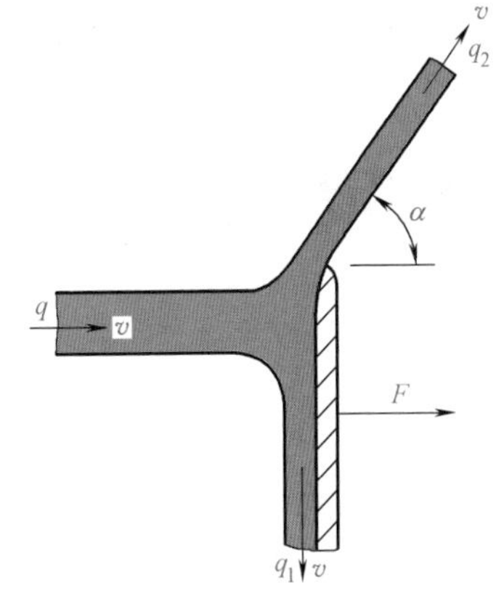

图 1-40　习题 1-13 图

1-14　图 1-41 所示水平放置的光滑圆管由两段组成，其直径 $d_1=10\text{mm}$，$d_2=6\text{mm}$，长度 $L=3\text{m}$，油液密度 $\rho=0.9\times10^3\text{kg/m}^3$，黏度 $\nu=20\times10^{-6}\text{m}^2/\text{s}$，流量 $q=18\text{L/min}$，管道突然缩小处的局部阻力系数 $\xi=0.35$，试求总的压力损失及两端压差。

1-15　图 1-42 所示在直径为 d、长为 L 的输油管中，黏度为 ν 的油在油面位差 H 的作用下运动着。如果只考虑运动时的摩擦损失，试求从层流过渡到湍流时 H 的表达式。

1-16　图 1-43 所示的柱塞直径 $d=20\text{mm}$，在力 $F=150\text{N}$ 的作用下向下移动，将液压缸中的油通过 $\delta=0.05\text{mm}$ 的缝隙排到大气中去。设活塞和缸筒处于同心状态，缝隙长 $L=70\text{mm}$，油的动力黏度 $\mu=50\times10^{-3}\text{Pa}\cdot\text{s}$，试确定活塞下落 0.1m 所需的时间。

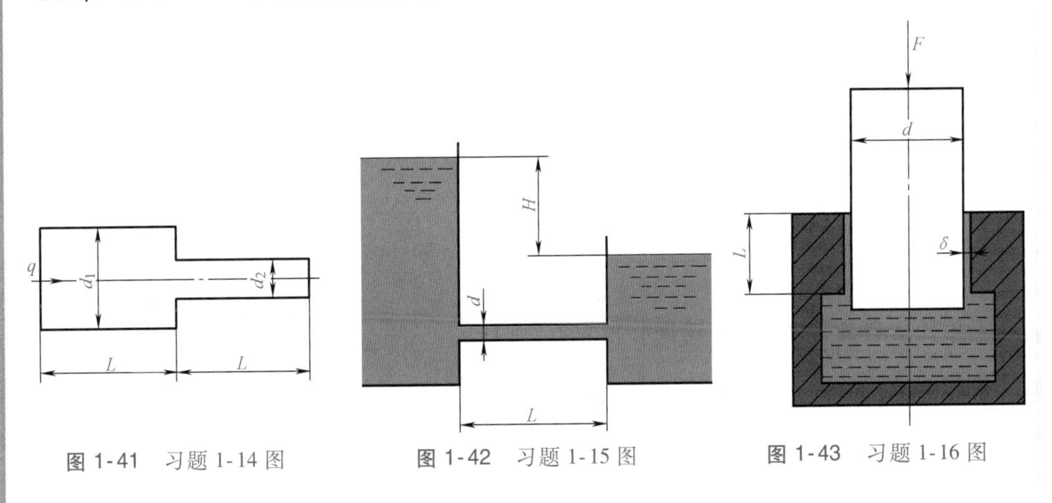

图 1-41　习题 1-14 图　　图 1-42　习题 1-15 图　　图 1-43　习题 1-16 图

Chapter 2

第二章

液压泵

第一节　液压泵概述

液压泵作为液压系统的动力元件，将原动机（电动机、内燃机等）输入的机械能（转矩 T 和角速度 ω）转换为压力能（压力 p 和流量 q）输出，为执行元件提供压力介质。如果将液压系统比作人的血液系统，则液压泵相当于人的心脏。液压泵的性能好坏直接影响到液压系统的工作性能和可靠性，在液压传动中占有极其重要的地位。

一、液压泵的基本工作原理

图 2-1 所示为单柱塞泵工作原理图。图中柱塞与缸体孔之间形成密闭容积。当原动机带动偏心轮顺时针方向旋转时，柱塞在弹簧力的作用下向下运动，柱塞与缸体孔组成的密闭容积增大，形成真空，油箱中的油液在大气压的作用下经单向阀 5 进入其内（此时单向阀 6 关闭）。这一过程称为吸油，在偏心轮的几何中心转到最下点 O_1'，容积增大到极限时终止。吸油过程终了，偏心轮继续旋转，柱塞随偏心轮向上运动，柱塞与缸体孔组成的密闭容积减小，油液受挤压经单向阀 6 排出（单向阀 5 关闭），这一过程称为排油，到偏心轮的几何中心转到最上点 O_1''，容积减小至极限时终止。偏心轮连续旋转，柱塞上下往复运动，泵在半个周期内吸油、半个周期内压油。

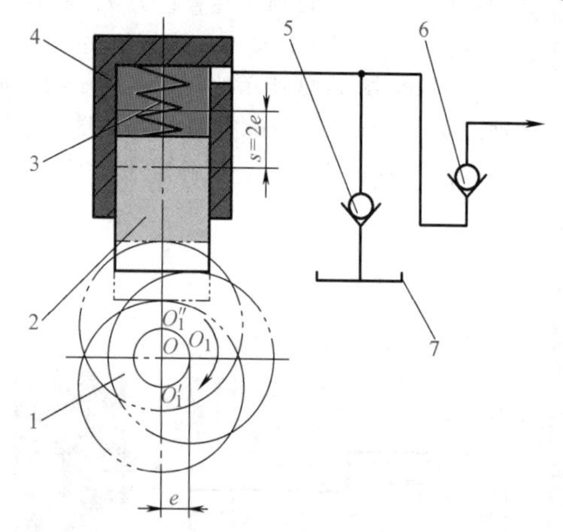

图 2-1　单柱塞泵的工作原理图
1—偏心轮　2—柱塞　3—弹簧　4—缸体
5、6—单向阀　7—油箱

如果记柱塞直径为 d，偏心轮偏心距为 e，则柱塞最大行程 $s=2e$，排出的油液体积 $V=\frac{\pi d^2}{4}s=\frac{\pi d^2}{2}e$。对单柱塞泵，$V$ 即为泵每一转所排出的油液体积，将其称为泵的排量，它只与几何尺寸（d 和 e）有关。

根据上述分析，液压泵的构成必须具有下列三要素：

1）液压泵必须具有一个由运动件（柱塞）和非运动件（缸体）所构成的密闭容积。

2）密闭容积的大小随运动件的运动发生周期性变化。容积增大时形成真空，油箱的油液在大气压作用下进入密封容积（吸油）；容积减小时油液受挤压克服管路阻力排出（排油）。

3）液压泵的密闭容积增大到极限时，先要与吸油腔隔开，然后才转为排油；同理，密闭容积减小到极限时，先要与排油腔隔开，然后才转为吸油。图 2-1 所示的单柱塞泵是通过单向阀 5 和 6 实现这一功能的，因此称为阀配流。

液压泵因为吸油和排油均依赖于密闭容积的容积变化，最终将输入的机械能转换为压力能，因此都属于容积式泵，这区别于将输入的机械能转化为动能的离心泵。

另外，液压泵还具有以下结构和性能特点：

1）液压泵每转一转吸入或排出的油液体积取决于密闭容积的变化量。图 2-1 所示单柱塞泵的变化量与柱塞的直径和行程有关。单柱塞泵半个周期吸油、半个周期排油，供油不连续，因此通常选用多个柱塞（三个以上），且均匀分布。

2）液压泵吸油的实质是油箱的油液在大气压的作用下进入具有一定真空度的吸油腔。为防止气蚀，柱塞腔的真空度应小于一定值，因此对吸油管路的液流速度及油液提升高度有一定的限制。吸油腔容积能自动增大的液压泵称为自吸泵。图 2-1 所示的泵，若柱塞上部无弹簧，则无自吸能力。

3）液压泵的排油压力取决于排油管路油液流动所受到的总阻力，即液流的管路损失、元件的压力损失及需要克服的外负载阻力。总阻力越大，排油压力越高。若排油管路直接接回油箱，则总阻力为零，泵排出压力为零，泵的这一工况称为卸载。

4）组成液压泵密闭容积的零件，有的是固定件，有的是运动件。它们之间存在相对运动，因此必然存在间隙（对于图 2-1 所示的泵为柱塞与缸体孔之间的环形缝隙）。当密闭容积排油时，压力油将经此间隙向外泄漏，使实际排出的油液体积减小，其减少的油液体积称为泵的容积损失。

5）为了保证液压泵的正常工作，泵内完成吸、压油的密闭容积在吸油与压油之间相互转换时，将瞬间存在一个既不与吸油腔相通、又不与压油腔相通的闭死的容积。若此闭死容积在转移的过程中大小发生变化，则容积减小时，因液体受挤压而使压力提高；容积增大时又会因无液体补充而使压力降低。这种因存在闭死容积大小发生变化而导致的压力冲击、气蚀、噪声等危害液压泵的性能和寿命的现象，称为液压泵的困油现象，在设计与制造液压泵时应竭力消除与避免。

二、液压泵的主要性能参数

（一）液压泵的压力

（1）吸入压力　泵进口处的压力，自吸泵的吸入压力低于大气压力。

（2）工作压力 p　液压泵工作时的出口压力，其大小取决于负载。

（3）额定压力 p_s　在正常工作条件下，按试验标准连续运转的最高压力。

（二）液压泵的排量、流量和容积效率

1. 排量 V

液压泵每转一转理论上应排出的油液体积，称为泵的排量，又称为理论排量或几何排量，记为 V，常用单位为 cm^3/r。排量的大小仅与泵的几何尺寸有关。

2. 流量

液压泵的流量又分为平均理论流量、实际流量、瞬时理论流量、额定流量。

（1）平均理论流量 q_t　液压泵在单位时间内理论上排出的油液体积，它正比于泵的排量 V 和转速 n，即 $q_t=nV$。常用的单位为 m^3/s 和 L/min。

（2）实际流量 q　液压泵在单位时间内实际排出的油液体积。在泵的出口压力不等于零时，因存在泄漏流量 Δq，因此实际流量 q 小于理论流量 q_t，即 $q=q_t-\Delta q$。

在此，需要指出：当泵的出口压力等于零或进出口压差等于零时，泵的泄漏流量 $\Delta q=0$，即 $q=q_t$。工业生产中将此时的流量等同于理论流量。

（3）瞬时理论流量 q_{sh}　液压泵任一瞬时理论输出的流量。一般液压泵的瞬时理论流量是波动的，即 $q_{sh}\neq q_t$。

（4）额定流量 q_s 液压泵在额定压力、额定转速下允许连续运行的流量。

3. 容积效率 η_V

液压泵的实际流量 q 与理论流量 q_t 的比值称为液压泵的容积效率，可表示为 $\eta_V = q/q_t = (q_t - \Delta q)/q_t$。

（三）液压泵的功率和效率

（1）输入功率 P_i 驱动液压泵轴的机械功率为泵的输入功率，若记输入转矩为 T、角速度为 ω，则 $P_i = T\omega$。

（2）输出功率 P_o 液压泵输出的液压功率，即平均实际流量 q 和工作压力 p 的乘积，$P_o = pq$。

（3）总效率 η 和机械效率 η_m 液压泵的输出功率 P_o 与输入功率 P_i 之比为总效率，即

$$\eta = \frac{P_o}{P_i} = \frac{pq}{T\omega} = \eta_V \eta_m$$

上式中 η_m 为液压泵的机械效率，一台性能良好的液压泵应要求其总效率最高，而不仅是容积效率最高。

（四）液压泵的转速

（1）额定转速 n_s 在额定压力下，能连续长时间正常运转的最高转速，称为液压泵的额定转速。

（2）最高转速 n_{max} 在额定压力下，超过额定转速允许短时间运行的最高转速。

（3）最低转速 n_{min} 正常运转所允许的液压泵的最低转速。

（4）转速范围 最低转速与最高转速之间的区间为液压泵工作的转速范围。

三、液压泵的性能曲线

液压泵的性能常用图 2-2 所示的性能曲线来表示，曲线的横坐标为液压泵的工作压力 p，纵坐标为液压泵的容积效率 η_V（或实际流量 q），总效率 η 和输入功率 P_i。它是液压泵在特定的介质、转速和油温下通过试验作出的。

由图 2-2 所示的性能曲线可看出：液压泵的容积效率 η_V（或实际流量 q）随其工作压力升高而降低，压力为零时容积效率 $\eta_V = 100\%$，实际流量等于理论流量。液压泵总效率 η 随其工作压力升高而升高，接近液压泵的额定压力时总效率 η 最高。

对某些工作转速在一定范围内的液压泵或排量可变的液压泵，为了揭示液压泵整个工作范围内的特性，一般用图 2-3 所示的通用性能曲线表示。曲线的横坐标为液压泵的工作压力 p，纵坐标为液压泵的流量 q、转速 n 或排量 V，图中绘制有液压泵的等效率曲线 η_i，等功率曲线 P_i。

四、液压泵的分类和选用

液压泵按主要运动构件的形状和运动方式分为齿轮泵、叶片泵、柱塞泵、螺杆泵。其中：齿轮泵又分为外啮合齿轮泵和内啮合齿轮泵；叶片泵分为双作用叶片泵、单作用叶片泵和凸轮转子叶片泵；柱塞泵分为径向柱塞泵和轴向柱塞泵；螺杆泵分为单螺杆泵、双螺杆泵和三螺杆泵。

液压泵按排量能否改变分为定量泵和变量泵，其中变量泵可以是单作用叶片泵、径向柱塞泵、轴向柱塞泵。

液压泵按进、出油口的方向是否可变分为单向泵和双向泵，其中单向定量泵和单向变量泵只能一个方向旋转；双向定量泵可以改变泵的转向，变换进、出油口，双向变量泵不仅可以改变泵的转向，而且可以操纵变量机构来变换进、出油口。显然，双向泵具有对称的结构，

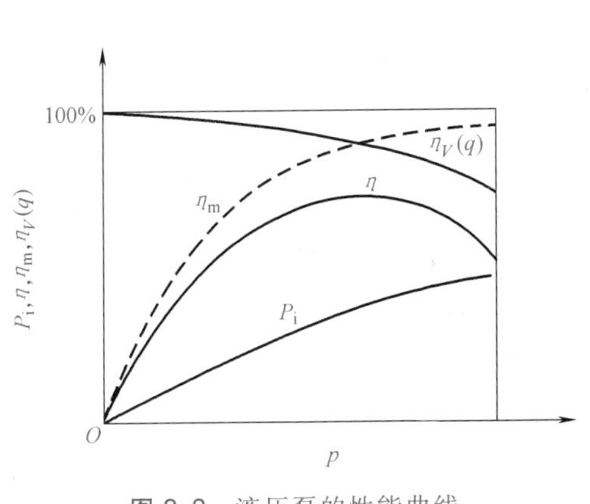

图 2-2 液压泵的性能曲线

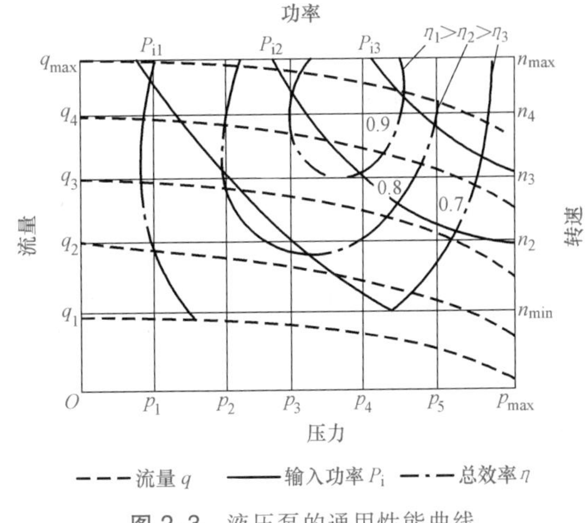

图 2-3 液压泵的通用性能曲线

而单向泵是针对某一转向设计的，为非对称结构。

选用液压泵的原则和根据主要有：

（1）是否要求变量　要求变量时选用变量泵，除此之外，采用变频电动机驱动定量泵，通过改变电动机转速也可以改变泵的输出流量。

（2）工作压力　目前各类液压泵的额定压力都有所提高，但相对而言，柱塞泵的额定压力最高。

（3）工作环境　齿轮泵的抗污染能力最强，因此特别适合于工作环境较差的场合。

（4）噪声指标　属于低噪声的液压泵有内啮合齿轮泵、双作用叶片泵和螺杆泵，后两种泵的瞬时理论流量均匀。

（5）效率　按结构形式分，轴向柱塞泵的总效率最高；而同一种结构的液压泵，排量大的总效率高；同一排量的液压泵，在额定工况（额定压力、额定转速、最大排量）时总效率最高，若工作压力低于额定压力或转速低于额定转速、排量小于最大排量，泵的总效率将下降，甚至下降很多。因此，液压泵应在额定工况（额定压力和额定转速）或接近额定工况的条件下工作。

五、液压泵的图形符号

液压泵的图形符号如图 2-4 所示。

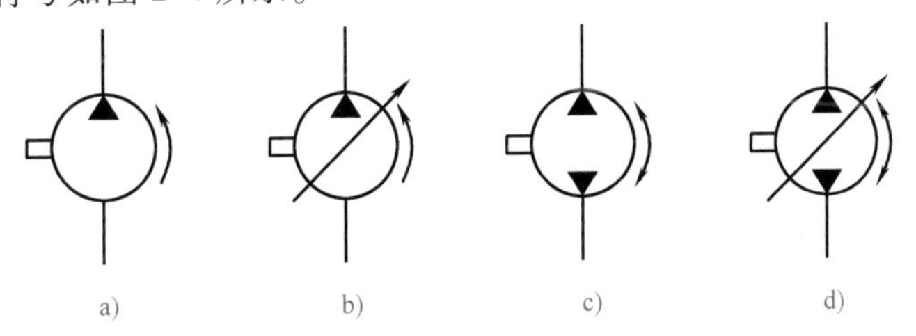

图 2-4 液压泵的图形符号

a）单向定量液压泵　b）单向变量液压泵　c）双向定量液压泵　d）双向变量液压泵

第二节 柱 塞 泵

图 2-1 所示的单柱塞泵因其柱塞沿径向放置而称为径向柱塞泵，又因其吸、压油是通过两个单向阀的开启或关闭实现的而称为阀配流径向柱塞泵。除径向柱塞泵外，还有柱塞轴向

布置的轴向柱塞泵。而实现吸油和压油的方式，除阀配流外，还有配流轴配流和配流盘配流两种。下面介绍几种典型的柱塞泵的结构和工作原理。

一、配流轴式径向柱塞泵

（一）工作原理

在图2-5中，七个柱塞7径向均匀地放置在缸体3的柱塞孔内，因定子8与缸体之间存在一定偏心，因此当传动轴1带动缸体逆时针方向旋转时，位于上半圆的柱塞受定子内圆的约束而向里缩，柱塞底部的密闭容积减小，油液受挤压经配流轴4的压油窗口排出；位于下半圆的柱塞因压环5的强制作用而外伸，柱塞底部的密闭容积增大，形成局部真空，油箱中的油液在大气压的作用下经配流轴的吸油窗口吸入。配流轴上的吸、压油窗口由中间隔离带分开。

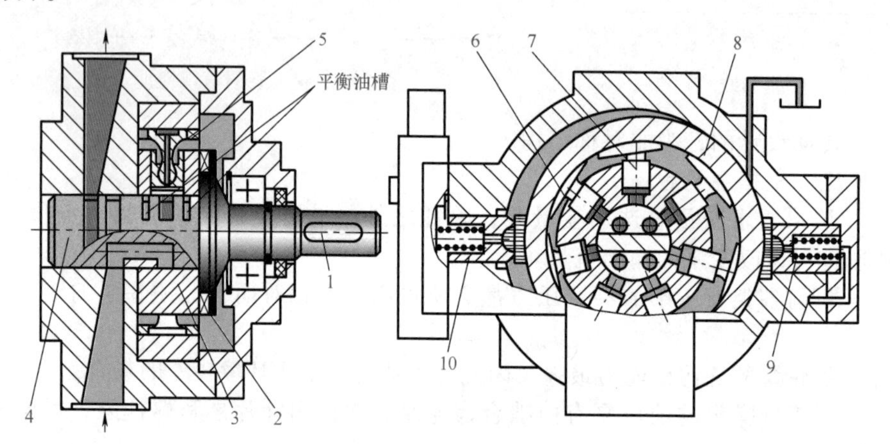

图2-5 配流轴式径向柱塞泵（扫描二维码获得原理动画）

1—传动轴 2—离合器 3—缸体（转子） 4—配流轴 5—压环 6—滑履 7—柱塞 8—定子 9、10—控制活塞

显然，单个柱塞在压油区的行程等于定子偏心距的两倍，因此，泵的排量为

$$V=\frac{\pi d^2}{2}ez \tag{2-1}$$

式中 d——柱塞直径；

e——定子与缸体（转子）之间的偏心距；

z——柱塞数。

（二）结构特点

1）配流轴上吸、压油窗口的两端与吸压油窗口对应的方向开有平衡油槽，用于平衡配流轴上的液压径向力，保证配流轴与缸体之间的径向间隙均匀。

2）柱塞头部增加了滑履6，滑履与定子内圆的接触为面接触，而且接触面实现了静压平衡，接触面的比压很小。

3）可以实现多泵同轴串联，液压装置结构紧凑。

4）改变定子相对于缸体的偏心距 e 可以改变排量。其变量方式灵活，可以具有多种变量形式。

（三）负载敏感变量径向柱塞泵

在图2-6中，液压泵的出口压力油（压力为 p_1）经控制元件 V_2（可以是电液比例换向阀，也可以是手动换向阀）后进入执行元件工作，控制元件 V_2的出口压力 p_2由执行元件的负载决定。因压力为 p_1和 p_2的压力油被分别引到三通阀 V_1的阀芯两端，在三通阀 V_1的阀芯处于受力平衡时，控制元件 V_2前后压差 $(p_1-p_2)=F_t/A$，式中 A 为三通阀 V_1阀芯端面有效作用面积，F_t为阀芯右端弹簧力。若视 F_t不变，则 (p_1-p_2) 为定值（0.2～0.3MPa），即对应于控制元件 V_2一定的开口面积，泵输出一定的流量，定子具有一定的偏心距，定子两侧变量活塞受力平衡。

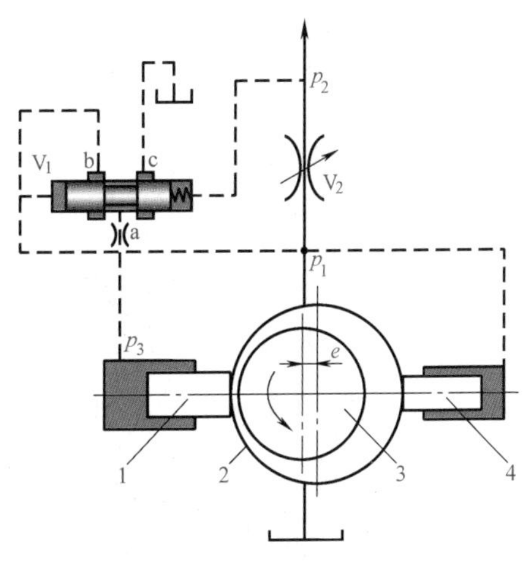

图 2-6 负载敏感变量径向柱塞泵工作原理

1—左变量活塞 2—定子 3—转子 4—右变量活塞

调节控制元件 V_2，如减小其开口面积，则在泵输出流量 q 未变时，控制元件 V_2前后压差 $\Delta p=p_1-p_2$将增大，三通滑阀 V_1的阀芯受力平衡破坏，阀芯右移，开启阀口 a 和 c，左变量活塞缸的压力油与油箱沟通，压力 p_3下降，定子受力平衡破坏，定子向左移动，偏心距 e 减小，泵输出的流量 q 减小，控制元件 V_2前后压差减小，当压差恢复到原来值时，三通阀 V_1阀芯受力重新平衡，阀芯回到中位，阀口 a 和 c 被切断，左变量活塞缸封闭，定子稳定在新的位置，泵输出与控制元件 V_2开口面积相适应的流量，满足执行元件的流量需求。若增大控制元件 V_2的开口面积，类似上面的分析，定子偏心距将增大，泵输出的流量增加。

这种变量形式的液压泵不仅输出的流量适应执行元件的流量需求，而且液压泵的出口压力 p_1随负载压力 p_2变化，因此称为负载敏感变量泵或功率（压力和流量）自适应变量泵。

由于结构上的一些改进，图 2-5 所示的径向柱塞泵的额定压力可达 35MPa，加之变量方式灵活，且可以实现双向变量，因此应用日益广泛。

二、斜盘式轴向柱塞泵

（一）工作原理

在图 2-7a 中，柱塞 7 沿轴向均布在缸体 6 的柱塞孔内，安装在传动轴 9 中空部分的弹簧 8 一方面通过压盘 3 将柱塞头部的滑履 5 压向与轴成一倾角 α 的斜盘 2，另一方面将缸体压向配流盘 10，柱塞底部容积为密闭容积。当原动机通过传动轴带动缸体旋转时，因斜盘的约束反力的作用，位于最远点（上止点）的柱塞在缸体柱塞孔内向里运动，柱塞底部的密闭容积减小，油液经配流盘的压油窗口排出；位于最近点（下止点）的柱塞因弹簧力的作用向外伸，柱塞底部容积增大，油箱内的油液经配流盘的吸油窗口吸入。原动机连续不断地旋转，泵连续不断地吸油和压油。

如果记柱塞直径为 d，缸体柱塞孔分布圆直径为 D，柱塞数为 z，斜盘倾角为 α，则斜盘式轴向柱塞泵的排量为

$$V=\frac{\pi d^2}{4}Dz\tan\alpha \tag{2-2}$$

显然，改变斜盘的倾角 α 可以改变泵的排量。斜盘式轴向柱塞泵的变量方式可以有多种。图 2-7a 所示为手动变量泵，当旋转手轮 15 带动丝杠 14 旋转时，因导向平键的作用，变量活塞 13 将上下移动并通过轴销 12 使斜盘绕其回转中心摆动，改变倾角大小。图示位置斜盘倾角 $\alpha=\alpha_{max}$，轴销距水平轴线的位移 $s=s_{max}$。若记轴销距斜盘回转中心的力臂为 L，则可得 $\tan\alpha_{max}=s_{max}/L$。又由于轴销随同变量活塞一起发生位移，因此轴销的位移即变量活塞的位移 s，于是有 $\tan\alpha=s/L$，代入公式（2-2），则有

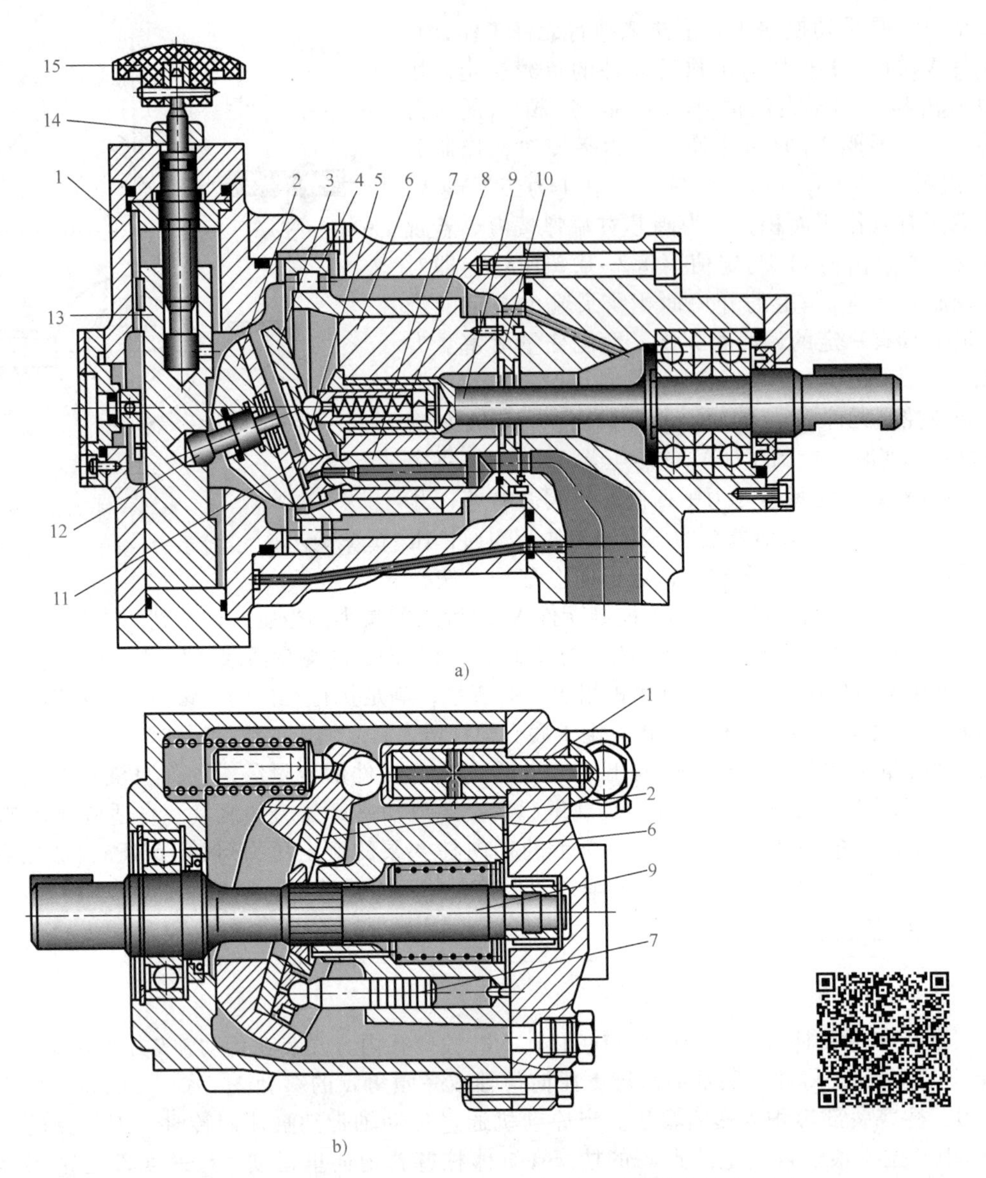

图 2-7 斜盘式轴向柱塞泵结构图（扫描二维码获得原理动画）

a）半轴式 b）通轴式

1—变量机构 2—斜盘 3—压盘 4—缸体外大轴承 5—滑履 6—缸体 7—柱塞 8—弹簧 9—传动轴 10—配流盘 11—斜盘耐磨板 12—轴销 13—变量活塞 14—丝杠 15—手轮

$$V=\frac{\pi d^2}{2}Dz\,\frac{s}{L} \tag{2-3}$$

泵的排量与变量活塞的位移成正比。为使柱塞所受的液压侧向力不致过大，斜盘的最大倾角 $\alpha_{\max}$ 一般小于 18°~20°。

（二）结构特点

1）在构成吸压油腔密闭容积的三对运动摩擦副中，柱塞与缸体柱塞孔之间的圆柱环形间隙加工精度易于保证；缸体与配流盘、滑履与斜盘之间的平面缝隙采用静压平衡，间隙磨损后可以补偿，因此轴向柱塞泵的容积效率较高，额定压力可达 32MPa。

2）为防止柱塞底部的密闭容积在吸、压油腔转换时因压力突变而引起的压力冲击，一般在配流盘吸、压油窗口的前端开设减振槽（孔），或将配流盘顺缸体旋转方向偏转一定角度 γ 放置，如图 2-8 所示。开减振槽（孔）的配流盘可使柱塞底部的密闭容积在离开吸油腔（压油腔）时先通过减振槽（孔）与压油腔（吸油腔）缓慢连通，压力逐渐上升（下降），然后接通压油腔（吸油腔）；配流盘偏转一定角度放置可利用一定的封闭角度使离开吸油腔（压油腔）的柱塞底部的密闭容积实现预压缩（预膨胀），待压力升高（降低）接近或达到压油腔（吸油腔）压力时再与压油腔（吸油腔）连通。在采取上述措施之后可有效减缓压力突变、减小振动、降低噪声，但因为它们都是针对泵的某一旋转方向而采取的非对称措施，因此泵轴旋转方向不能任意改变。如要求泵反向旋转或双向旋转，则需要更换配流盘或与生产厂家联系。

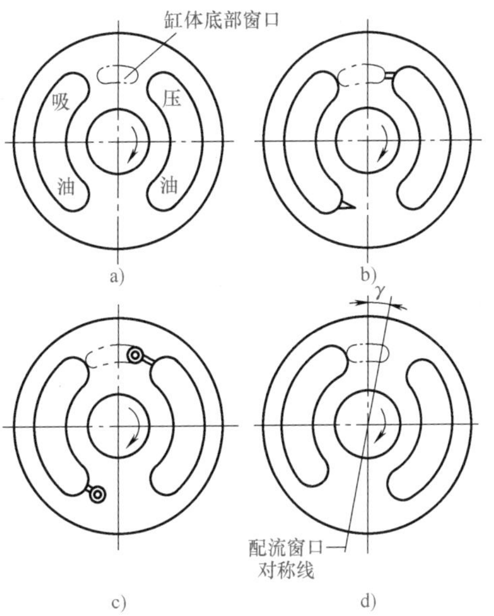

缸体底部窗口
吸
压
油
油
配流窗口对称线

图 2-8　配流盘的结构
a）对称结构　b）减振槽　c）减振孔　d）偏转结构

3）泵内压油腔的高压油经三对运动摩擦副的间隙泄漏到缸体与泵体之间的容腔后，再经泵体上方的泄漏油口直接引回油箱，这不仅可保证泵体内的油液为零压，而且可随时将热油带走，保证泵体内的油液不致过热。

4）图 2-7a 所示斜盘式轴向柱塞泵的传动轴仅前端由轴承直接支承，另一端则通过缸体外大轴承支承，其变量斜盘装在传动轴的尾部，因此又称其为半轴式或后斜盘式。图 2-7b 所示为通轴式或前斜盘式轴向柱塞泵，其传动轴两端均由轴承直接支承，变量斜盘装在传动轴的前端。

5）斜盘式轴向柱塞泵以及前面介绍的径向柱塞泵和后面介绍的斜轴式轴向柱塞泵的瞬时理论流量随缸体的转动而周期性变化，其变化频率与泵的转速和柱塞数有关。由理论推导知：柱塞数为奇数时的脉动小于为偶数时的脉动，因此柱塞泵的柱塞取为奇数，一般为 5、7 或 9。

三、斜轴式无铰轴向柱塞泵

（一）工作原理

在图 2-9 中，斜轴式轴向柱塞泵的缸体轴线与传动轴不在一条直线上，它们之间存在一个摆角 β。柱塞 3 与传动轴 1 之间通过连杆 2 连接，传动轴不是通过万向铰，而是通过连杆拨动缸体 4 旋转的（故称无铰泵），同时强制带动柱塞在缸体孔内做往复运动，实现吸油和压油，其排量公式与斜盘式轴向柱塞泵完全相同，用缸体的摆角 β 代替公式中的斜盘倾角 α 即可。

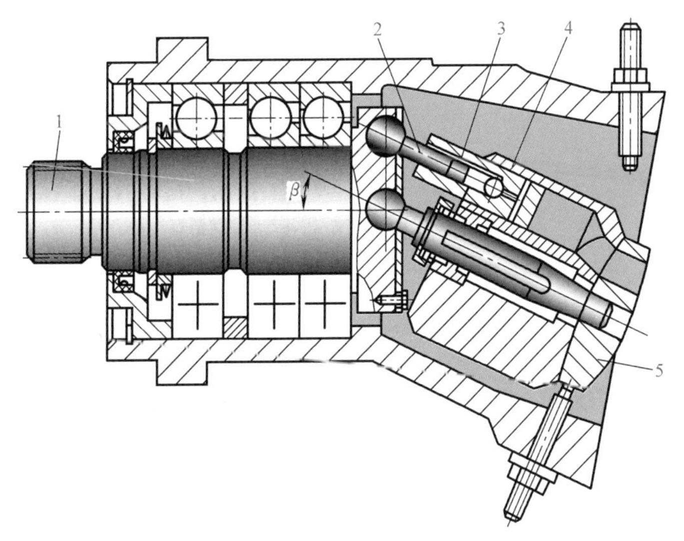

图 2-9　斜轴式无铰轴向柱塞泵
1—传动轴　2—连杆　3—柱塞　4—缸体　5—配流盘

（二）恒功率变量轴向柱塞泵

与斜盘式轴向柱塞泵相同，斜轴式轴向柱塞泵可通过改变缸

体的摆角 β 改变排量，其变量方式大致相同。这里介绍的恒功率变量原理具有普遍意义。

在图 2-10a 中，变量活塞 9 的上腔油室常通泵的压油腔，同时经固定阻尼孔进入控制活塞 3 的油腔。内弹簧 5 和外弹簧 6 为双弹簧，其中内弹簧 5 的安装高度与弹簧座之间的距离为 s_p，弹簧 8 位于伺服阀 7 的下端。当作用在控制活塞 3 的液压力大于外弹簧 6 和弹簧 8 的预压缩力之和时，控制活塞推动伺服阀阀芯向下移，连通油口 a 与 b，压力油进入变量活塞下腔。因变量活塞下腔的有效作用面积大于上腔，导致变量活塞向上运动，一方面通过拨销 2 带动配流盘 1 和缸体 10 一起绕 O 点摆动，减小缸体摆角 β；另一方面由拨销反馈压缩外弹簧 6 并使控制活塞和伺服阀芯上移复位，关闭油口 a 和 b。此时，作用在控制活塞上的液压力与弹簧力平衡，变量活塞稳定在一定位置，缸体具有一定的摆角，泵输出一定的流量。若泵的出口压力继续升高，控制活塞上所受液压力将进一步增大，重复上述过程，使泵输出的流量随压力增大而减小。当变量活塞上移的行程等于 s_p时，内弹簧 5 参与工作，即作用在控制活塞上的液压力与内弹簧 5、外弹簧 6、弹簧 8 的合力相平衡，变量活塞上移行程等于 s_p，为变量特性曲线上的拐点，如图 2-10b 所示。图 2-10b 中直线Ⅰ的斜率由外弹簧 6 刚度决定，直线Ⅱ的斜率由内、外弹簧的合成刚度决定，弹簧 8 的预压缩量则用来使曲线 BCD 在水平方向平移。由曲线可以看到，泵的出口压力 p 与输出流量 q 的乘积近似为常数，因此称这种变量方式为恒功率变量。

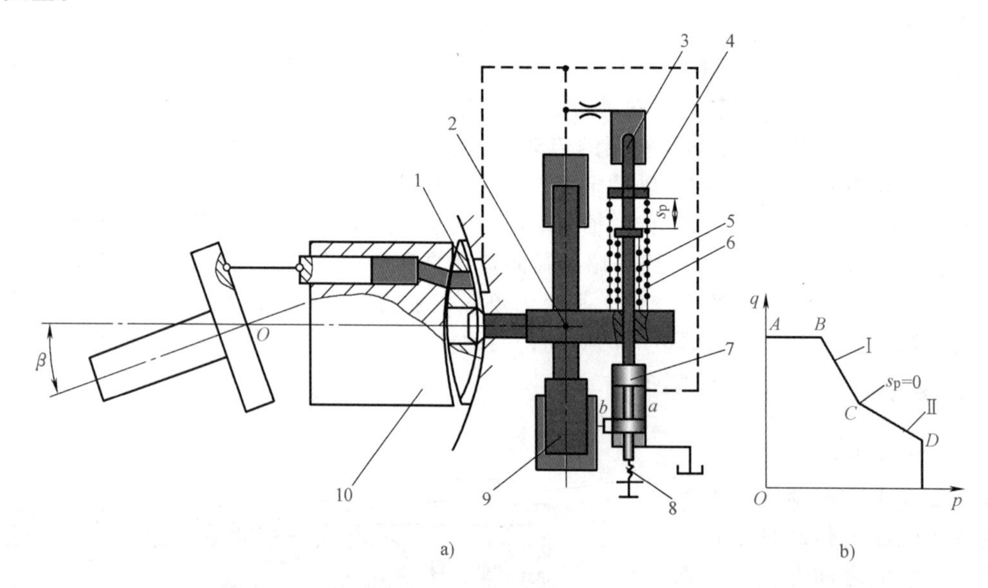

图 2-10 恒功率变量机构

a）原理图 b）特性曲线

1—配流盘 2—拨销 3—控制活塞 4—弹簧座 5—内弹簧 6—外弹簧 7—伺服阀 8—弹簧 9—变量活塞 10—缸体

斜轴式无铰轴向柱塞泵因柱塞通过连杆拨动缸体，缸体与传动轴为无铰连接，因此柱塞不承受侧向力，柱塞受力状态较斜盘式轴向柱塞泵好，这不仅可以通过增大摆角（$\beta_{max}=25°$）增大泵的流量，而且耐冲击性能好、寿命长，特别适用于工作环境比较恶劣的冶金、矿山机械液压系统。

第三节 叶 片 泵

叶片泵分为单作用叶片泵和双作用叶片泵两种，前者一般为变量泵，后者为定量泵。

一、双作用叶片泵

双作用叶片泵因转子旋转一周，叶片在转子叶片槽内滑动两次，完成两次吸油和两次压油而得名。

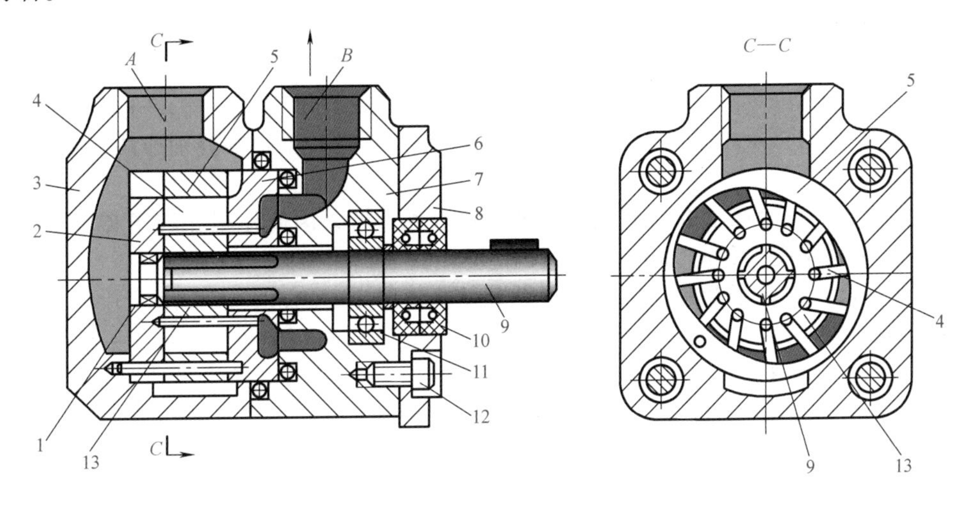

图 2-11　双作用叶片泵的结构图

1、11—轴承　2—左配流盘　3—后泵体　4—叶片　5—定子　6—右配流盘　7—前泵体　8—端盖　9—传动轴　10—防尘圈　12—螺钉　13—转子

(一) 工作原理

图 2-11 为双作用叶片泵的结构图，其主要零件包括传动轴 9、转子 13、定子 5，左配流盘 2、右配流盘 6、叶片 4、前泵体 7、后泵体 3 等。由定子的内环、转子的外圆和左、右配流盘组成的密闭容积被叶片分割为图 2-12 所示的四部分。当传动轴带动转子旋转时，位于转子叶片槽内的叶片在离心力的作用下向外甩出，紧贴定子内表面随转子旋转。定子的内环由两段大半径圆弧（圆心角为 β_1）、两段小半径圆弧（圆心角为 β_2）和四段过渡曲线（范围角为 β）组成。因为存在半径差，因此随着转子顺时针方向旋转（图 2-12），由叶片 1 和 3、叶片 5 和 7 所分割的两部分密闭容积减小；由叶片 7 和 1、叶片 3 和 5 所分割的两部分密闭容积增大。容积减小时受挤压的油液经配流盘压油窗口 12 和 14 排出，容积增大时形成真空，油箱内的油液在大气压作用下经配流盘吸油窗口 13 和 11 吸油，传动轴每转一转排出的油液体积即为双作用叶片泵的排量

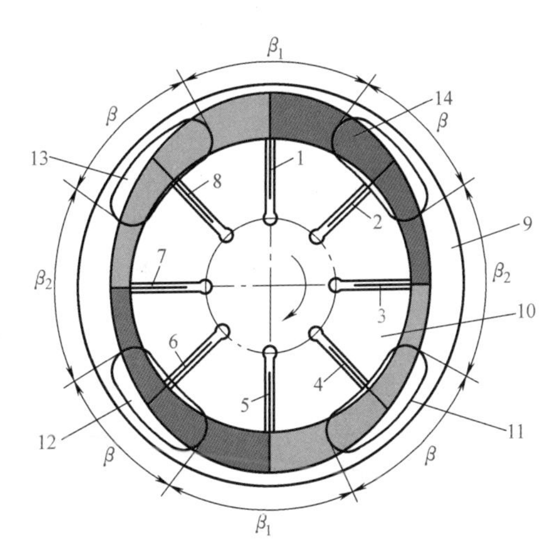

图 2-12　双作用叶片泵的工作原理图

1、2、3、4、5、6、7、8—叶片　9—定子　10—转子　11、13—配流盘吸油窗口　12、14—配流盘压油窗口

$$V=2\pi B(R^2-r^2)-\frac{2zBS(R-r)}{\cos\theta} \tag{2-4}$$

式中　R、r——定子圆弧段的大、小半径；

B——转子的宽度；

S——叶片的厚度；

z——叶片数；

θ——叶片槽相对于径向的倾斜角。

式（2-4）右边第二项为叶片槽根部全部通压力油对排量的影响部分。当双作用叶片泵的叶片槽根部全部通压力油后，每个叶片在定子的吸油腔过渡曲线段滑动时，因叶片外伸，压油腔需向其叶片根部补充一定油液，体积为 $(R-r)SB/\cos\theta$，而转子旋转一周，每个叶片两次位于吸油腔，因此使泵的排量总减少量为 $2zBS(R-r)/\cos\theta$。若叶片槽根部分别通油，则此项为零。

（二）结构特点

1）因配流盘的两个吸油窗口和两个压油窗口对称布置，因此作用在转子和定子上的液压径向力平衡，轴承承受的径向力小，寿命长。

2）为保证叶片在转子叶片槽内自由滑动并始终紧贴定子内环，双作用叶片泵一般采用叶片槽根部全部通压油腔的办法。采取这种措施后，位于吸油区的叶片便存在一个不平衡的液压力 $F=pBS$，转子高速旋转时，叶片顶部在该力的作用下刮研定子的吸油腔部，造成磨损，影响泵的寿命和额定压力的提高。要提高双作用叶片泵的额定压力，则必须采取措施，保证作用在叶片上的不平衡液压力不因额定压力的提高而随之增大，具体的措施有：

① 减小通往吸油区叶片根部的油液压力。采取这种措施的前提是叶片槽根部分别通油，即压油区的叶片槽根部通压油腔，吸油区的叶片槽根部与压油腔之间串联一减压阀或阻尼槽，使压力腔的压力油经减压后再与叶片槽根部相通。这样在泵的出口压力提高后，作用在吸油区叶片上的液压力并不随着增大，只保持需要值。

② 减小吸油区叶片根部的有效作用面积。图2-13所示为几种高压叶片泵的叶片结构图，其中：图2-13a所示为阶梯式叶片泵，图2-13b所示为子母叶片泵，图2-13c所示为柱销式叶片泵。它们的叶片槽根部均被分为两个油室 x 和 y，其中油室 y 常通压油腔，油室 x 经油道始终与叶片背面的油腔相通。于是，位于压油区的叶片两端压力平衡，位于吸油区的叶片根部承受高压的面积减小，如阶梯式叶片泵的有效作用面积 $A=BS'$，$S'=(0.3\sim0.5)S$；子母叶片泵的有效作用面积 $A=B'S$，$B'=(0.3\sim0.5)B$；柱销式叶片泵的有效作用面积 $A=\pi d^2/4$，d 为柱销直径，约为5mm。由于有效作用面积减小，这三种泵的额定压力最高已达28MPa。

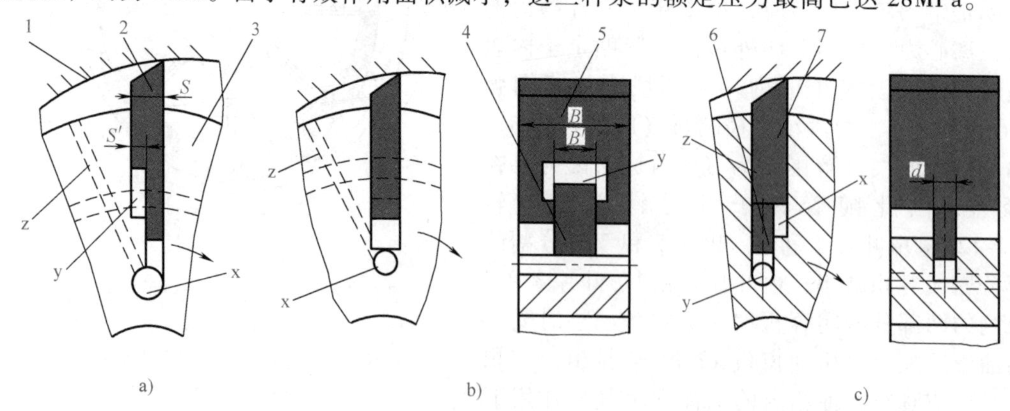

图2-13 高压叶片泵叶片结构

a）阶梯式叶片 b）子母叶片 c）柱销式叶片

1—定子 2—阶梯叶片 3—转子 4—子叶片

5—母叶片 6—柱销 7—叶片

3）如果记叶片在过渡曲线段任一瞬时的相对滑移速度为 v_i，位于吸油区过渡曲线段叶片

数为 m，则双作用叶片泵在叶片槽根部全部通压力油后，位于吸油区所有叶片的叶片槽根部瞬时需补充的流量 $\Delta q_{sh}=\sum_{i=1}^{m}SBv_i/\cos\theta$，由此可得双作用叶片泵的瞬时理论流量为

$$q_{sh}=mB(R^2-r^2)-\frac{2BS}{\cos\theta}\sum_{i=1}^{m}v_i \tag{2-5}$$

显然，要使双作用叶片泵的瞬时理论流量均匀，需要使式（2-5）中的 $\sum_{i=1}^{m}v_i=$常数，这可以通过合理选择定子的过渡曲线形状及叶片数予以实现。经理论推导，若过渡曲线采用对称的等加（减）速运动抛物线，叶片数应取 $z=2(2n+1)$，$n=1$ 时，$z=12$；若过渡曲线采用非对称的等加（减）速运动抛物线，叶片数应取 $z=4(3n+1)$，$n=1$ 时，$z=16$。由于双作用叶片泵瞬时理论流量均匀，因此噪声低，特别适用于要求低噪声的液压设备。

4）在图 2-12 中，为保证双作用叶片泵正常工作，由叶片 1（3）和 7（5）所围成的吸油腔在容积增至最大时，叶片 1（3）与 8（4）之间的容积应先脱离吸油腔，形成闭死容积后转移到压油腔；同理由叶片 1（5）和 3（7）所围成的压油腔在容积减至最小时，叶片 2（6）和 3（7）之间的容积应先脱离压油腔，形成闭死容积后转移到吸油腔。由于此转移过程正好处于定子的大小半径圆弧段，因此设计制造双作用叶片泵时，取大小半径圆弧段的范围角 β_1、β_2 大于或等于两叶片间的夹角 $\alpha=2\pi/z$，以保证闭死容积转移时容积大小不发生变化，即双作用叶片泵不存在困油现象。

5）由于双作用叶片泵的工作压力较高，为避免两叶片间的闭死容积在吸、压油腔之间转移时，因压力突变而引起压力冲击，导致叶片的撞击噪声，一般在配流盘的吸、压油窗口的前端开有三角形减振槽，如图 2-14 所示。三角尖槽与配流窗口尾端之间的封油角 $\alpha_1\leqslant\alpha$。配流窗口前端开有减振槽的双作用叶片泵则不允许反转。

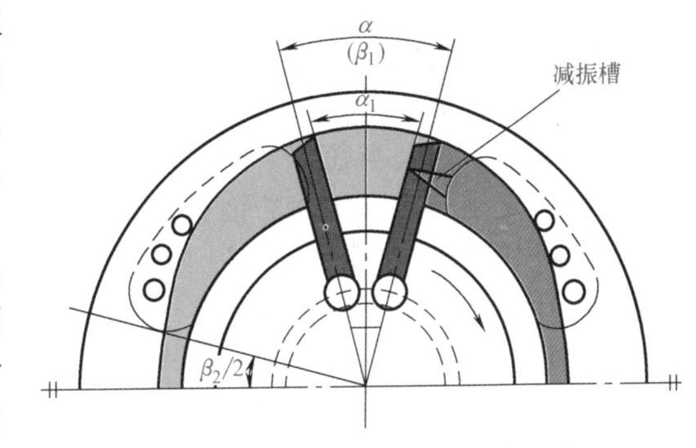

图 2-14　配流盘的封油角与减振槽

6）目前大多数双作用叶片泵的转子叶片槽沿转子的旋转方向向前倾斜 $\theta=13°$，采取这一措施的初衷是减小叶片与定子曲线法线之间的夹角，从而减小定子过渡曲线内表面和叶片头部接触反力的垂直分力，以减小叶片与叶片槽侧壁的摩擦力，保证叶片的自由滑动。但后来的实践表明，采用 $\theta=0°$ 或 $-13°$，均对泵的性能没什么影响。因此，为简化加工工艺，有的转子叶片槽采用了径向布置，而多数双作用叶片泵仍沿用传统工艺保留了 $\theta=13°$。

7）在叶片数确定后，定子过渡曲线段的范围角（吸、压油窗口范围角）$\beta=\frac{\pi}{2}-\frac{2\pi}{z}$，有的叶片泵为了扩大吸、压油窗口的过流面积，采取了在定子上开通孔（图 2-14）和在转子两端倒坡度角的措施。

二、单作用叶片泵

单作用叶片泵转子每转一周，吸、压油各一次。

（一）工作原理

单作用叶片泵的工作原理图如图 2-15 所示。与双作用叶片泵相同，密闭容积由定子 1 的内环、转子 4 的外圆和左、右配流盘（图中未画出）组成。所不同的是单作用叶片泵的定子

内环为圆形，只是其几何中心 O' 与转子的旋转中心 O 之间存在一个偏心距 e；配流盘上只有一个吸油窗口和一个压油窗口，由定子、转子、配流盘组成的密闭容积被叶片分割为独立的两部分。另外，单作用叶片泵的叶片槽根部采用的通油方式为分别通油，即位于吸油区的叶片根部通吸油腔，位于压油区的叶片根部通压油腔。采用分别通油后，作用在叶片两端的液压力相等，叶片的外伸完全依靠离心力。

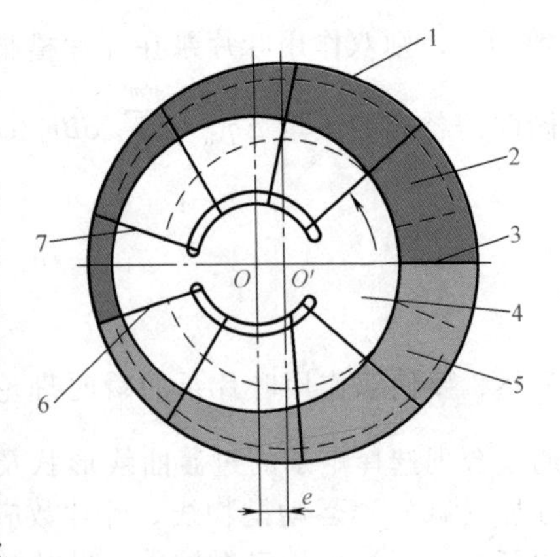

图 2-15 单作用叶片泵工作原理图
1—定子 2—压油窗口 3、6、7—叶片 4—转子 5—吸油窗口

当传动轴带动转子如图示方向旋转时，叶片因离心力的作用紧贴定子内圆。于是，由叶片 3 和 6 所分割的密闭容积因叶片 3 的矢径大于叶片 6 的矢径而增大，形成局部真空，油箱内的油液经配流盘的吸油窗口吸入；由叶片 7 和 3 所分割的密闭容积因叶片 7 的矢径小于叶片 3 的矢径而减小，油液受挤压由配流盘的压油窗口排出。转子每旋转一周，叶片往复滑动一次，泵完成一次吸油和一次压油，其排量为

$$V = 4BzRe\sin\frac{\pi}{z} \tag{2-6}$$

式中 B——转子的轴向宽度（叶片宽度）；

z——叶片数；

R——定子内圆半径；

e——定子与转子之间的偏心距。

与双作用叶片泵的排量公式（2-4）比较，可知：

1）单作用叶片泵可以通过改变定子的偏心距 e 来调节排量和流量。

2）单作用叶片泵因叶片槽根部分别通油，位于吸油区的叶片外伸时不需要压油腔补油，因此叶片厚度对泵的排量无影响。

3）因单作用叶片泵的定子内环为偏心圆，因此转子转动时，叶片的矢径为转角的函数，即组成密闭容积的叶片矢径差是变化的，瞬时理论流量是脉动的。为此，单作用叶片泵的叶片数取奇数，以减小流量脉动率。

（二）限压式变量叶片泵的变量原理

图 2-16 为限压式变量叶片泵的结构图，图 2-17a 为其简化原理图。如图 2-17a 所示，在定子的左侧作用有一弹簧 2（刚度为 K，预压缩量为 x_0）；右侧有一控制活塞 1（有效作用面积为 A），控制活塞油室常通泵的出口压力油 p。作用在控制活塞上的液压力 $F=pA$ 与弹簧力 $F_t=Kx_0$ 相比较。当 $F<F_t$ 时，定子处于右极限位置，偏心距最大，即 $e=e_{max}$，泵输出最大流量。若泵的出口压力 p 因工作负载增大而升高，导致 $F>F_t$，定子将向偏心距减小的方向移动，位移为 x。定子的移动一方面使泵的排量（流量）减小，另一方面使左侧的弹簧进一步受压缩，弹簧力增大为 $F_t=K(x_0+x)$。当液压力与弹簧力相等时，定子平衡在某一个偏心距（$e=e_{max}-x$）下工作，泵输出一定的流量。泵的出口压力越高，定子的偏心越小，泵输出的流量越小。其特性曲线如图 2-17b 所示。

在图 2-17b 所示的特性曲线中，B 点为拐点，对应的压力 $p_B=Kx_0/A$；C 点处的压力为极限压力 $p_C=K(x_0+e_{max})/A$。在 AB 段，作用在控制活塞上的液压力小于弹簧的预压缩力，定子偏心距 $e=e_{max}$，泵输出最大流量。同时，因为随着压力增高，泵的泄漏量增加，实际输出流量减小，因此线段 AB 略为向下倾斜。在拐点 B 之后，泵的输出流量随出口压力的升高而自动减小，如曲线 BC 所示，曲线 BC 的斜率与弹簧的刚度有关。到 C 点，泵的输出流量为零。

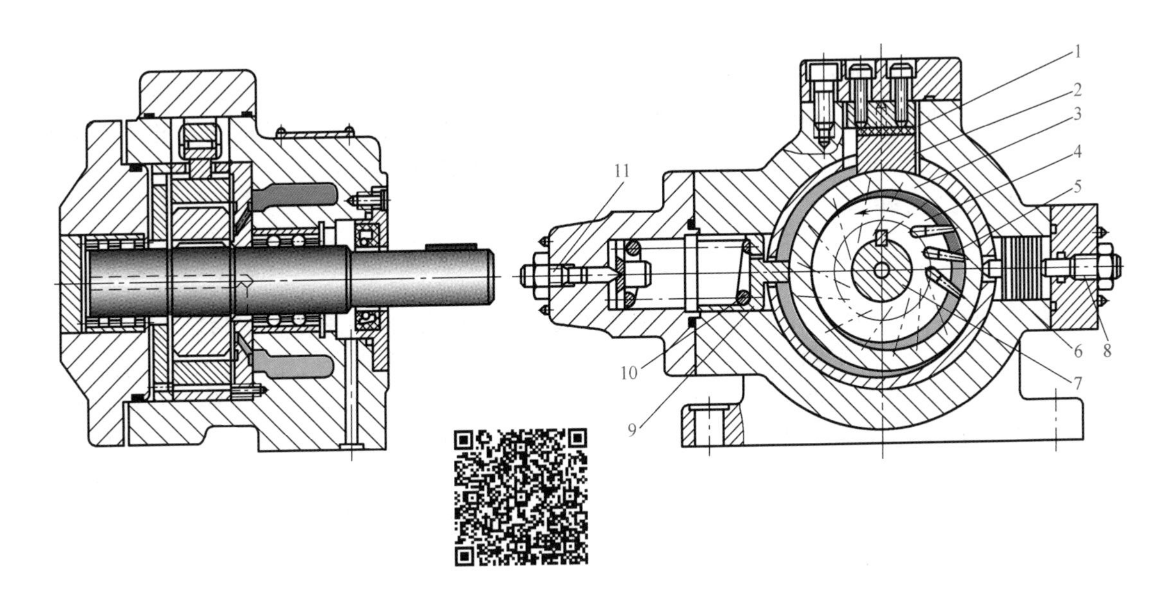

图 2-16　限压式变量叶片泵的结构图（扫描二维码获得动画）
1—滚针　2—滑块　3—定子　4—转子　5—叶片　6—控制活塞　7—传动轴
8—最大流量调节螺钉　9—弹簧座　10—弹簧　11—压力调节螺钉

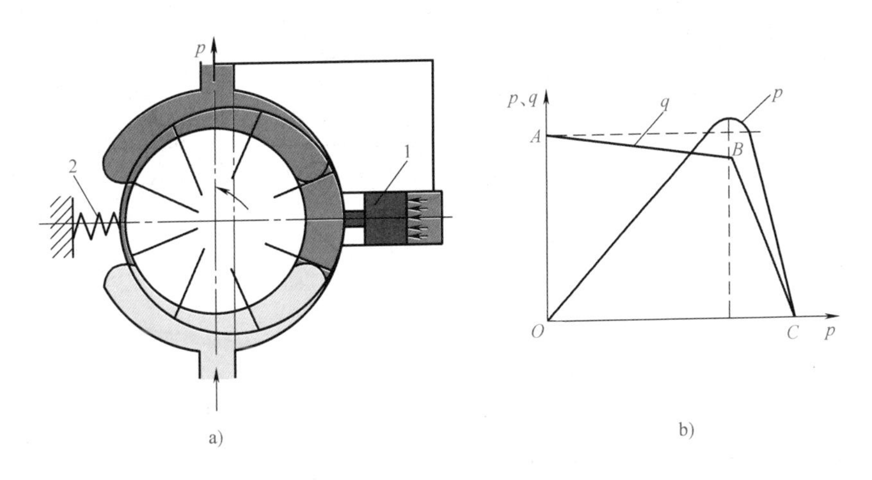

图 2-17　限压式变量泵原理
a）简化原理图　b）特性曲线
1—控制活塞　2—弹簧

调节图 2-16 中的压力调节螺钉 11 可以改变弹簧的预压缩量 x_0，即改变特性曲线中拐点 B 处的压力 p_B的大小，曲线 BC 沿水平方向平移。调节定子右边的最大流量调节螺钉 8，可以改变定子的最大偏心距 e_{max}，即改变泵的最大流量，曲线 AB 上下移动。由于泵的出口压力升至 C 点处的压力 p_C时，泵的输出流量等于零，压力不会再增加，泵的最高压力限定为 p_C，因此将其命名为限压式变量泵。

综上所述，限压式变量泵以及负载敏感变量泵、恒功率变量泵都是通过系统压力（压差）的反馈作用来自动调节泵的排量（流量）的，因此又总称为压力补偿变量泵。

第四节 齿 轮 泵

齿轮泵是利用齿轮啮合原理工作的，根据啮合形式不同分为外啮合齿轮泵和内啮合齿轮泵两种。因螺杆的螺旋面可视为齿轮曲线做螺旋运动所形成的表面，螺杆的啮合相当于无数个无限薄的齿轮曲线的啮合，因此将螺杆泵放在本节与齿轮泵一起介绍。

一、外啮合齿轮泵

（一）工作原理

图2-18所示的外啮合齿轮泵由一对几何参数完全相同的齿轮6、长轴12、短轴15、泵体7、前盖板8、后盖板4等主要零件组成。图2-19为其工作原理图，两啮合的轮齿将泵体、前后盖板和齿轮包围的密闭容积分成两部分，当原动机通过长轴（传动轴）带动主动齿轮、从动齿轮如图示方向旋转时，因啮合点C的啮合半径R_C小于齿顶圆半径R_e，轮齿进入啮合的一侧密闭容积减小，经压油口排油，退出啮合的一侧密闭容积增大，经吸油口吸油。吸油腔所吸入的油液随着齿轮的旋转被齿谷空间转移到压油腔，齿轮连续旋转，泵连续不断地吸油和压油。

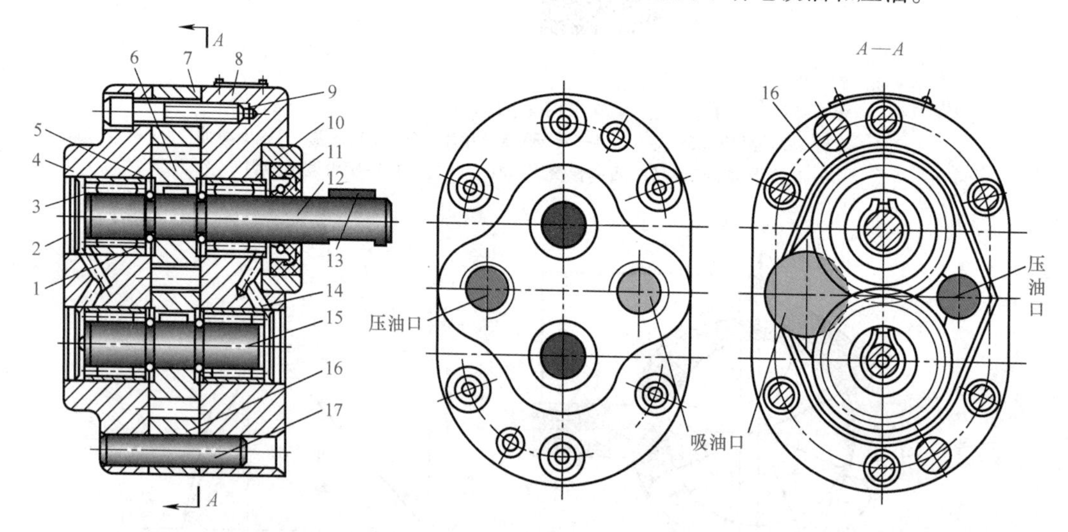

图2-18 外啮合齿轮泵的结构图

1—弹簧挡圈 2—压盖 3—滚针轴承 4—后盖板 5—键 6—齿轮 7—泵体 8—前盖板 9—螺钉 10—密封座 11—密封环 12—长轴 13—键 14—泄油通道 15—短轴 16—卸荷沟 17—圆柱销

如上所述，外啮合齿轮泵密闭容积的变化是因为啮合点半径R_C小于齿顶圆半径R_e所致，而齿轮在啮合转动时，啮合点的半径R_C是随齿轮转角而周期变化的（变化周期为$2\pi/z$）。若瞬时最大流量为q_{max}，最小流量为q_{min}，平均流量为q_p，则泵的瞬时理论流量脉动系数表示为

$$\delta_q=\frac{q_{max}-q_{min}}{q_p} \tag{2-7}$$

δ_q值随齿数增多而减小。

齿轮泵的排量可根据轮齿齿谷的面积$A=\pi m^2$得到

$$V=2\pi zm^2B \tag{2-8}$$

式中 z——齿数；

m——齿轮模数；

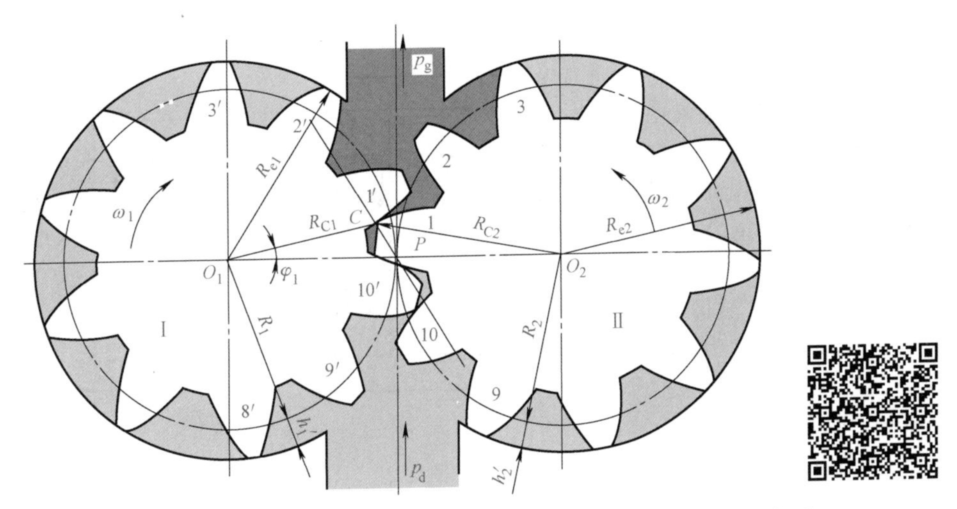

图 2-19　外啮合齿轮泵的工作原理图（扫描二维码获得原理动画）

B——齿宽。

由公式可以看到，齿轮泵的排量 V 与齿轮模数 m 的平方成正比，与齿数 z 的一次方成正比。因此，在齿轮节圆直径 $D_j=mz$ 一定时，增大模数 m，减少齿数 z 可以增大泵的排量，因为这一原因，齿轮泵的齿数一般较少，为避免因齿数少而产生根切，需对齿轮进行修正。修正后的齿轮实际中心距（或节圆直径）$A=D_j=(z+1)m$，齿顶圆直径 $D_e=(z+3)m$。

（二）结构特点

1. 降低齿轮泵的噪声

齿轮泵产生噪声的一个主要根源来自流量脉动，为减小齿轮泵的瞬时理论流量脉动，可同轴安装两套齿轮，每套齿轮之间错开半个齿距，两套齿轮之间用一平板相互隔开，组成共同吸油和压油的两个分离的齿轮泵，由于两个泵的脉动错开了半个周期，各自的脉动量相互抑制，因此，总的脉动量大大减小。

2. 泄漏与间隙补偿措施

在形成齿轮泵密闭容积的零件中，齿轮为运动件，泵体和前后盖板为固定件。运动件与固定件之间存在两处间隙：齿轮端面与前后盖板之间的端面间隙，齿顶圆与泵体内圆之间的径向间隙。此外，还存在轮齿啮合处的啮合间隙。因为存在间隙，而且泵的吸、压油腔之间存在压差，因此必然存在缝隙流动，即泄漏。泄漏量的大小与间隙的三次方成正比，与压差的一次方成正比。上述三处间隙中，端面间隙泄漏最大，对未采取间隙补偿的齿轮泵，端面间隙泄漏量占总泄漏量的 80%~85%，径向间隙泄漏量占 10%~15%，其余为齿轮啮合处的泄漏。如何提高齿轮泵的额定压力，并保证其具有较高的容积效率一直是齿轮泵生产和研究中的一个重要课题。

在图 2-18 中，由前、后盖板与齿轮端面形成的端面间隙一方面因加工工艺和装配工艺的限制，间隙值不可能很小，另一方面磨损后间隙会越来越大，因此只适用于低压。针对这一问题，高压齿轮泵在齿轮与前、后盖板之间增加了一个补偿零件，如浮动轴套或浮动侧板，由它们与齿轮端面配合以形成尽可能小的间隙，该补偿件在磨损后可以随时补偿间隙。图 2-20 所示为浮动轴套端面间隙补偿原理。在支承齿轮轴的右轴套的外端面引入压力油，形成一个液压压紧力 F_1，该力将轴套压向齿轮端面，同时齿轮端面与轴套内端面之间的压力流场对轴套形成一个反推力 F_f。设计时取压紧力 F_1 略大于反推力 F_f，压紧力合力的作用线尽可能接近或重合于反推力的合力作用线。这样由间隙油膜承受压紧力与反推力的差值，实现间隙的自动补偿，使轴套与齿轮端面的间隙保持最佳值，泵的泄漏小，容积效率高。

3. 液压径向力及其平衡措施

如前所述，位于吸油区的齿谷在装满油液后随着齿轮的旋转被带到压油区，在转移过程中齿谷内的油液由吸油区的低压逐步增大到压油区的高压，如图2-21所示。近似计算可得到齿轮轴上液压径向力和轮齿啮合力的合力

$$F = KpBD_e \tag{2-9}$$

式中　K——系数，对主动齿轮，K=0.75，对从动齿轮，K=0.85；

p——压油腔的压力；

B——齿轮宽度；

D_e——齿顶圆直径。

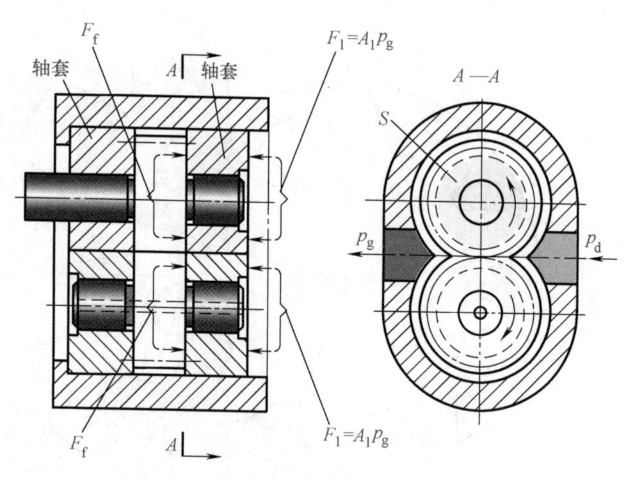

图2-20　浮动轴套端面间隙补偿原理

作用在齿轮轴上的液压径向力，不仅直接影响轴承的寿命，而且使齿轮轴变形，导致齿顶刮削泵体内圆。这一危害随着齿轮泵压力的提高而加剧，因此必须采取相应的措施以平衡液压径向力。

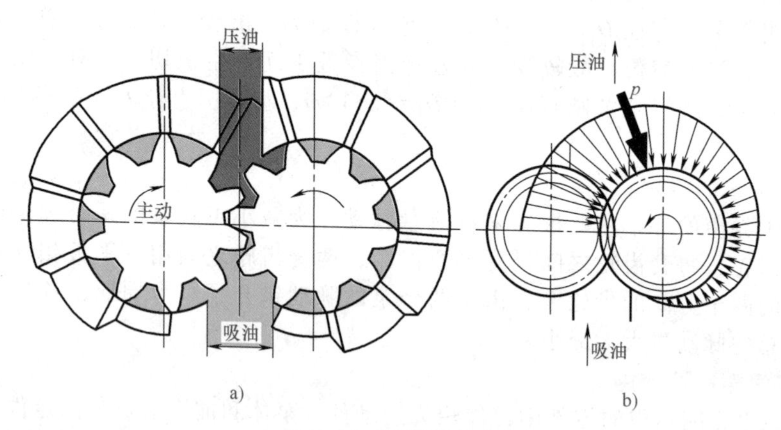

图2-21　液压径向力

图2-22所示为液压径向力平衡措施之一，在盖板上开设平衡槽A、B，使它们分别与低、高压腔相通，产生一个与吸油腔和压油腔对应的液压径向力，起平衡作用。还有的齿轮泵采用扩大压油腔（吸油腔）的办法，即只保留靠近吸油腔（压油腔）的1~2个齿起密封作用，而大部分圆周的压力等于压油腔（吸油腔）的压力，于是对称区域的径向力得到平衡，减小了作用在轴承上的径向力。

需要说明的是，上述两种平衡径向力的方案均会导致齿轮泵径向间隙密封长度缩短，径向间隙泄漏增加。因此，对高压齿轮泵，平衡液压径向力必须与提高容积效率同时兼顾。

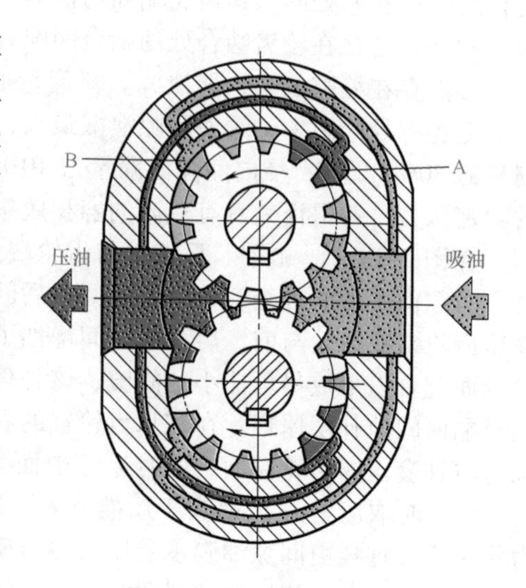

图2-22　径向力平衡措施

4. 困油现象与卸荷措施

由齿轮泵工作原理可知，吸油腔吸满液体的齿谷在离开吸油腔后，随齿轮的旋转而转移到压油腔，虽然在此转移的过程中，齿谷内的液体容积大小不会发生变化，但是为了保证齿轮传动的平稳性，齿轮泵的齿轮重合度 ε 必须大于 1（一般 $\varepsilon=1.05\sim1.10$），即在前一对轮齿尚未脱开啮合之前，后一对轮齿已经进入啮合。在两对轮齿同时啮合时，它们之间将形成一个与吸、压油腔均不相通的闭死容积，如图 2-23 所示。此闭死容积随着齿轮的旋转，先由大变小，后由小变大。因闭死容积形成之前与压油腔相通，因此容积由大变小时油液受挤压经缝隙溢出，不仅使压力增高，齿轮轴承受周期性的压力冲击，而且导致油液发热。在容积由小变大时，又因无油液补充而产生真空，引起气蚀和噪声。这种因闭死容积大小发生变化导致压力冲击和气蚀、困油的现象，将严重影响泵的使用寿命，因此必须予以消除。常用的方法是在泵的前、后盖板或浮动轴套（浮动侧板）上开卸荷槽（图 2-24），两卸荷槽之间的距离为

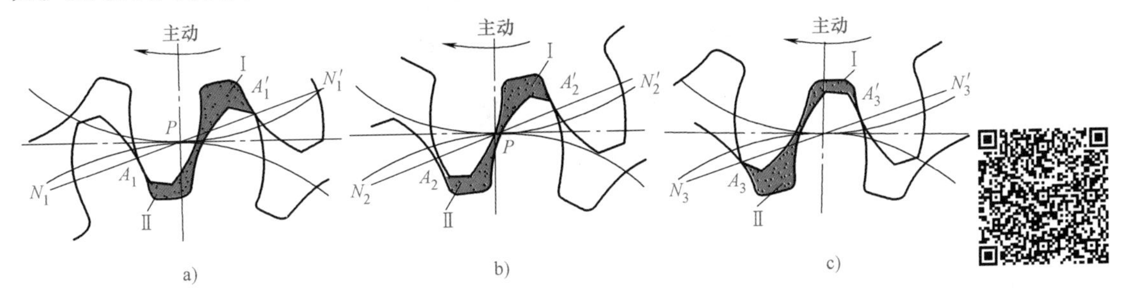

图 2-23 齿轮泵的困油现象（扫描二维码获得动画）

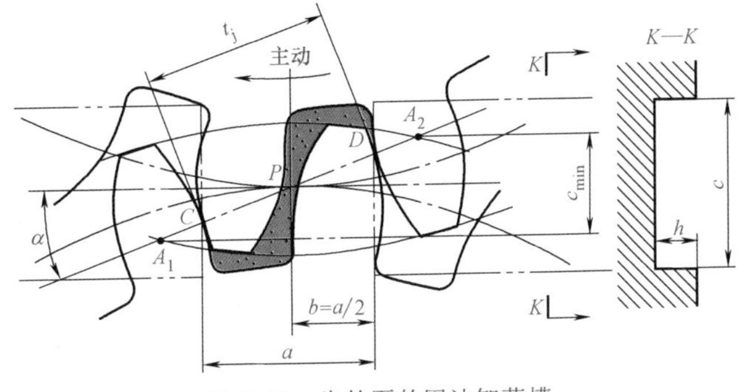

图 2-24 齿轮泵的困油卸荷槽

$$a=\pi m\cos^2\alpha=t_0\cos\alpha \quad (2\text{-}10)$$

式中 α——齿轮压力角；

m——齿轮模数；

t_0——标准齿轮的基节。

在开设卸荷槽后，可使闭死容积限制为最小，即容积由大变小时与压油腔相通，容积由小变大时与吸油腔相通。

外啮合齿轮泵在采取了一系列的高压化措施后，额定压力已达 32MPa。由于它具有转速高、自吸能力强、抗污染能力强等一系列优点，因此得到了广泛应用。

二、内啮合齿轮泵

图 2-25 所示为内啮合齿轮泵的工作原理，一对相互啮合的小齿轮 1 和内齿轮 2 与侧板所围成的密闭容积被齿轮啮合线和月牙板 3 分隔成两部分。当传动轴带动小齿轮按图示方向旋转时，内齿轮同向旋转，图中上半部轮齿脱开啮合，所在的密闭容积增大，为吸油腔；下半部轮齿进入啮合，所在的密闭容积减小，为压油腔。

内啮合齿轮泵的最大优点是：无困油现象，流量脉动较外啮合齿轮泵小，噪声低。当采用轴向和径向间隙补偿措施后，其额定压力可达 30MPa，容积效率和总效率均较高。

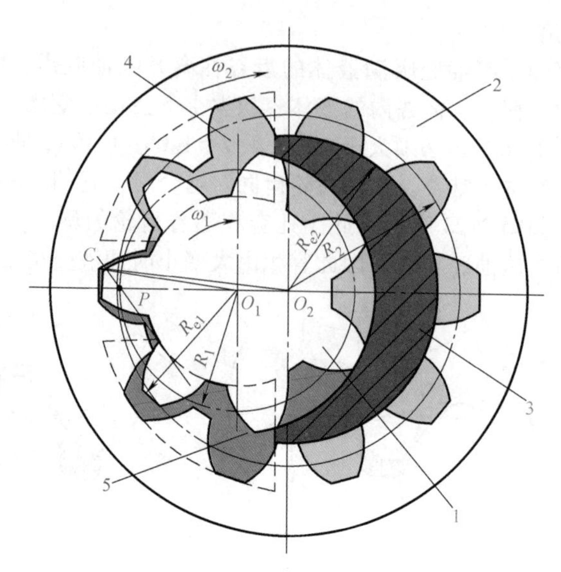

图 2-25 内啮合齿轮泵的工作原理

1—小齿轮（主动齿轮） 2—内齿轮（从动齿轮）
3—月牙板 4—吸油腔 5—压油腔

三、螺杆泵

图 2-26 所示为一种三螺杆泵的结构，在壳体 2 内放置有三根平行的双头螺杆，中间为主动螺杆（凸螺杆）3，两侧为从动螺杆（凹螺杆）4。互相啮合的三根螺杆与壳体之间形成多个密闭容积，每个密闭的容积为一级，其长度约等于螺杆的螺距。当传动轴（图中与凸螺杆为一整体）顺时针方向旋转（从轴伸出端看）时，左端螺杆密封空间逐渐形成，容积增大，为吸油腔；右端螺杆密封空间逐渐消失，容积减小，为压油腔。在吸油腔与压油腔之间至少有一个完整的密闭工作腔，螺杆的级数越多，泵的额定压力越高（每一级工作压差为 2~2.5MPa）。

螺杆泵的最大优点是输出流量均匀、噪声低，特别适用于对压力和流量稳定性要求较高的精密机械。此外，螺杆泵的自吸性能好、容许采用高转速、流量大，因此常用在大型液压系统中作补油泵。因螺杆泵内的油液由吸油腔到压油腔为无搅动的提升，因此又常用来输送黏度较大的液体，如原油。

螺杆泵除三螺杆的结构外，还有单螺杆泵和双螺杆泵，它们多用在石油化工部门。

内啮合齿轮泵和螺杆泵因加工工艺复杂，加工精度要求高，需要专门的加工设备，因此，其应用受到一定限制。

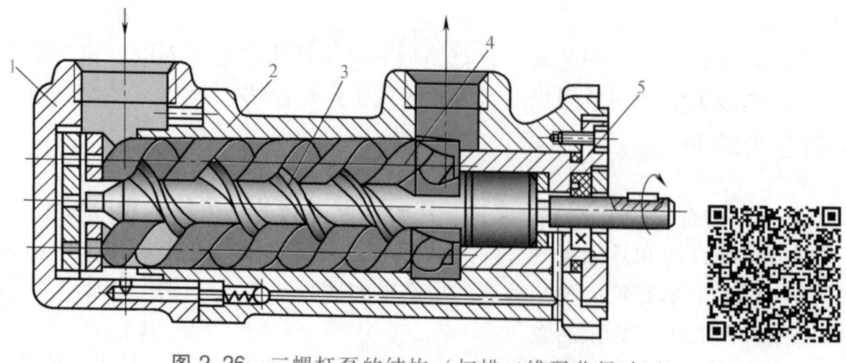

图 2-26 三螺杆泵的结构（扫描二维码获得动画）

1—后盖 2—壳体 3—主动螺杆（凸螺杆） 4—从动螺杆（凹螺杆） 5—前盖

习　题

2-1　为什么液压泵的实际工作压力不宜比额定压力低很多？为什么液压泵在低转速下工作时容积效率和总效率均比在额定转速下工作时要低？

2-2　为什么轴向柱塞泵一般不能反向旋转使用？如要求工作时能够正反转，结构上应采取什么措施？

2-3　绘简图证明等分轴向柱塞泵变量活塞的行程可等分其排量。

2-4　为保证双作用叶片泵的叶片在转子叶片槽内自由滑动并紧贴定子内表面，通常采用叶片槽根部全部通高压油的措施。请分析这一措施带来的三个方面的副作用。

2-5　为什么双作用叶片泵的叶片数取为偶数？而单作用叶片泵的叶片数为奇数？

2-6　有人认为，将双作用叶片泵的配流盘绕转子轴线旋转一定角度可以改变泵的排量，你以为如何？

2-7　为限压式变量叶片泵选配电动机时，应根据什么工况进行计算？

2-8　为什么齿轮泵的齿轮多为修正齿轮？

2-9　有一齿轮泵，已知齿顶圆直径 $D_e=48\text{mm}$，齿宽 $B=24\text{mm}$，齿数 $z=13$。若最大工作压力 $p=10\text{MPa}$，电动机转速 $n=980\text{r/min}$，求电动机功率（泵的容积效率 $\eta_V=0.90$，总效率 $\eta=0.8$）。

2-10　有一齿轮泵，在齿轮两侧端面间隙 $\delta_1=\delta_2=0.04\text{mm}$，转速 $n=1000\text{r/min}$，工作压力 $p=2.5\text{MPa}$ 时输出的流量 $q=20\text{L/min}$，容积效率 $\eta_V=0.90$。工作一段时间后，端面间隙因磨损分别增大为 $\delta_1=0.042\text{mm}$，$\delta_2=0.048\text{mm}$（其他间隙不变）。若泵的工作压力和转速不变，求此时的容积效率（提示：$\delta_1=\delta_2=0.04\text{mm}$ 时端面间隙泄漏占总泄漏的85%）。

Chapter 3

第三章

液压马达与液压缸

第一节　液压马达

液压马达（简称马达）作为液压系统的执行元件，在系统中将输入的压力能转换为旋转运动的机械能而对外做功。从工作原理上讲，液压马达与液压泵一样，都是靠工作腔密封容积的大小变化而工作的，从能量转换的观点看，两者具有可逆性。但由于两者的工作状态不同，为了更好地发挥各自的工作性能，它们在结构上又存在某些差异，一般不能通用。

一、液压马达概述

（一）液压马达的工作原理

以图 3-1 所示叶片液压马达的工作原理为例。与叶片泵一样，叶片马达由定子、转子、叶片及配流盘等主要零件组成。马达的进出油口开设在定子（壳体）上，叶片 1~4 将定子内环、转子外圆及配流盘所包围的密封容积分为四部分。当液压泵输出的压力油经油口 A 进入马达后，同时进入叶片 1 和 4、叶片 2 和 3 所分割的容腔。由于叶片 1 和 3 的伸出长度大于叶片 4 和 2 的伸出长度，即叶片 1 和 3 的受压面积大于叶片 4 和 2 的受压面积，因此，作用在叶片上的液压力所形成的转矩通过叶片 1 和 3 驱动转子顺时针方向旋转，由马达轴向外输出转矩与转速。此时，叶片 1 和 2、叶片 3 和 4 所分割的容积减小，工作油液通过油口 B 排回油箱。

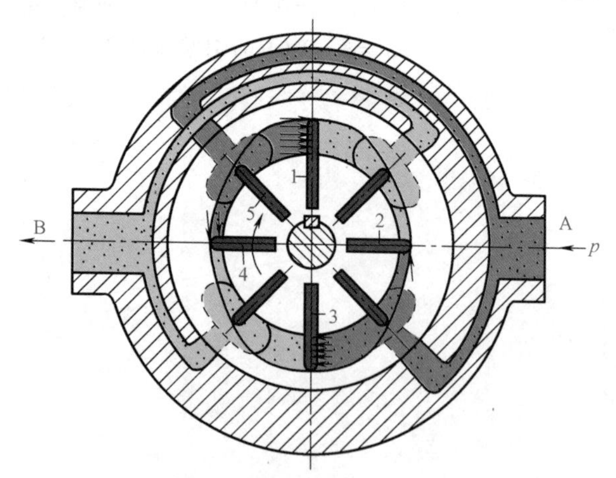

图 3-1　叶片液压马达的工作原理

显然，改变马达的进出油的方向，经油口 B 引进泵的来油，经油口 A 排油，则马达转子（轴）将逆时针方向旋转。一般而言，液压马达需要双向旋转，才能满足工作机构的需要。

与液压泵相比较，分析液压马达结构特点时必须注意以下几点：

1）液压泵是由原动机驱动旋转的，而液压马达是靠压力油驱动的，因此液压马达起动前，无论转子处于什么位置，均要求进油腔与排油腔可靠地隔离，且分别连通进、排油口。

2）液压泵一般单向旋转，而液压马达要求正反转，因此液压马达在结构上具有对称性，而且具有单独的外泄油口。

3）液压泵的泄漏只影响泵的容积效率和额定压力，而液压马达的泄漏除影响马达的容积效率和压力大小外，还会影响其制动性能。如液压马达用于提升重物或上坡驱动车轮，且要求停留在任一位置时，理论上可通过切断液压马达的进出油口来实现。但此时重物的重力会使马达变为“泵工况”，即重力驱动液压马达使其出口的密闭容积内的油液压力升高，然后经内部间隙、外泄油口流回油箱，马达轴将缓慢滑转，重物或车辆下滑而不能可靠地停留在指定位置，即液压马达不能单纯依靠切断进出油口实现制动。为此必须采取相应措施，如减小液压马达的泄漏，在需要长时间可靠制动时，应采用机械制动装置配合，以保证制动可靠。

(二) 液压马达的特性参数

1. 工作压力与额定压力

液压马达输入油液的实际压力称为液压马达的工作压力，其大小取决于液压马达的负载。液压马达进口压力与出口压力的差值称为液压马达的压差。

按试验标准规定，能使液压马达连续正常运转的最高压力称为液压马达的额定压力。

2. 流量与容积效率

液压马达入口处的流量为实际流量 q。由于液压马达存在间隙，产生泄漏 Δq，为达到要求转速，则输入液压马达的实际流量 q 必须为

$$q=q_t+\Delta q \tag{3-1}$$

式中　q_t——液压马达没有泄漏时，达到要求转速所需要的进口流量，称为理论流量。

液压马达的理论流量 q_t 与实际流量 q 之比为液压马达的容积效率 η_V

$$\eta_V=\frac{q_t}{q}=\frac{q-\Delta q}{q}=1-\frac{\Delta q}{q} \tag{3-2}$$

3. 排量与转速

液压马达的排量 V 是指在容积效率等于 1，即没有泄漏的情况下，使液压马达输出轴旋转一周所需要油液的体积。排量 V 不可变的液压马达称为定量液压马达，排量 V 可变的液压马达称为变量液压马达。

液压马达的转速 n 为

$$n=\frac{q_t}{V}=\frac{q\eta_V}{V} \tag{3-3}$$

4. 转矩、机械效率和起动机械效率

液压马达输出转矩称为实际输出转矩 T。由于液压马达中各零件间的相对运动以及流体与零件的相对运动而产生的能量损失，使液压马达的实际输出转矩 T 小于理论转矩 T_t，即

$$T=T_t-\Delta T \tag{3-4}$$

式中　ΔT——由于各种摩擦而产生的损失转矩；

T_t——没有各种摩擦的理论转矩。

液压马达的实际输出转矩 T 与理论转矩 T_t 之比称为马达的机械效率 η_m，即

$$\eta_m=\frac{T}{T_t} \tag{3-5}$$

按能量守恒可得液压马达的理论转矩 T_t，即

$$T_t=\frac{\Delta pV}{2\pi} \tag{3-6}$$

式中　Δp——液压马达进出口的压差。

另外，液压马达从静止状态到开始起动所输出的转矩为起动转矩 T_o。由于静止状态下摩擦因数大，所以在相同工作压差下，起动转矩 T_o 要小于运转时的实际输出转矩 T。因此，对液压马达还要考虑起动性能，这个性能指标用起动机械效率 η_{mo} 来表示，即液压马达起动转矩

T_o与它同一压差下的理论转矩 T_t之比，其表达式为

$$\eta_{mo}=\frac{T_o}{T_t} \tag{3-7}$$

5. 功率与总效率

液压马达的输入功率 P_i为

$$P_i=\Delta pq \tag{3-8}$$

液压马达的输出功率 P_o为

$$P_o=T\times 2\pi n \tag{3-9}$$

液压马达的总效率 η 等于马达的输出功率 P_o与输入功率 P_i之比，即

$$\eta=\frac{P_o}{P_i}=\eta_m\eta_V \tag{3-10}$$

6. 制动性能

如前所述，当液压马达用于提升重物或驱动车轮时，为了防止停止时重物下落或车轮下滑，对制动性能有一定要求。通常用液压马达额定转矩下其进出油口被切断时的马达轴的滑动值（rad/s）来评价液压马达的制动性能。显然，滑动值小，制动性能好。

（三）液压马达的分类

按照工作特性不同，液压马达可分为两大类：额定转速在 500r/min 以上的为高速液压马达；额定转速在 500r/min 以下的为低速液压马达。高速液压马达有齿轮液压马达、螺杆液压马达、叶片液压马达、轴向柱塞液压马达等。低速液压马达有单作用连杆型径向柱塞液压马达和多作用内曲线径向柱塞液压马达等。

与液压泵类似，液压马达按排量能否改变可分为定量液压马达和变量液压马达，柱塞液压马达可以作变量马达。液压马达一般双向旋转，也可以用于单向旋转。

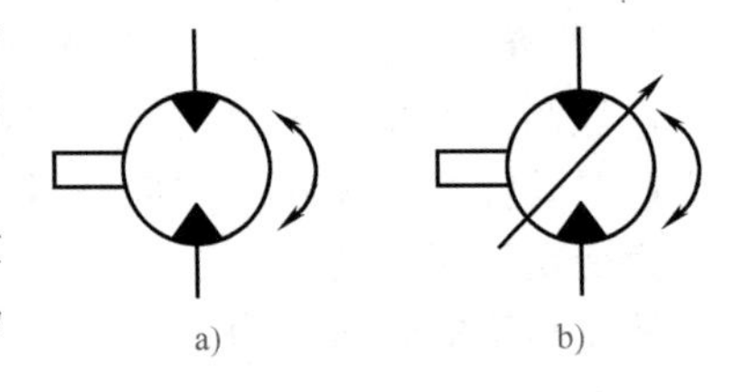

图 3-2 液压马达的图形符号
a）定量液压马达 b）变量液压马达

（四）液压马达的图形符号

液压马达的图形符号如图 3-2 所示。

二、高速液压马达

（一）齿轮液压马达

外啮合齿轮液压马达的工作原理如图 3-3 所示，C 为两个齿轮Ⅰ、Ⅱ的啮合点，h 为齿轮的全齿高。啮合点 C 到两个齿轮Ⅰ、Ⅱ齿根的距离分别为 a 和 b，齿宽为 B。当高压油 p 进入马达的高压腔时，位于高压腔的所有轮齿均受到压力油的作用，其中相互啮合的两个轮齿的齿面只有一部分齿面受高压油的作用。由于 a 和 b 均小于齿高 h，所以在两个齿轮Ⅰ、Ⅱ上就产生作用力 $pB(h-a)$ 和 $pB(h-b)$。在这两个力的作用下，齿轮产生输出转矩，随着齿轮按图示方向旋转，油液被带到低压腔排出。齿轮液压马达的排量公式同齿轮泵，见式（2-8）。

与齿轮泵相比，齿轮液压马达具有以下结构特点：

1）为了适应正反转的要求，齿轮液压马达结构对称，即进出油口大小相同，泄漏油需经单独的外泄油口引出壳体外。

2）为了减小起动摩擦转矩，齿轮液压马达轴必须采用滚动轴承。

3）为了减小输出转矩的脉动，齿轮液压马达的齿数一般选得较多。

（二）叶片液压马达

由于叶片液压马达要求双向旋转、结构对称，因此只能是双作用式，其工作原理如图 3-1

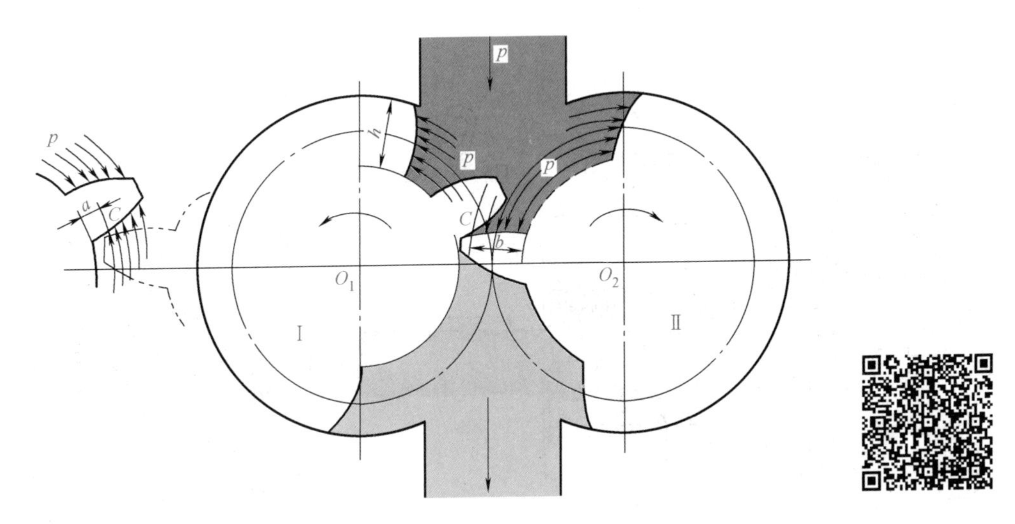

图 3-3 外啮合齿轮液压马达的工作原理（扫描二维码获得原理动画）

所示。图 3-4 为其结构图。双作用叶片液压马达的结构特点如下：

1）为保证起动前，叶片可靠地紧贴定子的内表面，将进、排油腔隔离，双作用叶片液压马达每个叶片底部安装有燕式弹簧 5，弹簧中部套装在销子 4 上，弹簧的一端作用在进油区或长半径圆弧段的叶片根部，另一端作用在排油区或短半径圆弧段的叶片根部，一端向下，另一端向上。

2）双作用叶片液压马达的叶片在转子槽内是径向放置的，即叶片安放角 $\theta=0°$。因此，双作用叶片液压马达的排量公式采用公式（2-4）时，式中 $\cos\theta=1$。

3）为保证叶片液压马达正、反转时，叶片根部始终通高压油，使叶片紧贴定子内表面，在高、低压腔通入叶片根部的通路上装有梭阀，如图 3-4 所示。该梭阀是一种特殊结构的单向阀。

（三）轴向柱塞液压马达

轴向柱塞液压泵除阀式配流型不能作液压马达用外，配流盘配流的轴向柱塞液压泵因结构具有对称性，如进出油口大小相同、有单独的外泄油口，因此只需将非对称的配流盘改成对称结构，即可作液压马达用。轴向柱塞液压马达的工作原理如图 3-5 所示，配流盘 4 和斜盘 1 固定不动，马达轴 5 与缸体 2 相连接一起旋转。当压力油经配流盘 4 的窗口进入缸体 2 的柱塞孔时，柱塞 3 在压力油作用下外伸，紧贴斜盘 1，斜盘 1 对柱塞 3 产生一个法向反力 F，此力可分解为轴向分力 F_x和垂直分力 F_y。F_x与柱塞上的液压力相平衡，而 F_y则使柱塞对缸体中心产生一个转矩，带动马达轴逆时针方向旋转。轴向柱塞液压马达产生的瞬时总转矩是脉动的。若改变压力油的输入方向，则马达轴 5 按顺时针方向旋转，实现换向。改变斜盘倾角 α，可改变其排量。这样，在马达的进出油口压差和输入流量不变的情况下，改变了马达的输出转矩和转速，斜盘倾角越大，产生的转矩越大，转速越低。若改变斜盘的倾斜方向，则在马达进出油口不变的情况下，可以改变马达的旋转方向。

轴向柱塞液压马达的排量公式与轴向柱塞液压泵的排量公式完全相同，见式（2-2）。

轴向柱塞液压马达因输出转矩较齿轮液压马达、叶片液压马达大，且容积效率较高，因此常用于工程、矿山、起重运输等机械。当采用双斜盘定量结构时，还可获得更大的转矩。

三、低速液压马达

低速液压马达通常是径向柱塞式结构，为了获得低速和大转矩，采用高压和大排量，它的体积和转动惯量很大，不能用于反应灵敏和频繁换向的场合。

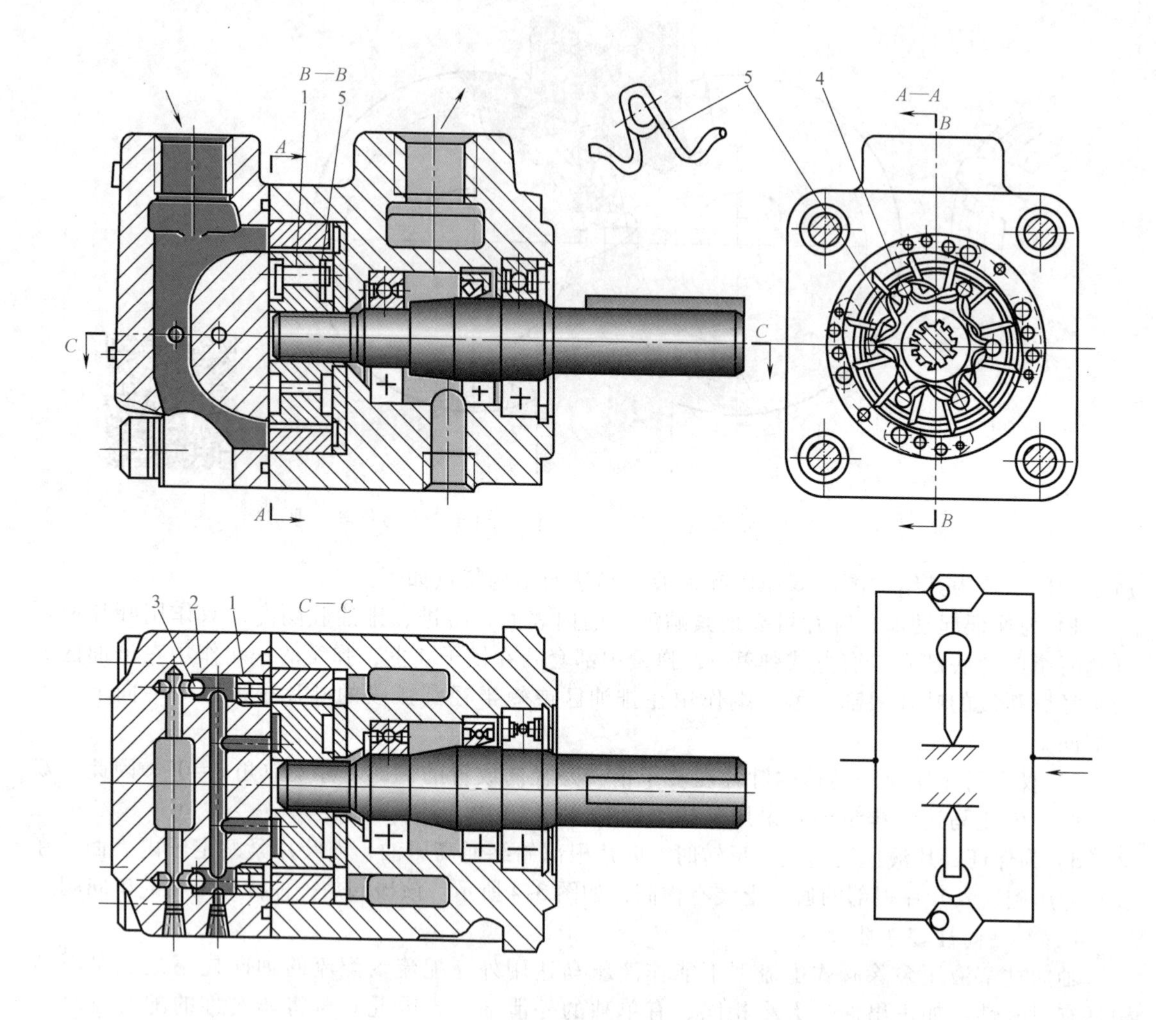

图 3-4 叶片液压马达的结构图

1、3—阀座 2—单向阀钢球 4—销子 5—燕式弹簧

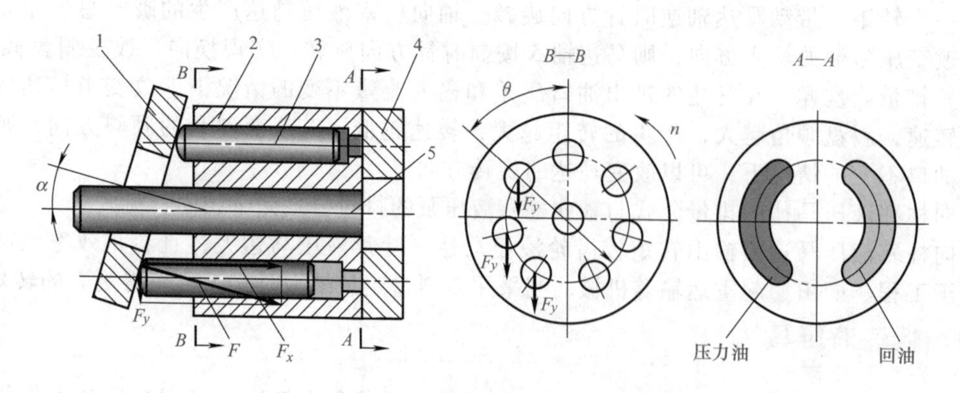

图 3-5 轴向柱塞液压马达的工作原理

1—斜盘 2—缸体 3—柱塞 4—配流盘 5—马达轴

低速液压马达按其每转作用次数，可分单作用式和多作用式。若马达每旋转一周，柱塞做一次往复运动，称为单作用式；若马达转一周，柱塞做多次往复运动，称为多作用式。

（一）单作用连杆型径向柱塞液压马达

单作用连杆型径向柱塞液压马达如图 3-6 所示，其工作原理如图 3-7 所示。马达的外形呈五角星状（或七星状），壳体内有五个沿径向均匀分布的柱塞缸，柱塞与连杆铰接，连杆的另一端与曲轴的偏心轮外圆接触。在图 3-7a 所示位置，高压油进入柱塞缸 1、2 的顶部，柱塞受高压油作用；柱塞缸 3 处于与高压进油和低压回油均不相通的过渡位置；柱塞缸 4、5 与回油口相通。于是，高压油作用在柱塞 1′和 2′上的作用力 F 通过连杆作用于偏心轮中心 O_1，对曲轴旋转中心 O 形成转矩 T，曲轴逆时针方向旋转。曲轴旋转时带动配流轴同步旋转，因此，配流状态发生变化。如配流轴转到图 3-7b 所示位置：柱塞缸 1、2、3 同时通高压油，对曲轴旋转中心形成转矩，柱塞缸 4 和 5 仍通回油。如配流轴转到图 3-7c 所示位置，柱塞缸 1 退出高压区处于过渡状态，柱塞缸 2 和 3 通高压油，柱塞缸 4 和 5 通回油。如此类推，在配流轴随同曲轴旋转时，各柱塞缸将依次与高压进油和低压回油相通，保证曲轴连续旋转。若进、回油口互换，则液压马达反转，过程同上。

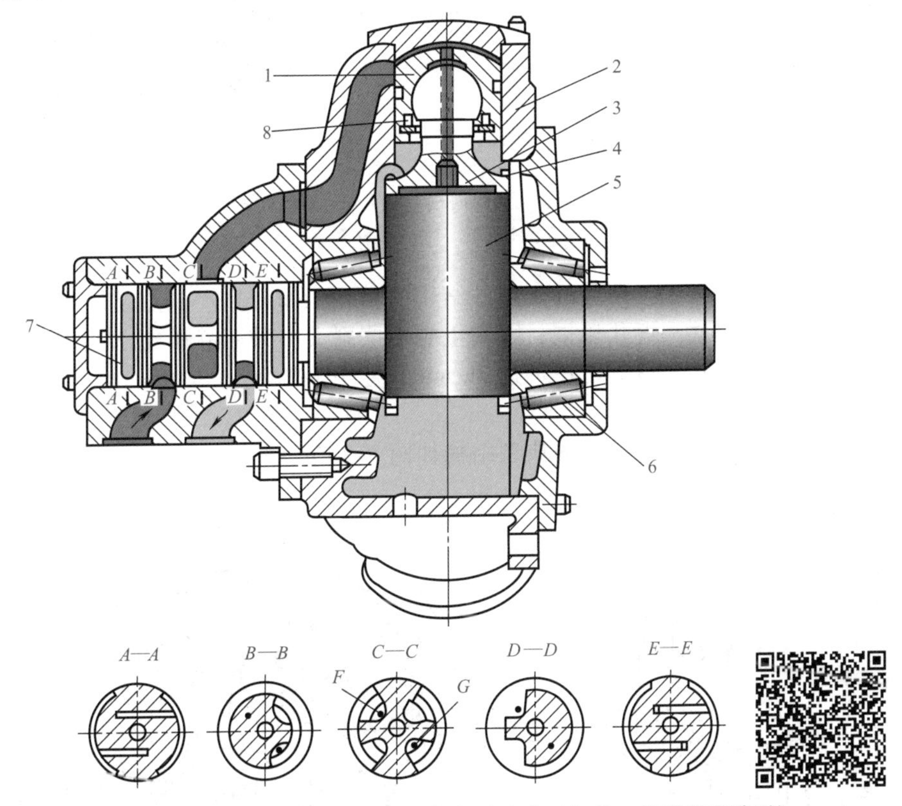

图 3-6　单作用连杆型径向柱塞液压马达（扫描二维码获得动画）

1—柱塞　2—壳体　3—连杆　4—挡圈　5—曲轴　6—滚柱轴承
7—配流轴　8—卡环

上面讨论的是壳体固定、曲轴旋转的情况，若将曲轴固定，进回油口直接接到固定的配流轴上，可使壳体旋转。这种壳体旋转的液压马达可作驱动车轮、卷筒之用。

单作用连杆型径向柱塞液压马达的排量 V 为

$$V=\frac{\pi d^2 ez}{2} \tag{3-11}$$

式中 d——柱塞直径；

e——曲轴偏心距；

z——柱塞数。

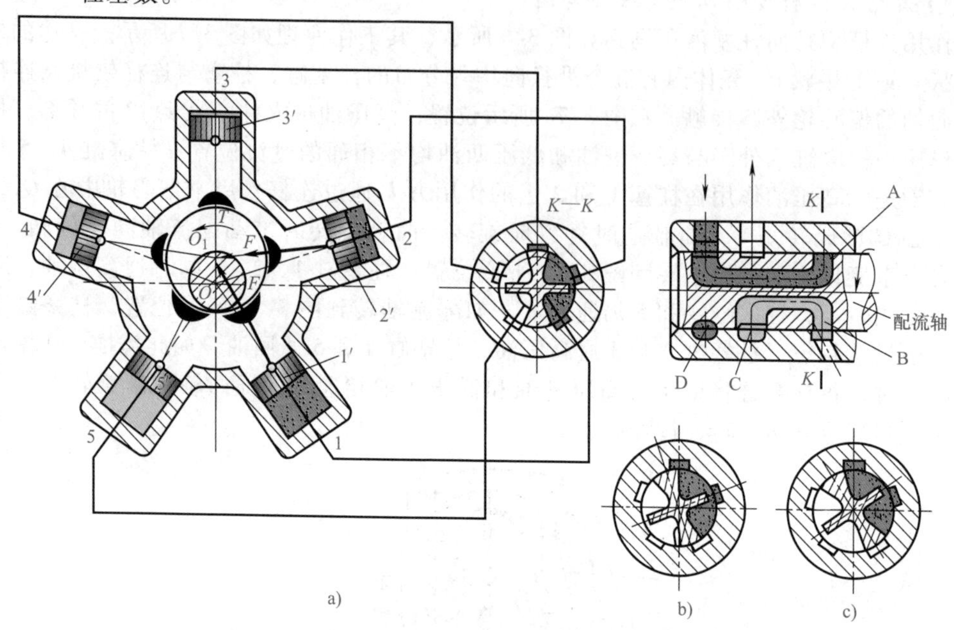

a) b) c)

图 3-7 单作用连杆型径向柱塞液压马达的工作原理

1~5—柱塞缸 1′~5′—柱塞

单作用连杆型径向柱塞液压马达的优点是结构简单，工作可靠。缺点是体积和质量较大，转矩脉动，低速稳定性较差。近几年来，因其主要摩擦副大多采用静压支承或静压平衡结构，其低速稳定性有很大的改善，最低转速可达 3r/min，甚至更低。

（二）多作用内曲线径向柱塞液压马达

多作用内曲线径向柱塞液压马达的典型结构如图 3-8 所示。

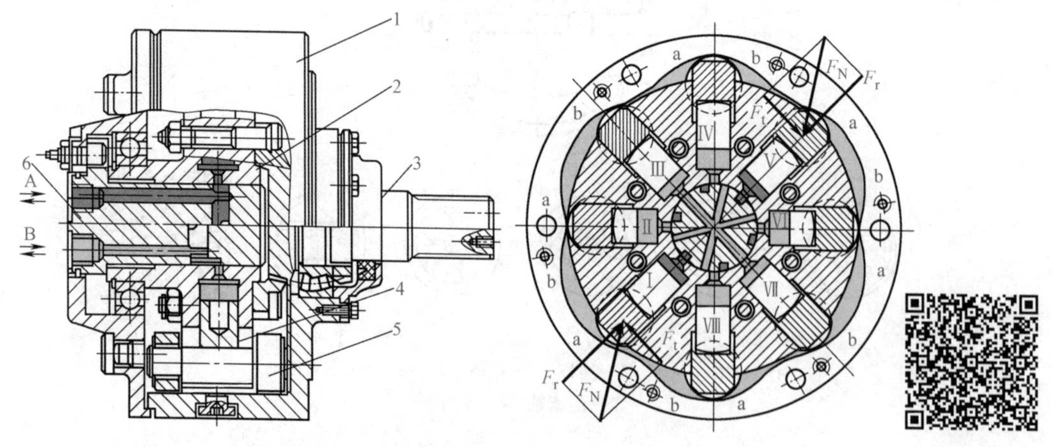

图 3-8 多作用内曲线径向柱塞液压马达的典型结构（扫描二维码获得动画）

1—壳体 2—缸体 3—输出轴 4—柱塞 5—滚轮组 6—配流轴

马达壳体的内环由 x 个（图中 $x=6$）形状完全相同的导轨曲面组成。曲面的起点和终点为最近点（矢径 $\rho=\rho_0$），曲面的中点为最远点（矢径 $\rho=\rho_{max}$）。最远点将曲面分成对称的两个区段 a 与 b。a、b 区段为工作区段，曲面为等加速、等减速抛物曲线。曲线的起点、终点及中点附近各为一小角度的同心圆弧，称为过渡区段。

该马达的缸体上径向开有 z 个柱塞孔（图中 $z=8$），每个柱塞孔内安放一个柱塞。柱塞的顶部为球面，与滚轮组一起组成柱塞组件。每个柱塞孔的底部开有配流窗孔。

马达的配流轴与壳体连接在一起，与缸体内环形成相对转动。配流轴圆周方向均布有 $2x$ 个配流窗孔（图中为 12 个），分成两组。一组窗孔通马达进油口，另一组窗孔通马达排油口。

在图 3-8 所示位置，柱塞Ⅳ、Ⅷ处于导轨的最远点，柱塞Ⅱ、Ⅵ处于导轨曲面的最近点。这四个柱塞底部的配流窗孔与配流轴的配流窗孔不通，处于封闭状态。另外四个柱塞，Ⅰ、Ⅴ处于导轨曲面的 a 区段，Ⅲ、Ⅶ处于导轨曲面的 b 区段，它们的底部窗孔分别与配流轴的进、排油窗孔相通。若柱塞Ⅴ、Ⅰ底部配流窗孔通配流轴上的进油窗孔，压力油将迫使柱塞将滚轮压向导轨曲面。由于导轨曲面为抛物线，导轨曲面对滚轮产生的约束反力 F_N将不通过缸体中心。F_N可分解为径向分力 F_r和切向分为 F_t。其中径向分力 F_r与柱塞底部的液压作用力相平衡，切向分力 F_t则通过柱塞组对缸体形成一个转矩，带动缸体即输出轴旋转，输出转矩和转速。当缸体顺时针方向（见剖面图）旋转、柱塞Ⅰ、Ⅴ向外伸时，柱塞Ⅲ、Ⅶ受导轨曲面的约束向里缩，柱塞底部容积减小，油液经配流轴的排油窗孔回油箱。显然，柱塞Ⅱ、Ⅵ将离开最近点进入区段 a，柱塞Ⅳ、Ⅷ将离开最远点进入区段 b。柱塞在一个曲面往复动作一次，最大位移 $s=\rho_{max}-\rho_0$。为此，又称导轨曲面的最远点为柱塞往复运动的上死点，导轨曲面的最近点为柱塞往复运动的下死点，而柱塞随缸体旋转一周的作用次数即为导轨的曲面数 x。

若变换马达的进、排油口，则缸体将反向旋转。除轴旋转的结构外，若固定缸体与轴，则马达通压力油后，壳体与配流轴一起旋转，此时多作车轮马达用。由多作用内曲线径向柱塞液压马达的工作原理，不难得到它的排量公式为

$$V=\frac{\pi d^2}{4}sxyz \tag{3-12}$$

式中 d——柱塞直径；

s——柱塞行程；

x——作用次数；

y——柱塞排数，图示 $y=1$；

z——柱塞数。

为保证作用在缸体、壳体上的液压径向力平衡，应使柱塞数与导轨曲面数之间存在一个最大公约数 m，要求 $1<m<z$，且 $m\neq x$（即 $z\neq 2x$）。在此基础上，通过合理设计导轨曲面可使多作用内曲线径向柱塞液压马达的理论输出转矩均匀无脉动，其最低稳定转速可达 1r/min。之所以 $m\neq x$，是因为当 $z=2x$、马达停止转动时，有可能一半柱塞处于导轨曲面的上死点，另一半柱塞处于导轨曲面的下死点，此时柱塞底部既不与马达进油口相通，也不与马达的排油口相通，马达将无法起动。

多作用内曲线径向柱塞液压马达因作用次数多，在径向尺寸一定的情况下可以做成多排柱塞（$y=2$），因此可以获得大排量，即得到大的输出转矩，加之低速稳定脉动小、液压径向力平衡、起动机械效率高等优点，故广泛用于工程、建筑、起重运输、矿山、船舶、农业等机械中，它一般不需要减速装置即可直接驱动工作机械。

第二节 液 压 缸

液压缸与液压马达一样，也是将液压能转变成机械能的一种能量转换装置，同为执行元件。与液压马达不同，液压缸将液压能转变成直线运动或摆动的机械能。

液压缸结构简单，工作可靠，应用广泛，种类繁多。根据结构特点分为活塞式、柱塞式、回转式三大类；根据作用方式分为单作用式和双作用式，前者只有一个方向由液压驱动，反向运动则由弹簧力或重力完成，后者两个方向的运动均由液压实现。

一、常用液压缸及其速度推力特性

（一）活塞式液压缸

1. 双活塞杆液压缸

双活塞杆液压缸的活塞两端都有活塞杆伸出，如图3-9所示。缸筒与缸盖用法兰连接，活塞与活塞杆用柱塞销连接，活塞与缸筒内壁之间采用间隙密封（低压），活塞杆与缸盖之间采用了V形密封圈6。图3-9所示为缸筒固定、活塞杆运动的形式，另外也可以是活塞杆固定、缸筒运动的形式。图3-10a所示为缸筒固定式双活塞杆液压缸，它的进、出油口位于缸筒两端，活塞通过活塞杆带动工作台移动，工作台的移动范围等于活塞有效行程的三倍，占地面积大，因此仅适用于小型机床。图3-10b所示为活塞杆固定式双活塞杆液压缸，缸筒与工作台相连，活塞杆通过支架固定在机床上，工作台的移动范围等于活塞有效行程的两倍，因此占地面积小，常用于大中型设备中。

因双活塞杆液压缸两端活塞杆直径相等，所以左右两腔有效作用面积相等。当分别向左、右腔输入相同的压力和流量时，液压缸左、右两个方向上输出的推力 F 和速度 v 相等，其表

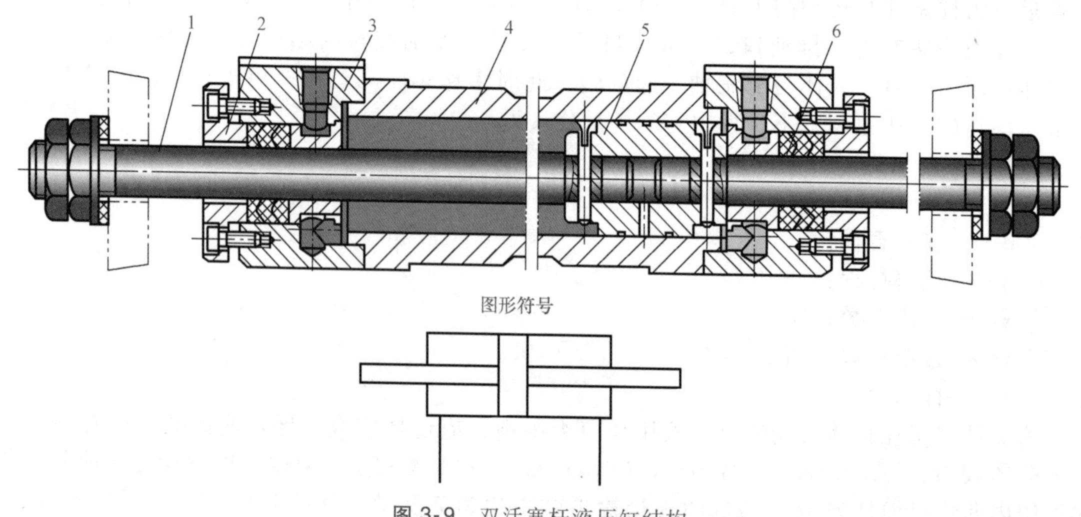

图3-9 双活塞杆液压缸结构

1—活塞杆 2—压盖 3—缸盖 4—缸筒 5—活塞 6—V形密封圈

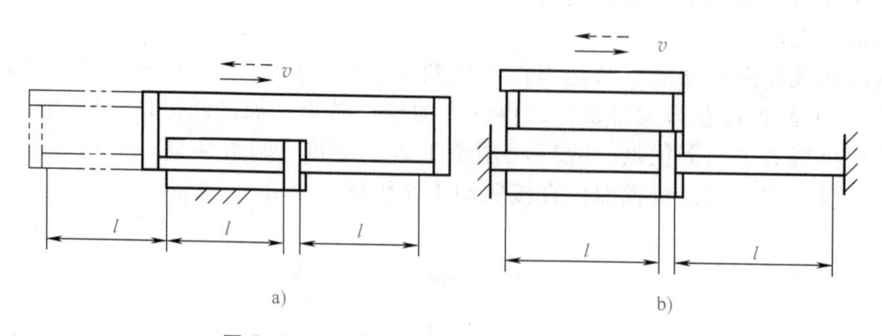

图3-10 双活塞杆液压缸的两种安装方式

a）缸筒固定式 b）活塞杆固定式

达式为

$$F=A(p_1-p_2)\eta_m=\frac{\pi}{4}(D^2-d^2)(p_1-p_2)\eta_m \tag{3-13}$$

$$v=\frac{q\eta_V}{A}=\frac{4q\eta_V}{\pi(D^2-d^2)} \tag{3-14}$$

式中　A——液压缸的有效作用面积；

η_m——液压缸的机械效率；

η_V——液压缸的容积效率；

D——活塞直径；

d——活塞杆直径；

q——输入液压缸的流量；

p_1——进油腔压力；

p_2——回油腔压力。

2. 单活塞杆液压缸

单活塞杆液压缸只有一端有活塞杆，如图3-11所示。它主要由缸底1、缸筒7、缸头18、活塞21、活塞杆8、导向套12、缓冲套6和24、缓冲节流阀11、带放气孔的单向阀2及密封装置等组成。缸筒7与法兰3、10焊接成一体，通过螺钉与缸底1、缸头18连接。活塞与缸筒、活塞杆与缸盖之间在半剖视图上部为橡塑组合密封，下部为唇形密封。单活塞杆缸也有缸筒固定和活塞杆固定两种安装方式。两种安装方式的工作台移动范围均为活塞有效行程的两倍。

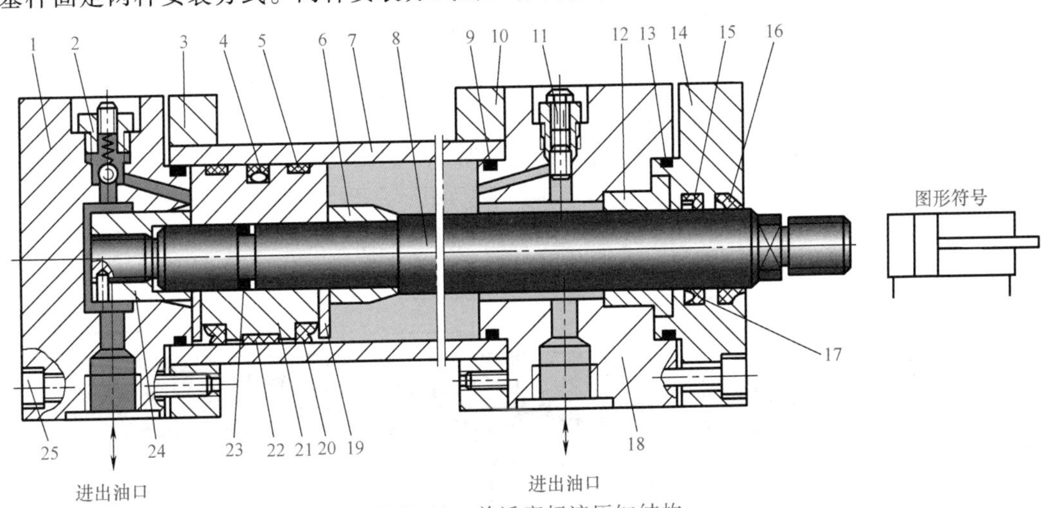

图3-11　单活塞杆液压缸结构

1—缸底　2—带放气孔的单向阀　3、10—法兰　4—格来圈密封　5—导向环　6、24—缓冲套　7—缸筒　8—活塞杆　9、13、23—O形密封圈　11—缓冲节流阀　12—导向套　14—缸盖　15—斯特圈密封　16—防尘圈　17—Y形密封圈　18—缸头　19—护环　20—Y_x型密封圈　21—活塞　22—导向环　25—连接螺钉

单活塞杆液压缸因左、右两腔有效作用面积A_1和A_2不等，因此当进油腔和回油腔压力分别为p_1和p_2，输入左、右两腔的流量均为q时，液压缸左、右两个方向的推力和速度不相同。

在图3-12a中，当压力油进入无杆腔时，活塞上所产生的推力F_1和速度v_1分别为

$$F_1=(A_1p_1-A_2p_2)\eta_m=\frac{\pi}{4}[(p_1-p_2)D^2+p_2d^2]\eta_m \tag{3-15}$$

$$v_1=\frac{q\eta_V}{A_1}=\frac{4q\eta_V}{\pi D^2} \tag{3-16}$$

在图 3-12b 中，当压力油进入有杆腔时，作用在活塞上的推力 F_2 和活塞运动速度 v_2 分别为

$$F_2=(p_1A_2-p_2A_1)\eta_m=\frac{\pi}{4}[(p_1-p_2)D^2-p_1d^2]\eta_m \tag{3-17}$$

$$v_2=\frac{q\eta_V}{A_2}=\frac{4q\eta_V}{\pi(D^2-d^2)} \tag{3-18}$$

工程实用时将上列速度 v_1 和 v_2 的比值称为往返速比，并记为 λ_v，于是得

$$\lambda_v=\frac{v_2}{v_1}=\frac{1}{1-\left(\frac{D}{d}\right)^2}$$

$$d=D\sqrt{\frac{\lambda_v-1}{\lambda_v}} \tag{3-19}$$

即已知活塞直径 D 和速比 λ_v，可求得活塞杆直径 d，而速比 λ_v 越大，活塞杆直径 d 越大。

在图 3-12c 中，如果单活塞杆液压缸的左、右两腔同时通压力油，则称为差动连接。差动连接的单活塞杆液压缸称为差动液压缸。差动液压缸虽然左、右两腔压力相等，但因为左腔（无杆腔）的有效作用面积大于右腔（有杆腔）有效作用面积，因此使活塞向右的作用力大于向左的作用力，活塞向右运动，液压缸有杆腔排出的流量 q' 与液压泵的流量 q 汇合进入液压缸的左腔，使活塞运动速度加快。对差动连接的液压缸，活塞只能一个方向运动（图 3-12c 所示液压缸的活塞为向右运动），作用在活塞上的推力 F_3 和活塞运动速度 v_3 分别为

$$F_3=p_1(A_1-A_2)\eta_m=p_1\frac{\pi d^2}{4}\eta_m \tag{3-20}$$

$$v_3=\frac{q\eta_V+q'}{A_1}=\frac{q\eta_V+\frac{\pi}{4}(D^2-d^2)v_3}{\frac{\pi D^2}{4}} \tag{3-21}$$

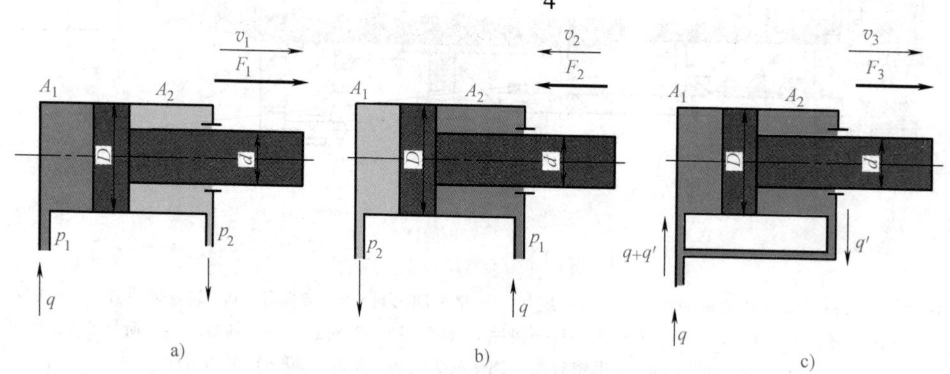

图 3-12 单活塞杆液压缸的速度与推力

式（3-21）化简后得

$$v_3=\frac{4q\eta_V}{\pi d^2} \tag{3-22}$$

如果要求差动液压缸活塞向右运动（差动连接）的速度与非差动连接时活塞向左运动的速度相等，即 $v_3=v_2$，由式（3-18）和式（3-22）可知，$D=\sqrt{2}d$。

(二) 柱塞式液压缸

活塞式液压缸的活塞与缸筒内孔有配合要求，要有较高的精度，特别是缸筒较长时，加工就很困难，图 3-13 所示柱塞液压缸就可以解决这个困难。因柱塞液压缸的缸筒与柱塞没有配合要求，缸筒内孔不需要精加工，只是柱塞与缸盖上的导向套有配合要求，所以特别适合行程较长的场合，如导轨磨床、龙门刨床等。为了减轻柱塞重量、减小柱塞的弯曲变形，柱塞常做成空心的，还可在缸筒内设置辅助支承，以增强刚性。

图 3-13a 所示柱塞液压缸只能单方向向右运动，反向退回时则靠外力，如弹簧力、重力等。若要求往复运动，则须由两个柱塞液压缸分别完成相反方向的运动，如图 3-13b 所示。当柱塞直径为 d、输入液压油流量为 q 时，柱塞上所产生的推力 F 和速度 v 分别为

$$F=pA\eta_{m}=p\frac{\pi}{4}d^{2}\eta_{m} \tag{3-23}$$

$$v=\frac{q\eta_{V}}{A}=\frac{4q\eta_{V}}{\pi d^{2}} \tag{3-24}$$

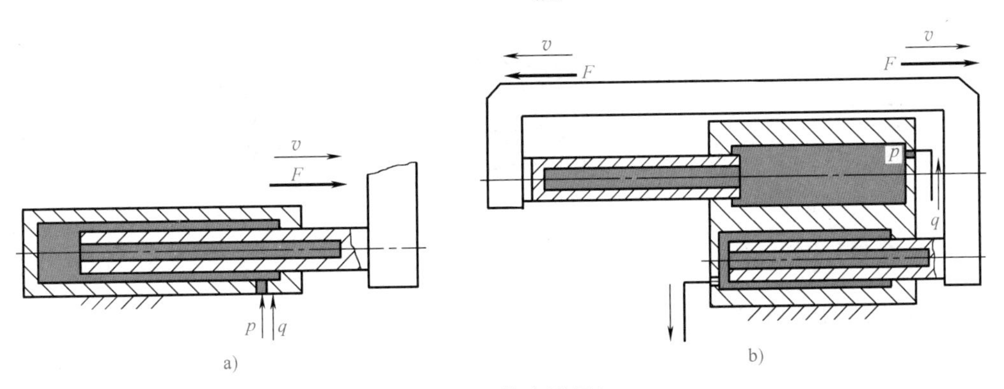

图 3-13　柱塞液压缸

二、其他形式液压缸

1. 伸缩液压缸

伸缩液压缸又称为多套缸，它是由两个或多个活塞式液压缸套装而成的，前一级活塞缸的活塞是后一级活塞的缸筒。各级活塞依次伸出时可获得很长的行程，而当依次缩回时又能使液压缸保持很小的轴向尺寸。

图 3-14 所示为双作用伸缩液压缸的结构。当通入压力油时，活塞有效作用面积最大的缸筒以最低油液压力开始伸出，当行至终点时，活塞有效作用面积次之的缸筒开始伸出。外伸缸筒有效面积越小，工作油液压力越高，伸出速度加快。各级压力和速度可按活塞式液压缸有关公式来计算。

除双作用伸缩液压缸外，还有一种单作用伸缩液压缸。图 3-15 所示为单作用伸缩液压缸，它与双作用伸缩液压缸的不同点主要是单作用伸缩液压缸的回程靠外力（如重力），而双作用伸缩液压缸的回程靠液压油作用。

伸缩液压缸特别适用于工程机械及自动线步进式输送装置。

2. 齿条活塞液压缸

齿条活塞液压缸也称无杆液压缸，其工作原理如图 3-16 所示。压力油进入液压缸后，推动具有齿条的活塞直线运动，齿条带动齿轮旋转，从而带动进刀机构、回转工作台、液压机械手、装载机的铲斗等运动。

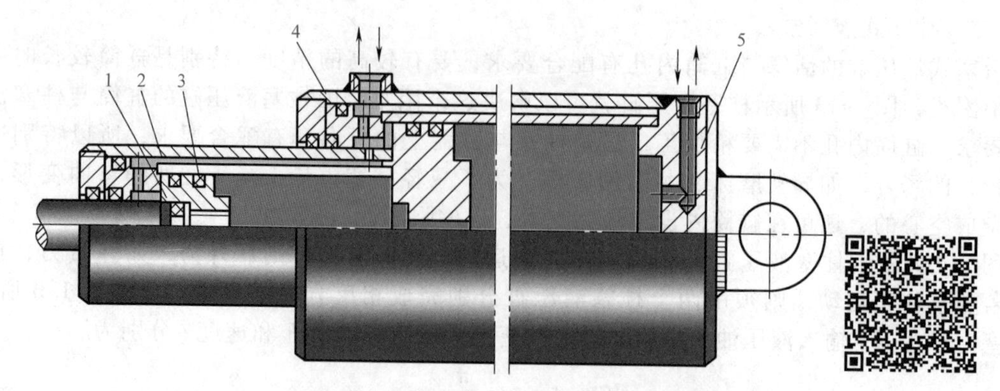

图 3-14 双作用伸缩液压缸的结构（扫描二维码获得原理动画）
1—活塞 2—套筒 3—O形密封圈 4—缸筒 5—缸盖

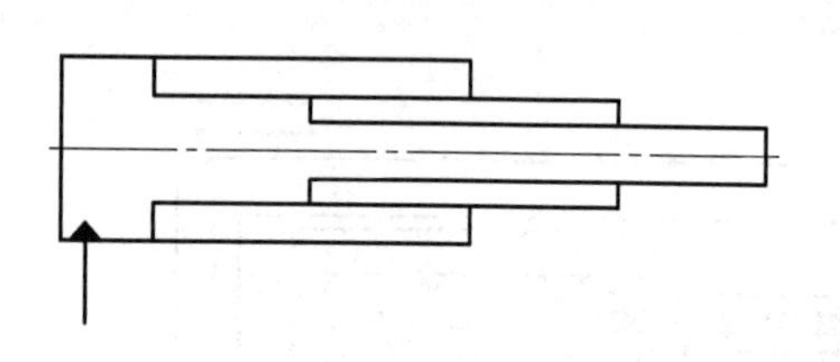

图 3-15 单作用伸缩液压缸（扫描二维码获得原理动画）

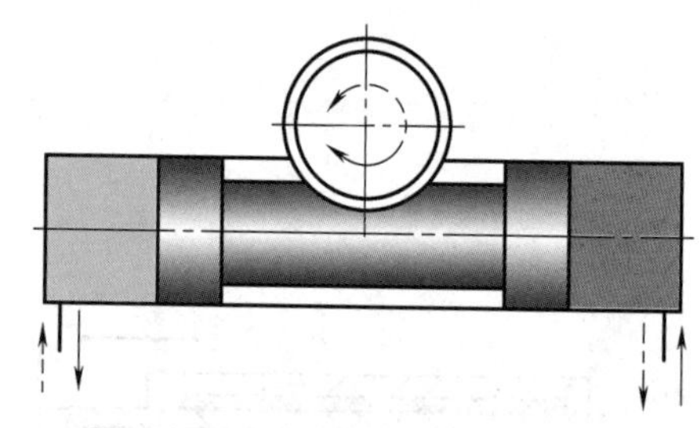

图 3-16 齿条活塞液压缸的工作原理

齿条活塞液压缸传动轴输出转矩 T 及输出角速度 ω 分别为

$$T=\Delta p\frac{\pi}{8}D^2D_i\eta_m \tag{3-25}$$

$$\omega=\frac{8q\eta_V}{\pi D^2D_i} \tag{3-26}$$

式中 Δp——液压缸左、右两腔压差；
q——进入液压缸的流量；
D——活塞的直径；
D_i——齿轮分度圆直径。

3. 增压缸（增压器）

增压缸与前面介绍的活塞式液压缸相类似，但不是将液压能转换成机械能，而是传递液压能，使压力增大。

图 3-17 所示增压缸为活塞缸与柱塞缸组成的复合缸。当低压油 p_a 推动直径为 D 的大活塞向右移动时，也推动与其连成一体的直径为 d 的小柱塞，由于大活塞与小柱塞的有效作用面积不同，因此小柱塞缸输出的压力 p_b 要比 p_a 高。p_b 的大小可由下式求出

$$p_b=p_a\left(\frac{D}{d}\right)^2\eta_m=p_aK\eta_m \tag{3-27}$$

式中 $K=D^2/d^2$ 称为增压比，它表示增压缸的增压能力。不难看出，增压能力是在降低有效流量的基础上得到的（$q_b=q_a/K$）。增压缸作为油路中的一个中间环节，用于使低压系统能满足局部高压油路的要求。

4. 增速缸

图 3-18 所示增速缸是由活塞缸与柱塞缸复合而成的。当压力油只经过柱塞孔进入增速缸小腔 a 时，推动活塞快速右移，此时大腔 b 需要充液，活塞输出推力较小。当压力油同时进入增速缸小腔 a 和大腔 b 时，活塞转为慢进，输出推力增大。采用增速缸可使得执行机构获得尽可能大的运动速度，且功率利用合理。

图 3-17 增压缸（扫描二维码获得原理动画） 图 3-18 增速缸（扫描二维码获得原理动画）

三、液压缸的技术特点

1. 缓冲装置

当液压缸所驱动的质量较大、工作部件运动速度较快时，为避免因动量大在行程终点产生活塞与端盖（或缸底）的撞击，影响工作精度或损坏液压缸，一般在液压缸的两端设置有缓冲装置，如图 3-19 所示。缓冲装置的工作原理是在活塞运动接近终点位置时，增大液压缸的排油阻力，使活塞运动速度降低，此排油阻力又称为缓冲压力。

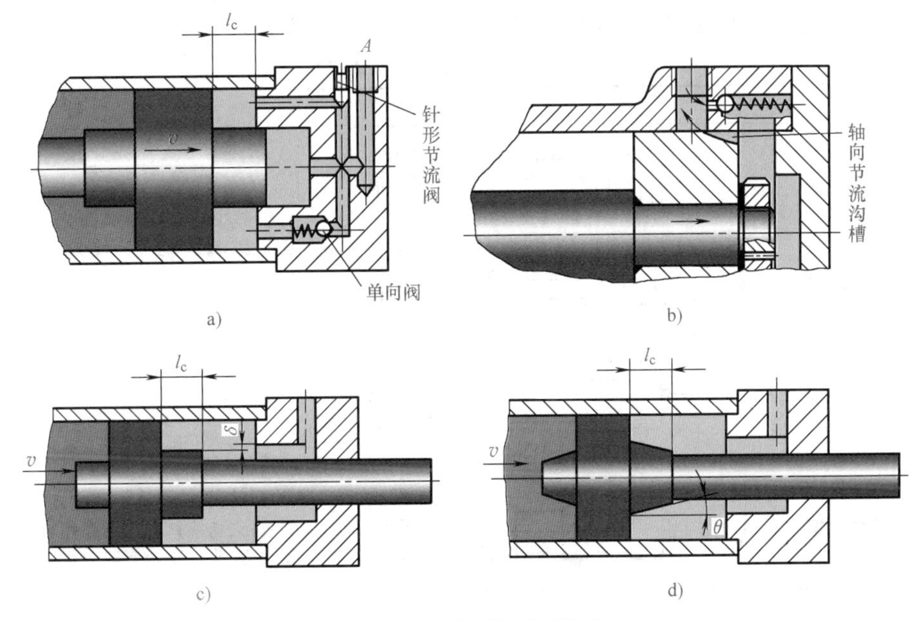

图 3-19 液压缸的缓冲装置

a）可调节流缓冲 b）可变节流缓冲 c）、d）间隙缓冲

图 3-19a 所示为可调节流缓冲装置，当活塞上的凸台进入端盖凹腔后，排油只能从针形节流阀流出，调节节流阀开口可改变缓冲压力的大小（图 3-11 所示液压缸属于此种形式）。

图 3-19b 所示为可变节流缓冲装置，其活塞上开有断面为变截面三角形的轴向节流沟槽，当活塞运动至接近缸盖时，活塞与缸盖之间的油液只能从轴向节流沟槽流出，于是形成缓冲压力使活塞制动。因活塞制动时，轴向节流沟槽的通流截面逐渐减小、阻力作用增强，因此缓冲均匀、冲击力小、制动位置精度高。

图 3-19c、d 所示为间隙缓冲装置，当活塞运动至接近缸盖时，活塞上的圆柱凸台（或圆锥凸台）进入端盖凹腔，封闭在活塞与端盖间的油液只能从环状间隙 δ（或锥形间隙）挤压出去，于是排油腔压力升高形成缓冲压力，使活塞运动速度减慢。此种缓冲装置结构简单，具有可调节流缓冲装置同样的性能特点，适用于运动部件惯性不大、运动速度不高的场合。

2. 排气装置

由于液压油中混入空气，以及液压缸在安装过程中或长时间停止使用时混入空气，液压缸在运行过程中，会因气体的可压缩性而使执行部件出现低速爬行、噪声等不正常现象。所以液压缸应有排除缸内空气的措施。

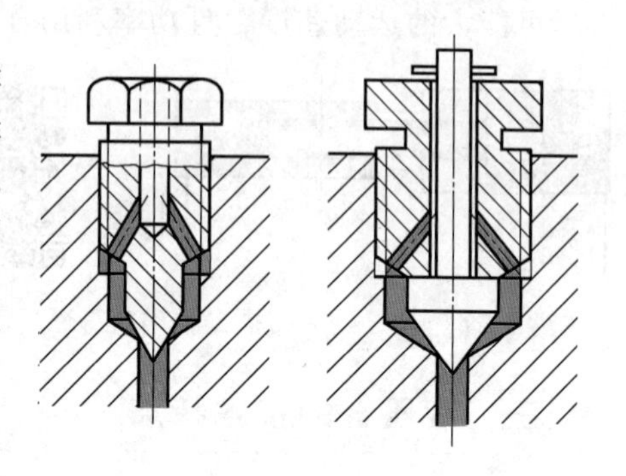

图 3-20 排气塞

对于要求速度稳定性不高的液压缸一般不设置专门的排气装置，而是将油口设置在缸筒两端最高处，这样空气随油排回油箱，再从油箱逸出。对于速度稳定性要求较高的液压缸，可在液压缸的最高处设置排气装置，如排气阀和排气塞等。图 3-20 所示为排气塞。拧开排气塞，使活塞全行程往返数次，使缸内空气排出后，拧紧排气塞，液压缸便可正常工作。

3. 液压缸的安装形式

液压缸的安装形式有多种，见表 3-1。在对液压缸进行结构设计时，要根据机器的安装条件、受外负载作用力的情况及液压缸稳定性的优劣来选择其安装形式。

表 3-1 液压缸的安装方式

安装方式		安装简图	说明
法兰型	头部法兰	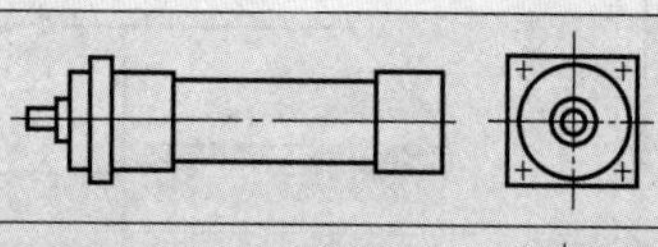	头部法兰型安装螺钉受拉力较大；尾部法兰型安装螺钉受力较小
	尾部法兰	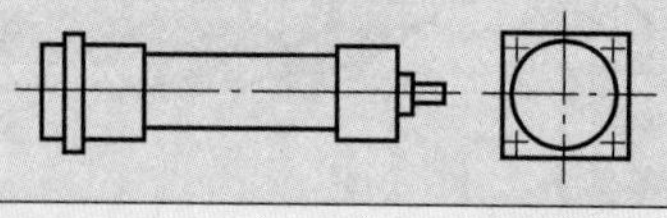	
销轴型	头部销轴	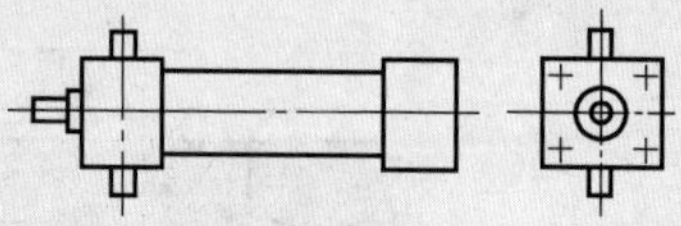	液压缸在垂直面内可摆动。尾部销轴型安装时，活塞杆受弯曲作用最大，中间销轴型次之，头部销轴型最小
	中间销轴	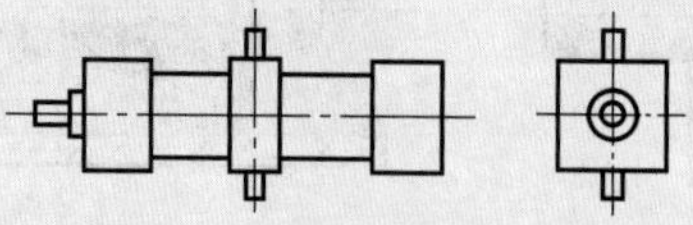	
	尾部销轴	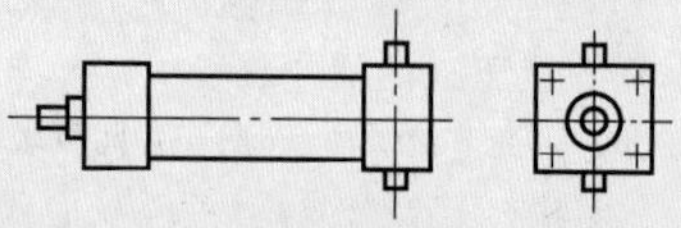	
耳环型	尾部单耳环	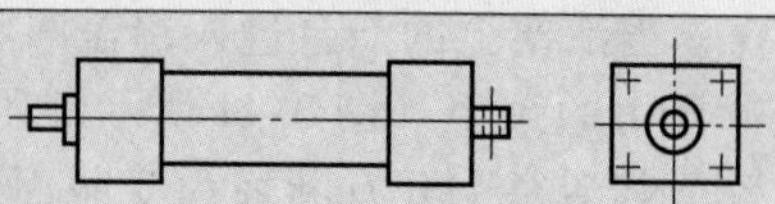	液压缸在垂直面内可摆动
	尾部双耳环	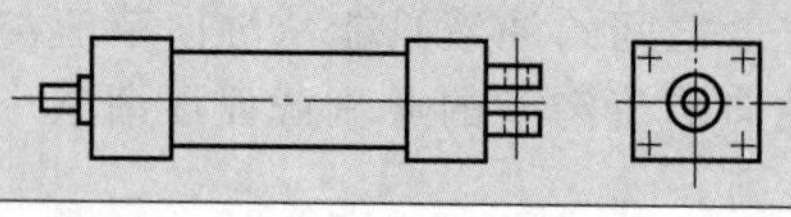	

（续）

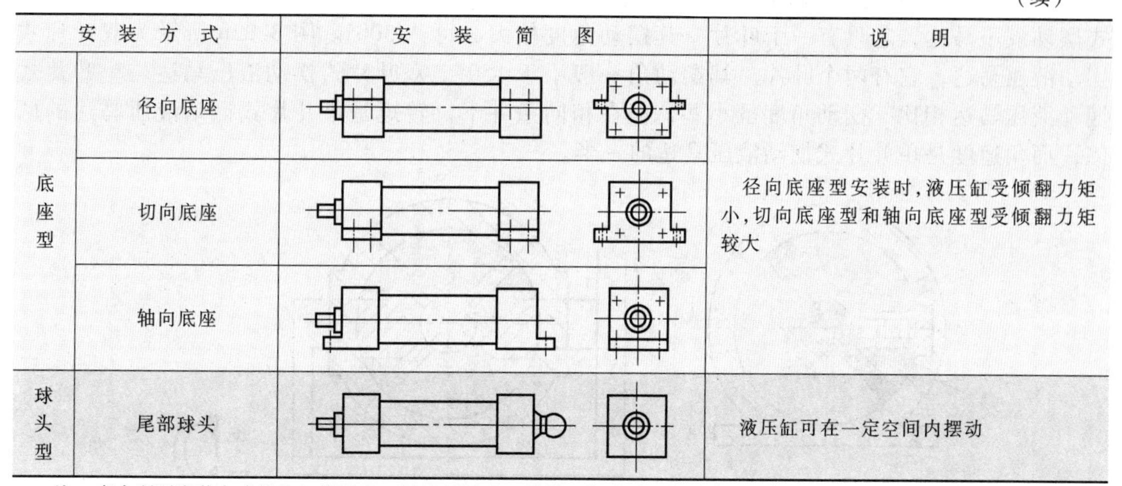

安装方式		安装简图	说明
底座型	径向底座		径向底座型安装时，液压缸受倾翻力矩小，切向底座型和轴向底座型受倾翻力矩较大
	切向底座		
	轴向底座		
球头型	尾部球头		液压缸可在一定空间内摆动

注：表中所列安装方式均为缸筒固定、活塞杆运动。根据工作需要，也可采用活塞杆固定、缸筒运动的安装方式。

4. 液压缸的特征尺寸

（1）缸筒内径 D　根据液压缸推力 F 和选定工作压力 p，或者运动速度和输入流量，按本节有关公式确定缸筒内径 D 后，从 GB/T 2348—1993 中选取相近的尺寸加以圆整。

（2）活塞杆直径 d　通常先满足液压缸速度或往返速比 λ_v 来确定活塞杆的直径 d，按 GB/T 2348—1993进行圆整，然后按其结构强度和稳定性进行校核。

（3）液压缸缸筒长度 s　液压缸的缸筒长度 s 由最大工作行程决定，缸筒的长度一般不超过其内径的 20 倍。

（4）液压缸最小导向长度 H　当活塞杆全部外伸时，从活塞支承面中点到导向套滑动面中点的距离称为最小导向长度 H，如图 3-21 所示。若导向长度 H 太小，当活塞杆全部伸出时，液压缸的稳定性将变差；反之，又势必增加液压缸的长度。因此对一般液压缸必须有一个合适的导向长度，根据经验，当液压缸最大行程为 L，缸筒直径为 D 时，最小导向长度为

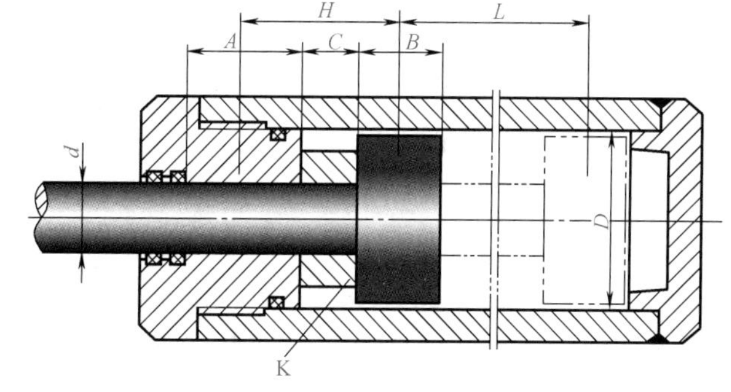

图 3-21　液压缸最小导向长度

$$H \geqslant \frac{L}{20}+\frac{D}{2} \tag{3-28}$$

设一般导向套滑动面长度为 A，在 $D<80\text{mm}$ 时，可取 $A=(0.6\sim1.0)D$；在 $D>80\text{mm}$ 时，可取 $A=(0.6\sim1.0)d$。活塞宽度 $B=(0.6\sim1.0)D$。若导向长度 H 不够，可在活塞杆上增加一个导向隔套 K（图 3-21）来增大 H 值。隔套 K 的宽度 $C=H-\frac{1}{2}(A+B)$。

四、摆动液压马达

当通入压力油时，摆动液压马达的主轴能输出小于 360°的摆动运动。它经常用于辅助运动，如送料和转位装置、液压机械手以及间歇进给机构。由于近些年来密封材料的改善，其应用范围已扩大到中高压。

摆动液压马达如图 3-22 所示。它分为单叶片式和双叶片式两种。图 3-22a 所示为单叶片式摆动液压马达，它只有一个叶片，其摆动角度较大，可达 300°。图 3-22b 所示为双叶片式摆动液压马达，它有两个叶片，其摆动角一般小于 150°。双叶片式摆动液压马达与单叶片式摆动液压马达相比，摆动角度虽小些，但在相同条件下，转矩是单叶片式摆动液压马达的两倍，而角速度是单叶片式摆动液压马达的一半。

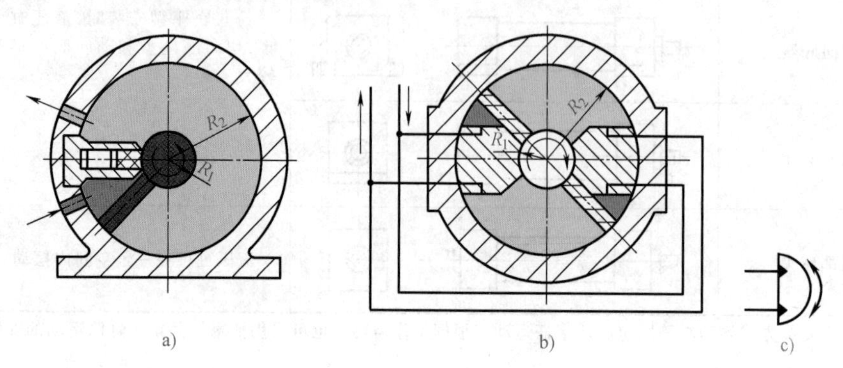

图 3-22 摆动液压马达

a）单叶片式 b）双叶片式 c）图形符号

当单叶片式摆动液压马达进出口油口的压力分别为 p_1 和 p_2，流入流量为 q，叶片宽度为 b，叶片底部和顶部回转半径分别为 R_1 和 R_2，容积效率和机械效率分别为 η_V 和 η_m 时，输出转矩 T 和角速度 ω 分别为

$$T=\frac{b}{2}(R_2^2-R_1^2)(p_1-p_2)\eta_m \tag{3-29}$$

$$\omega=\frac{2q\eta_V}{b(R_2^2-R_1^2)} \tag{3-30}$$

习 题

3-1 某一减速器要求液压马达的实际输出转矩 $T=52.5\text{N}\cdot\text{m}$，转速 $n=30\text{r/min}$。设液压马达的排量 $V=12.5\text{cm}^3/\text{r}$，容积效率 $\eta_V=0.9$，机械效率 $\eta_m=0.9$，求所需要的流量和压力。

3-2 某液压马达每转排量 $V=70\text{mL/r}$，供油压力 $p=10\text{MPa}$，输入流量 $q=100\text{L/min}$，容积效率 $\eta_V=0.92$，机械效率 $\eta_m=0.94$，回油腔的背压为 0.2MPa，试求：

1）液压马达的输出转矩。

2）液压马达的转速。

3-3 某液压马达的排量 $V=40\text{mL/r}$，当其在 $p=6.3\text{MPa}$ 和 $n=1450\text{r/min}$ 时，液压马达的实际输入流量 $q=63\text{L/min}$，实际输出转矩 $T=37.5\text{N}\cdot\text{m}$，求液压马达的容积效率 η_V、机械效率 η_m 和总效率 η。

3-4 在图 3-23 中，A_1 和 A_2 分别为两液压缸的有效作用面积，$A_1=50\text{cm}^2$，$A_2=20\text{cm}^2$，液压泵流量 $q_p=3\text{L/min}$，负载 $W_1=5000\text{N}$，$W_2=4000\text{N}$，不计损失，求两液压缸的工作压力 p_1、p_2 及两活塞的运动速度 v_1、v_2。

3-5 若要求某差动液压缸快进速度 v_1 是快退速度 v_2 的三倍，试确定活塞有效作用面积 A_1 和活塞杆截面面积 A_2 之比 A_1/A_2 的值。

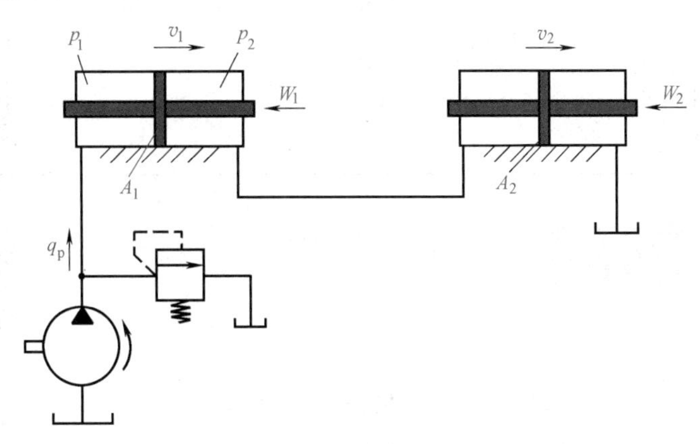

图 3-23 习题 3-4 图

3-6 在图 3-24 中，液压缸活塞直径 $D=100$mm，活塞杆直径 $d=70$mm，进入液压缸的油液流量 $q=25$L/min，压力 $p_1=20\times10^5$Pa，回油背压 $p_2=2\times10^5$Pa，试计算图 3-24a、b、c 所示三种情况下的运动速度大小、方向及最大推力。

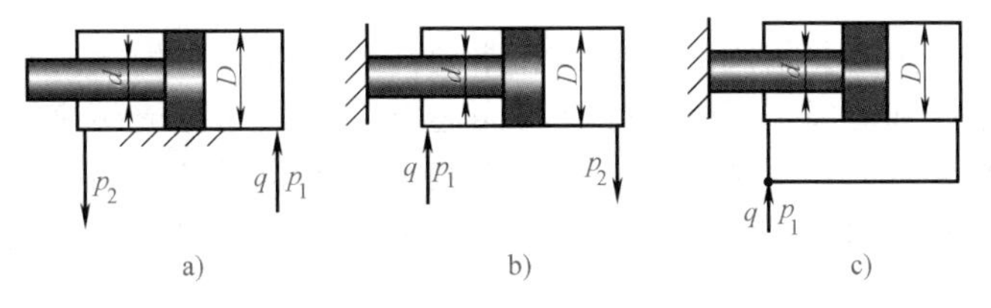

图 3-24 习题 3-6 图

3-7 有一单叶片摆动液压缸，叶片轴半径为 40mm，缸体内半径为 100mm。叶片宽度为 10mm。若负载转矩为 600N · m，则输入油液的压力为多少？

3-8 某一单活塞杆液压缸快速向前运动时采用差动连接，快速退回时，压力油输入液压缸有杆腔。假如缸筒直径为 100mm，活塞杆直径为 70mm，慢速运动时活塞杆受压，其负载为 25000N。已知输入流量 $q=25$L/min，回油背压 $p_2=2\times10^5$Pa，试求液压缸快速往返速度。

Chapter 4

第四章

液压控制阀

第一节　液压控制阀概述

液压控制阀（简称液压阀）在液压系统中用来控制液流的压力、流量和方向，保证执行元件按照负载的需求进行工作。液压阀的品种繁多，即使同一种阀，因应用场合不同，用途也有差异。因此，掌握液压阀的控制机理是本章学习的关键。

一、液压阀的基本结构与原理

液压阀的基本结构主要包括阀芯、阀体和驱动阀芯在阀体内做相对运动的装置。阀芯的主要形式有滑阀、锥阀和球阀；阀体上除有与阀芯配合的阀体孔或阀座孔外，还有外接油管的进出油口；驱动装置可以是手调机构，也可以是弹簧或电磁铁，有时还作用有液压力。液压阀正是利用阀芯在阀体内的相对运动来控制阀口的通断及开口大小，从而实现压力、流量和方向控制的。

液压阀工作时始终满足压力流量方程，即流经阀口的流量 q 与阀口前后压差 Δp 和阀的开口面积有关。至于作用在阀芯上的力是否平衡，则需要具体分析。

二、液压阀的分类

（一）根据结构形式分类

1. 滑阀

在图 4-1a 中，滑阀的阀芯为圆柱形，阀芯台肩的大、小直径分别为 D 和 d；与进出油口对应的阀体上开有沉割槽，一般为全圆周。阀芯在阀体孔内做相对运动，开启或关闭阀口，图中所示 x 为阀口开度，p_1 和 p_2 为阀进、出口压力。由第一章中的流体力学公式有：

（1）阀口压力流量方程

$$q=C_{d}\pi Dx\sqrt{\frac{2}{\rho}(p_1-p_2)} \tag{4-1}$$

（2）阀芯上的稳态液动力

$$F_s=2C_{d}\pi Dx\cos\theta\cdot(p_1-p_2) \tag{4-2}$$

因滑阀为间隙密封，因此，为保证封闭油口的密封性，除阀芯与阀体孔的径向间隙尽可能小外，还需要有一定的密封长度。这样，在开启阀口时阀芯需先移动一段距离（等于密封长度），即滑阀的运动存在一个“死区”。

2. 锥阀

在图 4-1b 中，锥阀阀芯半锥角 α 一般为 12°~20°，有时为 45°。阀口关闭时为线密封，不仅密封性能好，而且开启阀口时无“死区”，阀芯稍有位移即开启，动作灵敏。记阀座孔直

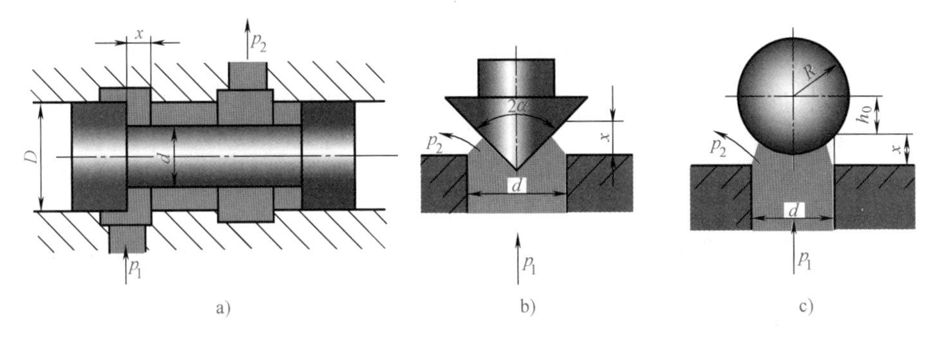

图 4-1 液压阀的结构形式

a）滑阀 b）锥阀 c）球阀

径为 d，阀口开度为 x，进、出口压力分别为 p_1、p_2，锥阀阀口的压力流量方程和稳态液动力表达式如下

$$q=C_{d}\pi dx\sin\alpha\cdot\sqrt{\frac{2}{\rho}(p_1-p_2)} \tag{4-3}$$

$$F_s=C_{d}\pi dx\sin2\alpha\cdot(p_1-p_2) \tag{4-4}$$

因一个锥阀只能有一个进油口和一个出油口，因此又称为二通锥阀。

3. 球阀

球阀如图 4-1c 所示，其性能与锥阀相同，阀口的压力流量方程为

$$q=C_{d}\pi dh_0\frac{x}{R}\sqrt{\frac{2}{\rho}(p_1-p_2)}$$

$$h_0=\sqrt{R^2-(d/2)^2} \tag{4-5}$$

式中 R——钢球半径。

其他符号同锥阀。

（二）根据用途不同分类

（1）压力控制阀 用来控制或调节液压系统液流压力以及利用压力实现控制的阀类，如溢流阀、减压阀、顺序阀等。

（2）流量控制阀 用来控制或调节液压系统液流流量的阀类，如节流阀、调速阀、二通比例流量阀、溢流节流阀、三通比例流量阀等。

（3）方向控制阀 用来控制和改变液压系统中液流方向的阀类，如单向阀、液控单向阀、换向阀等。

（三）根据控制方式不同分类

（1）定值或开关控制阀 被控制量为定值或阀口启闭控制液流通路的阀类，包括普通控制阀、插装阀、叠加阀。在第二～五节介绍。

（2）电液比例控制阀 被控制量与输入电信号成比例连续变化的阀类，包括普通比例阀和带内反馈的电液比例阀。在第七节介绍。

（3）伺服控制阀 被控制量与输入信号及反馈量成比例连续变化的阀类，包括机液伺服阀和电液伺服阀。在第六节介绍。

（4）数字控制阀 用数字信号直接控制阀口的启闭来控制液流的压力、流量、方向的阀类。第八节做简单介绍。

（四）根据安装连接形式不同分类

（1）管式连接 阀体进出油口由螺纹或法兰直接与油管连接，安装方式简单，但元件分

散布置，装卸维修不大方便。

（2）板式连接 阀体进出油口通过连接板与油管连接，或安装在集成块侧面由集成块连通阀与阀之间的油路，并外接液压泵、液压缸、油箱。这种连接形式，元件集中布置，操纵、调整、维修都比较方便。

（3）插装阀 根据不同功能将阀芯和阀套单独做成组件（插入件），插入专门设计的阀块组成回路，不仅结构紧凑，而且具有一定的互换性。

（4）叠加阀 板式连接阀的一种发展形式，阀的上、下面为安装面，阀的进出油口分别在这两个面上。使用时，相同通径、功能各异的阀通过螺栓串联叠加安装在底板上，对外连接的进出油口由底板引出。

三、液压阀的性能参数

1. 公称通径

公称通径代表阀的通流能力大小，对应于阀的额定流量。与阀的进出油口连接的油管的规格应与阀的通径相一致。阀工作时的实际流量应小于或等于它的额定流量，最大不得大于额定流量的1.1倍。

2. 额定压力

额定压力是指液压控制阀长期工作所允许的最高压力。对压力控制阀，实际最高压力有时还与阀的调压范围有关；对换向阀，实际最高压力还可能受其功率极限的限制。

四、对液压阀的基本要求

1）动作灵敏，使用可靠，工作时冲击和振动要小，噪声要低。

2）阀口开启时，作为方向阀，液流的压力损失要小；作为压力阀，阀芯工作的稳定性要好。

3）所控制的参量（压力或流量）稳定，受外干扰时变化量要小。

4）结构紧凑，安装、调试、维护方便，通用性好。

第二节 方向控制阀

方向控制阀简称为方向阀。开关控制的普通方向控制阀包括单向阀和换向阀两类，它用在液压系统中控制液流的方向。

一、单向阀

液压系统中常用的单向阀有普通单向阀和液控单向阀两种，前者又简称单向阀。

（一）普通单向阀（单向阀）

普通单向阀是一种只允许液流沿一个方向通过，而反向液流则被截止的方向阀。要求其正向液流通过时压力损失小，反向截止时密封性能好。

在图4-2中，普通单向阀由阀体、阀芯和弹簧等零件组成，阀的连接形式为螺纹管式连接，阀体左端油口为进油口A，右端油口为出油口B。当进油口来油时，压力油作用在阀芯左端，克服右端弹簧力使阀芯右移，阀芯锥面离开阀座，阀口开启，油液经阀口、阀芯上的径向孔a和轴向孔b，从右端出口流出。若油液反向，由右端油口进入，则压力油与弹簧同向作用，将阀芯锥面紧压在阀座孔上，阀口关闭，油液被截止不能通过。在这里，弹簧力很小，仅起复位作用，因此正向开启压力只需0.03~0.05MPa；反向截止时，因锥阀阀芯与阀座孔为线密封，且密封力随压力增高而增大，因此密封性能良好。

如果记阀座孔直径为d_0，弹簧刚度为K，弹簧预压缩量为x_0，则单向阀的正向开启压力

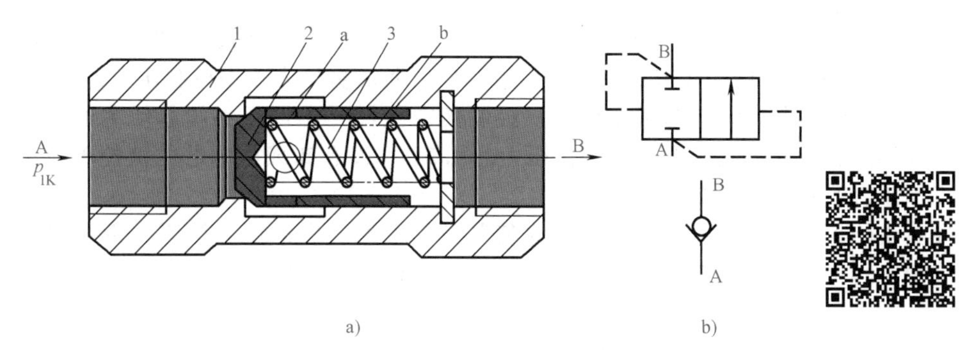

图 4-2　普通单向阀（扫描二维码获得原理动画）

a）结构图　b）图形符号

1—阀体　2—阀芯　3—弹簧

$p_{1K}=Kx_0\bigg/\dfrac{\pi d_0^2}{4}$。开启后除克服弹簧力外，还需克服液动力 $F_s=\rho qv\cos\alpha$，因此进出口压差（压力损失）为 0.2～0.3MPa。

单向阀常安装在泵的出口，一方面防止系统的压力冲击影响泵的正常工作，另一方面在泵不工作时防止系统的油液倒流经泵回油箱。单向阀还被用来分隔油路以防止干扰，或与其他阀并联组成复合阀，如单向减压阀、单向节流阀等。当安装在系统的回油路上使回油具有一定背压或安装在泵的卸载回路上使泵维持一定的控制压力时，应更换刚度较大的弹簧，其正向开启压力 $p_{1K}=0.3\sim0.5$MPa。

（二）液控单向阀

液控单向阀除进出油口 A、B 外，还有一个控制油口 K（图 4-3）。当控制油口不通压力油而通回油箱时，液控单向阀的作用与普通单向阀一样，油液只能从 A 到 B，不能反向流动。当控制油口通压力油时，就有一个向上的液压力作用在控制活塞的下端面，推动控制活塞克服单向阀阀芯上端的弹簧力顶开单向阀阀芯使阀口开启，正、反向的液流均可自由通过。液控单向阀既可以对反向液流起截止作用且密封性好，又可以在一定条件下允许正反向液流自由通过，因此多用在液压系统的保压或锁紧回路中。

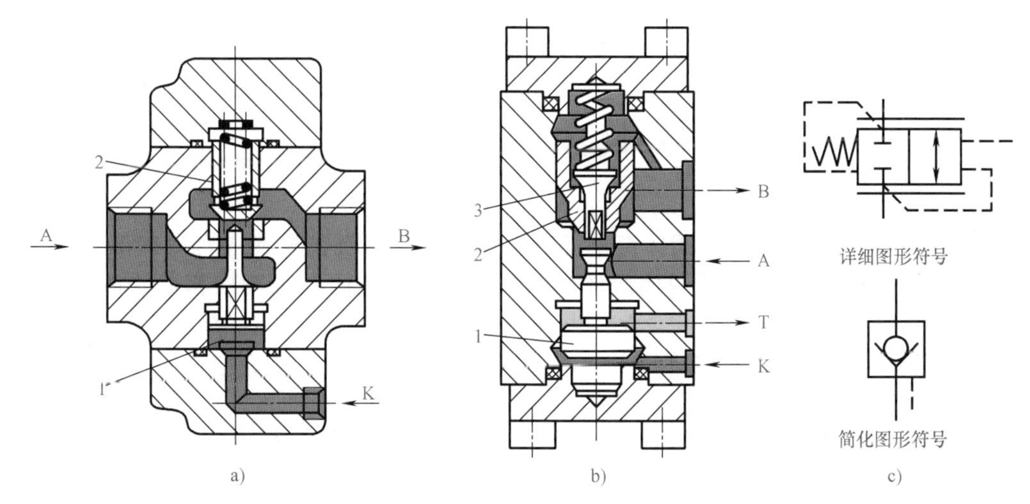

图 4-3　液控单向阀

a）内泄式　b）外泄式　c）图形符号

1—控制活塞　2—单向阀阀芯　3—卸载阀小阀芯

液控单向阀根据控制活塞上腔的泄油方式不同分为内泄式（图 4-3a）和外泄式（图 4-3b），前者泄油通单向阀进油口 A，后者直接引回油箱。为减小控制压力，图 4-3b 所示复式结构在单向阀阀芯内装有卸载小阀芯。控制活塞上行时先顶开小阀芯使主油路泄压，然后顶开单向阀阀芯，其控制压力仅为工作压力的 4.5%。没有卸载小阀芯的液控单向阀的控制压力为工作压力的 40%~50%。

需要指出的是，控制油口不工作时，应使其通回油箱，保证压力为零，否则控制活塞难以复位，单向阀反向不能截止液流。

（三）梭阀

梭阀可看成由两个单向阀组合而成，这两个单向阀共用一个阀芯。如图 4-4a 所示，梭阀阀体上有两个进口 A、B 和一个出口 P，当 A 口接高压、B 口接低压时，阀芯在两端压差的作用下，被推向右边，B 口被关闭，A 口的来油通往 P 口。反之，B 口接高压、A 口接低压时，B 口来油通往 P 口。显然，通过阀芯的往复运动，P 口始终选择与 A 口与 B 口中压力较高者相通。因此，该阀称为梭阀，又称为压力选择阀。图 4-4b 所示为其图形符号。第三章中，叶片液压马达的叶片根部通油即梭阀应用的一个典型实例。

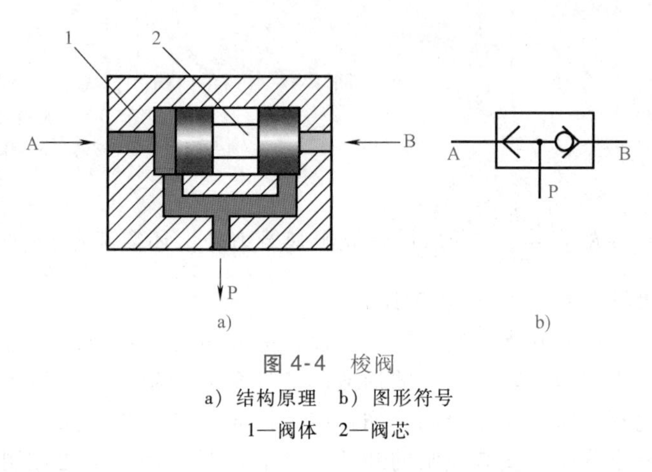

图 4-4 梭阀
a）结构原理 b）图形符号
1—阀体 2—阀芯

二、换向阀

换向阀是利用阀芯在阀体孔内做相对运动，使油路接通或切断而改变油流方向的阀。

按结构类型可分为滑阀式、转阀式和球阀式。

按阀体连通的主油路数可分为二通、三通、四通等。

按阀芯在阀体内的工作位置可分为二位、三位、四位等。

按操作阀芯运动的方式可分为手动、机动、电磁动、液动、电液动等。

按阀芯的定位方式可分为钢球定位和弹簧复位两种。其中钢球定位式的阀芯在外力撤去后可固定在某一工作位置，适用于一个工作位置须停留较长时间的场合；弹簧复位或对中式的阀芯在外力撤去后将恢复到常位，这种方式因具有“记忆”功能，特别适用于换向频繁且换向阀较多、要求动作可靠的场合。

（一）滑阀式换向阀的结构

滑阀式换向阀的阀芯台肩和阀体沉割槽可以是两台肩三沉割槽或三台肩五沉割槽。当阀芯运动时，通过阀芯台肩开启或封闭阀体沉割槽，接通或关闭与沉割槽相通的油口。图 4-5 所示为四通滑阀，图示位置油口 P、A、B、T 均不通；阀芯左移（右位），P 通 B、A 通 T；阀芯右移（左位），P 通 A、B 通 T。

（二）滑阀式换向阀的操作方式

滑阀式换向阀的操作方式包括手动、机动、电磁动、液动和电液动等。

1. 手动（机动）换向阀

手动和机动换向阀的阀芯运动是借助于机械外力实现的。其中：手动换向阀又分为手动操纵和脚踏操纵两种；机动换向阀则通过安装在液压设备运动部件（如机床工作台）上的撞块或凸轮推动阀芯。它们的共同特点是工作可靠。图 4-6 所示为三位四通手动换向阀，用手

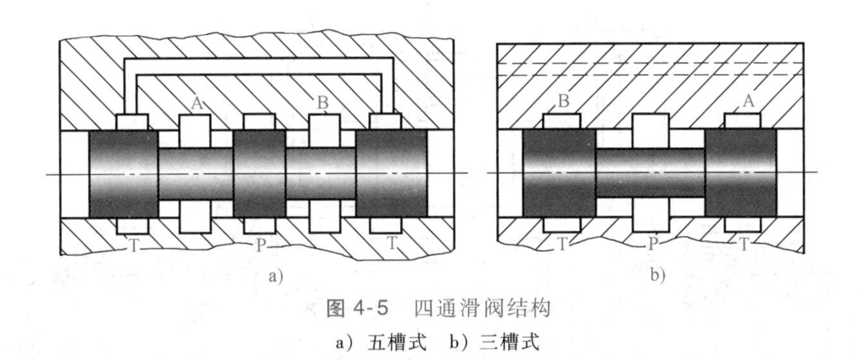

图 4-5　四通滑阀结构
a）五槽式　b）三槽式

操纵杠杆即可推动阀芯相对阀体移动，改变工作位置。图 4-6a 所示为钢球定位式，图4-6b所示为弹簧自动复位式。

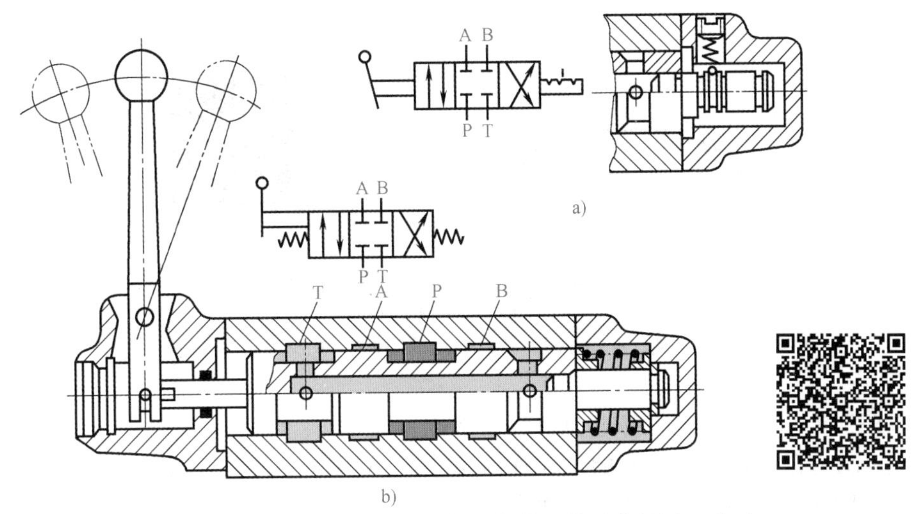

图 4-6　三位四通手动换向阀（扫描二维码获得原理动画）
a）钢球定位式　b）弹簧自动复位式

如果将多个手动换向阀叠加组合，则构成多路换向阀。多路换向阀根据油路连接方式又分为并联、串联、串并联和复合油路等。

2. 电磁换向阀

图 4-7a 所示为三位四通电磁换向阀的结构。在图示位置，左右两边的电磁铁都不得电，阀芯在两端弹簧力的作用保持在中位，各油口互不相通。当左边电磁铁得电后，衔铁带动推杆，推杆推动阀芯移动到最右端，这时油口 P 和 B 接通、A 与 T 接通。当左边电磁铁断电后，阀芯在右边的弹簧力作用下回到中位。当右边的电磁铁得电后，衔铁带动推杆，推杆推动阀芯移动到最左端，这时油口 P 和 A 接通、B 与 T 接通。值得注意的是，左右两边的电磁铁不能同时得电。图 4-7b 所示为其图形符号。

图 4-8 所示为二位三通电磁换向阀，阀体左端安装的电磁铁可以是直流、交流或交本整流的。在电磁铁不得电无电磁吸力时，阀芯在右端弹簧力的作用下处于左端极限位置（常位），油口 P 与 A 通，B 不通。若电磁铁得电产生一个向右的电磁吸力通过推杆推动阀芯右移，则阀左位工作，油口 P 与 B 通，A 不通。

二位电磁换向阀除图 4-8 所示的弹簧复位式外，还有阀体两端均安装电磁铁的钢球定位式，左端（右端）电磁铁得电推动阀芯向右（左）运动，到位后电磁铁失电，由钢球定位在左位（右位）下工作。如果将两端电磁铁与弹簧对中机构组合，又可组成三位电磁换向阀，

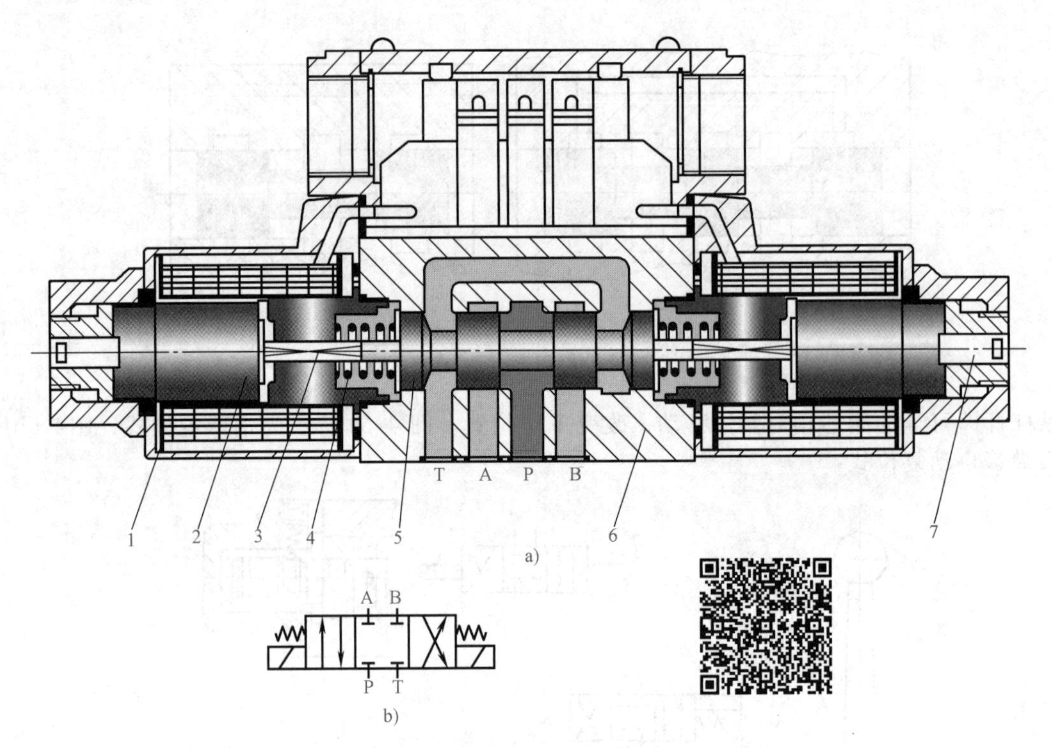

图4-7 三位四通电磁换向阀（扫描二维码获得原理动画）

a）结构 b）图形符号

1—线圈 2—衔铁 3—推杆 4—左弹簧 5—阀芯 6—阀体 7—检查按钮

电磁铁得电分别为左、右位，不得电为中位（常位）。

因电磁吸力有限，电磁换向阀的最大通流量小于100L/min，若通流量较大或要求换向可靠、冲击小，则选用液动换向阀或电液动换向阀。

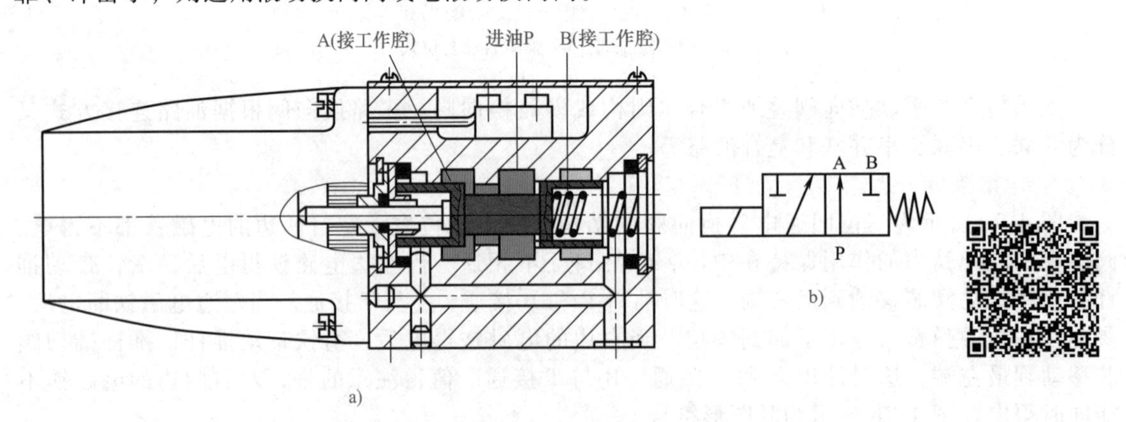

图4-8 二位三通电磁换向阀（扫描二维码获得原理动画）

a）结构 b）图形符号

3. 电液换向阀

电液换向阀由电磁换向阀和液动换向阀组合而成。其中：液动换向阀实现主油路的换向，称为主阀；电磁换向阀改变液动换向阀的控制油路方向，称为先导阀。因电液换向阀包含有液动换向阀，因此液动换向阀不另介绍。

在图 4-9 中，当电磁先导阀的电磁铁不得电时，三位四通电磁先导阀处于中位，液动主阀阀芯两端油室同时通回油箱，阀芯在两端对中弹簧的作用下也处于中位。当电磁先导阀右端电磁铁得电处于右位工作时，控制压力油自控制油口 P′将经过电磁先导阀右位至油口 B′，然后经单向阀 I_1 进入液动主阀阀芯的右端，而左端油液则经过阻尼 R_2、电磁先导阀油口 A′回油箱，于是液动主阀阀芯向左移，阀右位工作，主油路的 P 与 B 通、A 与 T 通。反之，电磁先导阀左端电磁铁得电，液动主阀则在左位工作，主油路 P 与 A 通、B 与 T 通。

在此，必须注意以下几点：

1）当液动主阀为弹簧对中型时，电磁换向阀的中位必须是油口 A′、B′、T′互通，以保证液动主阀的左、右两端油室通回油箱，否则，液动主阀无法回到中位。

2）控制压力油可以取自主油路的 P 口（内控），也可以另设独立油源（外控）。采用内控而主油路又需要卸载时，必须在主阀的 P 口处安装一预控压力阀，以保证最低控制压力，预控压力阀可以是开启压力为 0.4MPa 的单向阀。采用外控时，独立油源的流量不得小于主阀最大通流量的 15%，以保证换向时间要求。

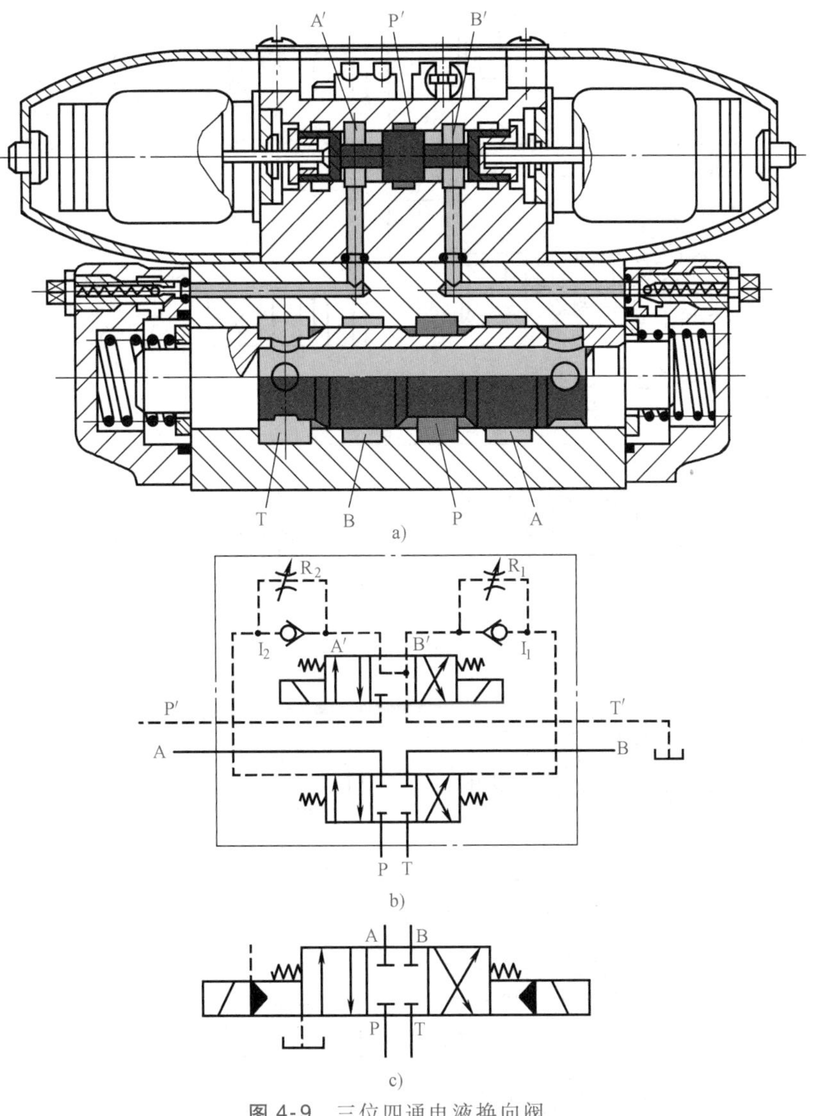

图 4-9　三位四通电液换向阀

a）结构　b）详细图形符号　c）简化图形符号

3）电磁换向阀的回油口 T′可以单独引回油箱（外排），也可以在阀体内与主阀回油口 T 连通，然后一起回油箱（内排）。

4）液动滑阀两端控制油路上的节流阀 R 用来控制进出主阀两端的流量，从而调节主阀的换向速度及时间，若节流阀阀口关闭，则液动主阀无法移动，主油路不能换向。

（三）滑阀的中位机能

多位阀处于不同工作位置时，各油口的不同连通方式体现了换向阀的不同控制机能，称之为滑阀机能。对三位四通（五通）滑阀，左、右工作位置用于执行元件的换向，一般为 P 与 A 通、B 与 T 通或 P 与 B 通、A 与 T 通；中位则有多种机能以满足该执行元件处于非运动状态时系统的不同要求。下面主要介绍三位四通滑阀的几种常用中位机能，见表 4-1。不同中位机能的滑阀，其阀体是通用的，仅阀芯的台肩尺寸和形状不同。

表 4-1　三位四通滑阀的中位机能

中位机能代号	结构原理图	图形符号	中位机能特点和应用
O 型	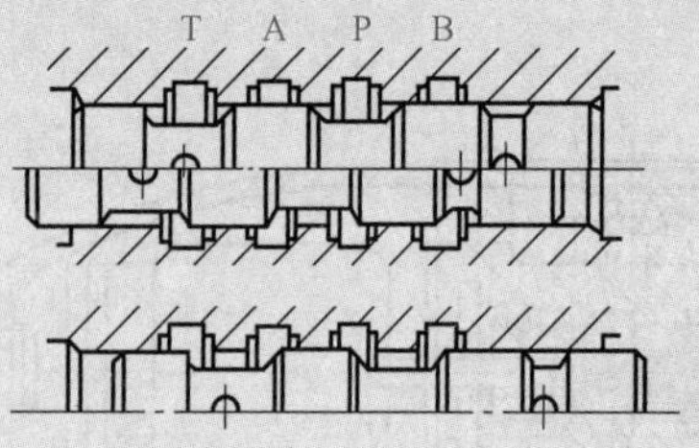 T A P B	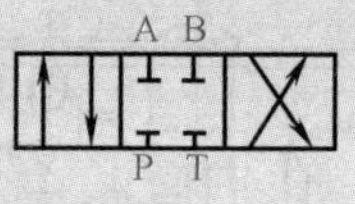 A B P T	四个油口均封闭，液压缸活塞锁住不动，液压泵不卸载。可用于多个换向阀并联工作
H 型	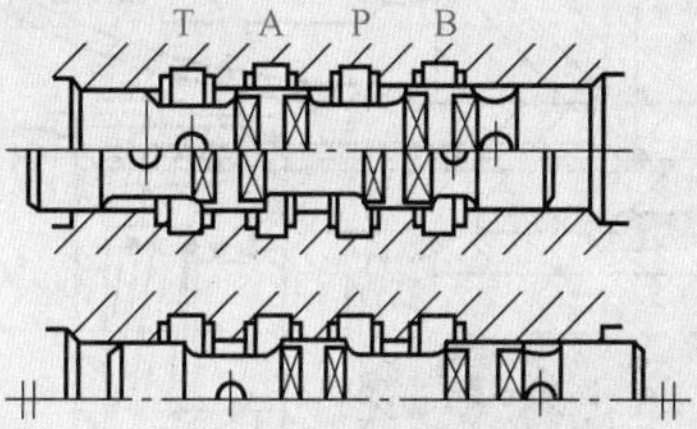 T A P B	 A B P T	四个油口互通，液压缸的两腔同时通回油，活塞浮动，即在外力作用下活塞可以移动，液压泵出口油液直接回油箱卸载
P 型	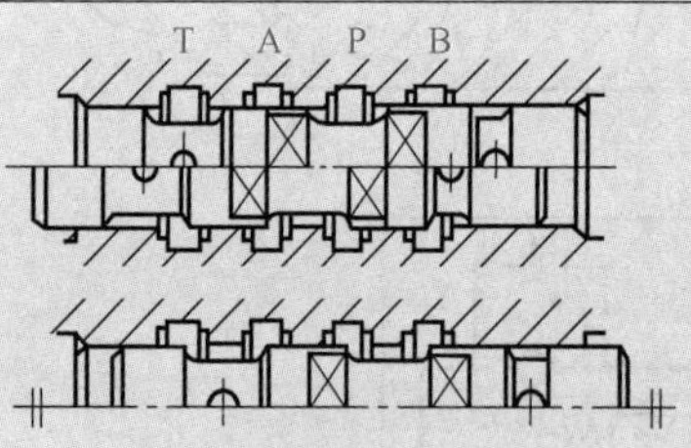 T A P B	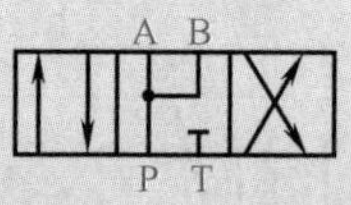 A B P T	油口 T 封闭，油口 P、A、B 互通，即液压缸两腔互通压力油。若液压缸为单活塞杆结构，则成差动连接，活塞快速向外运动；若液压缸为双活塞杆结构，则活塞停止不动
Y 型	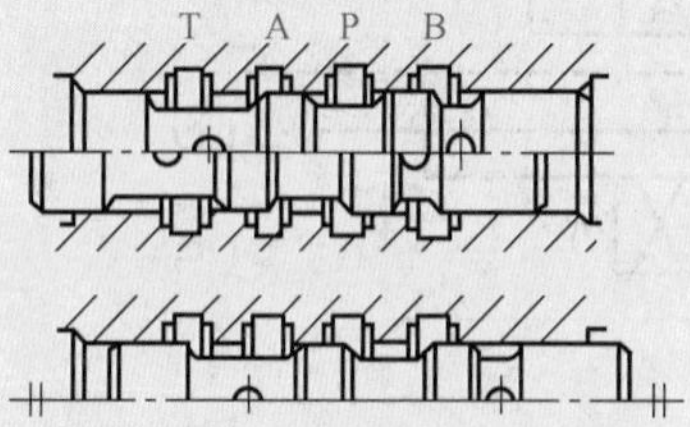 T A P B	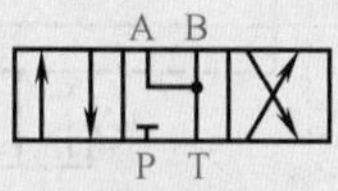 A B P T	油口 P 封闭，油口 A、B、T 互通，液压缸活塞浮动，可在外力作用下移动，液压泵不卸载
K 型	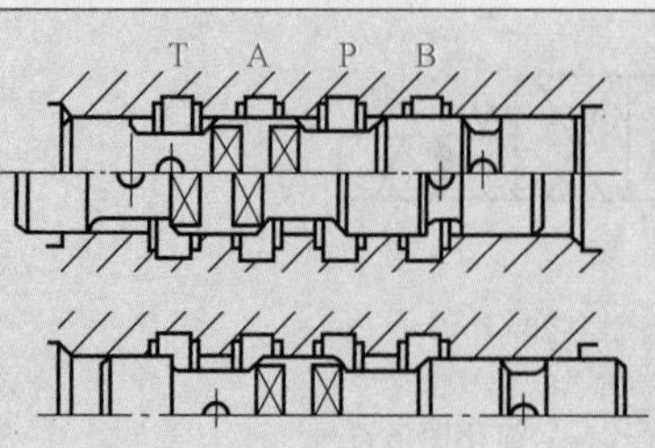 T A P B	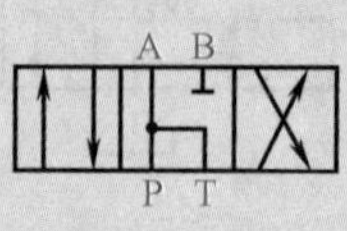 A B P T	油口 P、A、T 互通，油口 B 封闭，液压泵卸载，液压缸一腔闭锁

（续）

中位机能代号	结构原理图	图形符号	中位机能特点和应用
N型	T A P B	A B P T	油口P和B封闭，油口A与T相通，此时液压缸活塞运动停止，但在外力作用下可向一个方向小幅度移动，液压泵不卸荷
M型	T A P B	A B P T	油口A、B封闭，油口P与T相通，液压缸活塞锁住不动，液压泵出口油液直接回油箱卸荷

（四）换向阀的性能

1. 换向可靠性

换向阀的换向可靠性包括两个方面：换向信号发出后，阀芯能灵敏地移到预定的工作位置；换向信号撤出后，阀芯能在弹簧力的作用下自动恢复到常位。

换向阀换向需要克服的阻力包括摩擦力（主要是液压卡紧力）、液动力和弹簧力。其中摩擦力与压力有关，液动力除与压力、通流量有关外，还与阀的中位机能有关。同一通径的电磁换向阀，机能不同，可靠换向的压力和流量范围不同，一般用工作性能极限曲线表示，如图4-10所示。曲线1为四通阀封闭一个油口作三通阀用的性能极限曲线，显然，其通流能力下降了许多。

2. 压力损失

换向阀的压力损失包括阀口压力损失和流道压力损失。当阀体采用铸造流道，流道形状接近于流线时，流道压力损失可降到很小。

对电磁换向阀，因电磁铁行程较小，因此阀口开度较小，阀口流速较高，阀口压力损失较大。

换向阀的压力损失除与通流量有关外，还与阀的机能、阀口流动方向有关，一般限定额定流量 q_s 下压力损失不超过一定值 Δp_s。实际流量为 q 时，压力损失 $\Delta p=\Delta p_s\left(\frac{q}{q_s}\right)^2$。

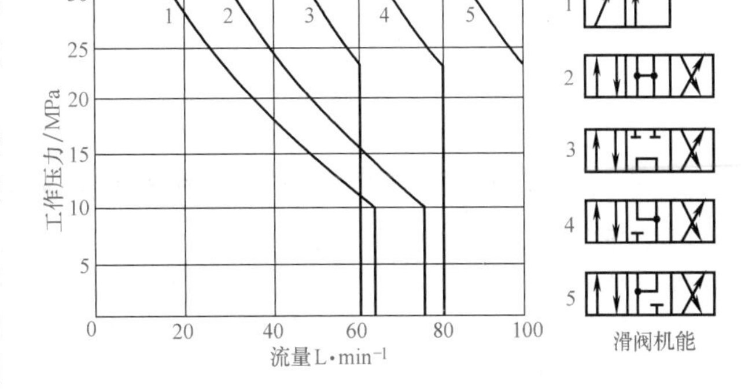

图4-10　不同换向机能滑阀的工作性能极限

3. 内泄漏量

滑阀式换向阀为间隙密封，内泄漏不可避免。一般应尽可能减小阀芯与阀体孔的径向间隙，并保证其同心，同时阀芯台肩与阀体孔有足够的封油长度。在间隙和封油长度一定时，内泄漏量随工作压力的增高而增大。泄漏不仅带来功率损失，而且引起油液发热，影响系统的正常工作。

4. 换向平稳性

要求换向阀换向平稳，实际上就是要求换向时压力冲击要小。手动和电液动换向阀可通过控制换向时间来改变压力冲击。中位机能为 H、Y 型的电磁换向阀，因液压缸两腔同时通回油，换向经过中位时压力冲击迅速下降，因此换向较平稳。

5. 换向时间和换向频率

电磁换向阀的换向时间与电磁铁有关。交流电磁铁的换向时间为 0.03~0.15s，直流电磁铁的换向时间为 0.1~0.3s。

单电磁铁电磁换向阀的换向频率一般为 60 次/min，有的高达 240 次/min。双电磁铁电磁阀的换向频率是单电磁铁电磁阀的两倍。

（五）电磁球阀简介

图 4-11 所示为电磁球阀，它主要由左、右阀座及球阀、操纵杆、杠杆和弹簧等组成。图中 P 口压力油除通过右阀座孔作用在球阀的右边外，还经过阀体上的通道 b 进入操纵杆的空腔并作用在球阀的左边，于是球阀所受轴向液压力平衡。

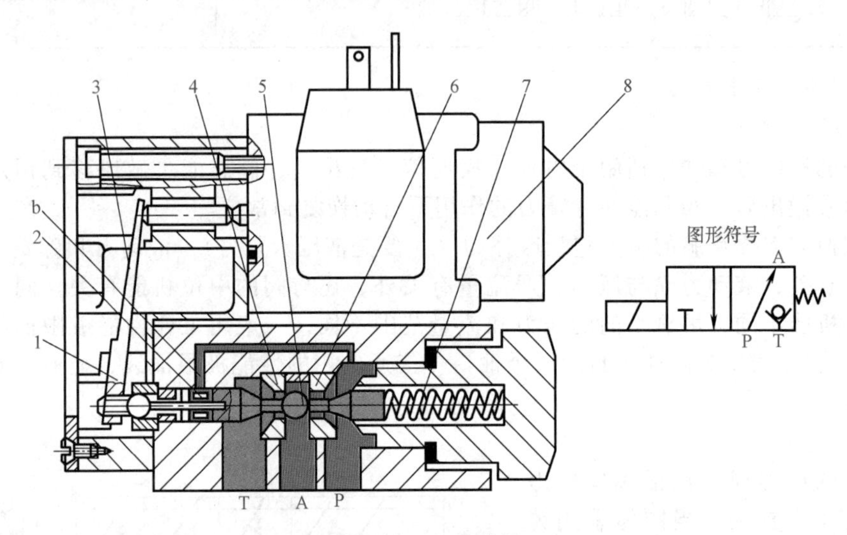

图 4-11 电磁球阀

1—支点 2—操纵杆 3—杠杆 4—左阀座 5—球阀 6—右阀座 7—弹簧 8—电磁铁

在电磁铁不得电无电磁力输出时，球阀在右端弹簧力的作用下紧压在左阀座孔上，油口 P 与 A 通，油口 T 关闭。若电磁铁得电，则电磁吸力推动铁心左移，杠杆绕支点逆时针方向转动，电磁吸力经放大（一般放大 3~4 倍）后通过操纵杆给球阀施加一个向右的力。该力克服球阀右边的弹簧力将球阀推向右阀座孔，于是油口 P 与 A 不通，油口 A 与 T 相通，油路换向。

图 4-11 所示电磁球阀为二位三通阀，在装上专用底板后可构成四通阀。与电磁滑阀相比，电磁球阀有下列特点：

1）无液压卡死现象，对油液污染不敏感，换向性能好。

2）密封为线密封，密封性能好，最高工作压力可达 63MPa。

3）电磁吸力经放大后传给阀芯，推力大。

4）使用介质的黏度范围大，可以直接用于高水基、乳化液。

5）球阀换向时，中间过渡位置三个油口互通，故不能像滑阀那样具有多种中位机能。

6）要保证左、右阀座孔与阀体孔同心，因此加工、装配工艺难度较大，成本较高。

7）目前主要用在超高压小流量的液压系统中或作二通插装阀的先导阀。

第三节　压力控制阀

压力控制阀是用来控制液压系统中油液压力或通过压力信号实现控制的。普通压力控制阀的基本工作原理是以调压弹簧作为负载，并通过阀芯位移与阀所控制的压力相比较。根据对阀控制压力的要求不同，普通压力控制阀分为溢流阀、减压阀、顺序阀和压力继电器等。为保证控制压力与调压弹簧力的对应关系，结构上应保证阀芯的调压弹簧端油液压力为零。

一、溢流阀

溢流阀按结构形式分为直动式和先导式，它旁接在液压泵的出口处，以保证系统压力恒定或限制其最高压力，有时也旁接在执行元件的进口处，对执行元件起安全保护作用。

（一）结构及工作原理

1．直动式溢流阀

图 4-12 所示为锥阀直动式溢流阀，其由阀芯 4、阀座 5、阀体 6、调压弹簧 3、调节手柄及螺杆 1 等组成。图示为阀的安装位置（常位），阀芯在弹簧力 F_t的作用下与阀座紧密贴合，将进、出油口隔断。当阀的进口压力油在阀芯的作用面积上产生液压力 F，且此液压力 F 等于或大于弹簧力 F_t时，阀芯向上运动，阀口开启，阀的出口油液流回油箱。随着通过阀口的流量 q 增大，阀口的开度进一步增大。此时，阀芯处于受力平衡状态，阀口开度为 x，通流量为 q，进口压力为 p。如果记油液密度为 ρ，弹簧刚度为 K，预压缩量为 x_0，阀座通径为 D，阀口刚开启时的进口压力为 p_k，通过额定流量 q_s时的进口压力为 p_s，作用在阀芯上的稳态液动力为 F_s，则可以得到：

1）阀口刚开启时的阀芯受力平衡关系式

$$p_k \frac{\pi D^2}{4} = Kx_0 \tag{4-6}$$

2）阀口开启溢流时阀芯受力平衡关系式

$$p \frac{\pi D^2}{4} = K(x_0 + x) + F_s \tag{4-7}$$

3）阀口开启溢流的压力流量方程

$$q = C_d \pi D x \sqrt{\frac{2}{\rho} p} \tag{4-8}$$

联立式（4-7）和式（4-8）可求得不同流量下的进口压力。

如上所述，可以归纳出以下几点：

1）调节弹簧的预压缩量 x_0，可以改变阀口的开启压力 p_k，进而调节控制阀的进口压力 p，即对应于一定弹簧预压缩量 x_0，阀的进口压力 p 基本为定值。此弹簧称为调压弹簧。

2）当流经阀口的流量增大使阀的开口增大时，弹簧会进一步被压缩而产生一个附加弹簧力 $\Delta F_t = Kx$，同时液动力 F_s也发生变化，这将导致阀的进口压力 p 随之增大。显然，通过额定流量时的进口压力 p_s为最大值。一般用调压偏差 $\Delta p = p_s - p_k$来衡量溢流阀的静态特性。另外也可用开启压力比 $p_k/p_s = n_k$予以评价，直动式溢流阀的 $n_k < 85\%$。

3）在图 4-12a 中，弹簧腔的泄漏油经阀体上的泄油通道直接引到溢流阀的出口，然后回油箱。回油路不应有背压，否则背压力作用在阀芯的上端，导致溢流阀的进口压力随之增大。

4）直动式溢流阀因液压力直接与弹簧力相比较而得名。若阀的压力较高、流量较大，则要求调压弹簧具有很大的弹簧力，这不仅使调节性能变差，而且结构上也难以实现。所以直动式溢流阀常用作安全阀或充当其他先导式压力阀的先导阀使用。在高压大流量场合常用图4-13所示的带偏流盘的锥阀直动式溢流阀。针对阀口大小改变时阀口液动力和附加弹簧力变化的影响，结构上采取了偏流盘和阻尼活塞，起到抵消液动力和弹簧力增量，增强阀芯稳定性效果，故额定压力可达40MPa，最大通流量为330L/min。

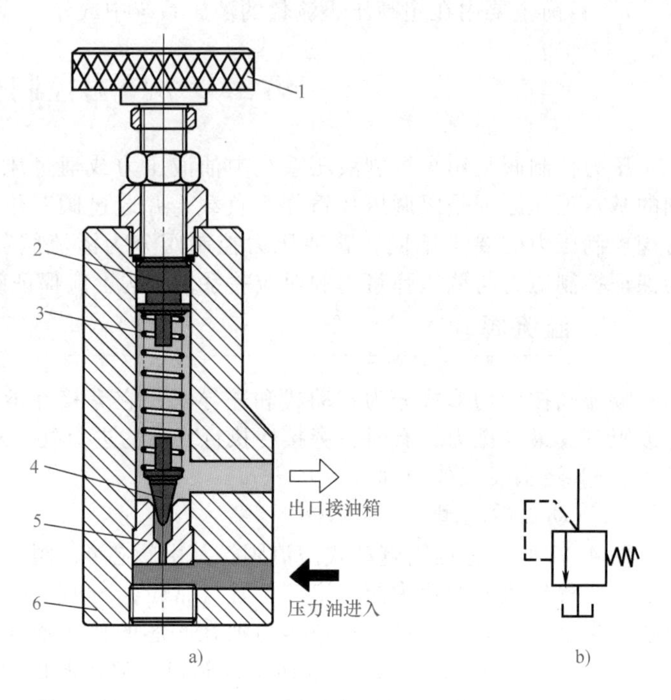

图4-12 锥阀直动式溢流阀

a）锥阀直动式溢流阀结构 b）溢流阀的一般（或直动式溢流阀）图形符号

1—调节手柄及螺杆 2—推杆 3—调压弹簧 4—阀芯 5—阀座 6—阀体

2. 先导式溢流阀

先导式溢流阀的原理、图形符号如图4-14所示，其由先导阀和主阀两部分组成。先导阀为一锥阀，实际上是一个小流量的直动式溢流阀；主阀也为锥阀。该阀为三级同心结构，即主阀阀芯的大直径与阀体孔、锥面与阀座孔、上端直径与阀盖孔三处同

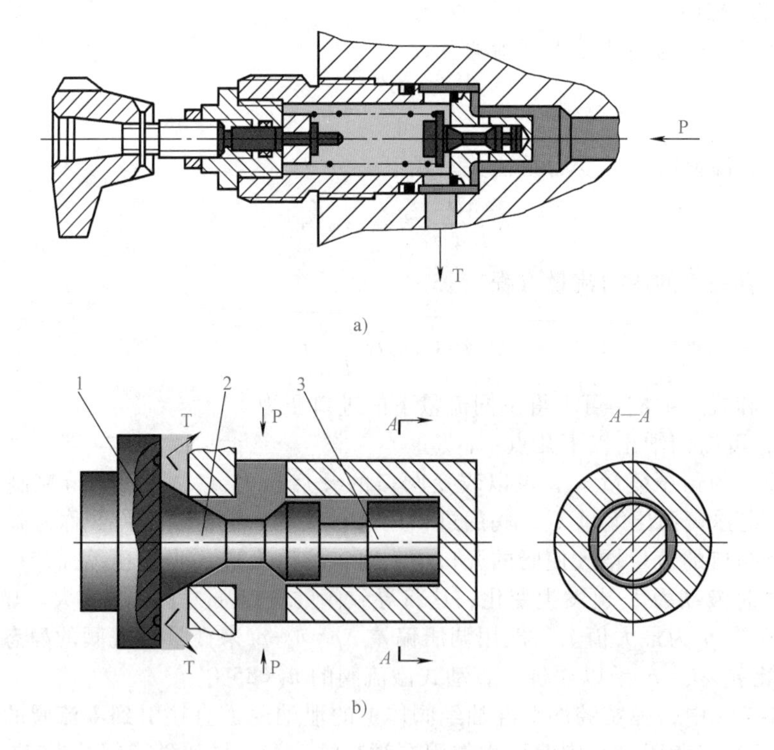

图4-13 带偏流盘的锥阀直动式溢流阀

a）结构全图 b）阀芯部分放大图

1—偏流盘 2—锥阀阀芯 3—阻尼活塞

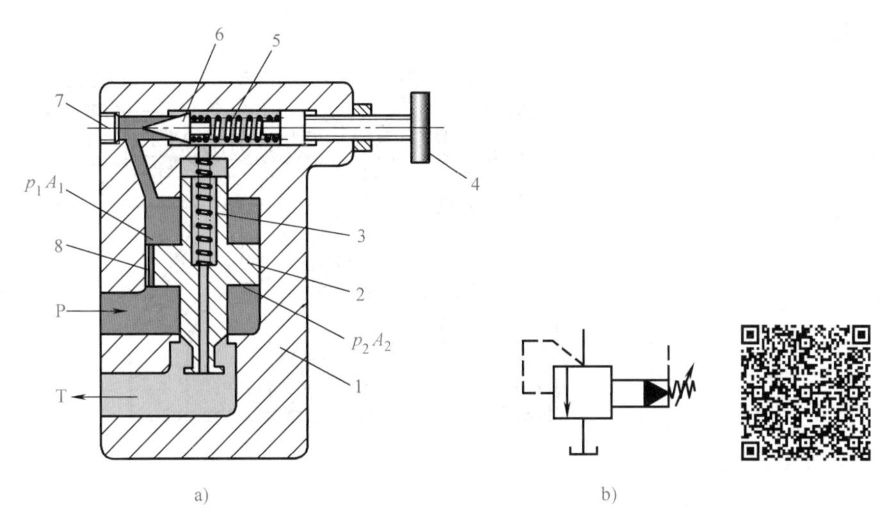

图 4-14　先导式溢流阀（扫描二维码获得原理动画）

a）先导式溢流阀原理图　b）先导式溢流阀的图形符号

1—阀体　2—主阀阀芯　3—主阀弹簧　4—调节手轮　5—调压弹簧

6—先导阀阀芯　7—遥控口（螺堵）　8—阻尼孔

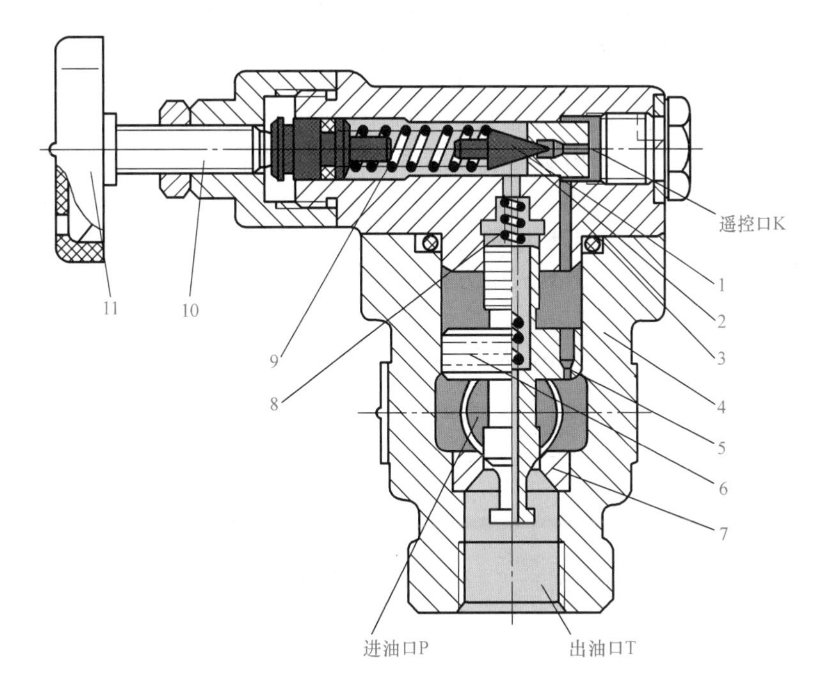

图 4-15　YF 型三级同心先导式溢流阀（管式阀）的结构

1—先导锥阀　2—先导阀座　3—阀盖　4—阀体　5—阻尼孔　6—主阀阀芯　7—主阀阀座

8—主阀弹簧　9—调压弹簧　10—调节螺钉　11—调节手轮

心。图示位置主阀阀芯及先导锥阀均被弹簧压靠在阀座上，阀口处于关闭状态。主阀进油口 P 接泵的来油后，压力油进入主阀阀芯大直径下腔，经阻尼孔（固定液阻）引至主阀阀芯上腔、先导锥阀前腔，对先导阀阀芯形成一个液压力 F_x。当液压力 F_x 小于先导阀阀芯左端调压弹簧的弹簧力 F_{t2} 时，先导阀关闭，主阀内腔为密闭静止容腔，主阀阀芯上下两腔压力相等，而上

腔作用面积 A_1 大于下腔作用面积 A_2（一般 $A_1=1.05A_2$）。在两腔的液压力差及主阀弹簧力的共同作用下，主阀阀芯被压紧在阀座上，主阀阀口关闭。随着油液不断进入溢流阀进口，主阀内腔的油液受到挤压，作用在先导阀上的压力随之增大，当 $F_x \geq F_{t2}$ 时，液压力克服弹簧力，使先导阀阀芯左移，阀口开启，于是溢流阀的进口压力油经固定液阻、先导阀阀口溢流回油箱，因为固定液阻的阻尼作用，主阀上腔压力 p_1（先导阀前腔压力）将低于下腔压力 p（主阀进口压力）。当压差（$p-p_1$）足够大时，因压差形成的向上液压力克服主阀弹簧力推动阀芯上移，主阀阀口开启，溢流阀进口压力油经主阀阀口溢流回油箱。主阀阀口开度一定时，先导阀阀芯和主阀阀芯分别处于受力平衡，阀口满足压力流量方程，主阀进口压力为一确定值。

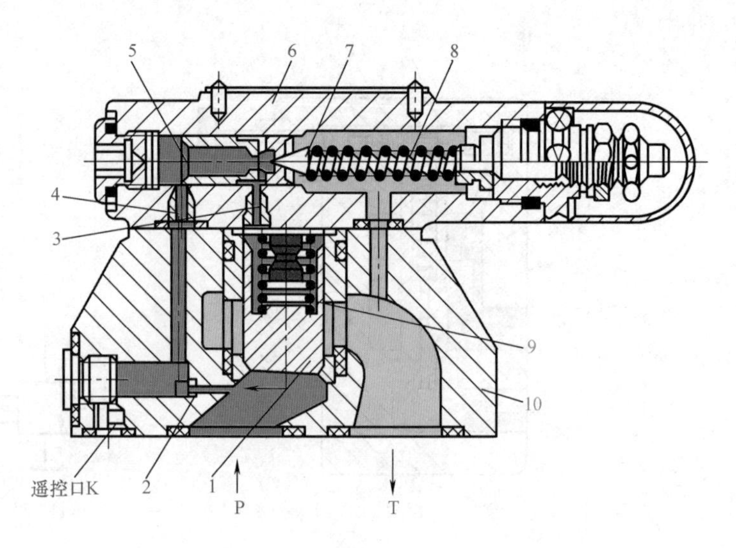

图 4-16 二级同心先导式溢流阀

1—主阀阀芯 2、3、4—阻尼孔 5—先导阀阀座 6—先导阀阀体 7—先导阀阀芯 8—调压弹簧 9—主阀弹簧 10—阀体

图 4-16 所示为二级同心先导式溢流阀，它的主阀阀芯 1 仍为锥阀，为一圆柱体下端倒锥而成，加工时要求圆柱体与阀套内圆面、阀芯锥面与阀套座孔二级同心。与三级同心先导式溢流阀所不同的是固定液阻设在阀体上，并由两个小孔串联而成，这样不仅易于调节孔口的大小，而且孔口的长径比较小，不易堵塞。

先导式溢流阀的静特性可用下列五个方程描述：

（1）主阀阀芯受力平衡方程

$$pA=p_1A_1+K_1(y_0+y)+C_1\pi Dyp\sin 2\alpha+G \tag{4-9}$$

（2）主阀阀口压力流量方程

$$q=C_1\pi Dy\sin\alpha \cdot \sqrt{\frac{2}{\rho}p} \tag{4-10}$$

（3）先导阀阀芯受力平衡方程

$$p_1A_x=p_1\frac{\pi d^2}{4}=K_2(x_0+x)+C_1\pi dxp_1\sin 2\varphi \tag{4-11}$$

（4）先导阀阀口压力流量方程

$$q_x=C_2\pi dx\sin\varphi \cdot \sqrt{\frac{2}{\rho}p_1} \tag{4-12}$$

（5）流经阻尼孔的压力流量方程

$$q_1=q_x=\frac{\pi\phi^4}{128\mu l}(p-p_1) \tag{4-13}$$

式中 G——主阀阀芯重量；

K_1、K_2——主阀弹簧、先导阀弹簧的刚度；

y_0、x_0——主阀弹簧、先导阀弹簧的预压缩量；

y、x——主阀和先导阀开口长度；

q、q_x——流经主阀阀口和先导阀口的流量；

q_1——流经阻尼孔的流量，$q_1=q_x$；

A_1、A——主阀上、下腔有效作用面积；

D、d——主阀和先导阀阀座孔直径；

α、φ——主阀阀芯和先导阀阀芯半锥角；

ϕ、l——阻尼孔直径和长度；

μ——油液动力黏度；

ρ——油液密度；

A_x——先导阀座孔面积，$A_x=\dfrac{\pi d^2}{4}$；

C_1、C_2——主阀、先导阀阀口流量系数。

与直动式溢流阀相比，先导式溢流阀具有以下特点：

1）阀的进口控制压力是通过先导阀阀芯和主阀阀芯两次比较得来的，压力值主要由先导阀调压弹簧的预压缩量确定，流经先导阀的流量很小，溢流流量的大部分经主阀阀口流回油箱，主阀弹簧只在阀口关闭时起复位作用，弹簧力很小，有时又称其为弱弹簧。

2）因先导阀流量很小，一般仅占主阀额定流量的1%，约1~5L/min，因此先导阀阀座孔直径 d 很小，即使是高压阀，先导阀弹簧刚度也不大，因此阀的调节性能有很大改善。

3）主阀阀芯的开启利用阀芯两端压差，该压差即液流流经阻尼孔的压力损失。由于流经阻尼孔的流量很小，为形成足够开启阀芯的压差，阻尼孔一般为细长小孔，如图4-15所示的阻尼孔5的孔径 $d=0.8\sim1.2$mm，孔长 $l=8\sim12$mm。阻尼孔不仅孔径小，而且长，因此工作时易堵塞，而一旦堵塞则导致主阀阀口常开无法调压。为此，图4-16所示的溢流阀将阻尼孔改在阀体上，由两个孔径稍大、长度稍短的阻尼孔2、4串联替代，这不仅使堵塞现象减少，而且阻尼螺塞易于更换调整。

4）先导阀前腔有一卸荷和远程调压口，又称遥控口。在遥控口接电磁换向阀可共同组成电磁溢流阀，接远程调压阀则可以实现远控或多级调压。

3. 远程调压阀

远程调压阀实际上是一个独立的压力先导阀，将其旁接在先导式溢流阀的远程调压口，则与主溢流阀的先导阀并联于主阀阀芯的上腔，即主阀上腔的压力油 p_1 同时作用在远程调压阀和先导阀的阀芯上。实际使用时，主溢流阀安装在最靠近液压泵的出口处，而远程调压阀则安装在操作台上，远程调压阀的调定压力（弹簧预压缩量）低于先导阀的调定压力。于是远程调压阀起调压作用，先导阀起安全作用。必须说明的是，无论是远程调压阀起作用，还是先导阀起作用，溢流流量始终经主阀阀口回油箱。

（二）功用与性能

溢流阀通常旁接在液压泵的出口处，用来保证液压系统即泵的出口压力恒定或限制系统压力的最大值。前者称为定压阀，主要用于定量泵的进油和回油节流调速系统；后者称为安全阀，对系统起保护作用，有时也旁接在执行元件的进口处，限制执行元件的最高工作压力。电磁溢流阀除完成溢流阀的功能外，还可以在执行元件不工作时使液压泵卸载。

溢流阀的基本性能主要有：

1. 调压范围

在规定的范围内调节时，阀的输出压力能平稳地升降，无压力突跳或迟滞现象。高压溢流阀为改善调节性能，一般通过更换四根自由高度、内径相同而刚度不同的弹簧实现0.6~8MPa、4~16MPa、8~20MPa、16~32MPa四级调压。

2. 压力流量特性

在溢流阀调压弹簧的预压缩量调定之后，溢流阀的开启压力 p_k 即已确定，阀口开启后溢流阀的进口压力随溢流量的增加而略为升高，流量为额定值时的压力 p_s 最高，随着流量减少阀口则反向趋于关闭，阀的进口压力降低，阀口关闭时的压力为 p_b。因摩擦力的方向不同，故 $p_b<p_k$。溢流阀的进口压力随流量变化而波动的性能称为压力流量特性或启闭特性，如图 4-17所示。压力流量特性的好坏用调压偏差（p_s-p_k）、（p_s-p_b）或开启压力比 $n_k=p_k/p_s$、闭合压力比 $n_b=p_b/p_s$ 评价。显然调压偏差小好，n_k、n_b 大好，一般先导式溢流阀的 $n_k=0.9\sim0.95$。

3. 压力损失和卸荷压力

当调压弹簧预压缩量等于零，流经阀的流量为额定值时，溢流阀的进口压力称为压力损失；当先导式溢流阀的主阀阀芯上腔经遥控口直接接回油箱，主阀上腔压力 $p_1=0$，流经阀的流量为额定值时，溢流阀的进口压力称为卸荷压力。这两种工况下，溢流阀进口压力因只需克服主阀复位弹簧力和阀口液动力，其值很小，一般小于 0.5MPa。其中因主阀上腔油液流回油箱需要经过先导阀，液流阻力稍大，因此，压力损失略高于卸荷压力。

4. 压力超调量

当溢流阀由卸荷状态突然向额定压力工况转变或由零流量状态向额定压力、额定流量工况转变时，由于阀芯运动惯性、黏性摩擦以及油液可压缩性的影响，阀的进口压力将先迅速升高到某一峰值 p_{max} 然后逐渐衰减波动，最后稳定为额定压力 p_s。压力峰值与额定压力之差 Δp 称为压力超调量，一般限制超调量不得大于额定值的 30%。图 4-18 所示为溢流阀由零压、零流量过渡为额定压力、额定流量的动态过程曲线。

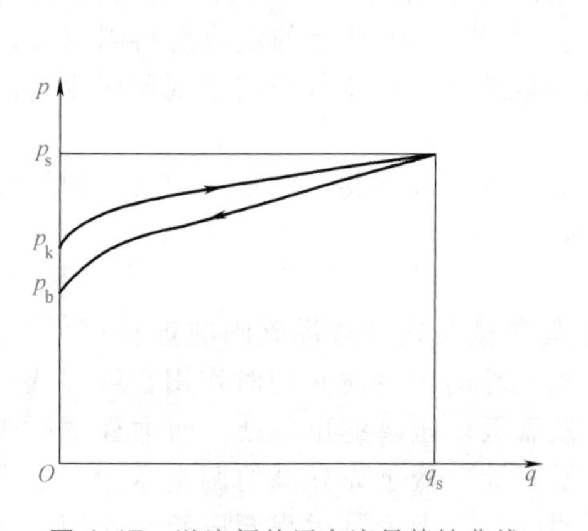

图 4-17 溢流阀的压力流量特性曲线

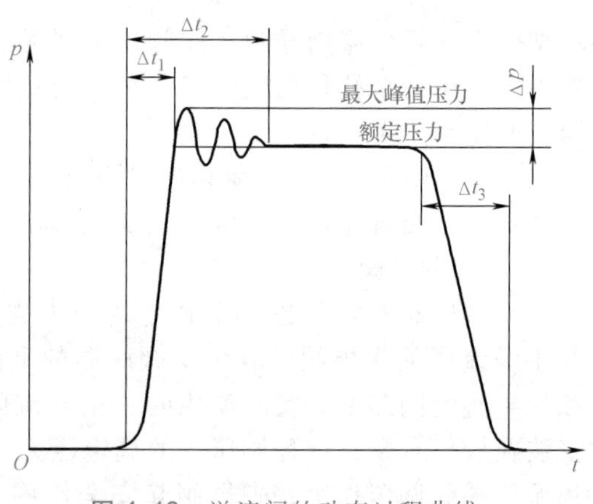

图 4-18 溢流阀的动态过程曲线

二、减压阀

减压阀是一种利用液流流过缝隙液阻产生压力损失，使其出口压力低于进口压力的压力控制阀。按调节要求不同有：用于保证出口压力为定值的定值减压阀，用于保证进出口压差不变的定差减压阀，用于保证进出口压力成比例的定比减压阀。其中定值减压阀应用最广，又简称为减压阀。这里只介绍定值减压阀。

（一）结构及工作原理

图 4-19a 所示为先导式减压阀的结构原理。其先导阀与溢流阀的先导阀相似，但弹簧腔的泄漏油单独引回油箱。而主阀部分与溢流阀不同的是：阀口常开，在安装位置，主阀阀芯在弹簧力作用下位于最下端，阀的开口最大，不起减压作用：引到先导阀前腔的是阀的出口压

力油，保证出口压力为定值。

在图 4-19 中，进口压力油经主阀阀口（减压缝隙）流至出口，出口压力 p_2 实质上是由负载决定的压力。与此同时，出口压力油经阀体、端盖上的通道进入主阀阀芯下腔，然后经主阀阀芯上的阻尼孔到主阀阀芯上腔和先导阀的前腔。在负载较小、出口压力 p_2 低于调压弹簧调定压力时，先导阀关闭，主阀阀芯阻尼孔无液流通过，主阀阀芯上、下两腔压力相等，主阀阀芯在弹簧作用下处于最下端，阀口全开不起减压作用。当出口压力 p_2 随负载增大超过调压弹簧调定的压力时，先导阀阀口开启，主阀出口压力油经主阀阀芯阻尼孔到主阀阀芯上腔、先导阀阀口，再经泄油口回油箱。因阻尼孔的阻尼作用，主阀阀芯上、下两腔出现压力差（p_2-p_3），主阀阀芯在压差作用下克服上端弹簧力向上运动，主阀阀口减小起减压作用。当出口压力 p_2 下降到调定值时，先导阀阀芯和主阀阀芯同时处于受力平衡，出口压力稳定不变。调节调压弹簧的预压缩量，即调节弹簧力的大小，可改变阀的出口压力。

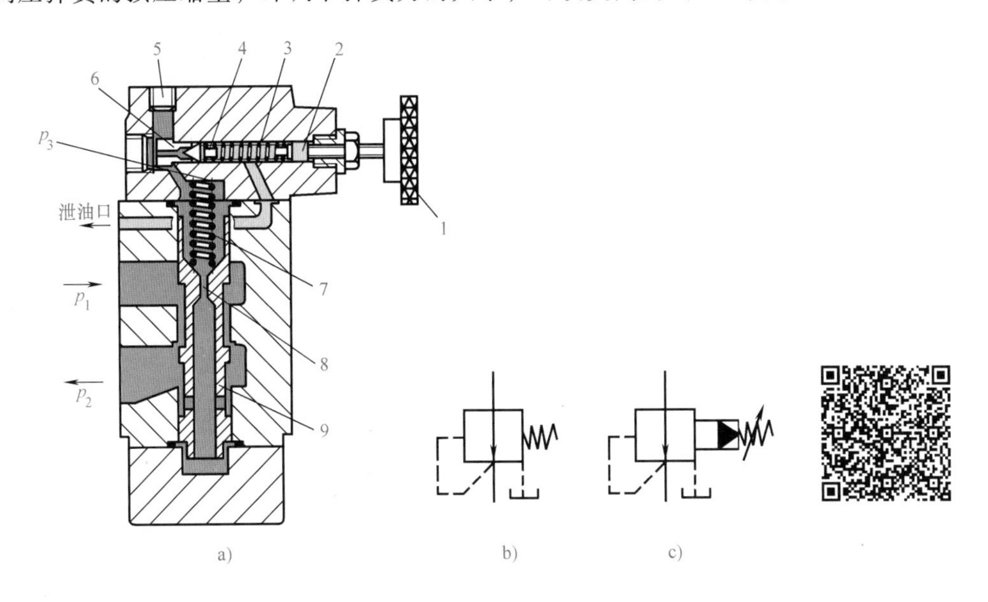

图 4-19　减压阀的结构原理与图形符号（扫描二维码获得原理动画）

a）先导式减压阀的结构原理　b）减压阀的一般（或直动式）图形符号　c）先导式减压阀的图形符号

1—调压手轮　2—推杆　3—调压弹簧　4—先导阀阀芯　5—遥控口（螺堵）　6—先导阀阀座

7—主阀弹簧　8—阻尼孔　9—主阀阀芯

与溢流阀相似，同样可以用数学方程来描述减压阀的静态特性。因篇幅所限，这里不再列出，读者可以自行分析。

（二）功用与特点

减压阀用在液压系统中获得压力低于系统压力的二次油路中，如夹紧油路、润滑油路和控制油路。直动式减压阀一般不单独使用，常用作先导控制阀和其他功能的阀共同构成具有复合控制功能的阀。必须说明的是，减压阀的出口压力还与出口的负载有关，若因负载建立的压力低于调定压力，则出口压力由负载决定，此时减压阀不起减压作用，进出口压力相等，即减压阀保证出口压力恒定的条件是先导阀开启。

比较减压阀与溢流阀的工作原理和结构，可以将两者的差别归纳为以下三点：

1）减压阀为出口压力控制，保证出口压力为定值；溢流阀为进口压力控制，保证进口压力恒定。

2）减压阀阀口常开，进出油口相通；溢流阀阀口常闭，进出油口不通。

3）减压阀出口压力油接负载，压力不等于零，先导阀弹簧腔的泄漏油需单独引回油箱；溢流阀的出口直接接回油箱，因此先导阀弹簧腔的泄漏油经阀体内流道内泄至出口。

与溢流阀相同的是，减压阀也可以在先导阀的远程调压口接远程调压阀来实现远控或多级调压。

三、顺序阀

顺序阀是一种利用压力控制阀阀口通断的压力阀，因用于控制多个执行元件的动作顺序而得名。实际上，除用来实现顺序动作的内控外泄形式（图4-20）外，还可以通过改变上盖或底盖的装配位置得到内控内泄、外控外泄、外控内泄三种类型。它们的图形符号如图4-21所示，其中内控内泄顺序阀用在系统中作平衡阀或背压阀；外控内泄顺序阀用作卸荷阀；外控外泄顺序阀相当于一个液控二位二通阀。上述四种控制形式的阀在结构上完全通用，因此又统称为顺序阀，其工作原理与溢流阀类似，这里不再做介绍。将其特点归纳如下：

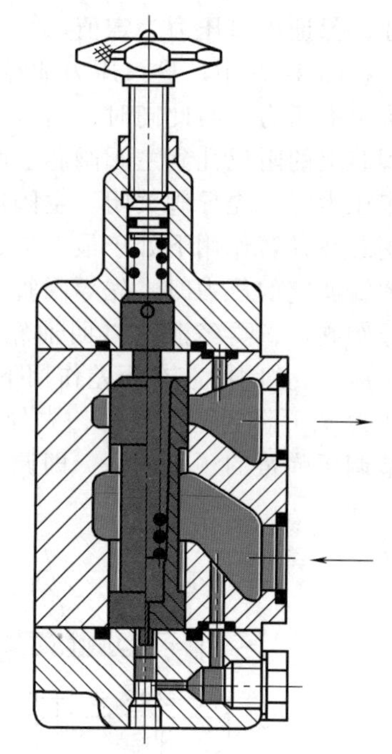

图4-20 直动式顺序阀的结构

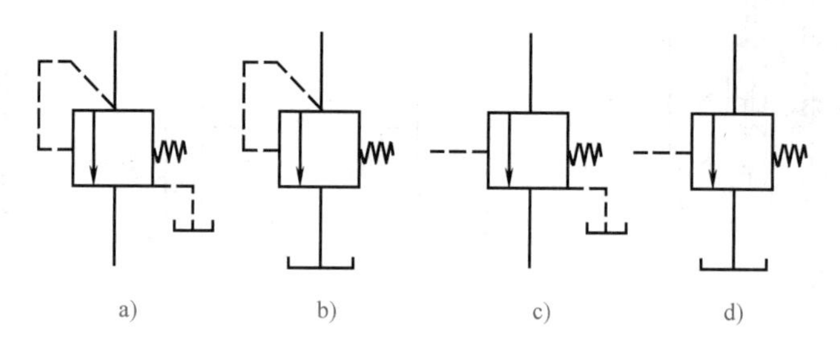

图4-21 顺序阀的四种控制、泄油形式

a）内控外泄 b）内控内泄 c）外控外泄 d）外控内泄

1）内控外泄顺序阀与溢流阀的相同之点是：阀口常闭，由进口压力控制阀口的开启。区别是：内控外泄顺序阀的出口压力油去工作，当因负载建立的出口压力高于阀的调定压力时，阀的进口压力等于出口压力，作用在阀芯上的液压力大于弹簧力和液动力，阀口全开；当负载所建立的出口压力低于阀的调定压力时，阀的进口压力等于调定压力，作用在阀芯上的液压力、弹簧力、液动力平衡，阀的开口一定，满足压力流量方程。因阀的出口压力不等于零，因此弹簧腔的泄漏油需单独引回油箱，即外泄。

2）内控内泄顺序阀的图形符号和动作原理与溢流阀相同，但实际使用时，内控内泄顺序阀串联在液压系统的回油路使回油具有一定压力，而溢流阀则旁接在主油路，如泵的出口、液压缸的进口。因性能要求上的差异，两者不能混同使用。

3）外控内泄顺序阀在功能上等同于液动二位二通阀，且出口接回油箱，因作用在阀芯上的液压力为外力，而且大于阀芯的弹簧力，因此工作时阀口全开，可用于双泵供油回路使大泵卸荷。

4）外控外泄顺序阀除作液动开关阀外，类似的结构还用在变重力负载系统中，称为限速锁，其应用在第六章进行介绍。

四、压力继电器

压力继电器是一种将液压系统的压力信号转换为电信号输出的元件。其作用是，根据液压系统压力的变化，通过压力继电器内的微动开关，自动接通或断开电气线路，实现执行元件的顺序控制或安全保护。

压力继电器按结构特点可分为柱塞式、弹簧管式和膜片式等。图 4-22 所示为单触点柱塞式压力继电器，主要零件包括柱塞 1、调节螺母 2 和电气微动开关 3。如图所示，压力油作用在柱塞的下端，液压力直接与上端弹簧力相比较。当液压力大于或等于弹簧力时，柱塞向上移压微动开关触头，接通或断开电气线路；当液压力小于弹簧力时，微动开关触头复位。显然，柱塞上移将引起弹簧的压缩量增加，因此压下微动开关触头的压力（开启压力）与微动开关复位的压力（闭合压力）存在一个差值，此差值对压力继电器的正常工作是必要的，但不易过大。

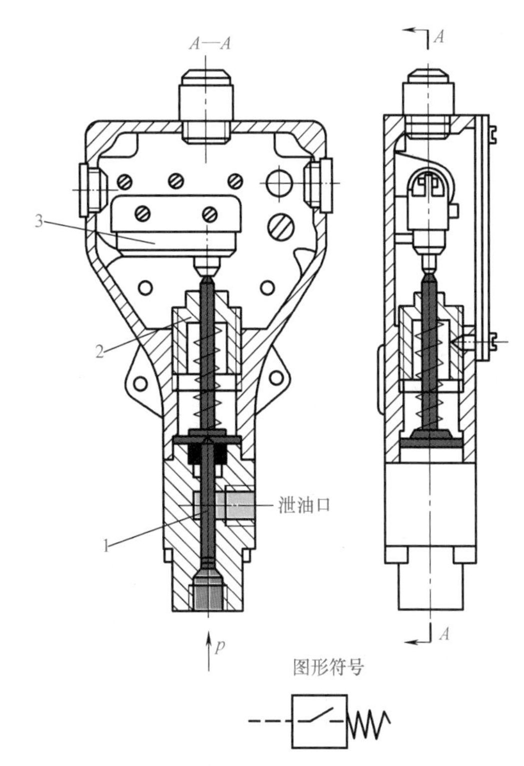

图 4-22　单触点柱塞式压力继电器
1—柱塞　2—调节螺母　3—电气微动开关

第四节　流量控制阀

流量控制阀是通过改变阀口大小，从而改变液阻实现流量调节的阀，普通流量控制阀的阀口是用手动或机动实现调节的，它包括节流阀、调速阀和分流集流阀等。

一、流量控制原理

由流体力学知识可知，孔口及缝隙作为液阻，其通用压力流量方程为

$$q=K_{L}A\,(\Delta p)^{m} \tag{4-14}$$

式中　K_L——节流系数，一般视为常数；

A——孔口或缝隙的过流面积；

Δp——孔口或缝隙的前后压差；

m——指数，$0.5\leqslant m\leqslant 1$。

显然，在 K_L、Δp 一定时，改变过流面积 A，即改变液阻的大小，可以调节通流量，这就是流量控制阀的控制原理。因此，称这些孔口及缝隙为节流口，式（4-14）又称为节流方程。

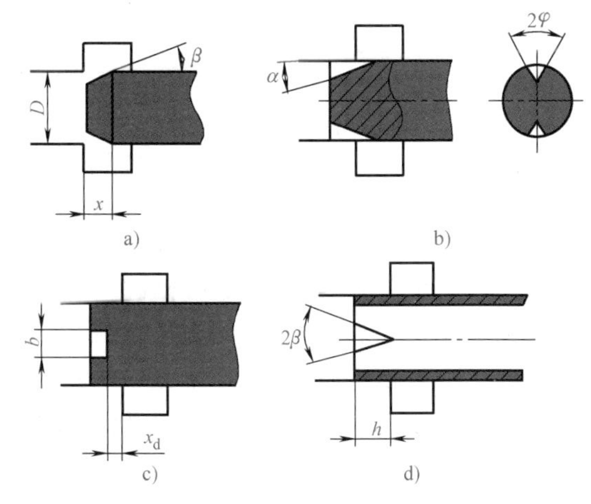

图 4-23　常用节流口的结构形式
a）锥形　b）三角槽形　c）矩形　d）三角形

常用节流口的结构形式如图 4-23 所示，图中锥形结构的 $A=\pi Dx\sin\beta$；三角槽形结构的 $A=nx^2\sin^2\alpha\tan\varphi$（$x$ 为阀口开度，后同）；矩形结构的 $A=nb\,(x-x_d)$；三角形结构的

$A=nxh\tan\beta$（上列式中 n 为节流槽的个数）。

二、节流阀

节流阀是一种最简单、最基本的流量控制阀，其实质相当于一个可变节流口，即一种借助于控制机构使阀芯相对于阀体孔运动而改变阀口过流面积的阀，常用在定量泵节流调速回路中实现调速。

1. 结构与原理

在图 4-24 中，节流阀的主要零件为阀芯、阀体和螺母。阀体上右边为进油口，左边为出油口。阀芯的一端开有三角尖槽，另一端加工有螺纹，旋转阀芯即可轴向移动，从而改变阀口过流面积，即阀的开口面积。

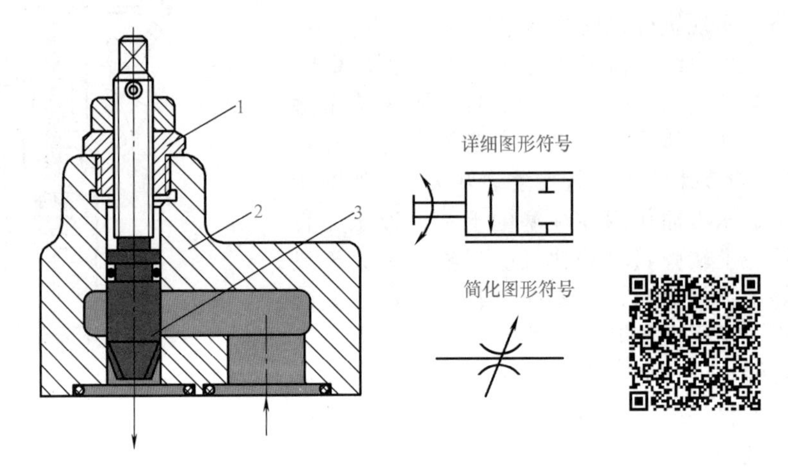

图 4-24 节流阀（扫描二维码获得原理动画）

1—螺母 2—阀体 3—阀芯

为平衡阀芯上的液压径向力，三角尖槽须对称布置，因此三角尖槽数 $n\geqslant2$。

2. 流量特性与刚性

节流阀用在系统起调速作用时，往往会因外负载的波动而引起阀前后压差 Δp 变化。此时即使阀开口面积 A 不变，也会导致流经阀口的流量 q 变化，即流量不稳定。一般定义节流阀开口面积 A 一定时，节流阀前后压差 Δp 的变化量与流经阀的流量变化量之比为节流阀的刚性 T，用公式表示为

$$T=\frac{\partial\Delta p}{\partial q}=\frac{\Delta p^{1-m}}{K_{\mathrm{L}}Am} \tag{4-15}$$

显然，刚性 T 越大，节流阀的性能越好。因薄壁孔型的 $m=0.5$，故多作节流阀的阀口。另外，Δp 大有利于提高节流阀的刚性，但 Δp 过大，不仅造成压力损失的增大，而且可能导致阀口因面积太小而堵塞，因此一般取 $\Delta p=0.15\sim0.4\mathrm{MPa}$。

3. 最小稳定流量

实验表明，当节流阀在小开口面积下工作时，虽然阀的前后压差 Δp 和油液黏度 μ 均不变，但流经阀的流量 q 会出现时多时少的周期性脉动现象，随着开口继续减小，流量脉动现象加剧，甚至出现间歇式断流，使节流阀完全丧失工作能力。上述这种现象称为节流阀的堵塞现象。造成堵塞现象的主要原因是油液中的污物堵塞节流口，即污物时而堵塞时而冲走造成流量脉动：另一个原因是油液中的极化分子和金属表面的吸附作用导致节流缝隙表面形成吸附层，使节流口的大小和形状受到破坏。

节流阀的堵塞现象使节流阀在很小流量下工作时流量不稳定，以致执行元件出现爬行现象。因此，对节流阀有一个能正常工作的最小流量限制。这个限制值称为节流阀的最小稳定流量，用于系统则限制了执行元件的最低稳定速度。

三、调速阀

节流阀因为刚性差，通过阀口的流量因阀口前后压差变化而波动，因此仅适用于执行元

件工作负载变化不大且对速度稳定性要求不高的场合。为解决负载变化大的执行元件的速度稳定性问题，应采取措施保证负载变化时，节流阀的前后压差不变。具体结构有节流阀与定差减压阀串联组成的调速阀和节流阀与差压式溢流阀并联组成的溢流节流阀。溢流节流阀又称为旁通型调速阀，故调速阀又称为普通调速阀。

1. 调速阀的工作原理

图 4-25 所示为调速阀的结构图，图 4-26 所示为调速阀的工作原理图。压力油由 d 口进入调速阀，先经过定差减压阀的阀口 x，压力由 p_1减至 p_2，然后经节流阀阀口 y 流出，出口压力减为 p_3。节流阀前的压力油（压力为 p_2）经孔 a 和 b 作用在定差减压阀的下腔，节流阀后的压力油（压力为 p_3）经孔 c 作用在定差减压阀上腔。因此，作用在定差减压阀阀芯上有液压力、弹簧力和液动力。调速阀稳定工作时的静态方程如下：

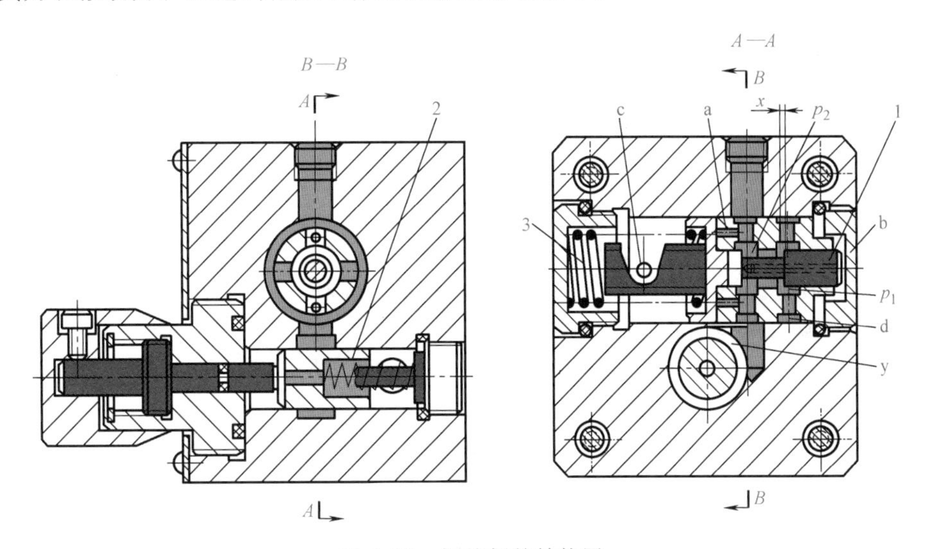

图 4-25　调速阀的结构图

1—定差减压阀阀芯　2—节流阀阀芯　3—弹簧

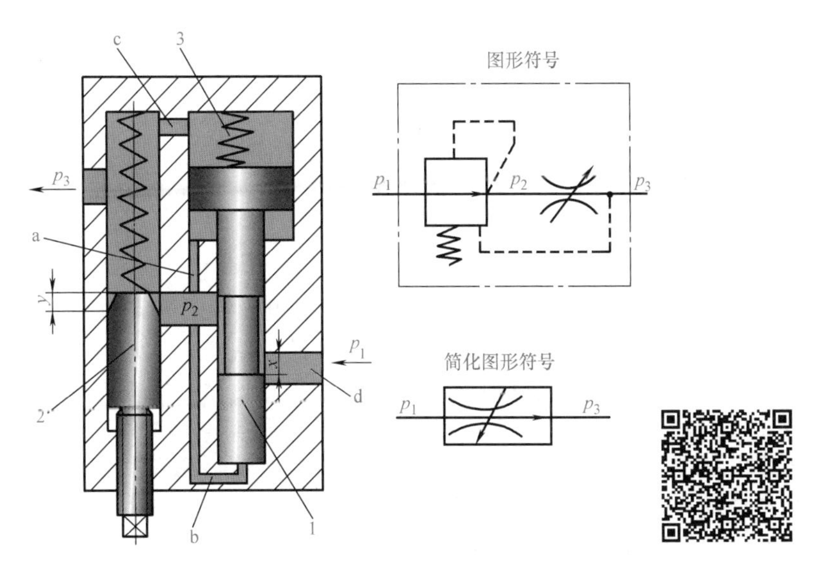

图 4-26　调速阀的工作原理图（扫描二维码获得原理动画）

1—定差减压阀阀芯　2—节流阀阀芯　3—弹簧

(1) 定差减压阀阀芯受力平衡方程

$$p_2A=p_3A+F_t-F_s \tag{4-16}$$

(2) 流经定差减压阀阀口的流量

$$q_1=C_{d1}\pi dx\sqrt{\frac{2(p_1-p_2)}{\rho}} \tag{4-17}$$

(3) 流经节流阀阀口的流量

$$q_2=C_{d2}A(y)\sqrt{\frac{2(p_2-p_3)}{\rho}} \tag{4-18}$$

(4) 流量连续性方程

$$q_1=q_2=q \tag{4-19}$$

式中 A——定差减压阀阀芯作用面积；

F_t——作用在定差减压阀阀芯上的弹簧力，$F_t=K(x_0+x_{max}-x)$；

K——弹簧刚度；

x_0——弹簧预压缩量（阀开口 $x=x_{max}$时）；

x_{max}——定差减压阀最大开口长度；

x——定差减压阀工作开口长度；

F_s——作用在定差减压阀阀芯上的液动力，$F_s=2C_{d1}\pi dx(p_1-p_2)\cos\theta$；

d——定差减压阀阀口处阀芯直径；

θ——定差减压阀阀口处液流速度方向角，$\theta=69°$；

C_{d1}、C_{d2}——定差减压阀和节流阀阀口的流量系数；

q_1、q_2、q——流经定差减压阀、节流阀和调速阀的流量；

$A(y)$——节流阀开口面积。

在上列方程成立时，对应于一定的节流阀开口面积，流经阀的流量 q 一定。此时节流阀的进出口压差（p_2-p_3）由定差减压阀阀芯受力平衡方程确定为一定值，若阀口结构上采取液动力平衡的措施，则节流阀阀口的压差更为恒定，对提高调速阀流量调节精度有利。

假定调速阀的进口压力 p_1为定值，当出口压力 p_3因负载增大而增大导致调速阀的进出口压差（p_2-p_3）突然减小时，因 p_3的增大势必破坏定差减压阀阀芯原有的受力平衡，于是阀芯向阀口增大的方向运动，定差减压阀的减压作用削弱，节流阀进口压力 p_2随之增大，当 $p_2-p_3=F_t/A$ 时定差减压阀阀芯在新的位置平衡。由此可知，因定差减压阀的压力补偿作用，可保证节流阀前后压差（p_2-p_3）不受负载的干扰而基本保持不变。

调速阀的结构可以是定差减压阀在前，节流阀在后，也可以是节流阀在前，定差减压阀在后，两者在工作原理和性能上完全相同。

2. 调速阀的流量稳定性分析

在调速阀中，节流阀既是一个调节元件，又是一个检测元件。当阀的开口面积调定之后，它一方面控制流量的大小，另一方面检测流量信号并转换为阀口前后压差反馈作用到定差减压阀阀芯的两端与弹簧力相比较。当检测的压差值偏离预定值时，定差减压阀阀芯产生相应的位移，改变减压缝隙大小进行压力补偿，保证节流阀前后压差基本不变。然而，定差减压阀阀芯的位移势必引起弹簧力和液动力波动，因此，节流阀前后压差只能基本不变，即流经调速阀的流量基本稳定。另外，为保证定差减压阀能够起压力补偿作用，调速阀进出口压差应大于由弹簧力和液动力所确定的最小压差，否则仅相当于普通节流阀，无法保证流量稳定。

3. 旁通型调速阀

旁通型调速阀原称溢流节流阀，图 4-27 为其结构图，图 4-28 为其工作原理图。与调速阀不同，用于实现压力补偿的差压式溢流阀1的进口与节流阀2的进口并联，节流阀的出口接执行元件，差压式溢流阀的出口接回油箱。节流阀前后压力 p_1 和 p_2 经阀体内部通道反馈作用在差压式溢流阀的阀芯两端，在溢流阀阀芯受力平衡时，压差（p_1-p_2）被弹簧力确定为基本不变，因此流经节流阀的流量基本稳定。

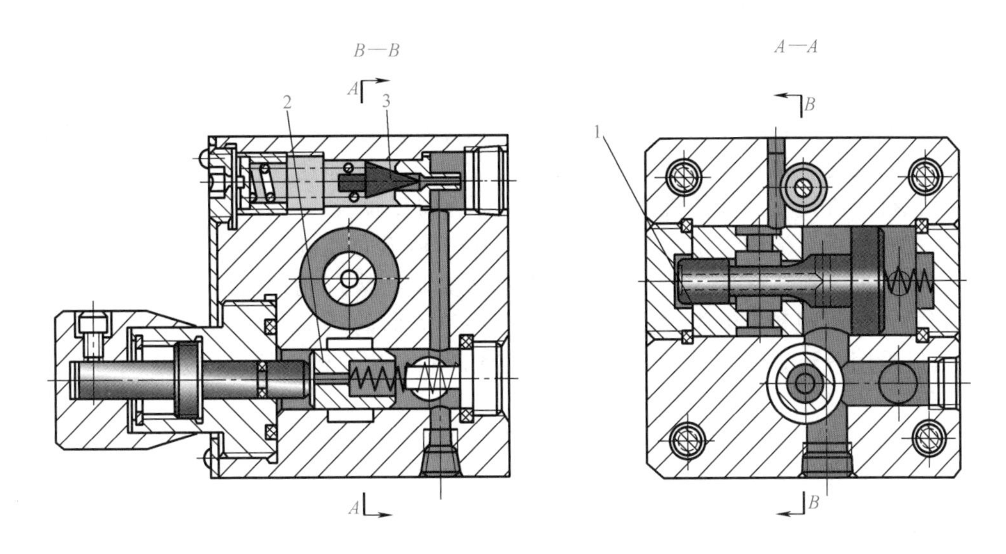

图4-27 旁通型调速阀结构图

1—差压式溢流阀 2—节流阀 3—安全阀

图4-27所示结构图中的安全阀3的进口与节流阀的进口并联，用于限制节流阀的进口压力 p_1 的最大值，对系统起安全保护作用，旁通型调速阀正常工作时，安全阀处于关闭状态。

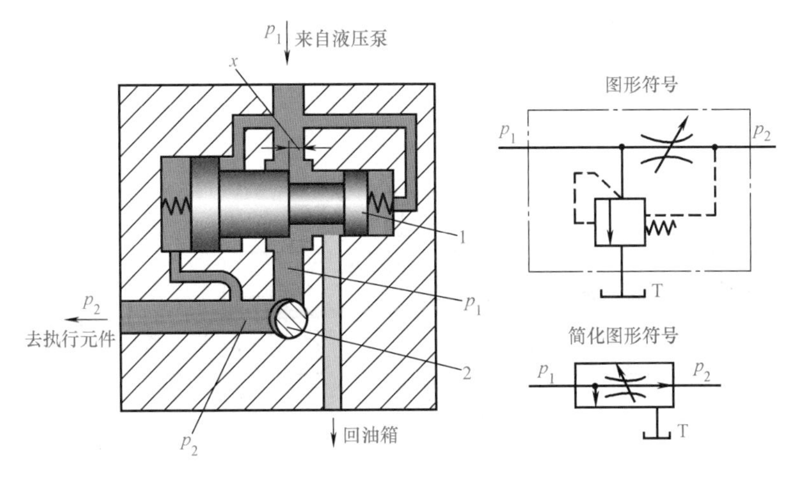

图4-28 旁通型调速阀工作原理图

1—差压式溢流阀 2—节流阀

若因负载变化引起节流阀出口压力 p_2 增大，差压式溢流阀阀芯弹簧端的液压力将随之增大，阀芯原有的受力平衡被破坏，阀芯向阀口减小的方向移动，阀口减小使其阻尼作用增强，于是进口压力 p_1 增大，阀芯受力重新平衡。因差压式溢流阀的弹簧刚度很小，因此阀芯的位移对弹簧力影响不大，即阀芯在新的位置平衡后，阀芯两端的压差，也就是节流阀前后压差（p_1-p_2）保持不变。在负载变化引起节流阀出口压力 p_2 减小时，类似上面的分析，同样可保证节流阀前后压差（p_1-p_2）基本不变。

旁通型调速阀用于调速时只能安装在执行元件的进油路上，其出口压力 p_2 随执行元件的负载而变。因工作时节流阀进出口压差不变，因此阀的进口压力，即系统压力 $p_1=p_2+p_t/A$ 随负载变化而变化，系统为变压系统。与调速阀调速回路相比，旁通型调速阀的调速回路效率较高。近年来，国内外开发的负载敏感阀及功率适应回路正是在旁通型调速阀的基础上发展起来的。

四、分流集流阀

有些液压系统由一台液压泵同时向几个几何尺寸相同的执行元件供油，要求不论各执行元件的负载如何变化，执行元件能够保持相同的运动速度，即速度同步。分流集流阀就是用来保证多个执行元件速度同步的流量控制阀，又称为同步阀。

分流集流阀包括分流阀、集流阀和分流集流阀三种不同控制类型。分流阀安装在执行元件的进口，保证进入执行元件的流量相等；集流阀安装在执行元件的回油路，保证执行元件回油流量相同。分流阀和集流阀只能保证执行元件单方向的运动同步，而要求执行元件双向同步时则可以采用分流集流阀。下面简单介绍分流阀和分流集流阀的工作原理。

1. 分流阀

图4-29所示为分流阀的结构原理图。它由两个固定节流孔1、2，阀体5，阀芯6和两个对中弹簧7等主要零件组成。阀芯的中间台肩将阀分成完全对称的左、右两部分。位于左边的油室a通过阀芯上的轴向小孔与阀芯右端弹簧腔相通，位于右边的油室b通过阀芯上的另一轴向小孔与阀芯左端弹簧腔相通。装配时由对中弹簧7保证阀芯处于中间位置，阀芯两端台肩与阀体沉割槽组成的两个可变节流口3、4的过流面积相等（液阻相等）。将分流阀装入系统后，液压泵来油（压力为 p_0）分成两条并联支路Ⅰ和Ⅱ，经过液阻相等的固定节流孔1和2分别进入油室a和b（压力分别为 p_1 和 p_2），然后经可变节流口3和4至出口（压力分别为 p_3 和 p_4），通往两个几何尺寸完全相同的执行元件。在两个执行元件的负载相等时，两出口压力 $p_3=p_4$，即两条支路的进出口压差和总液阻（固定节流孔和可变节流口的液阻和）相等，因此输出的流量 $q_1=q_2$，两执行元件速度同步。

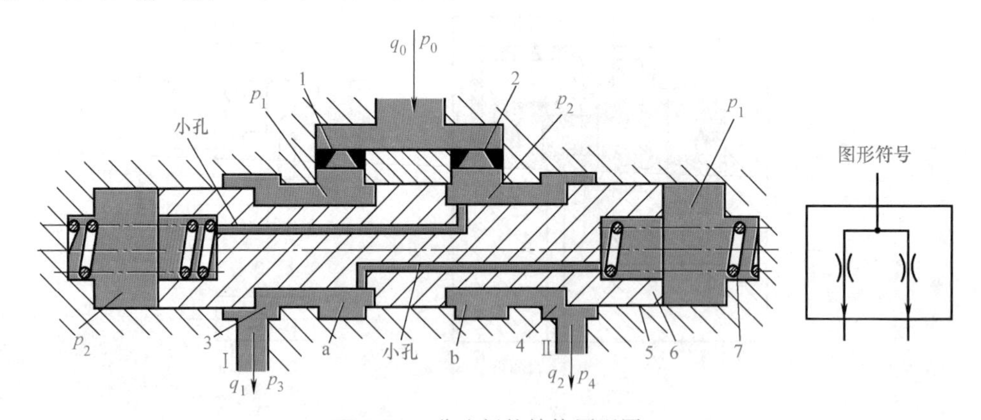

图4-29 分流阀的结构原理图

1、2—固定节流孔 3、4—可变节流口 5—阀体 6—阀芯 7—对中弹簧

若执行元件的负载变化导致支路Ⅰ的出口压力 p_3 大于支路Ⅱ的出口压力 p_4，在阀芯未动作、两支路总液阻仍相等时，压差（p_0-p_3）<（p_0-p_4）势必导致输出流量 $q_1<q_2$。输出流量的偏差一方面使执行元件的速度出现不同步，另一方面又使固定节流孔1的压力损失小于固定节流孔2的压力损失，即 $p_1>p_2$。因 p_1 和 p_2 被分别反馈作用到阀芯的右端和左端，其压力差将使阀芯向左移动，可变节流口3的过流面积增大、液阻减小，可变节流口4的过流面积减

小、液阻增大。于是支路Ⅰ的总液阻减小，支路Ⅱ的总液阻增大。总液阻的改变反过来使支路Ⅰ的流量 q_1 增加，支路Ⅱ的流量 q_2 减小，直至 $q_1=q_2$、$p_1=p_2$，阀芯受力重新平衡，阀芯稳定在新的位置工作，两执行元件的速度恢复同步。显然，固定节流孔在这里起检测流量的作用，它将流量信号转换为压力信号 p_1 和 p_2；可变节流口在这里起压力补偿作用，其过流面积（液阻）通过压力 p_1 和 p_2 的反馈作用进行控制。

2. 分流集流阀

图 4-30 所示挂钩式分流集流阀的阀芯分成左、右两段，中间由挂钩连接。图示为作集流阀用且右回油口压力 p_4 大于左回油口压力 p_3 的工况，因阀芯两端压力 p_1 和 p_2 高于中间出油口的压力 p_0，挂钩阀芯向中间靠拢。又因为 $(p_4-p_0)>(p_3-p_0)$ 导致 $q_2>q_1$、$p_2>p_1$，阀芯向左偏移，可变节流口 4 的开口面积 A_2 小于可变节流口 1 的开口面积 A_1。而在阀芯稳定后，$p_1=p_2$、$q_2=K_L A_2\sqrt{p_4 p_2}=q_1=K_L A_1\sqrt{p_3 p_1}$，两支路回流流量相等。当 $p_3>p_4$ 时，则阀芯向右偏移，$A_1<A_2$；当 $p_3=p_4$ 时，阀芯处于中位，$A_1=A_2$。由于阀芯对中弹簧刚度很小，因此可认为在阀芯处于稳定平衡时，两端压力 $p_1=p_2$，即固定阻尼孔 7、8 前后压差 $(p_1-p_0)=p_2-p_0$，流经阻尼孔的流量相等。与前述分流阀相同，固定阻尼孔在这里检测流量并转换为压力信号（p_1 或 p_2），反馈作用于阀芯改变可变节流口开口面积，对进口压力 p_3 和 p_4 的变化进行补偿。

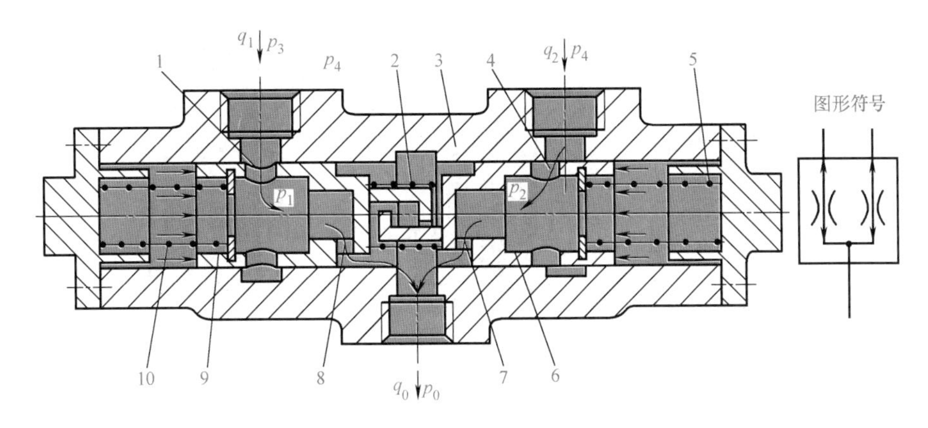

图 4-30 分流集流阀（作集流阀用）
1、4—可变节流口 2—缓冲弹簧 3—阀体 5、10—对中弹簧
6、9—挂钩阀芯 7、8—固定阻尼孔

在分流集流阀作分流阀用时，因阀芯两端压力 p_1 和 p_2 低于中间进油口的压力 p_0，挂钩阀芯被推开，其工作原理与图 4-29 所示分流阀完全相同。

综上所述，无论是分流阀还是集流阀，保证两油口流量不受出口压力（或进口压力）变化的影响，始终保证相等，是依靠阀芯的位移改变可变节流口的开口面积进行压力补偿而实现的。显然，阀芯的位移将使对中弹簧力的大小发生变化，即使是微小的变化也会使阀芯两端的压力 p_1 与 p_2 出现偏差，而两个固定阻尼孔也是很难完全相同的。因此，由分流阀和分流集流阀所控制的同步回路仍然存在一定的误差，一般为 2%～5%。

第五节 插装阀和叠加阀

一、插装阀

前面三节介绍的液压控制阀按安装形式属于管式连接和板式连接，它们一般按单个元件组织生产。早期，它们多是滑阀型结构，阀口关闭时为间隙密封，不仅密封性能不好，而且因为具有一定的密封长度，阀口开启时存在死区，阀的灵敏性差。为解决这一问题，首先在压力阀中采用锥阀替代滑阀，继而出现了锥阀型逻辑换向阀，最后发展为可以实现压力、流量和方向控制的标准组件，即二通插装阀基本组件。根据液压系统的不同需要，将这些基本组件插入特定设计加工的阀块，通过盖板和不同先导阀组合即可组成插装阀。由于插装阀组合形式灵活多样，加之密封性好、动作灵敏、通流能力大、抗污染，因此应用日益广泛，特别是一些大流量及介质为非矿物油的场合，优越性更为突出。

（一）插装阀基本组件

插装阀基本组件由阀芯、阀套、弹簧和密封圈组成。根据其用途不同分为方向阀组件、压力阀组件和流量阀组件三种。同一通径的三种组件的安装尺寸相同，但阀芯的结构形式和阀套座孔直径不同。图 4-31 所示为三种插装阀组件的结构与图形符号，三种组件均有两个主油口 A 和 B、一个控制油口 X。

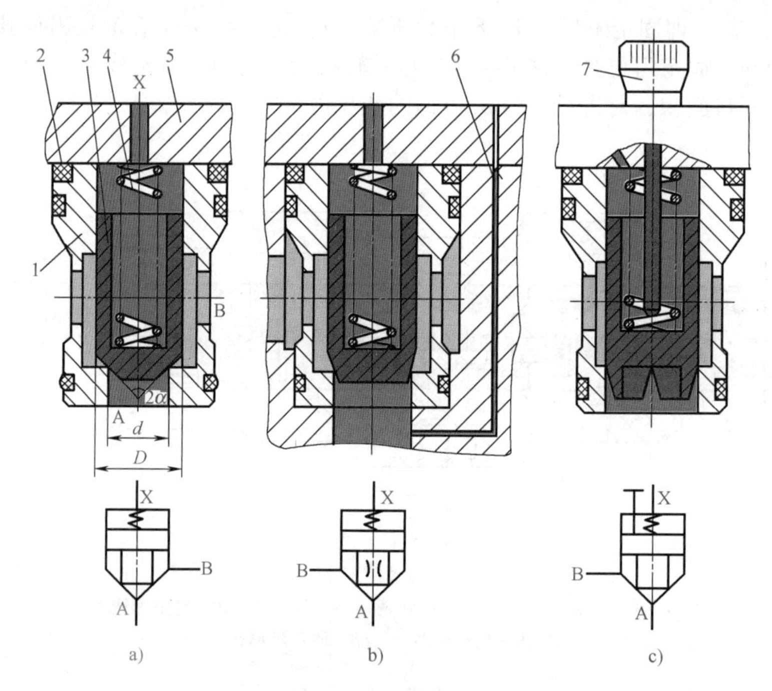

图 4-31 三种插装阀组件的结构与图形符号

a）方向阀组件 b）压力阀组件 c）流量阀组件

1—阀套 2—密封圈 3—阀芯 4—弹簧 5—盖板 6—阻尼孔 7—阀芯行程调节杆

记阀芯直径为 D、阀座孔直径为 d，则油口 A、B、X 的作用面积 A_A、A_B、A_X分别为

$$A_A=\frac{\pi d^2}{4}$$

$$A_B=\frac{\pi(D^2-d^2)}{4}$$

$$A_X=\frac{\pi D^2}{4}$$

面积比 $\alpha_{AX}=A_X/A_A$，$\alpha_{BX}=A_X/A_B$

方向阀组件的阀芯半锥角 $\alpha=45°$，面积比 $\alpha_{AX}=\alpha_{BX}=2$，即油口 A 和 B 的作用面积相等，油口 A、B 可双向流动。

压力阀组件中减压阀阀芯为滑阀，即 $\alpha_{AX}=1$，油口 B 进油，油口 A 出油；溢流阀和顺序阀的阀芯半锥角 $\alpha=15°$，面积比 $\alpha_{AX}=1.1$，油口 A 为进油口，油口 B 为出油口。

流量阀组件为得到好的压力流量增益，常把阀芯设计成带尾部的结构，尾部窗口可以是矩形，也可以是三角形，面积比 $\alpha_{AX}=1$ 或 1.1，一般 A 口为进油口、B 口为出油口。

因一个插装阀组件有两个进出油口，因此又称为二通插装阀。工作时阀口是开启还是关闭取决于阀芯的受力状况。若记油口 A、B、X 的压力分别为 p_A、p_B、p_X，阀芯上端的复位弹簧力为 F_t，则 $p_XA_X+F_t>p_AA_A+p_BA_B$ 时，阀口关闭；$p_XA_X+F_t\leqslant p_AA_A+p_BA_B$ 时，阀门开启。

实际工作时，阀芯的受力状况是通过改变控制油口 X 的两种通油方式控制的。如油口 X 通回油箱，则 $p_X=0$，阀口开启；如油口 X 与进油口相通，则 $p_X=p_A$ 或 $p_X=p_B$，阀口关闭。改变油口 X 通油方式的阀称为先导阀。

（二）先导阀与盖板

先导阀通过盖板安装在阀块上，并经盖板上的油道改变插装阀组件控制腔 X 的通油方式，以控制插装阀组件阀口的开启或关闭。

方向阀组件的先导阀可以是电磁滑阀，也可以是电磁球阀，它使控制腔 X 要么通压力油（阀口关闭），要么接回油箱（阀口开启）。为了防止阀口突然开启或关闭引起的换向冲击，可在控制腔与先导阀之间设置缓冲阀；为了保证阀口可靠关闭，有时要采用压力选择阀，以保证作用在控制腔的压力始终等于或大于进口压力。

压力阀组件的先导阀包括压力先导阀和电磁滑阀，压力先导阀的前腔除与压力阀组件控制腔相通外，还通过阀块上的固定阻尼孔 6（图 4-31）与压力阀组件的进口或出口相通。压力阀组件作溢流阀或顺序阀用时与进口相通，作减压阀用时与出口相通，其工作原理完全与普通压力阀相同。电磁滑阀在这里主要用来切断或接通压力先导阀，若使压力阀组件控制腔直接通回油箱，则压力阀卸荷，阀口全开。

流量阀组件的先导阀除用于控制阀口开启或关闭的电磁滑阀外，还需要在盖板上安装阀的行程调节杆，用来限制和调节阀口开启时的阀口大小。

（三）插装阀的应用举例

1. 单向阀

在图 4-32 中，将方向阀组件的控制油口 X 通过阀块和盖板上的通道与油口 A 或 B 直接连通，可组成单向阀。其中图 4-32b 所示结构，反向（A→B）关闭时，控制腔的压力油可能经阀芯上端与阀套孔之间的环形间隙向油口 B 泄漏，密封性能不及图 4-32a 所示的连接形式。

2. 二通阀

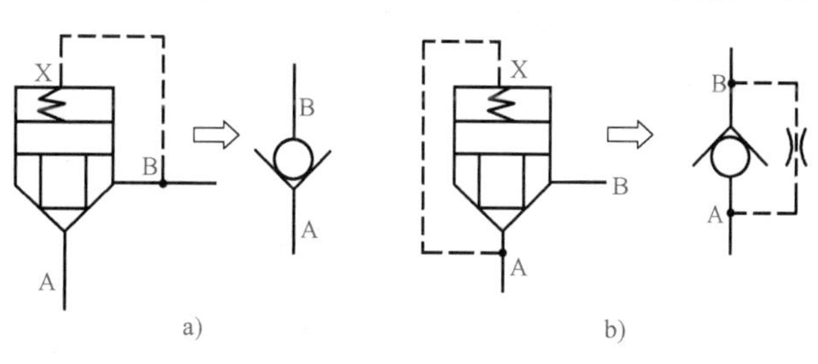

图 4-32　单向阀

在图 4-33 中，由二位三通先导电磁滑阀控制方向阀组件控制腔的通油方式。电磁铁不得电时，控制腔 X 通过二位三通先导电磁滑阀的常位通油箱，$p_X=0$，因此，无论油口 A 来油，还是油口 B 来油均可将阀口开启通油。电磁铁得电，二位三通先导电磁滑阀右位工作，图 4-33a 所示结构的控制腔 X 与油口 A 接通，油口 B 的来油可顶开阀芯通油，而油口 A 的来油则使阀口关闭，相当于 B→A 的单向阀。与图 4-33a 不同，图 4-33b 所示结构在二位三通先导电磁滑阀处于右位工作时，因梭阀的作用，控制腔 X 的压力始终为 A、B 两油口中压力较高者。因此，无论是油口 A 来油，还是油口 B 来油，阀口均处于关闭状态，油口 A 与 B 不通。

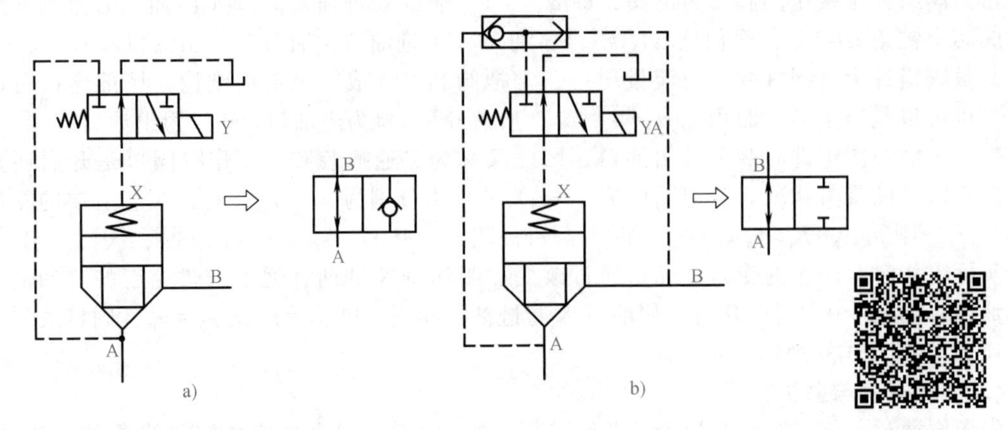

图 4-33 二通阀（扫描二维码获得原理动画）

3. 三通阀

图 4-34 所示三通阀由两个方向阀组件并联而成，对外形成一个压力油口 P、一个工作油口 A 和一个回油口 T。两组件的控制腔的通油方式由一个二位四通先导电磁滑阀控制。在电磁铁 YA 不得电时，二位四通先导电磁滑阀左位（常位）工作，阀 1 的控制腔接回油箱，阀口开启；阀 2 的控制腔接压力油，阀口关闭。于是油口 A 与 T 通，油口 P 不通。

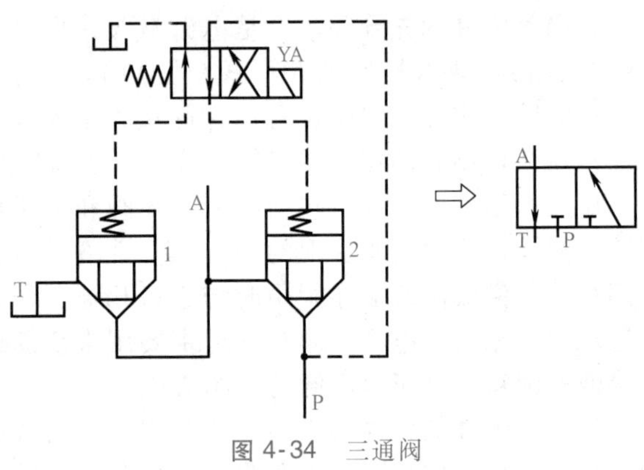

图 4-34 三通阀

若电磁铁 YA 得电，二位四通先导电磁滑阀换至右位工作，阀 1 的控制腔接压力油，阀口关闭；阀 2 的控制腔接回油箱，阀口开启，油口 P 与 A 通，油口 T 不通。

4. 四通阀

四通阀由两个三通阀并联而成。如图 4-35 所示，用四个二位三通先导电磁滑阀分别控制四个方向阀组件的开启和关闭，可以得到图示十二种机能。

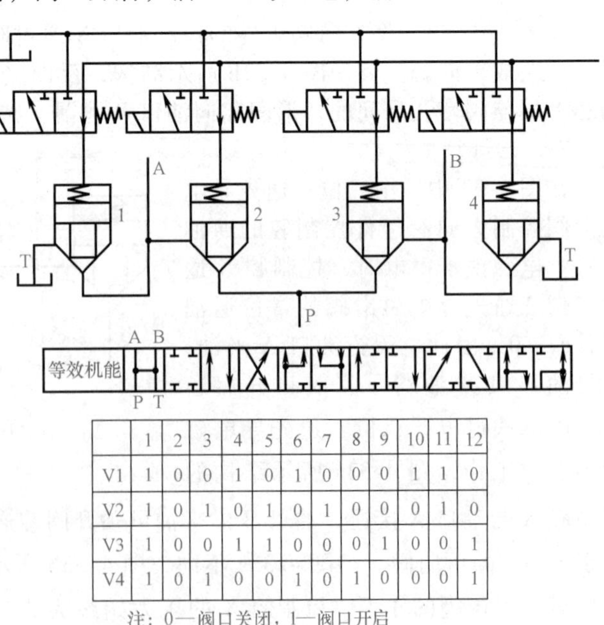

	1	2	3	4	5	6	7	8	9	10	11	12
V1	1	0	0	1	0	1	0	0	0	1	1	0
V2	1	0	1	0	1	0	1	0	0	0	1	0
V3	1	0	0	1	1	0	0	0	1	0	0	1
V4	1	0	1	0	0	1	0	1	0	0	0	1

注：0—阀口关闭，1—阀口开启

图 4-35 四通阀

5. 复合控制阀

图 4-36a 所示为由五个插装阀组件组成的复合控制阀。其中，阀 1 和阀 3 为方向阀组件，阀 1 用于控制液压缸大腔的回油，阀 3 用于控制液压缸小腔的进油，即用于接通或切断油口 A 与 T、P 与 B；阀 2 为流量阀组件，安装在液压缸大腔的进油路上，用于接通或切断油口 P 与 A，在接通 P 与 A 时，可通过阀芯行程调节杆调节阀的开口大小；阀 4 和阀 5 为压力

阀组件，阀 4 安装在液压缸小腔的回油路上，其压力先导阀出口经一单向阀接三位四通滑阀，只有在三位四通阀处于左位时，阀 4 才能开启，进口压力由压力先导阀调定，作液压缸小腔回油背压；阀 5 旁接在液压泵的出口，与先导阀组成电磁溢流阀。等效的滑阀系统如图 4-36b 所示，其工作原理可在学过第六章后自行分析。

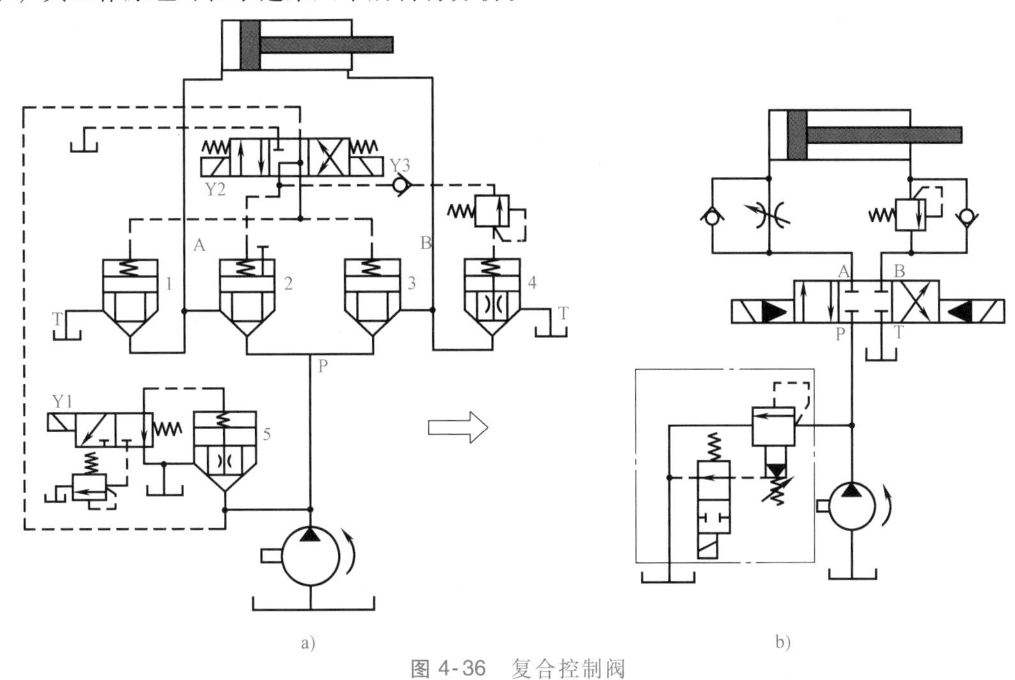

图 4-36　复合控制阀

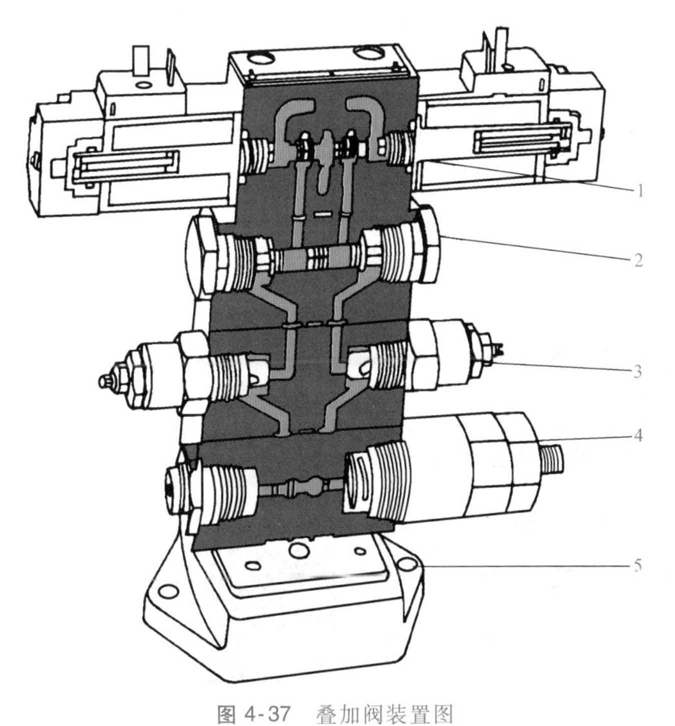

图 4-37　叠加阀装置图
1—三位四通电磁换向阀　2—叠加式双向液压锁
3—叠加式双口进油路单向节流阀
4—叠加式减压阀　5—底板

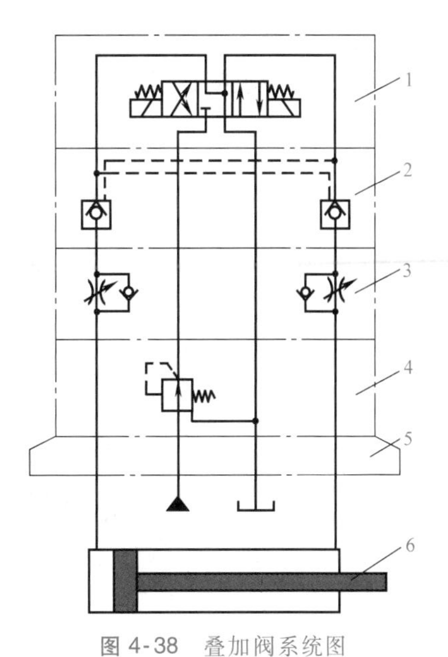

图 4-38　叠加阀系统图
1—三位四通电磁换向阀　2—叠加式双向液压锁
3—叠加式双口进油路单向节流阀　4—叠加式减压阀　5—底板　6—液压缸

二、叠加阀

叠加阀早期用来作插装阀的先导阀，后发展成为一种全新的阀类。它以板式阀为基础，单个叠加阀的工作原理与普通阀完全相同，所不同的是每个叠加阀都有四个油口 P、A、B、T 上下贯通，它不仅起到单个阀的功能，而且连通阀与阀之间的流道。某一规格的叠加阀的连接安装尺寸与同一规格的电磁换向阀或电液换向阀一致，叠加阀组成回路时，换向阀安装在最上方，所有对外连接的油口开在最下边的底板上，其他的阀通过螺栓连接在换向阀和底板之间。图 4-37 为叠加阀装置图，图 4-38 为叠加阀系统图。由叠加阀组成的系统结构紧凑、配置灵活、占地面积小。

第六节 伺 服 阀

伺服阀是一种通过改变输入信号，连续、成比例地控制流量和压力的液压控制阀。根据输入信号的方式不同，又分为电液伺服阀和机液伺服阀。

一、电液伺服阀

电液伺服阀既是电液转换元件，又是功率放大元件，它将小功率的电信号输入并转换为大功率的液压能（压力和流量）输出，实现执行元件的位移、速度、加速度及力控制。

（一）电液伺服阀的组成

电液伺服阀通常由电气-机械转换装置、液压放大器和反馈（平衡）机构三部分组成。

电气-机械转换装置用来将输入的电信号转换为转角或直线位移输出，输出转角的装置称为力矩马达，输出直线位移的装置称为力马达。

液压放大器接收小功率的电气-机械转换装置输入的转角或直线位移信号，对大功率的压力油进行调节和分配，实现控制功率的转换和放大。

反馈和平衡机构使电液伺服阀输出的流量或压力获得与输入电信号成比例的特性。

（二）电液伺服阀的工作原理

图 4-39 为喷嘴挡板式电液伺服阀的工作原理图。该阀的上半部分为力矩马达，下半部分

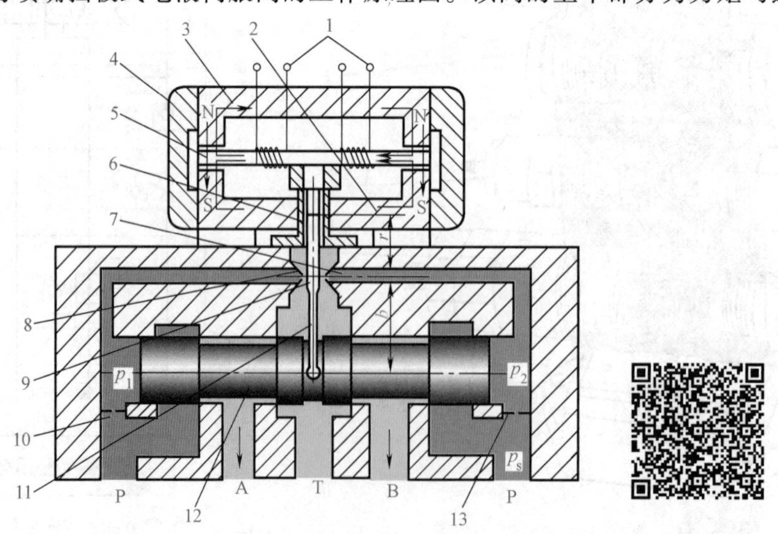

图 4-39 喷嘴挡板式电液伺服阀的工作原理图（扫描二维码获得原理动画）

1—线圈 2、3—导磁体极掌 4—永久磁铁 5—衔铁 6—弹簧管 7—右喷嘴 8—左喷嘴 9—挡板 10、13—固定节流孔 11—反馈弹簧杆 12—主滑阀

为前置级（喷嘴挡板）和主滑阀。当无电流信号输入时，力矩马达无力矩输出，与衔铁 5 固定在一起的挡板 9 处于中位，主滑阀阀芯也处于中位（零位）。泵来油（压力为 p_s）进入主滑阀阀口 P，因阀芯两端台肩将阀口关闭，油液不能进入 A、B 口，但经固定节流孔 10 和 13 分别引到左喷嘴 8 和右喷嘴 7，经喷射后，液流回油箱。由于挡板处于中位，两喷嘴与挡板的间隙相等（液阻相等），因此喷嘴前的压力 p_1 与 p_2 相等，主滑阀阀芯两端压力相等，阀芯处于中位。若向线圈输入电流，控制线圈产生磁通，衔铁上产生顺时针方向的磁力矩，使衔铁连同挡板一起绕弹簧管 6 中的支点顺时针方向偏转，左喷嘴 8 的间隙减小，右喷嘴 7 的间隙增大，即压力 p_1 增大，p_2 减小，主滑阀阀芯在两端压差作用下向右运动，开启阀口，P 与 B 通，A 与 T 通。在主滑阀阀芯向右运动的同时，通过挡板下端的反馈弹簧杆 11 的反馈作用使挡板逆时针方向偏转，左喷嘴 8 的间隙增大，右喷嘴 7 的间隙减小，于是压力 p_1 减小，p_2 增大。当主滑阀阀芯向右移到某一位置，由两端压差（p_1-p_2）形成的液压力通过反馈弹簧杆作用在挡板上的力矩、喷嘴液流压力作用在挡板上的力矩以及弹簧管的反力矩之和与力矩马达产生的电磁力矩相等时，主滑阀阀芯受力平衡，稳定在一定的开口下工作。

显然，改变输入电流大小，可成比例地调节电磁力矩，从而得到不同的主阀开口大小。若改变输入电流的方向，主滑阀阀芯反向移动，实现液流的反向控制。

因图 4-39 所示电液伺服阀的主滑阀阀芯的最终工作位置是通过挡板弹性反力反馈作用达到平衡的，因此称为力反馈式。除力反馈式外，还有位置反馈、负载流量反馈、负载压力反馈等。

图 4-40 为滑阀式伺服阀的原理图，其反馈形式为位置反馈。当主阀阀芯 4 处于中位时，四个油口 P、A、B、T 均不通，进口压力油经主阀阀芯上的固定阻尼孔 3、5 引到上、下控制腔后被可变节流口 11、12 封闭，主阀阀芯上、下两腔压力相等。若动圈式力马达的线圈输入一电流信号，产生一个向下的力使控制阀阀芯 6 向下运动，可变节流口 12 开启，主阀阀芯下端压力下降，主阀阀芯跟随控制阀阀芯下移，油口 P 与 A 通、B 与 T 通。在主阀阀芯下移行程与控制阀阀芯下移行程相等时，可变节流口 12 封闭，主阀阀芯停止移动。此时，主阀开口大小与输入电流信号成比例，输入一定电流，阀的开口一定。因主阀阀芯同时又是控制阀的阀体，因此主阀阀芯的位移对控制阀的位移起位置反馈作用。在这里，动圈式力马达只需很小的力带动控制阀阀芯移动零点几毫米，而控制阀阀芯起力放大作用驱动主阀阀芯运动。

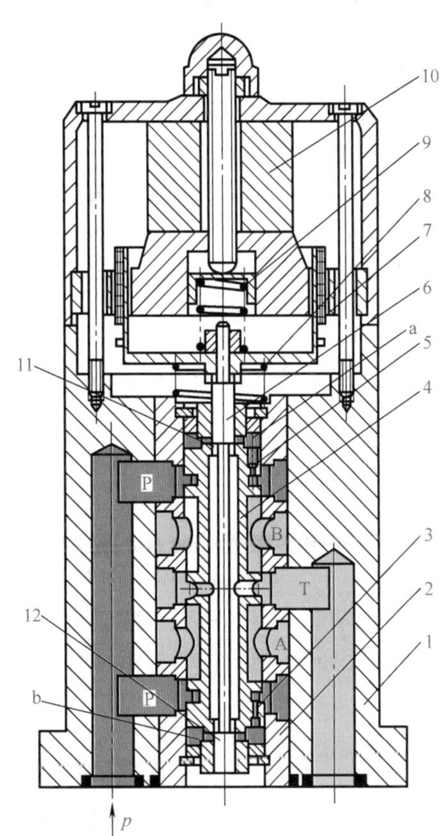

图 4-40 滑阀式伺服阀的原理图
1—阀体 2—阀套 3、5—固定阻尼孔
4—主阀阀芯 6—控制阀阀芯 7—线圈
8、9—弹簧 10—永久磁铁
11、12—可变节流口

（三）液压放大器的结构形式

电液伺服阀的液压放大器常用的形式有滑阀、射流管和喷嘴挡板三种。下面仅介绍滑阀结构。

根据滑阀的控制边数，滑阀的控制形式有单边、双边和四边三种（图 4-41）。其中单边和双边控制式只用于控制单伸出杆液压缸；四边控制式既可控制单伸出杆液压缸，也可控制双伸出杆液压缸。四边控制式因控制性能好，用于精度和稳定性要求较高的系统。

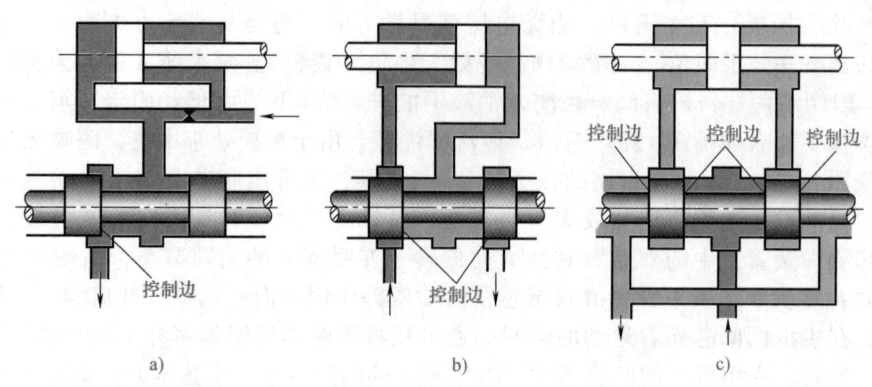

图 4-41 滑阀的控制形式

a）单边 b）双边 c）四边

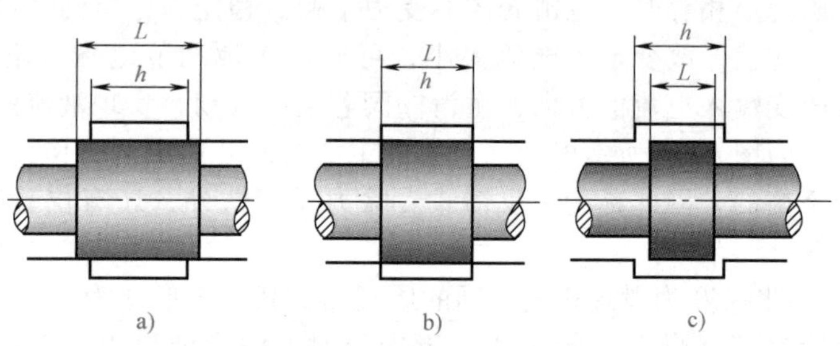

图 4-42 滑阀的预开口形式

a）负预开口（$L>h$） b）零开口（$L=h$） c）正预开口（$L<h$）

根据滑阀阀芯在中位时阀口的预开口量不同，滑阀又分为负预开口（正遮盖）、零开口（零遮盖）和正预开口（负遮盖）三种形式，如图 4-42 所示。负预开口在阀芯开启时存在一个死区且流量特性为非线性，因此很少采用；正预开口在阀芯处于中位时存在泄漏且泄漏较大，所以不适用于大功率控制的场合。另外，它的流量增益也是非线性的。比较而言，应用最广、性能最好的是零开口结构，但完全的零开口在工艺上是难以达到的，因此实际的零开口允许小于±0.025mm 的微小开口量偏差。

二、机液伺服阀

机液伺服阀的输入信号为机动或手控的位移。图 4-43 为轴向柱塞泵的手动伺服变量机构结构图，主要零件有伺服阀阀芯 1、伺服阀阀套 2、变量活塞 5 等。伺服阀为双边控制形式，泵的出口压力油经泵体上的通道及变量机构下方的单向阀进入变量活塞的下腔，然后经活塞上的通道 b 引到伺服阀的阀口 a。在图示位置，伺服阀的两个油口 a 和 e 都封闭，变量活塞上腔为密闭容积。在变量活塞下腔压力油的作用下，上腔油液形成相应的压力使活塞受力平衡（因活塞上、下两腔有效作用面积比为 2∶1，所以上腔压力为下腔压力的 1/2）。此时，泵的斜盘倾角 γ 等于零，排量为零。

若用力向下推压控制杆带动伺服阀阀芯向下移动，则阀口 a 开启，变量活塞下腔压力油经阀口 a 通到上腔，上腔压力增大，变量活塞向下移动，通过球形销带动斜盘摆动，使斜盘倾角增大。由于伺服阀阀套与变量活塞刚性地连成一体，因此在活塞下移的同时反馈作用给伺服阀阀套，当活塞的位移等于控制杆的位移时，阀口 a 关闭，活塞的下移因油路切断而停止，活塞受力重新平衡。若反向提拉控制杆，则伺服阀阀口 e 开启，变量活塞上腔油液经变量活塞上的通道 f、阀口 e 流到泵的内腔（内腔压力为零）。于是上腔压力下降，变量活塞跟随控制杆向上移动，当变量活塞的位移量与控制杆的位移量相等时，阀口 e 封闭，活塞上移停止并受力平衡。

由上述可知，给控制杆一个位移信号，变量活塞将跟随产生一个同方向的位移，泵的斜盘摆动某一角度，输出一定的排量，排量的大小与控制杆的位移成比例。

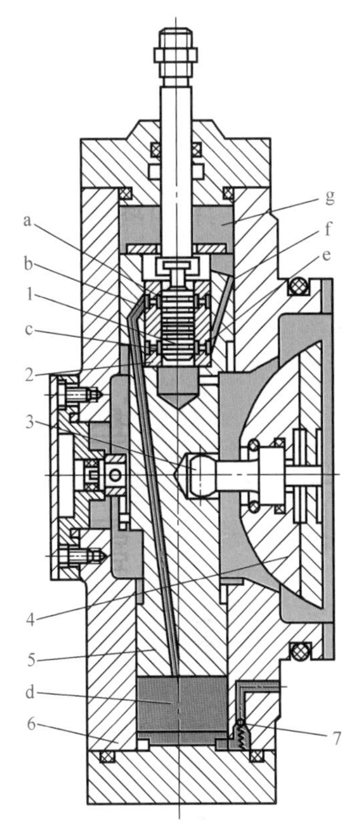

图 4-43　轴向柱塞泵的手动伺服变量机构结构图

1—伺服阀阀芯　2—伺服阀阀套　3—球形销　4—斜盘　5—变量活塞　6—壳体　7—单向阀

三、伺服阀的性能与特点

下面以图 4-44 所示零开口四边滑阀为例，其他结构可类似进行分析。

在图示位置阀芯向右偏移、阀口 1 和 3 开启，2 和 4 关闭。压力油源经阀口 1 通往液压缸，液压缸的回油经阀口 3 回油箱。因阀口开度很小，因此在进、回油路上起节流作用，阀口 1 处压力由 p_p 降为 p_1，流量为 q_1，阀口 3 处的压力由 p_2 降为零，流量为 q_3。记有负载时流入伺服阀的流量为 q_p，进入液压缸的负载流量为 q_L，则在液压缸为双伸出杆形式时可得到下列方程

$$q_1 = C_d A_1(X)\sqrt{\frac{2}{\rho}(p_p - p_1)} \tag{4-20}$$

$$q_3 = C_d A_3(X)\sqrt{\frac{2}{\rho}p_2} \tag{4-21}$$

$$q_p = q_1 = q_L = q_3 \tag{4-22}$$

式中　$A_1(X)$、$A_3(X)$——阀口 1、3 的过流面积。

当阀芯为对称结构时，$A_1(X) = A_3(X)$、$q_1 = q_3$。将 $q_1 = q_3$ 代入式（4-20）和式（4-21）求得 $p_p - p_1 = p_2$，而负载压力 $p_L = p_1 - p_2$。

因此，$p_1 = (p_p + p_L)/2$，$p_2 = (p_p - p_L)/2$。

阀口压力流量方程为

$$q_L = C_d wx\sqrt{(p_p - p_L)/\rho} \tag{4-23}$$

式中　w——阀口面积梯度，当阀口为全圆周时，$w = \pi D$（D 为阀口直径）。

式（4-23）表示了伺服阀处于稳态时各参量（q_L、x、p_p、p_L）之间的关系，因此称为静特性方程，并用流量放大系数 K_q、流量压力系数 K_c 及压力放大系数 K_p 予以评价。系数 K_q、K_c、K_p 的定义如下

$$K_q = \left.\frac{\partial q_L}{\partial x}\right|_{p_L = 常数} \tag{4-24}$$

$$K_c = \left.\frac{\partial q_L}{\partial p_L}\right|_{x = 常数} \tag{4-25}$$

$$K_p = \left.\frac{\partial p_L}{\partial x}\right|_{q_L = 常数} \tag{4-26}$$

系数 K_q 和 K_p 大、K_c 小，则伺服阀的性能好。

由于伺服阀控制精度高、响应速度快，特别是电液伺服系统容易实现计算机控制，因此在航空航天、军事装备中得到了广泛应用。其缺点是加工工艺复杂，成本高，对油液污染敏感，维护保养困难。

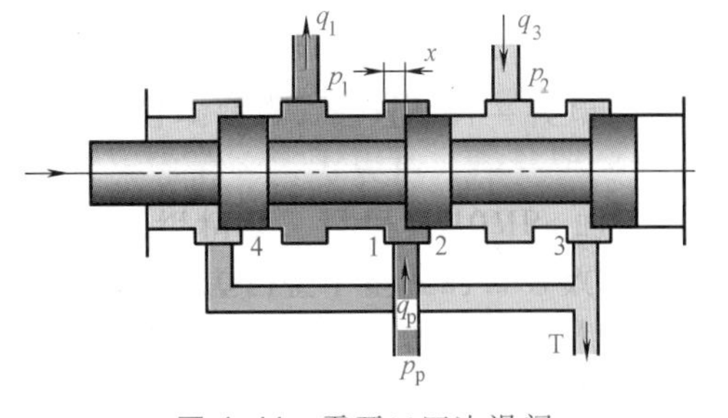

图 4-44　零开口四边滑阀

第七节　电液比例阀

电液比例阀是一种性能介于普通液压控制阀和电液伺服阀之间的新阀种，它既可以根据输入的电信号大小连续、成比例地对液压系统的参量（压力、流量及方向）实现远距离、计算机控制，又在制造成本、抗污染等方面优于电液伺服阀。由于控制性能低于电液伺服阀，因此广泛应用于要求不是很高的一般工业部门。

早期出现的电液比例阀仅将普通液压控制阀的手调机构和电磁铁改换为比例电磁铁控制，阀体部分不变，控制形式为开环。后来逐渐发展为带内反馈的结构，在控制性能方面又有了很大的提高。

一、电液比例压力阀

图4-45所示为电液比例压力先导阀，它与普通溢流阀、减压阀、顺序阀的主阀组合可构成电液比例溢流阀、电液比例减压阀和电液比例顺序阀。与普通压力先导阀不同，与阀芯上的液压力进行比较的是比例电磁铁的电磁吸力，不是弹簧力（图中弹簧无压缩量，只起传递电磁吸力的作用，因此称为传力弹簧）。改变输入电磁铁的电流大小，即可改变电磁吸力，从而改变先导阀的前腔压力，即主阀上腔压力，对主阀的进口或出口压力实现控制。

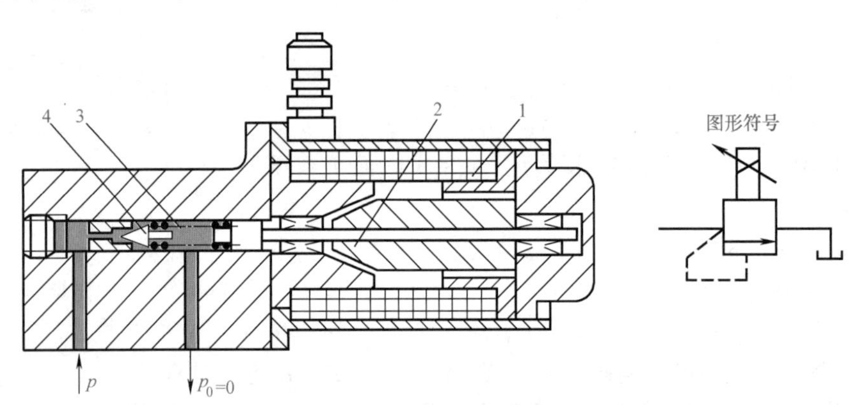

图4-45　电液比例压力先导阀

1—比例电磁铁　2—推杆　3—传力弹簧　4—阀芯

图4-46所示为直接检测式电液比例溢流阀，它的先导阀为滑阀结构，溢流阀的进口压力油（压力为p）被直接引到先导滑阀反馈推杆3的左端（作用面积为A_0），然后经过固定阻尼R_1到先导滑阀阀芯4的左端（作用面积为A_1），进入先导滑阀阀口和主阀上腔，主阀上腔的压力油再引到先导滑阀的右端（作用面积为A_2）。在主阀阀芯2处于稳定受力平衡状态时，先导滑阀阀口与主阀上腔之间的动压反馈阻尼R_3不起作用，因此作用在先导滑阀阀芯两端的压力相等。设计时取$A_1-A_0=A_2$，于是作用在先导滑阀上的液压力$F=pA_0$。当液

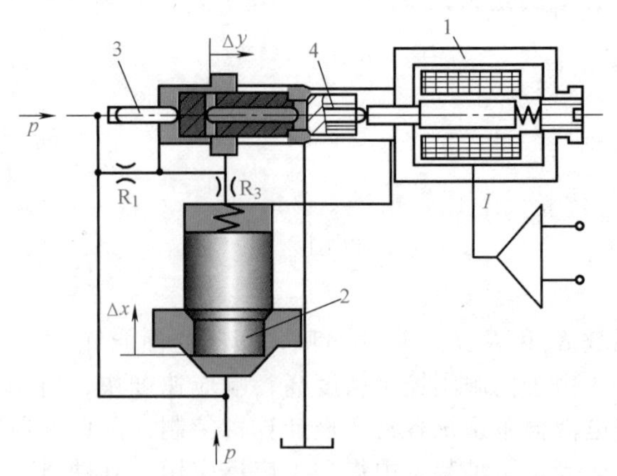

图4-46　直接检测式电液比例溢流阀

1—比例电磁铁　2—主阀阀芯

3—反馈推杆　4—先导滑阀阀芯

压力 F 与比例电磁铁吸力 F_E 相等时，先导滑阀阀芯受力平衡，阀芯稳定在某一位置，先导滑阀开口一定，先导滑阀前腔压力即主阀上腔压力 p_1 为一定值（$p_1<p$），主阀阀芯在上下两腔压力 p_1 和 p 及弹簧力、液动力的共同作用下处于受力平衡，主阀开口一定，保证溢流阀的进口压力 p 与电磁吸力成正比，调节输入的电流大小，即可调节阀的进口压力。

若溢流阀的进口压力 p 因外界干扰突然升高，先导滑阀阀芯受力平衡被破坏，阀芯右移、阀口增大使先导阀前腔压力 p_1 减小，即主阀上腔压力减小，于是主阀阀芯受力平衡也被破坏，阀芯上移开大阀口使升高了的进口压力下降，当进口压力 p 恢复到原来值时，先导滑阀阀芯和主阀阀芯重新回到受力平衡位置，阀在新的稳态下工作。

这种比例溢流阀的被控进口压力直接与比例电磁铁的电磁吸力相比较，而比例电磁铁的电磁吸力只与输入电流的大小有关，与铁心（阀芯）位移无关。对比普通溢流阀不仅控制进口压力需要在主阀阀芯上进行第二次比较，而且弹簧力还会因阀芯位移波动，这种比例溢流阀的压力流量特性要好得多。

图 4-46 中阻尼 R_3 在阀处于稳态时没有流量通过，主阀上腔压力与先导阀前腔压力相等。当阀处于动态即主阀阀芯向上或向下运动时，阻尼 R_3 使主阀上腔压力高于或低于先导阀前腔压力，这一瞬态压差不仅对主阀阀芯直接起动压反馈作用（阻碍主阀阀芯运动），而且反馈作用到先导滑阀的两端，通过先导滑阀的位移控制压力的变化，进一步对主阀阀芯的运动起动压反馈作用。因此，阀的动态稳定性好，超调量小。

二、电液比例流量阀

普通电液比例流量阀是将本章第四节所介绍的流量阀的手调部分改换为比例电磁铁而成的。除此之外，现已发展了带内反馈的新型比例流量阀，下面介绍它们的结构和工作原理。

（一）电液比例二通节流阀

图 4-47 所示为一种位移-弹簧力反馈型电液比例二通节流阀，主阀阀芯 5 为插装阀结构。当比例电磁铁输入一定的电流时，所产生的电磁吸力推动先导滑阀阀芯 2 下移，先导滑阀阀口开启，于是主阀进口的压力油（压力为 p_A）经阻尼 R_1 和 R_2、先导滑阀阀口流至主阀出口。因阻尼 R_1 的作用，R_1 前后出现压差，即主阀阀芯上腔压力低于主阀阀芯下腔压力，主阀阀芯在两端压差的作用下，克服弹簧力向上移动，主阀阀口开启，进、出油口连通。主阀阀芯向上移动导致反馈弹簧 3 反向受压缩，当反馈弹簧力与先导滑阀上端的电磁吸力相等时，先导滑阀阀芯和主阀阀芯同时处于受力平衡，主阀阀口大小与输入电流大小成比例。改变输入电流大小，即可改变阀口大小，在系统中起节流调速作用。使用该阀时要注意的是，输入电流为零时，阀口是关闭的。

与普通电液比例流量阀不同，图 4-47 所示电液比例二通节流阀的比例电磁铁是通过控制先导滑阀的开口、改变主阀上腔压力来调节主阀开口大小的。在这里主阀的位移又经反馈弹簧作用到比例电磁铁上，由反馈弹簧力与比例电磁铁吸力进行比较。因此，不仅可以保证主阀位移（开口量）的控制精度，而且主阀的位移不受比例电磁铁行程的限制，阀口开度可以设计得较大，即阀的通流能力较大。

（二）电液比例二通流量阀

图 4-48 所示的电液比例二通流量阀由比例电磁铁、先导阀、流量传感器、调节器以及阻尼 R_1、R_2、R_3 等组成。

当比例电磁铁无电流信号输入时，先导滑阀由下端反馈弹簧（内弹簧）支承在最上位置，此时弹簧无压缩量，先导滑阀阀口关闭，于是调节器 3 阀芯两端压力相等，调节器阀口关闭，无流量通过。当比例电磁铁输入一定电流信号产生一定的电磁吸力时，先导滑阀阀芯 1 向下

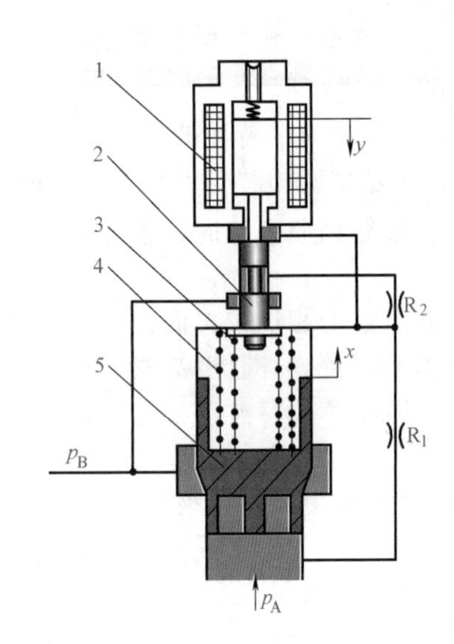

图 4-47 电液比例二通节流阀

1—比例电磁铁 2—先导滑阀阀芯 3—反馈弹簧 4—复位弹簧 5—主阀阀芯

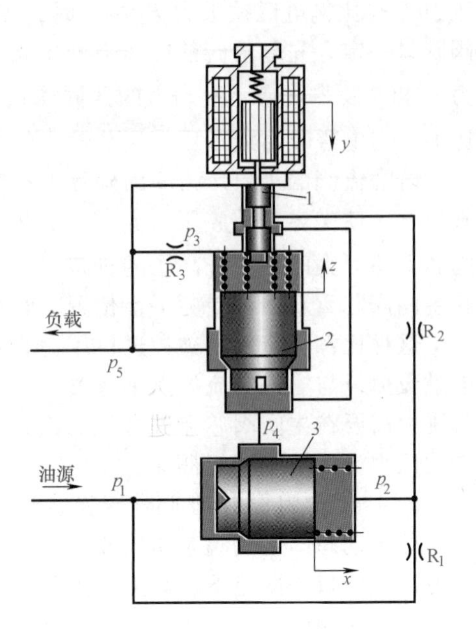

图 4-48 电液比例二通流量阀

1—先导滑阀阀芯 2—流量传感器 3—调节器

移动，阀口开启，于是液压泵的来油经阻尼 R_1、R_2及先导滑阀阀口到流量传感器的进油口。由于油液流动的压力损失，调节器 3 控制腔的压力 $p_2<p_1$。当压差（p_1-p_2）达到一定值时，调节器阀芯移动，阀口开启，液压泵的来油经调节器阀口到流量传感器 2 的进口，顶开阀芯，流量传感器阀口开启。在流量传感器阀芯上移的同时，阀芯的位移转换为反馈弹簧的弹簧力通过先导滑阀阀芯与电磁吸力相比较，当弹簧力与电磁吸力相等时，先导滑阀阀芯受力平衡。与此同时，调节器阀芯、流量传感器阀芯也受力平衡，所有阀口满足压力流量方程，油源压力油（压力为 p_1）经调节器阀口后压力降为 p_4，并为流量传感器的进口压力，流量传感器的出口压力 p_5由负载决定。由于流量传感器的出口压力 p_5经阻尼 R_3引到流量传感器阀芯上腔，因此在流量传感器阀芯受力平衡时、流量传感器的进出口压差（p_4-p_5）由弹簧确定为定值，阀的开口一定。

如上所述，二通流量阀在比例电磁铁输入一定电流信号后，流量传感器开启一定的开口。由于流量传感器的进出口压差一定，因此流经流量传感器的流量对应于一定的阀开口，即流量传感器在调节流经阀的流量的同时，将流量信号转换为阀芯的位移（开口），用弹簧力的形式反馈到先导滑阀与电磁吸力比较。因此，二通流量阀又称为流量-位移-力反馈型比例流量阀。由于反馈形成的闭环包含调节器在内，所以作用在闭环内的干扰（如负载波动或液动力变化等）均会受到有效的抑制。如负载压力 p_5增大，流量传感器受力平衡破坏，阀芯下移，阀口有关小的趋势，这将使反馈弹簧力减小、先导滑阀阀芯下移、先导阀阀口增大、调节器控制腔压力 p_2降低、调节器阀口增大使其减压作用减小，于是流量传感器进口压力 p_4增大，导致流量传感器阀芯上移、阀口重新开大，当流量传感器阀口恢复到原来的开口大小时，先导滑阀阀芯受力重新平衡，二通流量阀在新的稳态下工作。在这里，调节器起压力补偿作用，保证流量传感器进出口压差为定值，流经阀的流量稳定不变。由于调节器阀芯的位移是由流量传感器检测的流量信号控制的，因此流量稳定性比普通调速阀有很大的提高。

三、电液比例换向阀

图 4-49 所示为电液比例换向阀，其由前置级（电液比例双向减压阀）和放大级（液动比例双向节流阀）两部分组成。

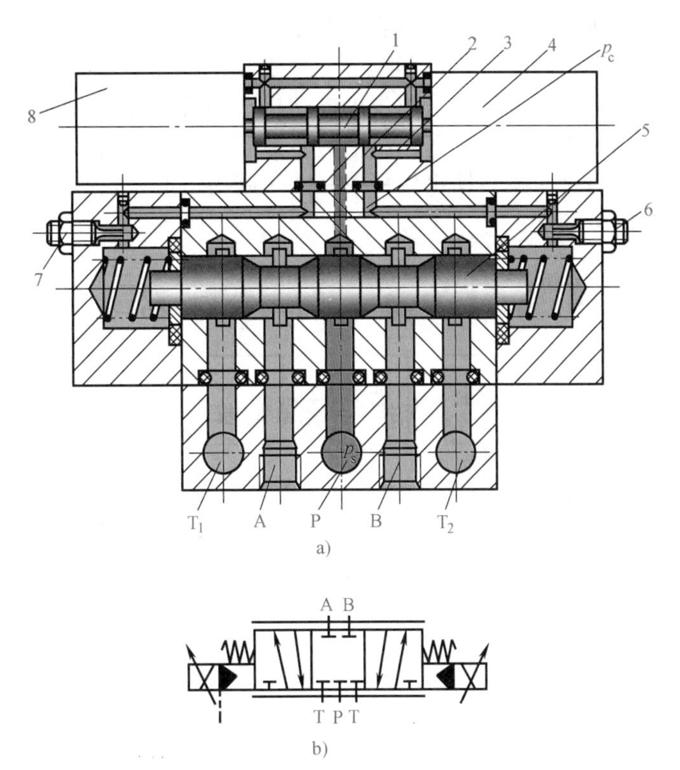

图 4-49　电液比例换向阀

a）结构原理图　b）图形符号

1—双向减压阀阀芯　2、3—流道

4、8—比例电磁铁　5—主阀阀芯　6、7—阻尼器

在图 4-49a 中，前置级由两端比例电磁铁 4、8 分别控制双向减压阀阀芯 1 的位移。如果左端比例电磁铁 8 输入电流 I_1，则产生一电磁吸力 F_{E1}，使双向减压阀阀芯 1 右移，右边阀口开启，压力为 p_s 的压力油经阀口后减压为 p_c（控制压力）。因 p_c 经流道 3 反馈作用到阀芯右端面（阀芯左端通回油，压力为 p_d），形成一个与电磁吸力 F_{E1} 方向相反的液压力 F_1，当 $F_1 = F_{E1}$ 时，阀芯停止右移而稳定在一定的位置，减压阀右边阀口开度一定，压力 p_c 保持一个稳定值。显然压力 p_c 与供油压力 p_s 无关，仅与比例电磁铁的电磁吸力即输入电流大小成比例。同理，当右端比例电磁铁输入电流 I_2 时，减压阀阀芯将左移，经左边阀口减压后得到稳定的控制压力 p_c'。

放大级由阀体、主阀阀芯、左右端盖和阻尼器 6、7 等组成。当前置级输出的控制压力 p_c 经阻尼孔缓冲后作用在主阀阀芯 5 右端时，液压力克服左端弹簧力使阀芯左移（阀芯左端弹簧腔通回油 p_d）开启阀口，油口 P 与 B 通，A 与 T_1 通。随着弹簧压缩量增大、弹簧力增大，当弹簧力与液压力相等时，主阀阀芯停止左移而稳定在某位置，阀口开度一定。因此，主阀开口大小取决于输入的电流大小。当前置级输出的控制压力为 p_c' 时，主阀反向移动，开启阀口，连通油口 P 与 A、B 与 T_2，油流换向并保持一定的开口，开口大小与输入电流大小成比例。

综上所述，改变比例电磁铁的输入电流，不仅可以改变阀的工作液流方向，而且可以控制阀口大小来实现流量调节，即具有换向、节流的复合功能。

第八节　电液数字阀

用数字信息直接控制阀口的开启和关闭，从而实现液流压力、流量、方向控制的液压控制阀，称为电液数字阀，简称数字阀。数字阀可直接与计算机连接，不需要 D-A 转换器。数字阀与伺服阀和比例阀相比，结构简单、工艺性好、价格低廉、抗污染能力强、工作稳定可靠、功耗小。在计算机实时控制的电液系统中，已部分取代比例阀或伺服阀，为计算机在液压领域的应用开拓了一个新的途径。

一、电液数字阀的工作原理与组成

对计算机而言，最普通的信号是量化为两个量级的信号，即“开”和“关”。用数字量控制阀的方法很多，常用的是由脉数调制（PNM）演变而来的增量控制法以及脉宽调制（PWM）控制法。

增量控制数字阀采用步进电动机-机械转换器，通过步进电动机，在脉数调制（PNM）信号的基础上，使每个采样周期的步数在前一个采样周期步数上增加或减少，以达到需要的幅值，由机械转换器输出位移控制液压阀阀口的开启和关闭。图4-50为增量式数字阀用于控制系统的框图。

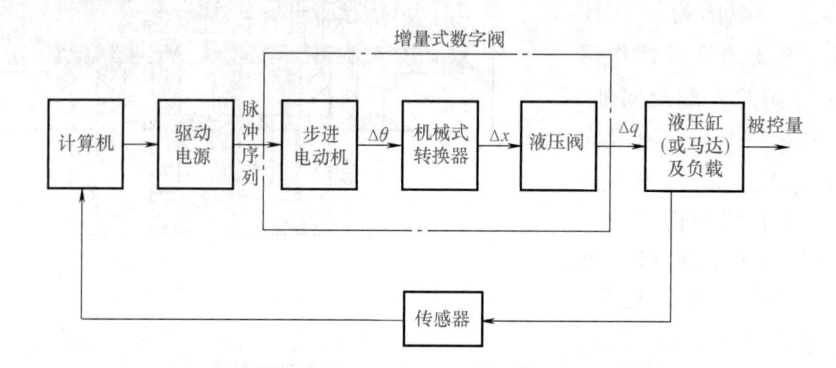

图4-50 增量式数字阀用于控制系统的框图

脉宽调制式数字阀通过脉宽调制放大器将连续信号调制为脉冲信号并放大，然后输送给高速开关数字阀，以开启时间的长短来控制阀的开口大小。在需要做两个方向运动的系统中，要用两个数字阀分别控制不同方向的运动。这种数字阀用于控制系统的框图如图4-51所示。

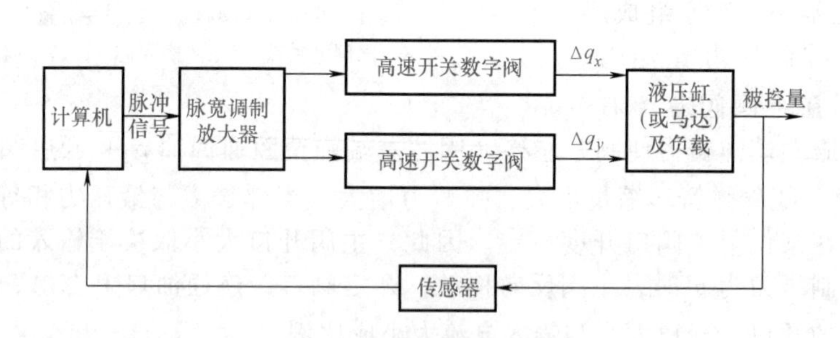

图4-51 脉宽调制式数字阀用于控制系统的框图

二、电液数字阀的典型结构

（一）数字式流量控制阀

图4-52所示为步进电动机直接驱动的数字式流量控制阀。当计算机给出脉冲信号后，步进电动机1转过一个角度$\Delta\theta$，作为机械转换装置的滚珠丝杠2将旋转角度$\Delta\theta$转换为轴向位移Δx直接驱动节流阀阀芯3，开启阀口。步进电动机转过一定步数，可控制阀口的一定开度，从而实现流量控制。

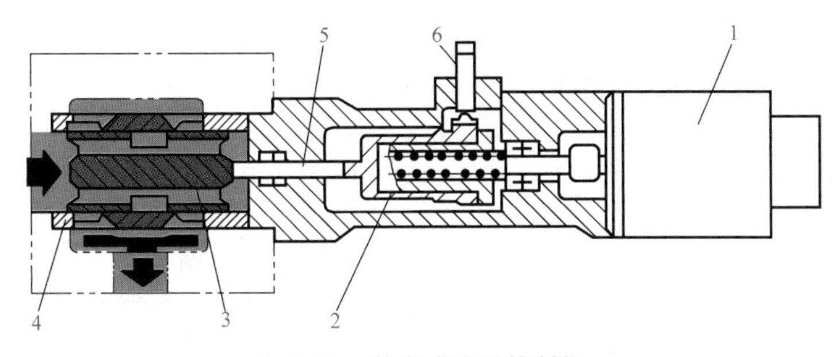

图 4-52 数字式流量控制阀

1—步进电动机 2—滚珠丝杠 3—节流阀阀芯 4—阀套 5—连杆 6—零位移传感器

在图 4-52 中，开在阀套上的节流口有两个，其中右节流口为非圆周通流，左节流口为全圆周通流。阀芯向左移时先开启右节流口，阀开口较小，移动一段距离后左节流口打开，两节流口同时通油，阀的开口增大。这种节流开口大小分两段调节的形式，可改善小流量时的调节性能。

(二) 高速开关型数字阀

图 4-53 所示为由力矩马达与球阀组成的高速开关型数字阀。力矩马达得到计算机输入的脉冲信号后衔铁偏转（图示为顺时针方向），推动球阀 2 向下运动，关闭压力油口 P，油腔 L_2 连通回油口 R，球阀 4 在下端压力油的作用下向上运动，开启 P 和 A。与此同时，球阀 1 因压力油的作用而处在上边位置，油腔 L_1 与压力油口 P 连通，球阀 3 向下关闭，切断 P 与 R 的通路。如力矩马达衔铁反向偏转，则压力油口 P 被切断，油口 A 与回油口 R 连通。由此可知，此阀为二位三通换向阀，其工作压力可达 20MPa，额定流量 1.2L/min，切换时间为 0.8ms。

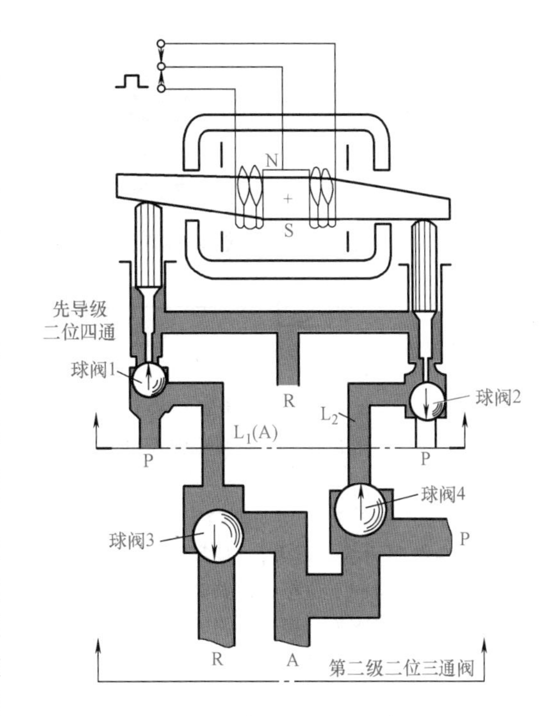

图 4-53 由力矩马达与球阀组成的高速开关型数字阀

习 题

4-1 开启压力为 0.04MPa 的单向阀开启通流后，其进口压力如何确定？

4-2 能否用两个二位三通换向阀替代一个二位四通换向阀？绘制图形符号并予以说明。

4-3 图 4-54 所示为液压缸，已知 $A_1=20\text{cm}^2$，$A_2=15\text{cm}^2$，$W=42000\text{N}$，用液控单向阀锁紧以防止活塞下滑。若不计活塞处的泄漏及摩擦力，试分析：

1）为保持重物不下滑，活塞下腔的闭锁压力 p_1 至少为多少？

2）若采用无卸荷小阀芯的液控单向阀，其反向开启压力 p_k 等于工作压力 p_1 的 40%，求 p_k 等于多少才能反向开启？开启前液压缸的下腔最高压力等于多少？

3）若采用有卸荷小阀芯的液控单向阀，其反向开启压力 p_k 等于工作压力 p_1 的 4.5%，求 p_k 多大可反向开启？开启前液压缸的下腔最高压力等于多少？

4-4 图 4-55 所示为电液换向阀换向回路，使用时发现电磁铁得电后，液压缸并不动作。请分析原因，并提出改进措施。

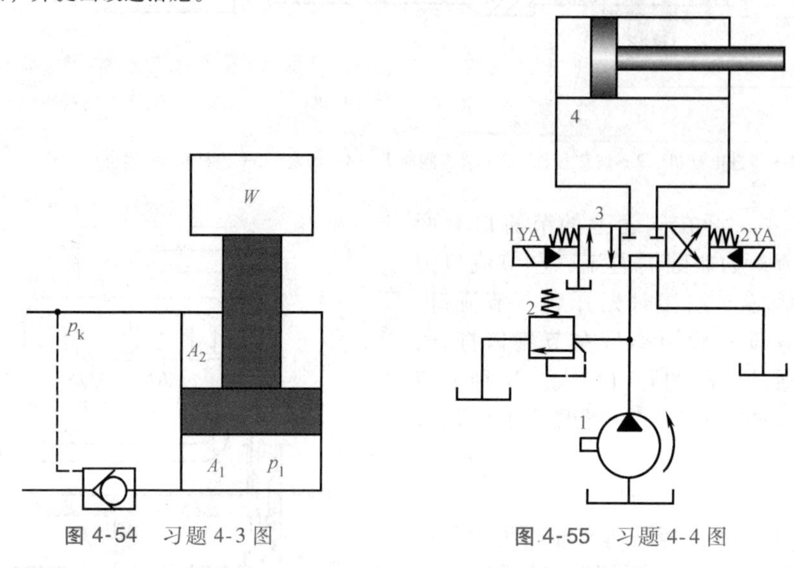

图 4-54 习题 4-3 图　　图 4-55 习题 4-4 图

4-5 若先导式溢流阀主阀阀芯上的阻尼孔被污物堵塞，溢流阀会出现什么样的故障？为什么？

4-6 为什么溢流阀在调压弹簧的预压缩量一定时，进口压力会随着通过流量的变化而有所波动？

4-7 在图 4-56 所示回路中，若溢流阀的调整压力分别为 $p_{y1}=6\text{MPa}$，$p_{y2}=4.5\text{MPa}$，泵出口处的负载阻力为无限大，在不计算管道损失和调压偏差的情况下，试回答：

1）换向阀下位接入回路时，液压泵的工作压力为多少？B 点和 C 点的压力各为多少？

2）换向阀上位接入回路时，液压泵的工作压力为多少？B 点和 C 点的压力又为多少？

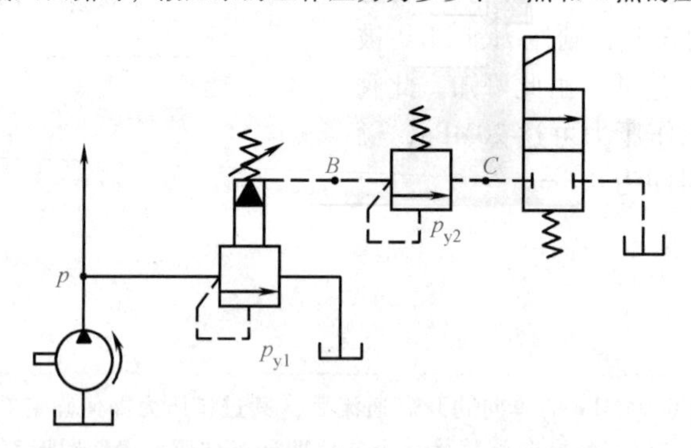

图 4-56 习题 4-7 图

4-8 减压阀的出口压力取决于什么？其出口压力为定值的条件是什么？

4-9 将两个内控外泄的顺序阀 XF1 和 XF2 串联在油路上，XF1 在前，调整压力为 10MPa；XF2 在后，调整压力由 5MPa 增至为 15MPa。问调节 XF2 时，XF1 的进口压力如何变化？其阀芯处于什么状态？

4-10 试比较溢流阀、减压阀、顺序阀（内控外泄式）三者之间的异同点。

4-11　图 4-57 所示为装载机液压系统中的压力转换阀。当系统压力 p_R 小于先导阀调定压力 p_Y 时，两泵的流量 q_1 和 q_2 同时进入系统；$q_R=q_1+q_2$，当 $p_R>p_Y$ 时，泵 1 卸荷，只有泵 2 向系统供油，$q_R=q_2$。试分析其工作原理。

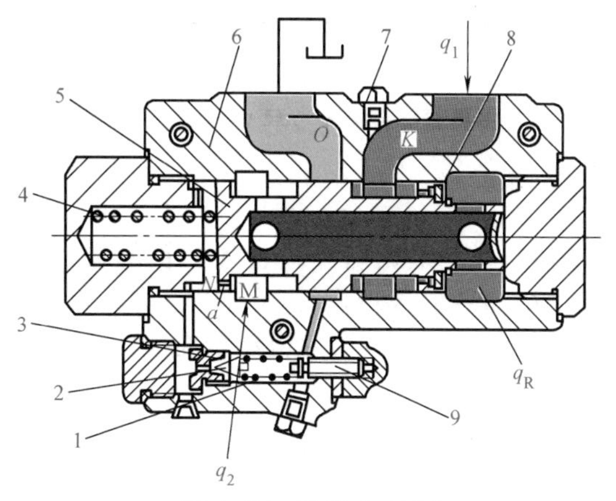

图 4-57　习题 4-11 图

1—调压弹簧　2—先导阀阀芯　3—阀座　4—弹簧　5—阀杆　6—阀体　7—螺塞　8—滑环　9—调整螺钉

4-12　若流经节流阀的流量不变，改变节流阀的开口大小时，什么参量发生变化？如何变化？

4-13　如将调速阀的进、出油口接反，调速阀能否正常工作？为什么？

4-14　为什么调速阀安装在回油路或旁油路时，可以采用普通定值减压阀与节流阀串联的结构？

4-15　为什么旁通型调速阀不能用在回油路上调速？

4-16　试用插装阀组成实现图 4-58 所示两种形式的三位换向阀。

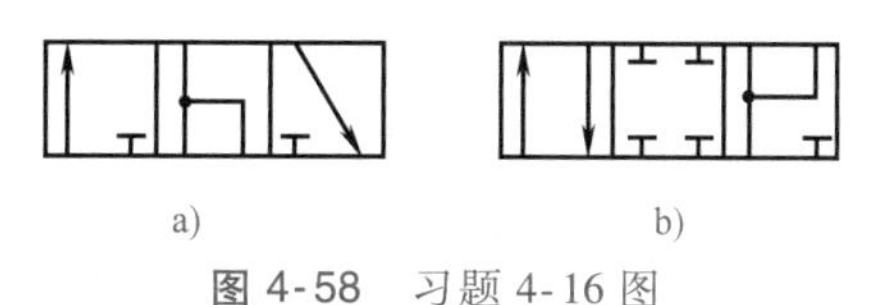

图 4-58　习题 4-16 图

Chapter 5

第五章

液压辅件

液压辅件是液压系统的一个重要组成部分，它包括蓄能器、过滤器、油箱、热交换器、压力表装置、密封装置等。液压辅件的合理设计与选用，将在很大程度上影响液压系统的效率、噪声、温升、工作可靠性等技术性能，因此应给予充分的重视。

第一节　蓄　能　器

一、蓄能器的分类及特征

蓄能器是液压系统中一种储存和释放油液压力能的装置。按其储存能量的方式不同分为重力加载式（重锤式）、弹簧加载式（弹簧式）和气体加载式。气体加载式又分为非隔离式（气瓶式）和隔离式。常用蓄能器的结构简图、工作原理及特点见表 5-1。

表 5-1　常用蓄能器的结构简图、工作原理及特点

种　类	结构简图	工作原理	特　点
重力加载式（重锤式）	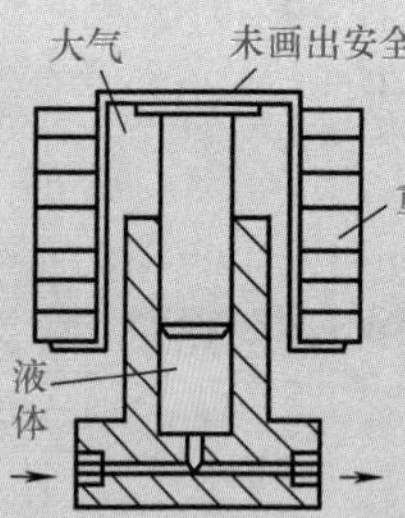 大气　未画出安全挡板　重物　液体	利用重锤的重力加载，以位能的形式储存能量。产生的压力取决于重锤的重量和柱塞的直径	结构简单；输出能量时压力恒定；体积大，运动惯量大，反应不灵敏；密封处易漏油；存在摩擦损失 一般用于固定设备作储能用
弹簧加载式（弹簧式）	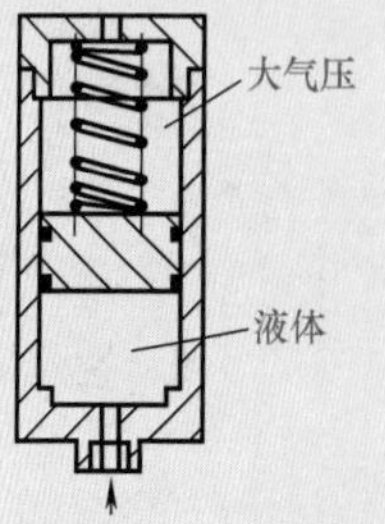 大气压　液体	利用弹簧的压缩储存能量，产生的压力取决于弹簧的刚度和压缩量	结构简单、容量小；低压(<1.2MPa) 使用寿命取决于弹簧的寿命 输出能量时压力随之减小 用于储能及缓冲

（续）

种类		结构简图	工作原理	特点
气体加载式（隔离式）	活塞式	充气阀 气体 缸筒 活塞 液体	浮动活塞不仅将气液隔开，而且将液体的压力能转换为气体的压力能储存	结构简单，寿命长 最高工作压力为 20MPa；最大容量为 100L 液气隔离，但当气体压力大于液体压力时有少量漏气；活塞惯性大，有摩擦损失，反应灵敏性差 用于储能，不适于吸收脉动和压力冲击
	囊式	充气阀 壳体 气囊 液体 提升阀	安装在均质无缝钢瓶内的气囊将液气隔离，液体的压力能经气囊转换为气体的压力能储存	气液可靠隔离、密封好、无泄漏；气囊惯性小，反应灵敏；结构紧凑、重量轻；最高工作压力达 32MPa；最大气体容量为 150L 可用于储能、吸收脉动和压力冲击

二、蓄能器的功用

1. 作辅助动力源

若液压系统的执行元件是间歇性工作且与停顿时间相比工作时间较短，或液压系统的执行元件在一个工作循环内运动速度相差较大，为节省液压系统的动力消耗，可在系统中设置蓄能器作为辅助动力源。这样系统可采用一个功率较小的液压泵。当执行元件不工作或运动速度很低时，蓄能器储存液压泵的全部或部分能量；当执行元件工作或运动速度较高时，蓄能器释放能量独立工作或与液压泵一同向执行元件供油。

2. 补偿泄漏和保持恒压

若液压系统的执行元件需长时间保持某一工作状态，如夹紧工件或举顶重物，为节省动力消耗，要求液压泵停机或卸荷。此时可在执行元件的进口处并联蓄能器，由蓄能器补偿泄漏、保持恒压，以保证执行元件的工作可靠性。

3. 作紧急动力源

某些液压系统要求在液压泵发生故障或失去动力时，执行元件应能继续完成必要的动作以紧急避险、保证安全。为此可在系统中设置适当容量的蓄能器作为紧急动力源，避免事故发生。

4. 吸收脉动，降低噪声

当液压系统采用齿轮泵和柱塞泵时，因其瞬时流量脉动将导致系统的压力脉动，从而引起振动和噪声。此时可在液压泵的出口安装蓄能器吸收脉动、降低噪声，减少因振动损坏仪表和管接头等元件。

5. 吸收液压冲击

由于换向阀的突然换向、液压泵的突然停车、执行元件运动的突然停止等原因，液压系统管路内的液体流动会发生急剧变化，产生液压冲击。这类液压冲击大多发生于瞬间，系统的安全阀来不及开启，因此常造成系统中的仪表、密封损坏或管道破裂。若在冲击源的前端管路上安装蓄能器，则可以吸收或缓和这种压力冲击。

三、蓄能器的容量计算

蓄能器的容量大小与其用途有关，下面以囊式蓄能器为例进行说明。

若设蓄能器的充气压力为 p_0，蓄气器的容量，即气囊的充气容积为 V_0，工作时要求释放的油液体积为 V，系统的最高工作压力和最低工作压力分别为 p_1 和 p_2，最高和最低压力下的气囊容积为 V_1 和 V_2，则由气体状态方程有

$$p_0 V_0^K = p_1 V_1^K = p_2 V_2^K = \text{常量}$$

式中 K 为指数，其值由气体的工作条件决定。当蓄能器用来补偿泄漏、起保压作用时，因释放能量的速度很低，可认为气体在等温下工作，$K=1$；当蓄能器用作辅助油源时，因释放能量较快，可认为气体在绝热条件下工作，$K=1.4$。

由 $V=V_2-V_1$ 可求得蓄能器的容量

$$V_0 = V\left(\frac{1}{p_0}\right)^{\frac{1}{K}} \Big/ \left[\left(\frac{1}{p_2}\right)^{\frac{1}{K}} - \left(\frac{1}{p_1}\right)^{\frac{1}{K}}\right] \tag{5-1}$$

为保证系统压力为 p_2 时，蓄能器还能释放压力油，应取充气压力 $p_0<p_2$，对囊式蓄能器取 $p_0=(0.6\sim0.65)p_2$ 有利于提高其使用寿命。

四、蓄能器的选用与安装

1）蓄能器作为一种压力容器，选用时必须选有完善质量体系保证并取得有关部门认可的产品。

2）选择蓄能器时必须考虑与液压系统工作介质的相容性。当系统采用非矿物基液压油时，订购蓄能器时应特别加以说明。

3）囊式蓄能器应垂直安放，油口向下，否则会影响气囊的正常伸缩。

4）蓄能器用于吸收液压冲击和压力脉动时，应尽可能安装在振源附近；用于补充泄漏、使执行元件保压时，应尽量靠近该执行元件。

5）安装在管路中的蓄能器必须用支架或支承板加以固定。

6）蓄能器与管路之间应安装截止阀，以便于充气检修；蓄能器与液压泵之间应安装单向阀，以防止液压泵停车或卸荷时，蓄能器内的压力油倒流回液压泵。

第二节 过 滤 器

一、液压油液的污染及其控制

理论分析和实践表明，液压油液的污染程度直接影响到液压元件和系统的正常工作及可靠性。据统计，液压系统的故障中，至少有70%是由于液压油液被污染而造成的。所以液压油液的污染是一个重要的问题，决不能掉以轻心。

（一）液压油液的污染及其危害

液压油液的污染就是有异物混入了液压油液中，通常是指在液压油液中混入水分、空气、其他油品、固体颗粒和由于高温氧化液压油液自身生成氧化物等。液压油液被污染后将会造成以下危害：

1）固体颗粒污染物进入液压元件后，加速元件的磨损、破坏密封，导致性能下降，寿命降低。

2）油液中侵入空气，使液压系统产生气蚀和噪声，降低油液的弹性模量和润滑性，使油液易于氧化。

3）油液中混入水分后，加速油液的氧化、腐蚀金属，也会降低润滑性。

4）油液混入其他油品，改变了液压油液的化学成分，从而影响液压系统工作性能。

5）油液自身氧化生成的氧化物，使油液变质，堵塞元件阻尼孔或节流孔，加速元件腐蚀，使液压系统不能正常工作。

（二）液压油液污染控制

为了保证液压系统的正常工作和可靠性，必须对液压油液污染进行控制，通常采取以下措施：

1）对液压元件和系统进行清洗。液压元件在加工过程中的每道工序后都应清洗净化，装配后经严格的清洗和检验；系统在组装前，管道和油箱必须清洗，系统组装后进行全面的清洗，最好用系统工作时使用的同牌号油液清洗。

2）防止外界污物侵入。拆卸液压元件时，应将其放在干净的地方，严禁用棉纱擦洗，以免油泥、纤维等污物进入液压系统；为防止外界灰尘从油箱进入系统，油箱上盖应密封并安装空气过滤器；因新油在分装、运输和储存等过程中受到各种污染，所以新油液注入系统前必须过滤；经常检查和定期更换活塞杆端部的防尘密封。

3）采用合适的过滤器。

4）定期检查和更换液压油液。液压系统工作一定时间，要对液压油液进行抽样检查，注意油液的污染是否超过允许使用范围。若不符合要求，应立即更换。

二、过滤器的功用和类型

过滤器的功用就是滤去油液中的杂质，维护油液的清洁，防止油液污染，保证液压系统正常工作。

过滤器按过滤材料的过滤原理来分，有表面型、深度型和磁性过滤器三种。

（一）表面型过滤器

此种过滤器被滤除的微粒污物截留在滤芯元件油液上游一面，整个过滤作用是由一个几何面来实现的，就像丝网一样把污物阻留在其外表面。滤芯材料具有均匀的标定小孔，可以滤除大于标定小孔的污物杂质。由于污物杂质积聚在滤芯表面，所以此种过滤器极易堵塞。最常用的有网式和线隙式过滤器两种。图 5-1a 所示是网式过滤器，它是用细铜丝网 1 作为过滤材料，包在周围开有很多窗孔的塑料或金属筒形骨架 2 上。一般用于滤去粒径在 0.08～0.18mm 的杂质颗粒，阻力小，压力损失不超过 0.01MPa，安装在液压泵吸油口处，保护泵不受大粒度固体杂质的损坏。此种过滤器结构简单，清洗方便。图 5-1b 所示是线隙式过滤器，3 是壳体，滤芯用铜或铝线 4 绕在筒形骨架 2 的外圆上，利用线间的缝隙进行过滤。一般用于滤去粒径在 0.03～0.1mm 的杂质颗粒，压力损失为 0.07～0.35MPa，常用在回油低压管路或泵吸油口。此种过滤器结构简单，滤芯材料强度低，不易清洗。

（二）深度型过滤器

此种过滤器的滤芯由多孔可透性材料制成，材料内部具有曲折迂回的通道，大于表面孔径的粒子直接被拦截在靠油液上游的外表面，而较小污染粒子进入过滤材料内部，撞到通道壁上，滤芯的吸附及迂回曲折通道有利于污染粒子的沉积和截留。这种滤芯材料有纸芯、烧结金属、毛毡和各种纤维类等。图 5-2a 所示为纸芯式过滤器，它是由做成折叠形以增加过滤面积的微孔纸芯包在由金属制成的骨架上。油液从外通过纸芯后流出。它可滤去粒径为 0.03~0.05mm 颗粒，压力损失为 0.08~0.4MPa，常用于对油液要求较高的场合。此种过滤器过滤效果好，滤芯堵塞后无法清洗，要更换纸芯。图 5-2b 所示为烧结式过滤器。它的滤芯是用颗粒状青铜粉烧结而成的。油液从左侧油孔进入，经杯状滤芯过滤后，从下部油孔流出。它可滤去粒径为 0.01~0.1mm 颗粒，压力损失较大，为 0.03~0.2MPa，多用在回油路上。此种过滤器制造简单，耐腐蚀，强度高。金属颗粒有时会脱落，堵塞后清洗困难。

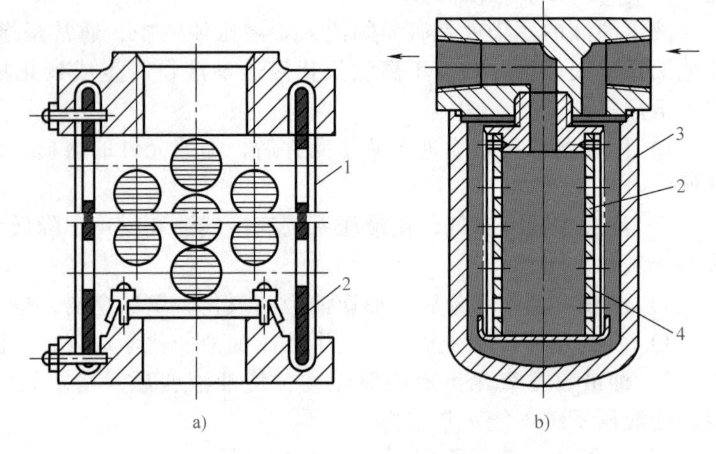

图 5-1 表面型过滤器

a）网式过滤器 b）线隙式过滤器

1—细铜丝网 2—筒形骨架 3—壳体 4—铜或铝线

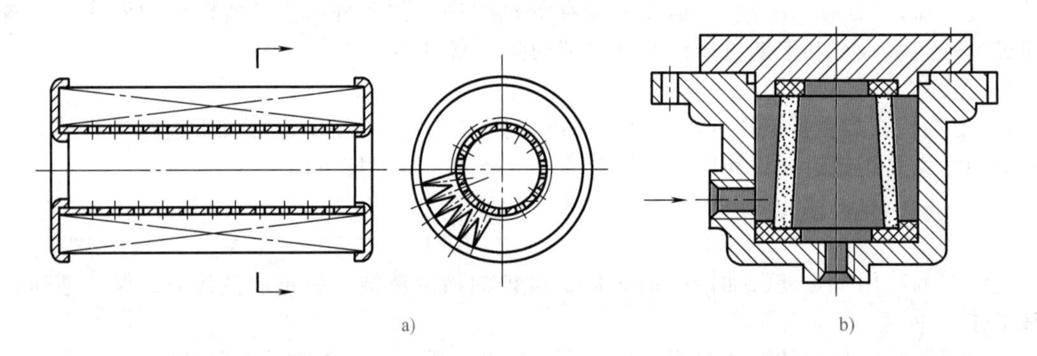

图 5-2 深度型过滤器

a）纸芯式过滤器 b）烧结式过滤器

（三）磁性过滤器

磁性过滤器的滤芯采用永磁性材料，将油液中对磁性敏感的金属颗粒吸附到上面。它常与其他形式的滤芯一起制成复合式过滤器，对加工金属的机床液压系统特别适用。

三、过滤器的选用

选用过滤器时应考虑以下几个方面：

（1）过滤精度应满足系统提出的要求 过滤精度是以滤除杂质的粒径大小来衡量的，粒径越小则过滤精度越高。以粒径 d 为颗粒公称尺寸，将过滤精度分为粗（$d \geqslant 0.1$mm），普通（$d \geqslant 0.01$mm）、精（$d \geqslant 0.005$mm）和特精（$d \geqslant 0.001$mm）四个等级，不同液压系统对过滤器的过滤精度要求见表 5-2。

表 5-2　各种液压系统的过滤精度要求

系统类别	润滑系统	传 动 系 统			伺服系统	特殊要求系统
压力/MPa	0~2.5	≤7	>7	≤35	≤21	≤35
粒径/mm	≤0.1	≤0.05	≤0.025	≤0.005	≤0.005	≤0.001

（2）要有足够的通流能力　通流能力是指在一定压力降下允许通过过滤器的最大流量，应结合过滤器在液压系统中的安装位置，根据过滤器样本来选取。

（3）要有一定的机械强度，不因液压力而破坏

（4）考虑过滤器的其他功能　对于不能停机的液压系统，必须选择切换式结构的过滤器，可以不停机更换滤芯；对于需要滤芯堵塞报警的场合，则可选择带发信装置的过滤器。

四、过滤器的安装

过滤器在液压系统中有以下几种安装位置：

（1）安装在泵的吸油口　在泵的吸油口安装网式或线隙式过滤器，防止大粒径杂质进入泵内，同时有较大的通流能力，防止发生空穴现象，如图 5-3a 所示。

（2）安装在泵的出口　如图 5-3b 所示，安装在泵的出口可保护除泵以外的元件，但须选择过滤精度高、能承受油路上工作压力和冲击压力的过滤器，压力损失一般小于 0.35MPa。此种方式常用于过滤精度要求高的系统及伺服阀和调速阀前，以确保它们的正常工作。为保护过滤器本身，应选用带堵塞发信装置的过滤器。

（3）安装在系统的回油路上　安装在回油路可滤去油液回油箱前侵入系统或系统生成的污物。由于回油压力低，可采用滤芯强度低的过滤器，其压降对系统影响不大，为了防止过滤器阻塞，一般与过滤器并联一安全阀或安装堵塞发信装置，如图 5-3c 所示。

（4）安装独立的过滤系统　如图 5-3d 所示，在大型液压系统中，可专设由液压泵和过滤器组成的独立过滤系统，专门滤去液压系统油箱中的污物，通过不断循环，提高油液清洁度。专用过滤车也是一种独立的过滤系统。

在使用过滤器时还应注意过滤器只能单向使用，按规定液流方向安装，以利于滤芯清洗和安全。清洗或更换滤芯时，要防止外界污染物侵入液压系统。

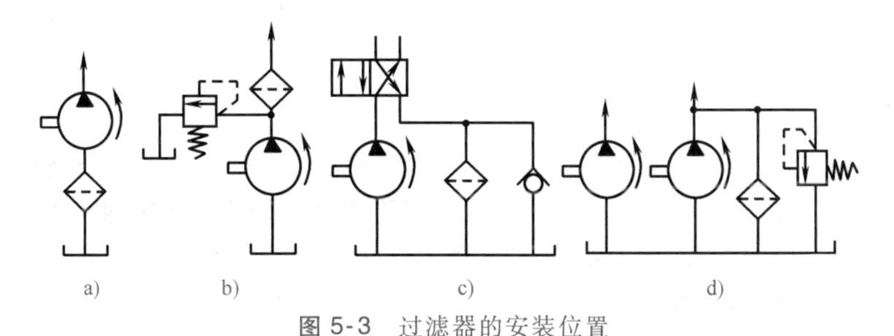

图 5-3　过滤器的安装位置

第三节　油箱、热交换器及压力表辅件

一、油箱

（一）油箱的功用和结构

油箱在液压系统中的主要功用是储存液压系统所需的足够油液、散发油液中的热量、分离油液中的气体及沉淀污物等。另外，对于中小型液压系统，往往把泵装置和一些元件安装

在油箱顶板上使液压系统结构紧凑。

油箱有整体式和分离式两种。整体式油箱与机械设备机体做在一起，利用机体空腔部分作为油箱。此种形式结构紧凑，各种漏油易于回收。但散热性差，易使邻近构件发生热变形，从而影响了机械设备精度，再则维修不方便，使机械设备复杂。分离式油箱与主机分开，布置灵活，维修保养方便，可减小油箱发热和液压振动对工作精度的影响，便于设计成通用化、系列化的产品，因而得到广泛的应用。对于一些小型液压设备，或为了节省占地面积或为了批量生产，常将液压泵-电动机装置及液压控制阀安装在分离油箱的顶部组成一体。对大中型液压设备一般采用独立的分离油箱，即油箱与液压泵-电动机装置及液压控制阀分开放置。当液压泵-电动机安装在油箱侧面时，称为旁置式油箱；当液压泵-电动机安装在油箱下面时，称为下置式油箱（高架油箱）。

图5-4所示为小型分离式油箱。通常油箱用2.5~5mm钢板焊接而成。

（二）油箱设计时应注意的问题

1）油箱容量的确定，是油箱设计的关键。主要根据热平衡来确定（详见第八章）。通常油箱的容量取液压泵每分钟流量的3~8倍进行估算。此外，还要考虑到液压系统回油到油箱不致溢出，油面高度一般不超过油箱高度的80%。

2）油箱中应设吸油过滤器，要有足够的通流能力。因需经常清洗过滤器，所以在油箱结构上要考虑拆卸方便。

3）油箱底部做成适当斜度，并安设放油塞。大油箱为清洗方便应在侧面设计清洗窗孔。油箱盖上应安装空气过滤器，其通气流量不小于泵流量的1.5倍，以保证具有较好的抗污染能力。

4）在油箱侧壁安装油位指示器，以指示最低、最高油位。为了防锈、防凝水，新油箱内壁经喷丸、酸洗和表面清洗后，可涂一层与工作油液相容的塑料薄膜或耐油清漆。

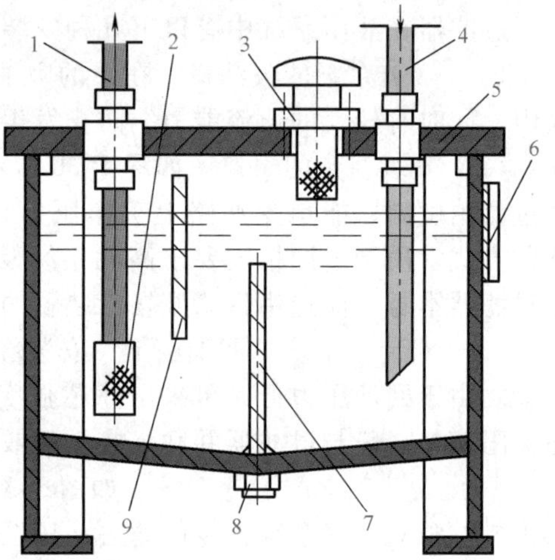

图5-4 小型分离式油箱
1—吸油管 2—网式过滤器 3—空气过滤器
4—回油管 5—顶盖 6—油位指示器
7、9—隔板 8—放油塞

5）吸油管及回油管要用隔板分开，增加油液循环的距离，使油液有足够时间分离气泡、沉淀杂质。隔板高度一般取油面高度的3/4。吸油管离油箱底面距离 $H \geqslant 2D$（D 为吸油管内径），距油箱壁不小于 $3D$，以利吸油通畅。回油管插入最低油面以下，防止回油时带入空气，回油管离油箱底面距离 $h \geqslant 2d$（d 为回油管内径），回油管排油口应面向箱壁，管端切成45°，以增大通流面积。泄漏油管则应在油面以上。

6）大、中型油箱应设起吊钩或孔。

油箱及其附件的具体尺寸、结构可参看有关资料及设计手册。

二、热交换器

液压系统的大部分能量损失转化为热量后，除部分散发到周围空间外，大部分使油液温度升高。若长时间油温过高，则油液黏度下降，油液泄漏增加，密封材料老化，油液氧化，严重影响液压系统正常工作。因结构限制，油箱又不能太大，依靠自然冷却不能使油温控制在所希望的正常工作温度（20~65℃）时，需在液压系统中安装冷却器，以将油温控制在合理范围内。相反，如户外作业设备在冬季起动时，油温过低，油液黏度过大，设备起动困难，压力损失加大并引起过大的振动。在此种情况，系统中应安装加热器，将油液升高到适合的温度。

热交换器是冷却器和加热器的总称，下面分别予以介绍。

（一）冷却器

对冷却器的基本要求是在保证散热面积足够大、散热效率高和压力损失小的前提下，结构紧凑、坚固、体积小和重量轻，最好有自动控温装置以保证油温控制的准确性。

根据冷却介质不同，冷却器有风冷式、冷媒式和水冷式三种。风冷式利用自然通风来冷却，常用在行走设备上。冷媒式利用冷媒介质如氟利昂在压缩机中做绝热压缩，散热器放热，蒸发器吸热的原理，把热油的热量带走，使油冷却，此种方式冷却效果最好，但价格昂贵，常用于精密机床等设备上。水冷式是一般液压系统常用的冷却方式。

水冷式利用水进行冷却，分为板式、多管式和翅片式。图 5-5 所示为多管式冷却器。油从壳体左端进油口流入，由于挡板 2 的作用，热油循环路线加长，这样有利于和水管进行热量交换，最后从右端出油口排出。水从右端盖的进水口流入，经上部水管流到左端后，再经下部水管从右端盖出水口流出，由水将油中热量带出。此种方法冷却效果较好。

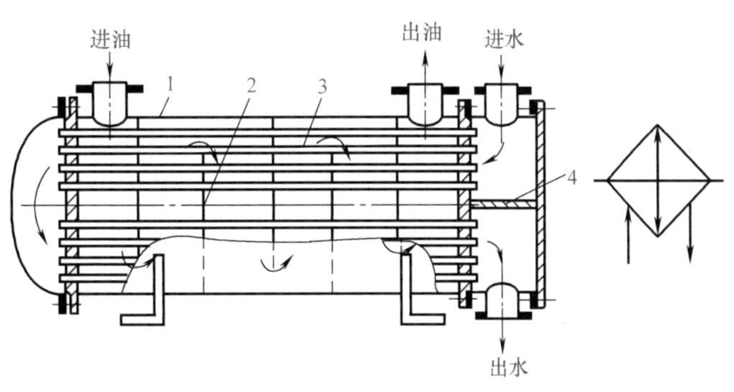

图 5-5　多管式冷却器

1—外壳　2—挡板　3—钢管　4—隔板

冷却器一般安装在回油管路或低压管路上。

（二）加热器

油液加热的方法有用热水或蒸汽加热和电加热两种方式。由于电加热器使用方便，易于自动控制温度，故应用较广泛。如图5-6所示，电加热器 2 用法兰固定在油箱 1 的内壁上。发热部分全浸在油液的流动处，便于热量交换。电加热器表面功率密度不得超过 $3W/cm^2$，以免油液局部温度过高而变质，为此，应设置联锁保护装置，在没有足够的油液经过加热循环时，或者在加热元件没有被系统油液完全包围时，阻止加热器工作。

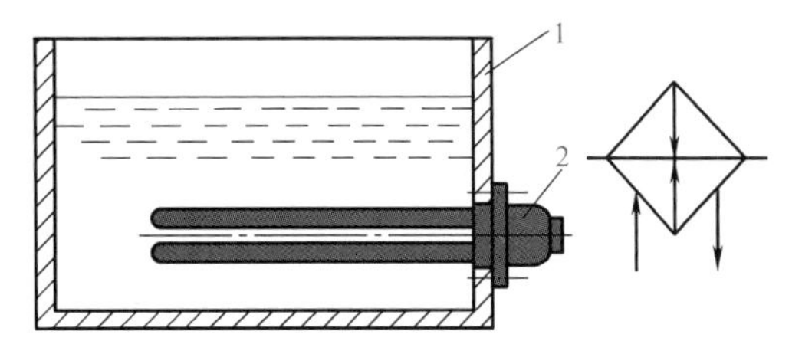

图 5-6　电加热器安装图

1—油箱　2—电加热器

有关冷却器、加热器的具体结构尺寸、性能及设计参数可参看有关设计资料。

三、压力表辅件

压力表辅件主要包括压力表及压力表开关。

（一）压力表

液压系统各工作点的压力一般都用压力表来观测。在液压系统中最常用的是弹簧管式压力表，如图 5-7 所示。当压力油进入弹簧弯管 1 时，产生管端变形，通过杠杆 4 使扇形齿轮 5 摆转，带动小齿轮 6，使指针 2 偏转，由刻度盘 3 示出压力值。压力表精度用精度等级来衡量，即压力表最大误差占整个量程的百分数。例如：1.5 级精度，量程为 10MPa 的压力表，最大量程时的误差为 10MPa×1.5%＝0.15MPa。压力表最大误差占整个量程的百分数越小，其精度越高。一般液压系统采用 1.5~4 级精度等级的压力表。在选用压力表时，其量程应比液压系统压力高，即压力表量程为系统最高工作压力的 1.5 倍左右。

压力表应安装在调整系统压力时能直接观察到的部位。压力表接入压力管道时，应通过阻尼小孔及压力表开关，以防止系统压力突变或压力脉动而损坏压力表。

（二）压力表开关

图5-8所示的压力表开关用于切断和接通压力表与油路的通道，相当于一个小型截止阀。压力表开关有一点、三点、六点等。多点压力表开关用一个压力表可与几个测压点油路相通，测出相应点的油液压力。

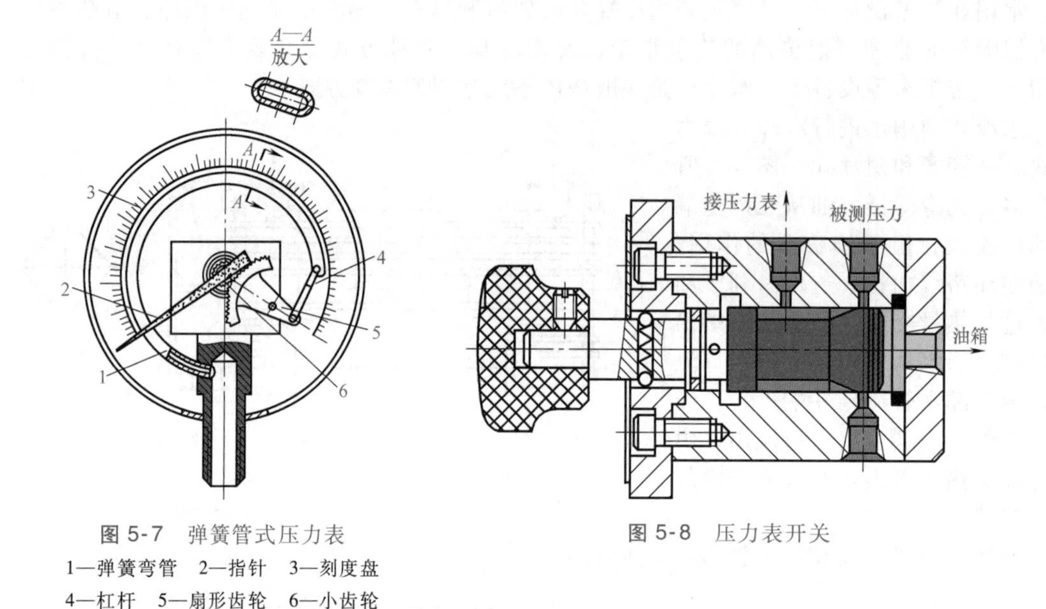

图5-7 弹簧管式压力表

1—弹簧弯管 2—指针 3—刻度盘 4—杠杆 5—扇形齿轮 6—小齿轮

图5-8 压力表开关

第四节 管 件

管件是用来连接液压元件、输送液压油液的连接件。包括油管和管接头。管件要有足够的强度，密封性能要好，绝对不允许有外泄漏存在。油液流经管件时的压力损失要小，且拆装方便。

一、油管

1. 油管的种类

液压系统常用油管有钢管、纯铜管、塑料管、尼龙管、橡胶软管等。应当根据液压装置的工作条件和压力大小来选择油管，各种油管的特点及适用场合见表5-3。

表5-3 各种油管的特点及适用场合

种类		特点和适用场合
硬管	钢管	耐油、耐高压、强度高、工作可靠，但装配时不便弯曲，常在装拆方便处用作压力管道。中压以上用无缝钢管，低压用焊接钢管
	纯铜管	价高，承压能力低（6.5~10MPa），抗冲击和振动能力差，易使油液氧化，但易弯曲成各种形状，常用在仪表和液压系统装配不便处
软管	塑料管	耐油，价低，装配方便，长期使用易老化，只适用于压力低于0.5MPa的回油管或泄油管
	尼龙管	乳白色透明，可观察流动情况，价低，加热后可随意弯曲，扩口、冷却后定形，安装方便，承压能力因材料而异（2.5~8MPa）
	橡胶软管	用于相对运动部件的连接，分高压和低压两种。高压软管由耐油橡胶夹几层钢丝编织网（层数越多耐压越高）制成，价高，用于压力管路。低压软管由耐油橡胶夹帆布制成，用于回油管路

2. 油管的特征尺寸

油管的特征尺寸为通径，它代表在允许的压力损失下油管的通流能力。油管的通径即油管的名义尺寸，单位为 mm。如 32 通径的无缝钢管的通流能力为 250 L/min，其外径为 42mm，而壁厚及实际内径则因油管工作压力而异。例如：当工作压力 $p \leqslant 32\text{MPa}$ 时，壁厚 $\delta = 5\text{mm}$，内径 $d = 32\text{mm}$。设计选用时可查相应手册。

有时也可按下式确定油管的内径，即

$$d = \sqrt{\frac{4q}{\pi v_0}} \tag{5-2}$$

式中　q——流经油管的流量（m^3/s）；

v_0——在允许的压力损失下允许的液流速度。

对压油管道，当压力 $p<2.5\text{MPa}$ 时，$v_0 = 2\text{m/s}$；当 $p = 2.5 \sim 16\text{MPa}$ 时，$v_0 = 3 \sim 4\text{m/s}$；当 $p>16\text{MPa}$ 时，$v_0 \leqslant 5 \sim 6\text{m/s}$。

对回油管道，$v_0 \leqslant 1.5 \sim 2.5\text{m/s}$。

对吸油管道，$v_0 = 0.5 \sim 1.5\text{m/s}$。

油管的壁厚则根据油管承受的最大工作压力，按拉伸薄壁筒的强度公式计算。

二、管接头

管接头用于管道与管道或管道与液压元件之间的连接，它必须在强度足够的前提下，安装、拆卸方便，抗振动、冲击，密封性能好，外形尺寸小，加工工艺性好。

目前，用于硬管连接的管接头形式主要有扩口式、焊接式、卡套式，橡胶软管接头有可拆式和扣压式两种。当被连接件之间存在摆动或转动时，应选用铰接式管接头或中心回转接头。管接头的种类繁多，具体规格品种可查阅有关手册。下面介绍在液压系统中常用的几种管接头。

（一）扩口式管接头

图 5-9 所示为扩口式管接头。先将接管 2 的端部用扩口工具扩成 74°～90°的喇叭口，拧紧螺母 3，通过导套 4 压紧接管 2 的扩口和接头体 1 的相应锥面连接与密封。结构简单，重复使用性好，适用于薄壁管件连接以及一般不超过 8MPa 的中低压系统。

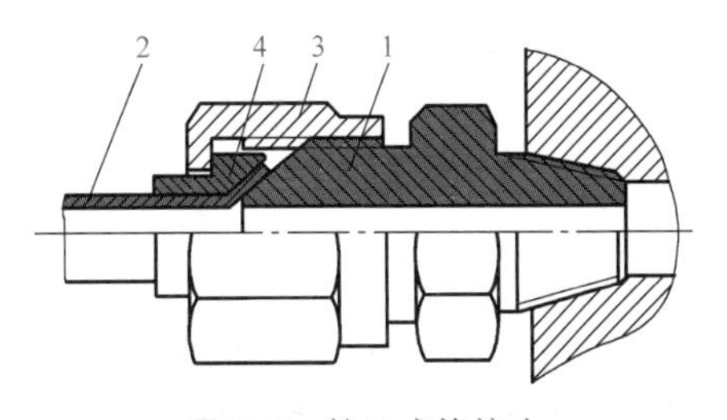

图 5-9　扩口式管接头

1—接头体　2—接管　3—螺母　4—导套

（二）焊接式管接头

图 5-10 所示为焊接式管接头。螺母 3 套在接管 2 上，把油管端部焊在接管 2 上，旋转螺母 3 将接管 2 与接头体 1 连接在一起。接管 2 与接头体 1 接合处可采用 O 形密封圈 4 密封，也可以采用球面密封，图中采用 O 形密封圈密封。接头体 1 和本体（指与之连接的阀、阀块、泵或马达）若用圆柱螺纹连接，为提高密封性能，要加组合密封圈 5 进行密封。若采用锥螺纹连接，在螺纹表面包一层聚四氟乙烯旋入形成密封。焊接式管接头装拆方便，工作可靠，工作压力可达 32MPa 或更高。但装配工作量大，要求焊接质量高。

（三）卡套式管接头

图 5-11 所示为卡套式管接头的一种基本形式，它由接头体、卡套和螺母等零件组成。接头体的拧入端与焊接式管接头一样，可以是圆柱细牙螺纹，也可以是锥螺纹。

传统的卡套式管接头为刚性密封，工作原理如图 5-12a 所示。在拧紧接头螺母 3 的同时，一种具有特殊力学性能的渐进式多刃卡套 2 自动切入接管 1，卡套同时起连接和密封的作用。

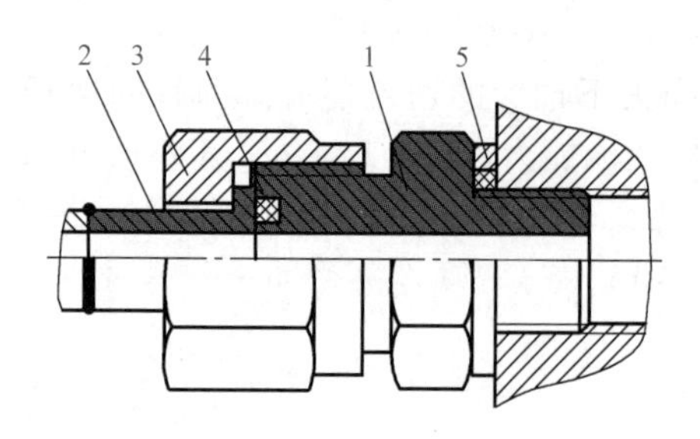

图 5-10 焊接式管接头

1—接头体 2—接管 3—螺母

4—O 形密封圈 5—组合密封圈

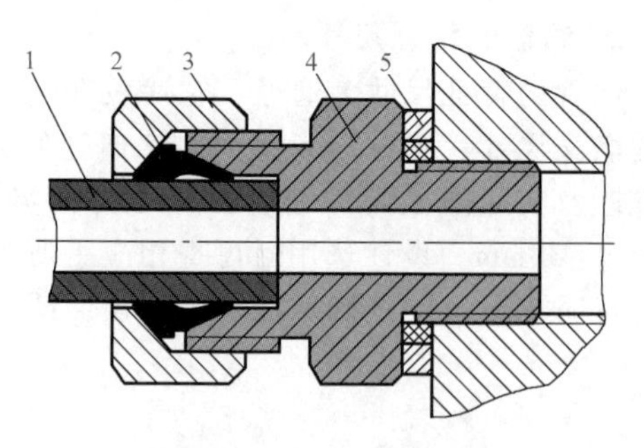

图 5-11 卡套式管接头

1—接管 2—卡套 3—接头螺母

4—接头体 5—组合密封垫

由于密封性能完全依靠金属零件之间的接触致密性和接触比压予以保证，因此对零件表面粗糙度和几何公差精度以及拧紧力的控制要求较高，这在很大程度上限制了它的应用。为了解决这一不足，图 5-12b 所示的新结构在卡套和接头体之间增加了一个独立的密封组件——硫化在定位环 6 上的橡胶密封件 5，将刚性密封改进为弹性密封，卡套只保留连接的作用。橡胶密封在接头体的 12°锥的楔形槽内封住了唯一的泄漏通道，其压缩作用确保了高压下的可靠密封。当液压系统瞬时失压时，硫化在定位环上的橡胶密封件不会剥落。这种弹性密封结构在降低金属零件的加工精度的同时，延长了使用寿命，特别适用于高压、有压力冲击和易振动的场合，适用最高工作压力可达 40MPa。

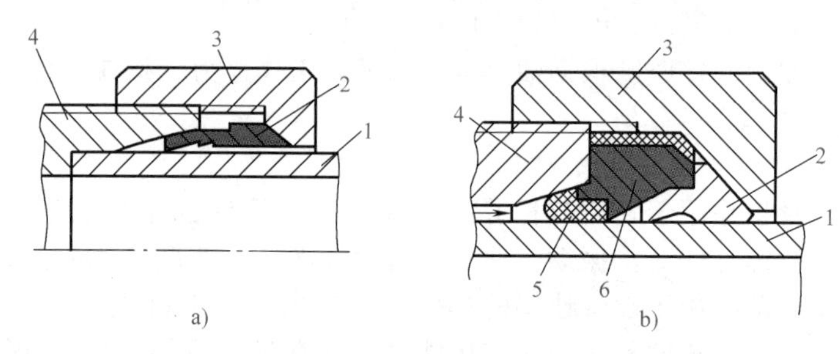

图 5-12 卡套的工作原理

1—接管 2—卡套 3—接头螺母 4—接头体 5—橡胶密封件 6—定位环

(四) 橡胶软管接头

橡胶软管接头有可拆式和扣压式两种，各有 A、B、C 三种形式分别与焊接式、卡套式和扩口式管接头连接使用。

图 5-13 所示为可拆式橡胶软管接头。在橡胶软管 4 上剥去一段外层胶，将六角形接头的外套 3 套装在橡胶软管 4 上再将锥形接头体 2 拧入，由锥形接头体 2 和外套 3 上带锯齿形倒内锥面把橡胶软管 4 夹紧。图 5-14 所示为扣压式橡胶软管接头。扣压式装配工序和可拆式相同，与可拆式的区别是外套 3 为圆柱形，另外扣压式最后要用专门的模具在压力机上将外套 3 进行挤压收

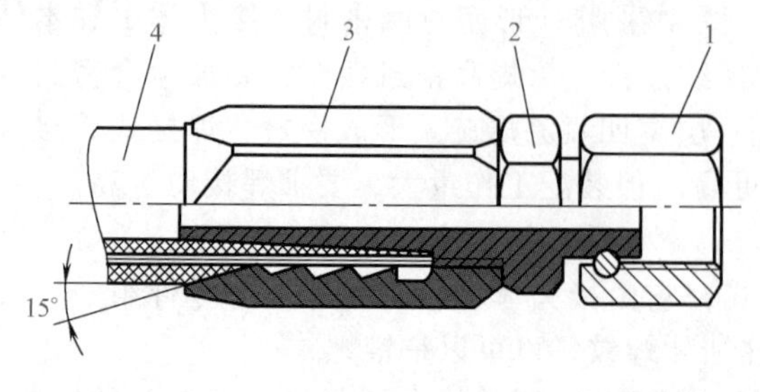

图 5-13 可拆式橡胶软管接头

1—接头螺母 2—锥形接头体 3—外套 4—橡胶软管

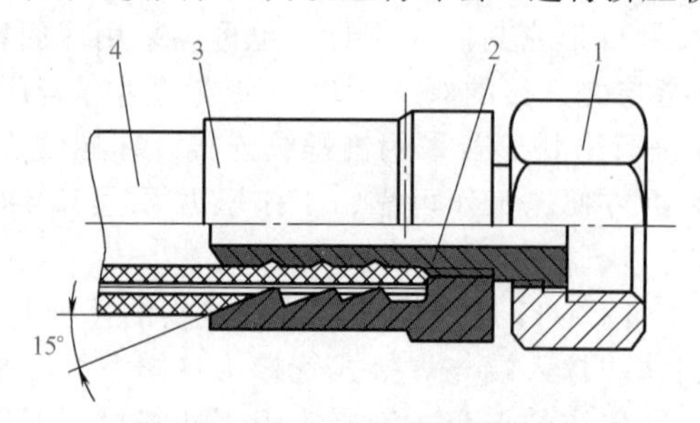

图 5-14 扣压式橡胶软管接头

1—接头螺母 2—接头体 3—外套 4—橡胶软管

缩，使外套变形后紧紧地与橡胶软管和接头体连成一体。随管径不同可用于工作压力在6~40MPa的系统。一般橡胶软管与接头体集成供应，橡胶软管根据使用压力和流量大小选用。

（五）快换管接头

图5-15所示为一种快换管接头，它用橡胶软管连接，适用于经常接通或断开处。图示是油路接通的工作位置，当需要断开油路时，可用力将外套6向左移，钢球8从槽中滑出，拉出接头体10，同时单向阀阀芯4和11分别在弹簧3和12的作用下封闭阀口，油路断开。此种管接头结构复杂，压力损失大。

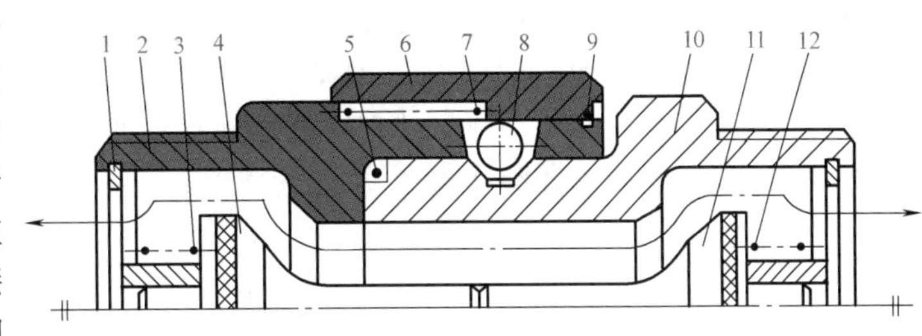

图5-15　快换管接头

1—挡圈　2、10—接头体　3、7、12—弹簧　4、11—单向阀阀芯　5—O形密封圈　6—外套　8—钢球　9—弹簧圈

（六）铰接式管接头

铰接式管接头用于液流方向成直角的连接，与普通直角管接头相比，优点是可以随意调整布管方向，安装方便、占用空间小。

铰接式管接头安装之后，按成直角的两油管是否需要摆动分为固定和活动两种形式。在图5-16中，铰接式管接头的接头心1靠台肩和弹簧卡圈4保持与接头体2的相对位置，两者之间有间隙可以转动，其密封由套在接头心外圆的O形密封圈予以保证。

铰接式管接头与管道的连接可以是卡套式或焊接式，使用压力可达32MPa。

（七）中心回转接头

某些工程机械、起重运输机械往往分为上车和下车两部分，上车为回转平台，安装有执行元件和控制元件，下车为固定底盘，安装有液压泵和油箱。为保证回转平台回转时，上车执行元件的工作油路始终与下车动力源的油路相通，一般需采用图5-17所示的中心回转接头。中心回转接头由回转轴心1、外壳2和密封件3等零件组成。回转轴心与回转平台相连，

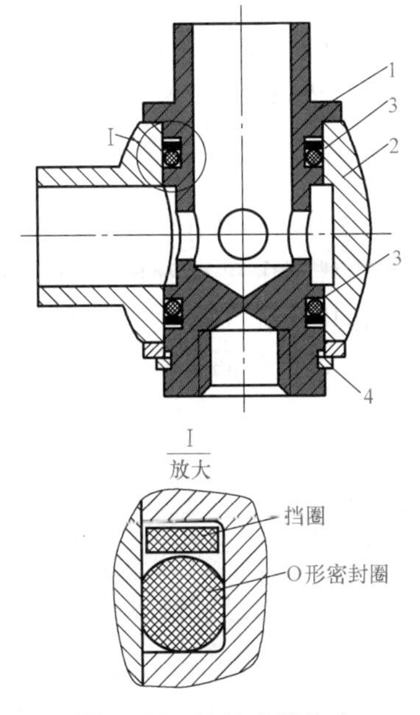

图5-16　铰接式管接头

1—接头心　2—接头体　3—密封件　4—弹簧卡圈

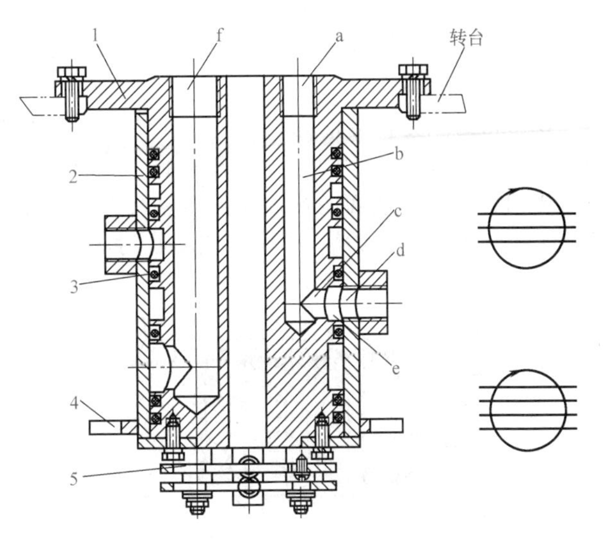

图5-17　中心回转接头

1—回转轴心　2—外壳　3—密封件　4—叉形板　5—滑环

随回转平台转动。外壳通过叉形板与底盘固定。回转轴心上的油孔（如 a 孔）与回转平台上的油管相连接，并通过回转轴心上的轴向孔 b、径向孔 c 与外壳上的径向孔 d 相通，而外壳上的径向孔接底盘下部油管。由于回转轴心的径向孔处开有径向环槽，因此在回转轴心随回转平台旋转时可保证其径向孔始终与外壳上的径向孔相通。中心回转接头根据其回转轴心上轴向孔的个数分为几通。图 5-17 所示为四通中心回转接头。通路数越多，回转轴心与外壳的轴向长度越长。由于回转轴心外圆与外套内孔之间存在间隙，因此在回转轴心的径向环槽外侧需加密封件，以免形成内漏和外漏。

第五节 密封装置

液压传动是以液体为工作介质，依靠密闭容积变化来实现能量转换和传递的。在能量转换时，由于液压泵、液压缸、液压马达内的相对运动零件之间存在间隙，间隙两端又存在压差，势必导致元件的内泄漏，必须采取有效的密封措施减小内泄漏，以提高容积效率。在能量传递时，在管件及液压阀的固定连接处，必须防止油液外漏，防止外界灰尘和异物侵入，而防漏、防尘功能则依靠密封装置来完成。

一、对密封装置的要求

1）在一定的工作压力和温度范围内具有良好的密封性能。

2）密封装置与运动件之间摩擦因数小，并且摩擦力稳定。

3）耐磨性好，寿命长，不易老化，抗腐蚀能力强，不损坏被密封零件表面，磨损后在一定程度上能自动补偿。

4）制造容易，维护、使用方便，价格低廉。

二、密封装置的分类及特点

液压系统中密封形式及装置种类很多，常用的有以下几种。

1. 间隙密封

间隙密封是利用相对运动零件之间微小间隙 δ 起密封作用，这是最简单的一种密封形式，常用于柱塞、活塞或阀的圆柱副配合中。在图 5-18 中，通常在阀芯外表面开几条等距均压槽，以减小液压卡紧力。间隙密封的优点是摩擦力小，缺点是存在泄漏，且磨损后不能自动补偿。

2. O 形密封圈

O 形密封圈是由耐油橡胶硫化制成的，其截面为圆形，如图 5-19a 所示。O 形密封圈是依靠其自身预压缩，消除间隙而实现密封的，如图 5-19b 所示。从图中可以看出，随着压力增大，密封件与密封表面的接触应力自动提高，从而增强密封作用，并在磨损后具有自动补偿的能力。当静密封压力 $p>32\text{MPa}$ 或动密封压力 $p>10\text{MPa}$ 时，O 形密封圈有可能被压力油挤入

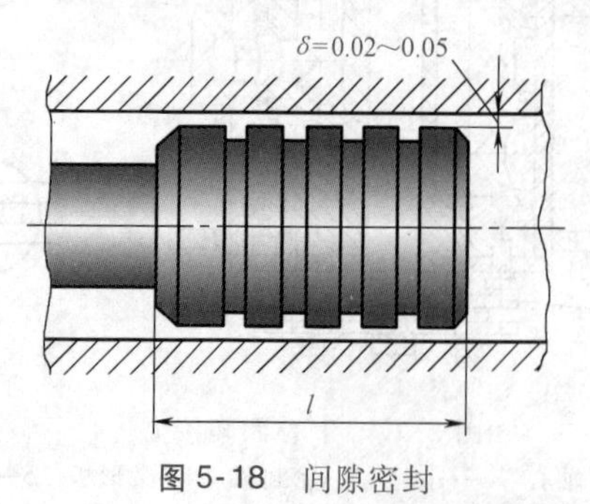

图 5-18 间隙密封

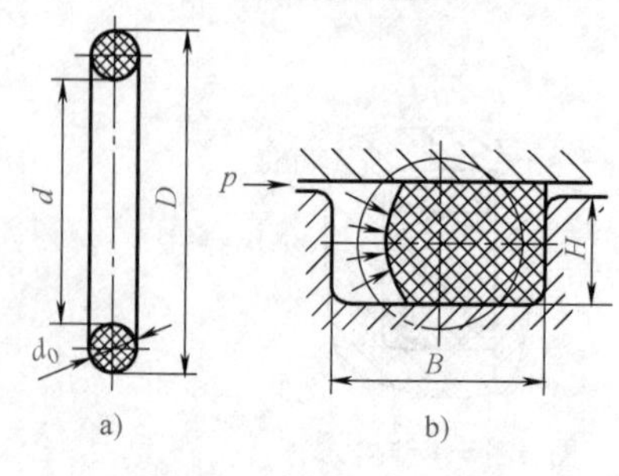

图 5-19 O 形密封圈

间隙而损坏，如图 5-20a 所示。为此在 O 形密封圈低压侧安装聚四氟乙烯挡圈，如图5-20b所示。当双向受压力油作用时，两侧都要加挡圈，如图 5-20c 所示。

由于 O 形密封圈结构简单、密封性好、成本低、安装方便，故高低压均可使用。

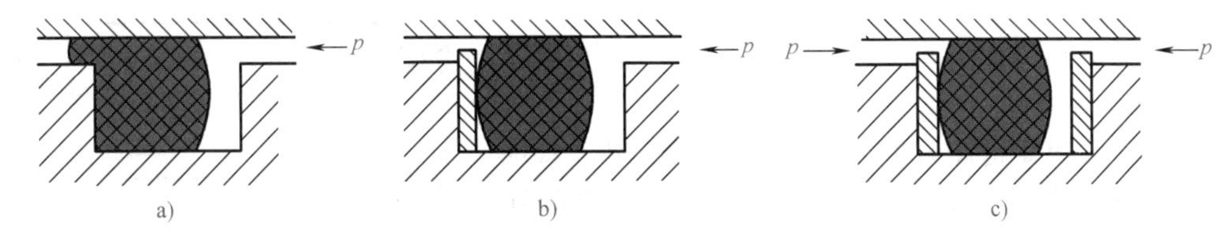

图 5-20　O 形密封圈挡圈的安装

为保证密封效果，安装 O 形密封圈的沟槽的宽度 B、深度 H、外径 D 或内径 d 等尺寸及相应公差、表面粗糙度必须按照 O 形密封圈截面面积的大小查手册确定。

3. 唇形密封圈

唇形密封圈是依靠密封圈的唇口受液压力作用变形，使唇边贴紧密封面而进行密封的，液压力越高，唇边贴得越紧，并且具有磨损后自动补偿的能力。这类密封一般用于往复运动密封。常见的唇形密封圈有 Y 形、Y_x型、V 形等。

（1）Y 形密封圈　图 5-21 所示为 Y 形密封圈，用耐油橡胶硫化而成。安装 Y 形密封圈时，唇口一定要对着压力高的一侧。当工作压力大于 14MPa 或压力波动较大，滑动速度较高时，为了防止 Y 形密封圈的翻转，应加支承环固定密封圈。支承环上有小孔，使压力油经小孔作用到密封圈唇边上，以保证良好密封，如图 5-22 所示。

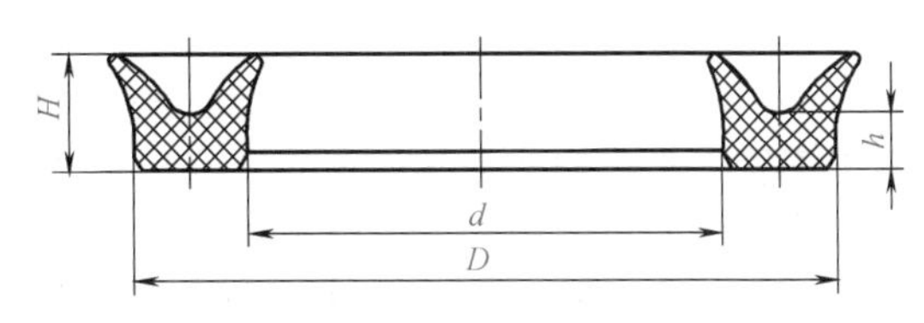

图 5-21　Y 形密封圈

Y 形密封圈一般适用于工作压力≤20MPa、工作温度为-30~100℃、滑动速度小于或等于 0.5m/s 的场合。

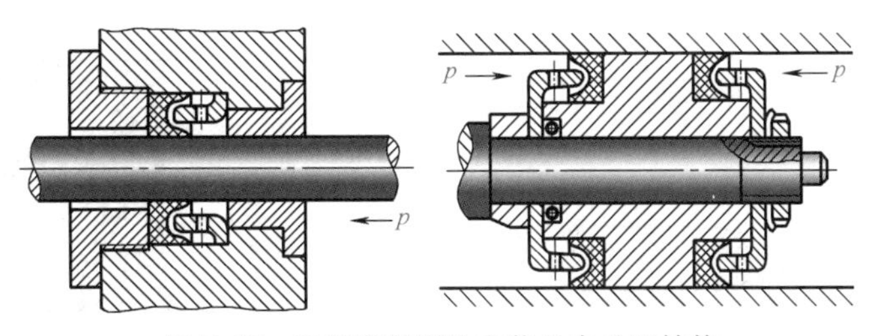

图 5-22　Y 形密封圈的安装及支承环结构

（2）Y_x型密封圈　Y_x型密封圈由 Y 形密封圈改进设计而成，通常是用聚氨酯材料制成的。如图 5-23 所示，其断面高度与宽度之比大于 2，因而不易翻转，稳定性好，分为轴用与孔用两种。Y_x型密封圈的两个唇边高度不等，其短边为密封边，与密封面接触，滑动摩擦阻力小；长边与非滑动表面相接触，增加了压缩量，使摩擦阻力增大，工作时不易窜动。

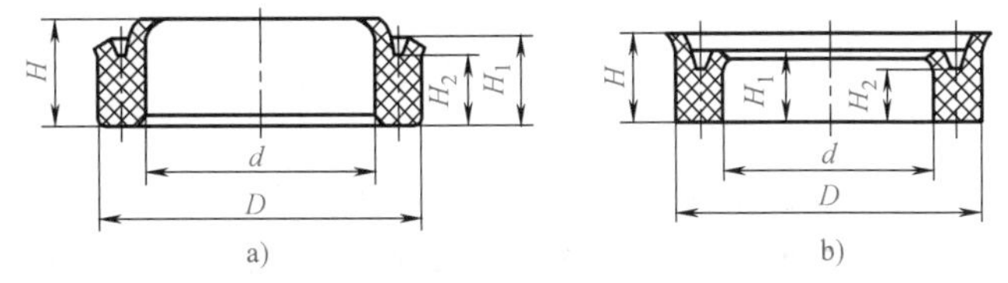

图 5-23　Y_x型密封圈
a）孔用　b）轴用

Y_x型密封圈一般用于工作压力≤32MPa、使用温度为-30~100℃的场合。

Y 形密封圈及 Y_x型密封圈用于液压缸时，只起密封作用，不起导向作用，因此活塞上必须设置导向环。

（3）V 形密封圈　图 5-24 所示为 V 形密封圈，它是由多层涂胶织物制成的，由支承环、密封环和压环三部分组成一套使用。当工作压力 $p>10\text{MPa}$ 时，可以根据压力大小，适当增加密封环的数量，以满足密封要求。安装时，V 形密封圈的 V 形口一定要面向压力高的一侧。

V 形密封圈适宜在工作压力 $p\leqslant 50\text{MPa}$、使用温度为 $-40\sim80℃$ 的条件下工作。

V 形密封圈用于液压缸时，不仅起密封作用，而且需要时可起导向作用。起导向作用时，V 形密封圈的外径与缸筒内径相同，而活塞外径应小于缸筒内径，两者之间存在较大间隙，液压缸可承受一定的径向力。这种软导向结构适用于重负载且负载作用线与活塞杆轴线不一定重合的场合。

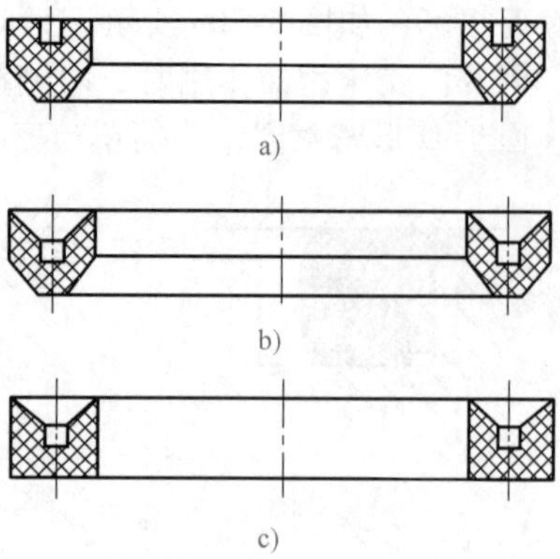

图 5-24 V 形密封圈
a）支承环 b）密封环 c）压环

4. 组合密封装置

组合密封装置是由两个以上元件组成的密封装置。最简单、最常见的是由钢和耐油橡胶制成的组合密封垫圈。而随着液压技术的发展，对往复运动零件之间的密封装置提出了耐高压、高温、高速，低摩擦因数，长寿命等方面的要求，于是出现了由聚四氟乙烯与耐油橡胶组成的橡塑组合密封装置，下面予以简单介绍。

（1）组合密封圈 图 5-25 所示组合密封圈的外圈 2 由 Q235 钢制成，内圈 1 为耐油橡胶，主要用于管接头或油塞的端面密封，安装时外圈紧贴两密封面，内圈厚度 h 与外圈厚度 δ 之差为橡胶的压缩量。因为它安装方便、密封可靠，因此应用非常广泛。

（2）橡塑组合密封装置 图 5-26 所示的橡胶组合密封装置由 O 形密封圈和聚四氟乙烯做成的格来圈或斯特圈组合而成。图 5-26a 所示孔用橡胶组合密封装置由方形断面格来圈和 O 形密封圈组合而成，图 5-26b 所示轴用橡胶组合密封装置由阶梯形断面斯特圈与 O 形密封圈组合而成。

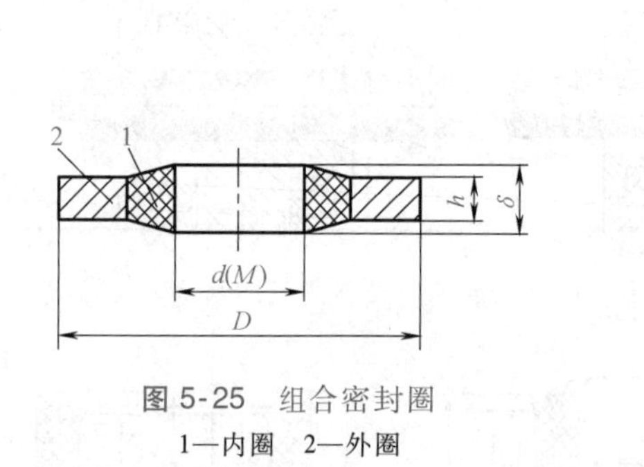

图 5-25 组合密封圈
1—内圈 2—外圈

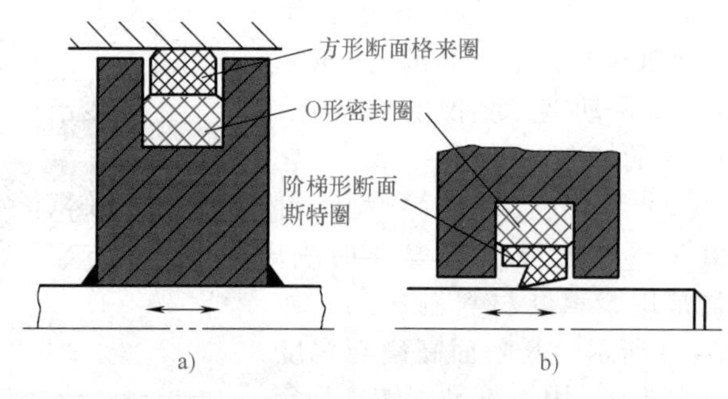

图 5-26 橡胶组合密封装置
a）孔用 b）轴用

因这种组合密封装置是利用 O 形密封圈的良好弹性变形性能，通过预压缩所产生的预压力将格来圈（或斯特圈）紧贴在密封面上起密封作用的，O 形密封圈不与密封面直接接触，不存在磨损、扭转、啃伤等问题。而与密封面接触的格来圈和斯特圈为聚四氟乙烯塑料，不仅具有极低的摩擦因数（0.02~0.04，仅为橡胶的 1/10），而且动、静摩擦因数相当接近。此外，因具有自润滑性，与金属组成摩擦副时不易黏着；起动摩擦力小，不存在橡胶密封低速时的爬行现象。总之，因橡塑组合密封装置综合了橡胶与塑料的各自优点，不仅密封可靠、摩擦力低且稳定，而且使用寿命比普通橡胶密封装置高百倍，因此在工程上，特别是在液压缸上，应用日益广泛。

习　题

5-1　某蓄能器用作动力源，其容量为 4L，充气压力 $p_0 = 3.2\text{MPa}$，系统最高和最低工作压力分别为 $p_1 = 8\text{MPa}$ 和 $p_2 = 5\text{MPa}$，试求蓄能器所排出的油液体积（蓄能器的工作状态为等温过程）。

5-2　某蓄能器充气压力为 9MPa，用流量 5L/min 的泵充油，升压到 20MPa 时，快速向系统排油，压力降到 10MPa 时，排出油的体积为 5L，试确定蓄能器的体积。

5-3　液压系统中油箱的作用主要有哪些？

5-4　为什么在液压泵的吸油口不安装精过滤器？

5-5　应用所学知识说明为什么表 5-2 所列的不同液压系统对过滤精度的要求也不同。

5-6　某液压系统工作压力为 7MPa，流量为 60L/min，试：

1）求供油管尺寸。

2）选用油管材料和壁厚。

5-7　橡塑组合密封装置中的 O 形密封圈起什么作用？

Chapter 6

第六章

液压基本回路

任何液压系统都是由一些基本回路所组成的。所谓液压基本回路是指能实现某种规定功能的液压元件的组合。按其在液压系统中的功用不同，基本回路可分为：压力控制回路——控制整个系统或局部油路的工作压力；速度控制回路——控制和调节执行元件的速度；方向控制回路——控制执行元件运动方向的变换和锁停；多执行元件控制回路——控制几个执行元件相互间的工作循环。

本章讨论的是最常见的液压基本回路。熟悉和掌握它们的组成、工作原理及应用，是分析、设计和使用液压系统的基础。

第一节　压力控制回路

压力控制回路的作用是，利用压力控制阀来控制整个液压系统或局部油路的压力，达到调压、卸荷、减压、增压、平衡、保压、泄压等目的，以满足执行元件对力或力矩的要求。

一、调压回路

调压回路的功能在于调定或限制液压系统的最高工作压力，或者使执行机构在工作过程的不同阶段实现多级压力变换。一般由溢流阀来实现这一功能。

1. 远程调压回路

图 6-1a 所示为最基本的调压回路。当改变节流阀 2 的开口来调节液压缸速度时，溢流阀 1 始终开启溢流，使系统工作压力稳定在溢流阀 1 的调定压力附近，溢流阀 1 作定压阀用。若系统中无节流阀，则溢流阀 1 作安全阀用，当系统工作压力达到或超过溢流阀调定压力时，溢流阀开启，对系统起安全保护作用。如果在溢流阀 1 的摇控口上接一远程调压阀 3，则系统压力可由远程调压阀 3 远程调节控制。溢流阀 1 的调定压力必须大于远程调压阀 3 的调定压力。

2. 多级调压回路

图 6-1b 所示为三级调压回路。溢流阀 1 的遥控口通过三位四通换向阀 4 分别接具有不同调定压力的远程调压阀 3 和 3′。当三位四通换向阀左位工作时，压力由远程调压阀 3 调定；三位四通换向阀右位工作时，压力由远程调压阀 3′调定；三位四通换向阀 4 中位工作时，由溢流阀 1 来调定系统最高压力。

3. 无级调压回路

图 6-1c 所示为通过电液比例溢流阀进行无级调压的比例调压回路。根据执行元件工作过程中各个阶段的不同要求，调节输入比例溢流阀 5 的电流，即可达到调节系统工作压力的目的。

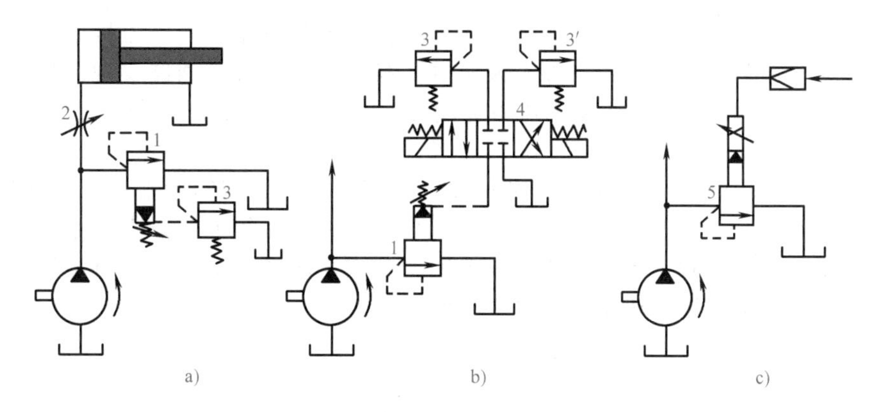

图 6-1 调压回路

1—溢流阀 2—节流阀 3、3′—远程调压阀 4—三位四通换向阀 5—比例溢流阀

二、卸荷回路

卸荷回路是在系统执行元件短时间不工作时，不频繁起停驱动泵的原动机，而使泵在很小的输出功率下运转的回路。因为泵的输出功率等于压力和流量的乘积，因此卸荷的方法有两种：一种是将泵的出口直接接回油箱，泵在零压或接近零压下工作；另一种是使泵在零流量或接近零流量下工作。前者称为压力卸荷，后者称为流量卸荷。当然，流量卸荷仅适用于变量泵。

1. 用换向阀中位机能的卸荷回路

定量泵可借助 M 型、H 型或 K 型换向阀中位机能来实现降压卸荷，如图 6-2a 所示。因回路需保持一定（较低）的控制压力以操纵液动元件，在回油路上应安装背压阀 a。

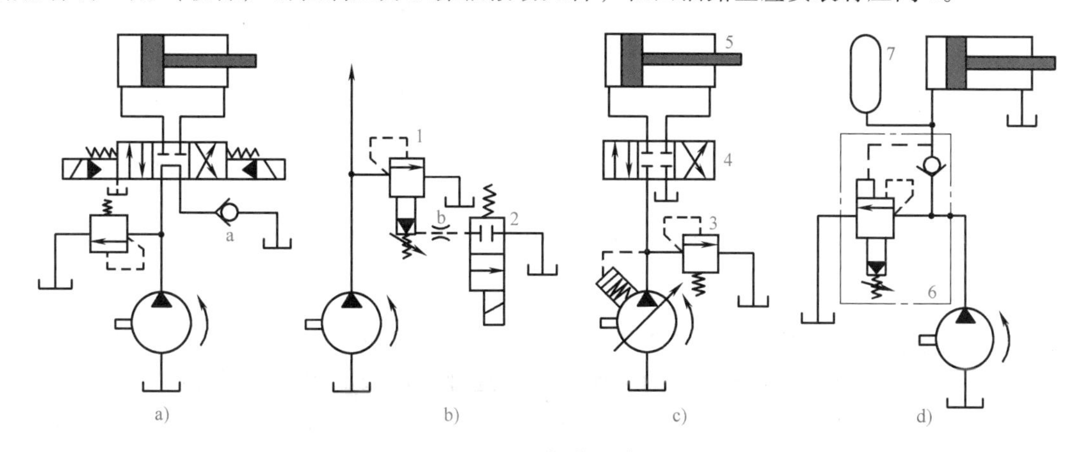

图 6-2 卸荷回路

a）用换向阀中位机能的卸荷回路 b）用先导式溢流阀的卸荷回路

c）限压式变量泵的卸荷回路 d）有蓄能器的卸荷回路

1—先导式溢流阀 2—二位二通电磁阀 3—溢流阀 4—换向阀 5—液压缸 6—卸荷溢流阀 7—蓄能器

2. 用先导式溢流阀的卸荷回路

图 6-2b 所示是采用二位二通电磁阀控制先导式溢流阀的卸荷回路。当先导式溢流阀 1 的遥控口通过二位二通电磁阀 2 接通油箱时，泵输出的油液以很低的压力经溢流阀回油箱，实现卸荷。为防止卸荷或升压时产生压力冲击，在溢流阀遥控口与电磁阀之间可设置阻尼 b。

3. 限压式变量泵的卸荷回路

限压式变量泵的卸荷回路为零流量卸荷。如图 6-2c 所示，当液压缸 5 的活塞运动到行程终点或换向阀4处于中位时，泵输出油液的压力升高，流量减小，当压力接近压力限定螺钉调定的极限值时，泵的流量减小到只补充液压缸或换向阀的泄漏，回路实现保压卸荷。系统中的溢流阀3作安全阀用，以防止泵的压力补偿装置的零漂和动作滞缓导致压力异常。

4. 有蓄能器的卸荷回路

图6-2d所示是系统中有蓄能器的卸荷回路。当回路压力达到卸荷溢流阀6的调定值时，泵通过卸荷溢流阀6卸荷，由蓄能器7保持系统压力，补充系统泄漏；当回路压力下降至低于卸荷溢流阀2的调定值时，卸荷溢流阀6关闭，泵恢复向系统供油（卸荷溢流阀是由溢流阀和单向阀组合而成的，能自动控制泵的卸荷和升压）。

三、减压回路

减压回路的功能在于使系统中某一支路具有低于系统压力调定值的稳定工作压力，机床的工件夹紧、导轨润滑及液压系统的控制油路常需使用减压回路。

最常见的减压回路是在所需低压的支路上串接定值减压阀，如图6-3a所示。回路中的单向阀3用于当主油路压力低于减压阀2的调定值时，防止液压缸4的工作压力受其干扰，起短时保压作用。

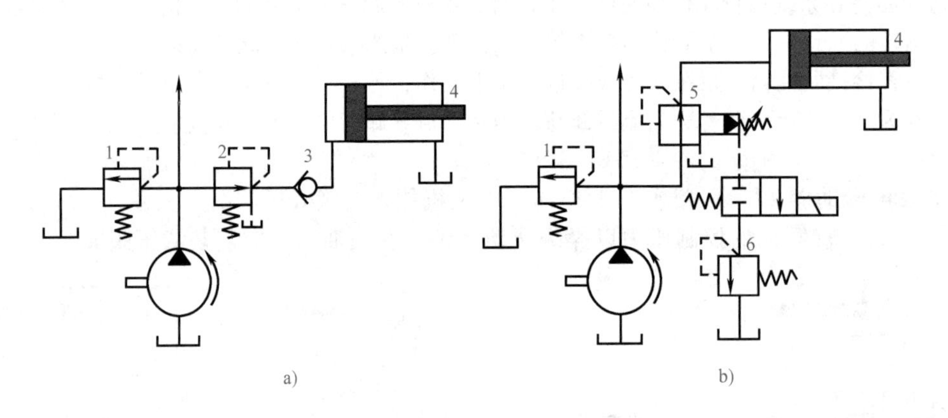

图6-3 减压回路

1—溢流阀 2—减压阀 3—单向阀 4—液压缸 5—先导式减压阀 6—远程调压阀

图6-3b所示是二级减压回路。在先导式减压阀5的遥控口上接入远程调压阀6，当二位二通换向阀处于图示位置时，液压缸4的工作压力由先导式减压阀5的调定压力决定；当二位二通换向阀处于右位时，液压缸4的工作压力由远程调压阀6的调定压力决定。远程调压阀6的调定压力必须低于先导式减压阀5的调定压力。液压泵的最大工作压力由溢流阀1调定。减压回路也可以采用比例减压阀来实现无级减压。

要减压阀稳定工作，其最低调整压力应不小于0.5MPa，最高调整压力应至少比系统压力低0.5MPa。由于减压阀工作时存在阀口的压力损失和泄漏口泄漏造成的容积损失，故这种回路不宜用在压降或流量较大的场合。

四、增压回路

增压回路用来使系统中某一支路获得较系统压力高且流量不大的油液供应。利用增压回路，液压系统可以采用压力较低的液压泵，甚至压缩空气动力源来获得较高压力的压力油。增压回路中实现油液压力放大的主要元件是增压器，其增压比为增压器大小活塞的有效作用面积之比。

1. 单作用增压器的增压回路

图 6-4a 所示是使用单作用增压器的增压回路，它适用于单向作用力大、行程小、作业时间短的场合，如制动器、离合器等。换向阀处于右位时，单作用增压器 1 输出压力 $p_2=p_1A_1/A_2$ 的压力油进入工作缸 2；换向阀处于左位时，工作缸 2 靠弹簧力回程，高位油箱 3 经单向阀向单作用增压器 1 右腔补油。

2. 双作用增压器的增压回路

图 6-4b 所示是采用双作用增压器的增压回路，它能连续输出高压油，适用于增压行程要求较长的场合。当工作缸 11 向左运动遇到较大负载时，系统压力升高，油液经顺序阀 4 进入双作用增压器 5，双作用增压器的活塞不论向左或向右运动，均能输出高压油，只要换向阀 6 不断切换，双作用增压器 5 就不断往复运动，高压油就连续经单向阀 10 或 7 进入工作缸 11 右腔，此时单向阀 9 或 8 有效地隔开了双作用增压器的高、低压油路。工作缸 11 向右运动时增压回路不起作用。

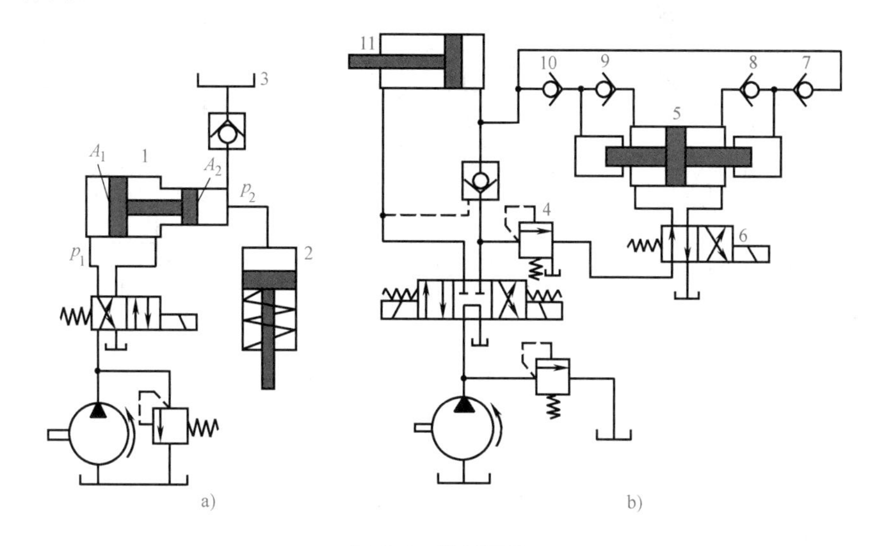

图 6-4　增压回路

a）单作用增压器的增压回路　b）双作用增压器的增压回路

1—单作用增压器　2、11—工作缸　3—高位油箱　4—顺序阀　5—双作用增压器　6—换向阀　7～10—单向阀

五、平衡回路

平衡回路的功能在于使执行元件的回油路上保持一定的背压，以平衡重力负载，使之不会因自重而自行下落。

1. 采用单向顺序阀的平衡回路

图 6-5a 所示是采用单向顺序阀的平衡回路，调整顺序阀，使其开启压力与液压缸下腔有效作用面积的乘积稍大于垂直运动部件的重力。活塞下行时，由于回油路上存在一定背压支承重力负载，活塞将平稳下落；换向阀处于中位时，活塞停止运动，不再继续下行。此处的顺序阀又称作平衡阀。在这种平衡回路中，顺序阀调整压力调定后，若工作负载变小，系统的功率损失将增大。又由于滑阀结构的顺序阀和换向阀存在泄漏，活塞不可能长时间停在任意位置，故这种回路仅适用于工作负载固定且活塞闭锁要求不高的场合。

2. 采用液控单向阀的平衡回路

在图 6-5b 中，由于液控单向阀是锥面密封，泄漏量小，故其闭锁性能好，活塞能够较长时间停止不动。回油路上串联单向节流阀 2，用于保证活塞下行运动的平稳。假如回油路上没有节流阀，活塞下行时液控单向阀1被进油路上的控制油打开，回油腔没有背压，运动部件由于自重而加速下降，造成液压缸上腔供油不足，液控单向阀1因控制油路失压而关闭。液控单向阀1关闭后控制油路又建立起压力，液控单向阀1再次被打开。液控单向阀时开时闭，使活塞在向下运动过程中产生振动和冲击。

3. 采用远控平衡阀的平衡回路

工程机械液压系统中常见到图6-5c所示的采用远控平衡阀的平衡回路。远控平衡阀是一种特殊结构的外控顺序阀，它不但具有很好的密封性能，能起到长时间的锁闭定位作用，而且阀口大小能自动适应不同载荷对背压的要求，保证了活塞下降速度的稳定性不受载荷变化的影响。这种远控平衡阀又称为限速锁。

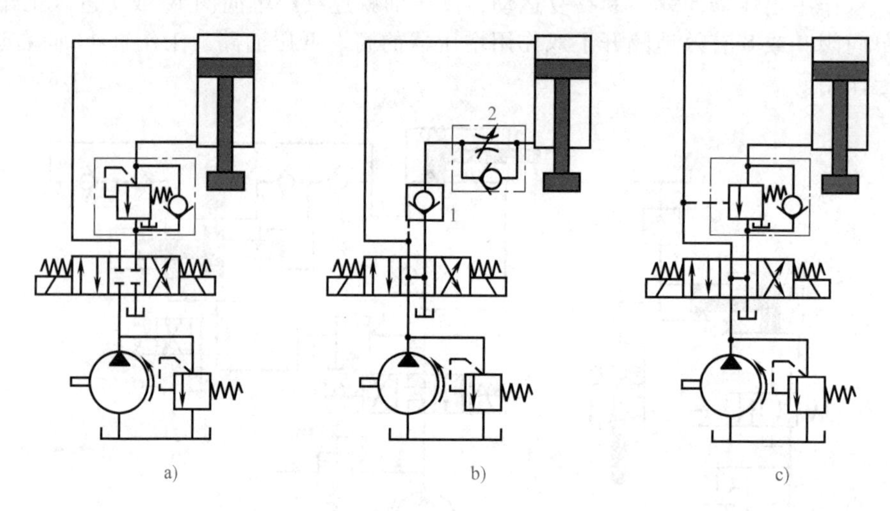

图6-5 平衡回路

a）采用单向顺序阀的平衡回路 b）采用液控单向阀的平衡回路 c）采用远控平衡阀的平衡回路

1—液控单向阀 2—单向节流阀

六、保压回路

保压回路的功能在于使系统在液压缸不动或因工件变形而产生微小位移的工况下保持稳定不变的压力。保压回路的两个主要性能指标为保压时间和压力稳定性。

1. 采用单向阀和液控单向阀的保压回路

最简单的保压回路是采用密封性能较好的单向阀和液控单向阀的回路，但阀座的磨损和油液的污染会使保压性能降低。它适用于保压时间短、对保压稳定性要求不高的场合。

2. 自动补油保压回路

图6-6a所示是采用液控单向阀3、电接触式压力表4的自动补油保压回路，它利用了液控单向阀结构简单并具有一定保压性能的优点，避开了直接开泵保压消耗功率的缺点。换向阀2右位接入回路时，活塞下降加压，当压力上升到电接触式压力表4上限触点调定压力时，电接触式压力表发出电信号，换向阀切换成中位，泵卸荷，液压缸由液控单向阀3保压；当压力下降至下限触点调定压力时，换向阀右位接入回路，泵又向液压缸供油，使压力回升。这种回路保压时间长，压力稳定性高。

3. 采用辅助泵的保压回路

在图6-6b所示的回路中增设一台小流量的高压辅助泵7。当液压缸加压完毕要求保压时，由压力继电器5发信，换向阀2处于中位，主泵1卸荷；同时二位二通换向阀8处于左位，由

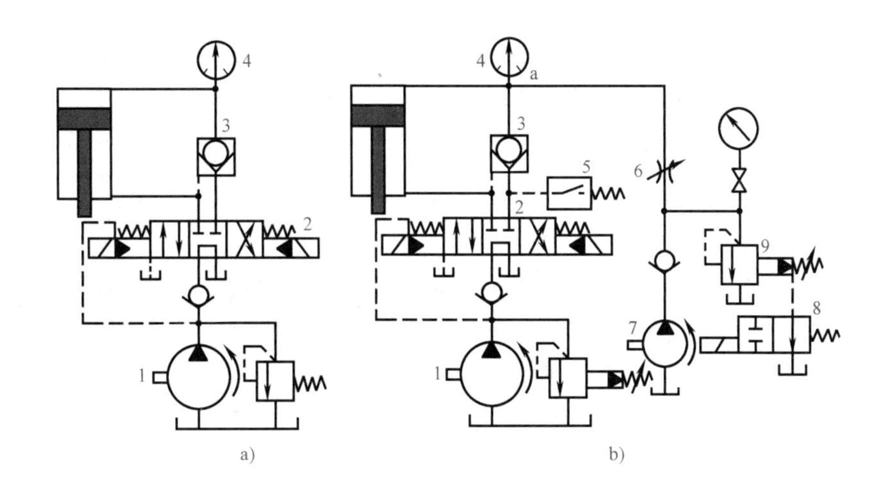

图 6-6　保压回路

a）自动补油保压回路　b）采用辅助泵的保压回路

1—主泵　2—换向阀　3—液控单向阀　4—电接触式压力表

5—压力继电器　6—节流阀　7—辅助泵　8—二位二通换向阀　9—溢流阀

辅助泵 7 向封闭的保压系统 a 点供油，维持系统压力稳定。由于辅助泵只需补偿系统的泄漏量，可选用小流量泵，功率损失小。该回路的压力稳定性取决于溢流阀 9 的稳压性能。

用蓄能器代替辅助泵亦可达到保压过程中向系统 a 点供油、补偿系统泄漏的目的。

七、泄压回路

泄压回路的功能在于使执行元件高压腔中的压力缓慢地释放，以免泄压过快而引起剧烈的冲击和振动。

1. 延缓换向阀切换时间的泄压回路

采用带阻尼器的中位机能为 H 或 Y 型的电液换向阀控制液压缸的换向。当液压缸保压完毕要求反向回程时，由于阻尼器的作用，换向阀延缓换向过程，使换向阀在中位停留时液压缸高压腔通油箱泄压后再换向回程。这种回路适用于压力不太高、油液的可压缩量较小的系统。

在图 6-6b 所示采用辅助泵的保压回路中，也是延缓换向阀 2 的切换时间，在液压缸泄压后再开始反向回程。换向阀 2 停在中位时，主泵 1 卸荷，二位二通换向阀 8 电磁铁断电，辅助泵 7 也通过溢流阀 9 卸荷，于是液压缸上腔压力油通过节流阀 6 和溢流阀 9 回油箱而泄压。节流阀 6 在泄压时起缓冲作用。泄压时间由时间继电器控制，经过一定时间延迟，换向阀 2 才动作，活塞再实现回程。

2. 用顺序阀控制的泄压回路

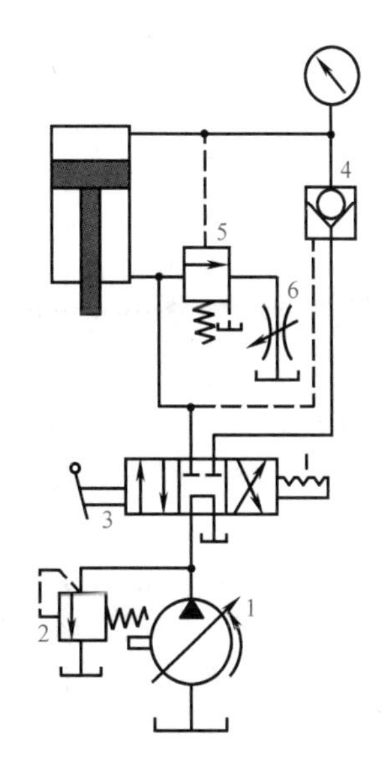

图 6-7　用顺序阀控制的泄压回路

1—液压泵　2—溢流阀　3—手动换向阀

4—液控单向阀　5—顺序阀　6—节流阀

回路采用带卸荷阀芯的液控单向阀（结构如图 4-3b 所示）实现保压和泄压，泄压压力和回程压力均由顺序阀控制。在图 6-7 中，保压完毕后手动换向阀 3 左位接入回路，此时液压缸上腔压力油没有泄压，压力油将顺序阀 5 打开，液压泵1进入液压缸下腔的油液经顺序阀5和节流阀6回油箱，由于节流阀的作用，回油压力（可调至2MPa左右）虽不足以使活塞回程，但能顶开液控单向阀4的卸荷阀芯，使液压缸上腔泄压。当上腔压力降低至低于顺序阀5的调定压力（一般调至2~4MPa）时，顺序阀5关闭，切断了液压泵的低压循环，液压泵1压力上升，顶开液控单向阀4的主阀阀芯，使活塞回程。

第二节 速度控制回路（一）——调速回路

速度控制回路部分讨论液压执行元件速度的调节和变换的问题。本节先讨论调速回路。

在液压传动装置中执行元件主要是液压缸和液压马达，其工作速度或转速与输入流量及其几何参数有关。在不考虑油液可压缩性和泄漏的情况下：

液压缸的速度 $$v=\frac{q}{A}$$

液压马达的转速 $$n=\frac{q}{V}$$

式中 q——输入液压缸或液压马达的流量；

A——液压缸的有效作用面积；

V——液压马达的排量。

由上面两式可知，要调节液压缸或液压马达的工作速度，可以改变输入执行元件的流量，也可以改变执行元件的几何参数。对于确定的液压缸来说，改变其有效作用面积A是困难的，一般只能用改变输入液压缸流量的办法来调速。对变量液压马达来说，既可用改变输入流量的办法来调速，也可用改变液压马达排量的办法来调速。

改变输入执行元件的流量时，根据液压泵是否变量分为定量泵节流调速回路和变量泵容积调速回路。当驱动液压泵的原动机为内燃机时，还可通过调节油门的大小来改变泵的转速，从而改变输入执行元件的流量。因为用改变泵的转速来改变流量的方法比较简单，本节不做讨论。下面讨论前面两种调速回路。

一、定量泵节流调速回路

在液压系统采用定量泵供油时，因泵输出的流量q一定，因此要改变输入执行元件的流量q_1，必须在泵的出口旁接一条支路，将泵多余的流量$\Delta q=q-q_1$溢回油箱。这种调速回路称为节流调速回路，它由定量泵、执行元件、流量控制阀（节流阀、调速阀等）和溢流阀等组成，其中流量控制阀起流量调节作用，溢流阀起压力补偿或安全作用。

定量泵节流调速回路根据流量控制阀在回路中安放位置的不同分为进油节流调速、回油节流调速、旁路节流调速三种基本形式。下面以泵-缸回路为例分析采用节流阀的节流调速回路的速度负载特性、功率特性等性能。分析时忽略油液的可压缩性、泄漏、管道压力损失和执行元件的机械摩擦等。假定节流口都为薄壁小孔，即节流口的压力流量方程中$m=0.5$。

（一）进油、回油节流调速回路

将节流阀串联在液压泵和液压缸之间，用它来控制进入液压缸的流量，从而达到调速的目的，为进油节流调速回路，如图6-8a所示；将节流阀串联在液压缸的回油路上，借助节流阀控制液压缸的排油流量来实现速度调节，为回油节流调速回路，如图6-8b所示。定量泵多余的油液通过溢流阀溢回油箱，这是进、回油节流调速回路能够正常工作的必要条件。由于溢流阀有溢流，泵的出口压力p为溢流阀的调定压力p_s并基本保持定值。

1. 进油节流调速回路

（1）速度负载特性 在图6-8a所示的进油节流调速回路中，记q为泵的输出流量，q_1为

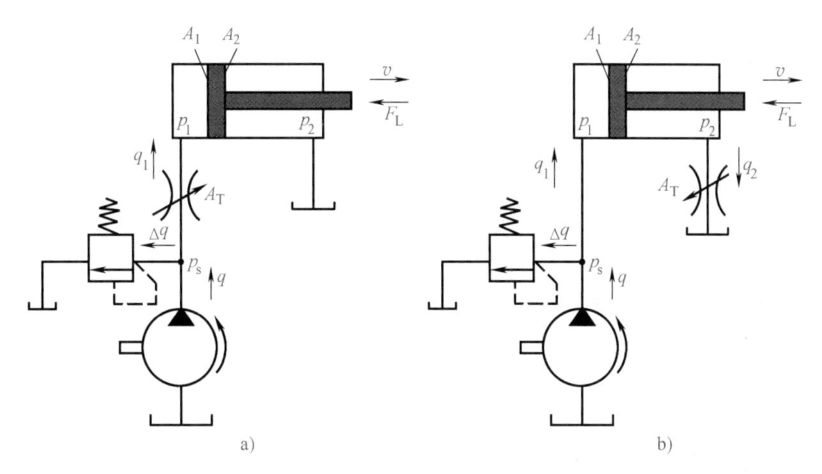

图 6-8 进油、回油节流调速回路

a）进油节流调速回路 b）回油节流调速回路

流经节流阀进入液压缸的流量，Δq 为溢流阀的溢流量，p_1和 p_2为液压缸两腔压力，其中由于液压缸回油腔通油箱，故 $p_2=0$。p_s为泵的出口压力，即溢流阀的调定压力，A_1和 A_2分别为液压缸两腔的有效作用面积，A_T为节流阀的通流面积，K_L为节流阀阀口的液阻系数，F_L为负载力。于是可得方程组：

液压缸活塞运动速度

$$v=\frac{q_1}{A_1} \tag{6-1}$$

流经节流阀的流量

$$q_1=K_L A_T\sqrt{\Delta p}=K_L A_T\sqrt{p_s-p_1} \tag{6-2}$$

液压缸活塞的受力平衡方程

$$p_1A_1=p_2A_2+F_L \tag{6-3}$$

因 $p_2=0$，因此 $p_1=F_L/A_1=p_L$，p_L为克服负载所需的压力，称为负载压力。将 p_1代入式（6-2）得

$$q_1=K_L A_T\left(p_s-\frac{F_L}{A_1}\right)^{1/2}=\frac{K_L A_T}{A_1^{1/2}}(p_sA_1-F_L)^{1/2} \tag{6-4}$$

$$v=\frac{q_1}{A_1}=\frac{K_L A_T}{A_1^{3/2}}(p_sA_1-F_L)^{1/2} \tag{6-5}$$

式（6-5）即为进油节流调速回路的速度负载特性方程，它反映了速度 v 与负载 F_L的关系。若以活塞运动速度 v 为纵坐标，负载 F_L为横坐标，将式（6-5）按不同节流阀通流面积 A_T作图，可得一组抛物线，称为进油节流调速回路的速度负载特性曲线，如图 6-9 所示。

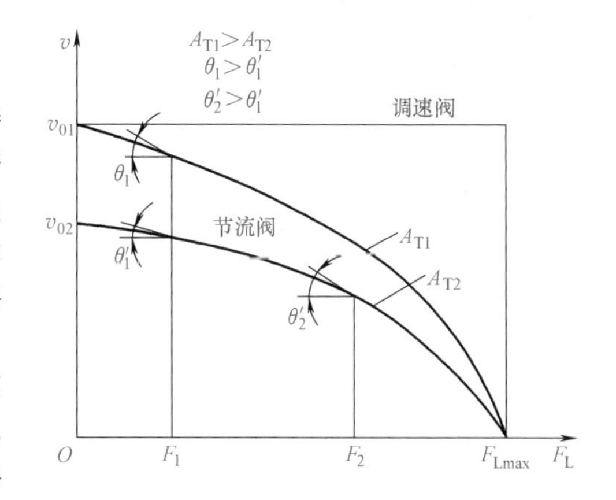

图 6-9 进油节流调速回路速度负载特性曲线

从式（6-5）和图 6-9 看出，当其他条件不变时，活塞的运动速度 v 与节流阀通流面积 A_T成正比，调节 A_T就能实现无级调速。这种回路的调速范围较大，$R_{cmax}=v_{max}/v_{min}\approx100$，其中

v_{min}为节流阀堵塞性能所限定的最低稳定流量 q_{min}与活塞有效作用面积 A_1的比值。节流阀通流面积 A_T一定时，活塞运动速度 v 随负载 F_L的增加按抛物线规律下降。当负载 $F_L=0$ 时，活塞的运动速度为空载速度，且 $v_0=\frac{K_LA_T}{A_1^{3/2}}\sqrt{p_s}$，该点为速度负载特性曲线与纵坐标的交点。不论节流阀通流面积怎样变化，当负载 $F_L=p_sA_1$时，节流阀进出口压差为零，活塞运动速度 $v=0$，液压泵的流量全部经溢流阀溢回油箱。由此可知，该回路的最大承载能力为 $F_{Lmax}=p_sA_1$。不同通流面积 A_T的速度负载特性曲线均交于 F_{Lmax}点。

速度随负载变化的程度不同，表现出速度负载特性曲线的斜率不同，常用速度刚性 k_v来评定，即

$$k_v=-\frac{\partial F_L}{\partial v}=-\frac{1}{\tan\theta} \tag{6-6}$$

它表示负载变化时回路阻抗速度变化的能力。由式（6-5）和式（6-6）可得

$$k_v=-\frac{\partial F_L}{\partial v}=\frac{2A_1^{3/2}}{K_LA_T}(p_sA_1-F_L)^{1/2}=\frac{2(p_sA_1-F_L)}{v} \tag{6-7}$$

由式（6-7）可以看到，当节流阀通流面积 A_T一定时，负载 F_L越小，速度刚性越大；当负载 F_L一定时，活塞速度越低，速度刚性 k_v越大。增大 p_s和 A_1可以提高速度刚性 k_v。

（2）功率特性

液压泵输出功率

$$P=p_sq=\text{常量}$$

液压缸输出的有效功率

$$P_1=F_Lv=F_L\frac{q_L}{A_1}=p_Lq_L$$

式中 q_L——负载流量，即进入液压缸的流量 q_1。

回路的功率损失

$$\Delta P=P-P_1=p_sq-p_Lq_L=p_s(q_L+\Delta q)-(p_s-\Delta p)q_L=p_s\Delta q+\Delta pq_L \tag{6-8}$$

式中 Δq——溢流阀的溢流量，$\Delta q=q-q_1$；

Δp——节流阀进出口压差，$\Delta p=p_s-p_1$。

由式（6-8）可知，回路的功率损失由两部分组成，即溢流损失 $\Delta P_1=p_s\Delta q$ 和节流损失 $\Delta P_2=\Delta pq_L$。

回路的输出功率与输入功率之比定义为回路效率。进油节流调速回路的效率

$$\eta=\frac{P-\Delta P}{P}=\frac{p_Lq_L}{p_sq} \tag{6-9}$$

2. 回油节流调速回路

对图 6-8b 所示回油节流调速回路，用同样的方法分析有：

（1）速度负载特性

液压缸活塞运动速度

$$v=\frac{q_2}{A_2} \tag{6-10}$$

流经节流阀的流量

$$q_2=K_LA_T\sqrt{\Delta p}=K_LA_T\sqrt{p_2} \tag{6-11}$$

液压缸活塞的受力平衡方程

$$p_sA_1=p_2A_2+F_L \tag{6-12}$$

因 $p_2\neq0$，所以负载压力 $p_L=\frac{F_L}{A_1}=p_s-p_2\frac{A_2}{A_1}$，于是得

速度负载特性方程

$$v=\frac{K_LA_T}{A_2^{3/2}}(p_sA_1-F_L)^{1/2} \tag{6-13}$$

速度刚性

$$k_v=\frac{2A_2^{3/2}}{K_LA_T}(p_sA_1-F_L)^{1/2}=\frac{2(p_sA_1-F_L)}{v} \tag{6-14}$$

由式（6-13）与式（6-5）、式（6-14）与式（6-7）比较看出，回油节流调速回路与进油节流调速回路有相似的速度负载特性和速度刚性，其中最大承载能力 F_{Lmax} 相同。

（2）功率特性

液压泵输出功率

$$P=p_sq=\text{常量}$$

液压缸输出的有效功率

$$P_1=F_Lv=(p_sA_1-p_2A_2)v=\left(p_s-p_2\frac{A_2}{A_1}\right)q_1=p_Lq_L$$

回路的功率损失

$$\Delta P=P-P_1=p_sq-\left(p_s-p_2\frac{A_2}{A_1}\right)q_1=p_s\Delta q+p_2q_2 \tag{6-15}$$

回路效率

$$\eta=\frac{P-\Delta P}{P}=\frac{p_Lq_L}{p_sq} \tag{6-16}$$

由此看出，式（6-16）与进油节流调速回路的回路效率表达式相同，但负载压力

$$p_L=p_s-p_2\frac{A_2}{A_1}$$

3. 进油与回油节流调速回路的性能差异

（1）承受负值负载的能力　所谓负值负载就是作用力的方向和执行元件运动方向相同的负载。回油节流调速回路的节流阀在液压缸的回油腔形成一定背压，在负值负载作用下能阻止工作部件前冲。如果要使进油节流调速回路承受负值负载，就得在回油路上加背压阀。但这样做要提高泵的供油压力，增加功率消耗。

（2）运动平稳性　回油节流调速回路由于回油路上始终存在背压，可有效地防止空气从回油路吸入，因而低速运动时不易爬行，高速运动时不易颤振，即运动平稳性好。进油节流调速回路在不加背压阀时不具备这种优点。

（3）油液发热对泄漏的影响　进油节流调速回路中通过节流阀发热了的油液直接进入液压缸，会使液压缸的泄漏增加，而回油节流调速回路油液经节流阀温升后直接回油箱，经冷却后再进入系统，对系统泄漏影响较小。

（4）取压力信号实现程序控制的方法　进油节流调速回路的进油腔压力随负载而变化，当工作部件碰到固定挡铁停止运动后，其压力将升至溢流阀调定压力，取此压力作为控制顺序动作的指令信号。而在回油节流调速回路中是回油腔压力随负载而变化，工作部件碰上固定挡铁后压力将下降至零，故取此零压发信。因此在固定挡铁定位的节流调速回路中，压力继电器的安装位置应与流量控制阀同侧，且紧靠液压缸。

（5）起动性能 回油节流调速回路中，若停车时间较长，液压缸回油腔的油液会泄漏回油箱，重新起动时背压不能立即建立起来，会引起瞬间工作机构的前冲现象。对于进油节流调速回路，只要在开车时关小节流阀即可避免起动冲击。

另外，在回油节流调速回路中，回油腔压力较高，特别是在轻载或载荷突然消失时，如 $A_1/A_2=2$，回油腔压力 p_2将是进油腔压力 p_1 的两倍，这对液压缸回油腔和回油管路的强度和密封提出了更高的要求。

综上所述，进油、回油节流调速回路结构简单、价格低廉，但效率较低，只宜用在负载变化不大、低速、小功率的场合，如某些机床的进给系统中。

（二）旁路节流调速回路

这种节流调速回路是将节流阀装在与液压缸并联的支路上，如图 6-10a 所示。定量泵输出的流量 q 一部分 Δq 通过节流阀溢回油箱，另一部分 q_1 进入液压缸，使活塞获得一定的运动速度。调节节流阀的通流面积，即可调节进入液压缸的流量，从而实现调速。由于溢流功能由节流阀来完成，故正常工作时溢流阀处于关闭状态，溢流阀作安全阀用，其调定压力为最大负载压力的 1.1~1.2 倍。液压泵的供油压力 p 取决于负载。

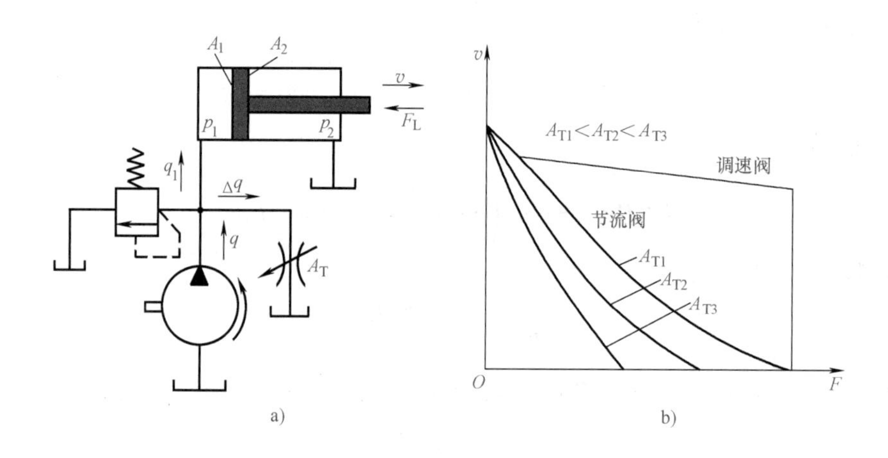

图 6-10 旁路节流调速回路

1. 速度负载特性

如同式（6-5）的推导过程，由流量连续性方程、节流阀的压力流量方程和活塞的受力平衡方程，可得旁路节流调速回路的速度负载特性方程。需要指出，由于泵的工作压力随负载而变化，应将泵的泄漏量随压力的变化量 $\Delta q'$计入泵的输出流量 q。因此，速度表达式为

$$v=\frac{q_1}{A_1}=\frac{q_t-\Delta q'-\Delta q}{A_1}=\frac{q_t-\lambda\dfrac{F_L}{A_1}-K_L A_T\left(\dfrac{F_L}{A_1}\right)^{1/2}}{A_1} \tag{6-17}$$

式中 q_t——泵的理论流量；

λ——泵的泄漏系数。

其他符号意义同前。

速度刚性

$$k_v=-\frac{\partial F_L}{\partial v}=\frac{A_1^2}{\lambda+\dfrac{1}{2}K_L A_T\left(\dfrac{F_L}{A_1}\right)^{-1/2}}=\frac{2A_1 F_L}{\lambda\dfrac{F_L}{A_1}+q_t-A_1 v} \tag{6-18}$$

根据式（6-17），选取不同的节流阀通流面积 A_T 可作出一组速度负载特性曲线，如图6-10b所示。由式（6-17）和图6-10b可看出，当节流阀通流面积一定而负载增加时，速度显著下降，负载越大，速度刚性越大；当负载一定时，节流阀通流面积越小（活塞运动速度越高），速度刚性越大。这与前两种调速回路正好相反。由于负载变化引起泵的泄漏对速度产生附加影响，导致这种回路的速度负载特性较前两种回路要差。

从图6-10b还可看出，回路的最大承载能力随着节流阀通流面积 A_T 的增大而减小。当 $F_{Lmax}=[q/(K_L A_T)]^2 A_1$ 时，泵的全部流量经节流阀流回油箱，液压缸的速度为零，继续增大 A_T 已不起调速作用，即这种调速回路在低速时承载能力低，调速范围也小。

2. 功率特性

液压泵的输出功率

$$P=p_L q$$

式中　p_L——负载压力，$p_L=F_L/A_1$。

液压缸的输出功率

$$P_1=F_L v=p_L A_1 v=p_L q_1$$

功率损失

$$\Delta P=P-P_1=p_L q-p_L q_1=p_L \Delta q \tag{6-19}$$

回路效率

$$\eta=\frac{P-\Delta P}{P}=\frac{p_L q_1}{p_L q}=\frac{q_1}{q} \tag{6-20}$$

由式（6-19）和式（6-20）看出，旁路节流调速回路只有节流损失，而无溢流损失，因而功率损失比前两种调速回路小，效率高。这种调速回路一般用于功率较大且对速度稳定性要求不高的场合。

（三）改善节流调速性能的回路

采用节流阀的节流调速回路存在两个方面的不足，其一是回路的速度刚性差，其二是回路为手动开环控制，无法实现随机调节。为此，采用节流阀的调速回路只适用于负载变化不大，且对速度稳定性要求不高或不要求随机调节的场合。为改善节流调速回路的性能，可选用以下回路。

1. 采用调速阀的调速回路

根据调速阀在回路中安装的位置不同，有进油节流、回油节流和旁路节流等多种方式，如图6-11a、b、c所示。它们的回路构成、工作原理同它们各自对应的节流阀调速回路基本一样。由于调速阀本身能在负载变化的条件下保证节流阀两端压差基本不变，因而回路的速度刚性大为提高，如图6-9和图6-10b所示。旁路节流调速回路的最大承载能力也不因活塞速度的降低而减小。需要指出，为了保证调速阀中定差减压阀起到压力补偿作用，调速阀两端压差必须大于一定数值，中低压调速阀为0.5MPa，高压调速阀为1MPa，否则调速阀和节流阀调速回路的负载特性将没有区别。由于调速阀的最小压差比节流阀的压差大，所以其调速回路的功率损失比节流阀调速回路要大一些。与普通节流阀一样，调速阀仍为手动调节，不能在回路工作时实现随机调节。

2. 采用旁通型调速阀的调速回路

在图6-11d中，旁通型调速阀只能用于进油节流调速回路中，液压泵的供油压力随负载而变化，因此回路的功率损失较小，效率较采用调速阀时高。旁通型调速阀的流量稳定性较调速阀差，在小流量时尤为明显，故不宜用在对低速稳定性要求较高的精密机床调速系统中。与调速阀一样，旁通型调速阀也不能实现随机调节。

3. 采用电液比例流量阀的调速回路

采用电液比例流量阀替代普通流量阀调速时，由于电液比例流量阀能始终保证阀芯输出位移与输入电信号成正比，因此较普通流量阀有更好的位移调节特性和更高的抗负载干扰能力，回路的速度稳定性更高。

此外，电液比例流量阀还可以方便地改变输入电信号的大小，从而适时地调节流量，实现自动且远程调速。若检测被控元件的运动速度并转换为电信号，再反馈回来与输入电液比例流量阀的电信号相比较，构成回路的闭环控制，则速度控制精度更可以大大提高。

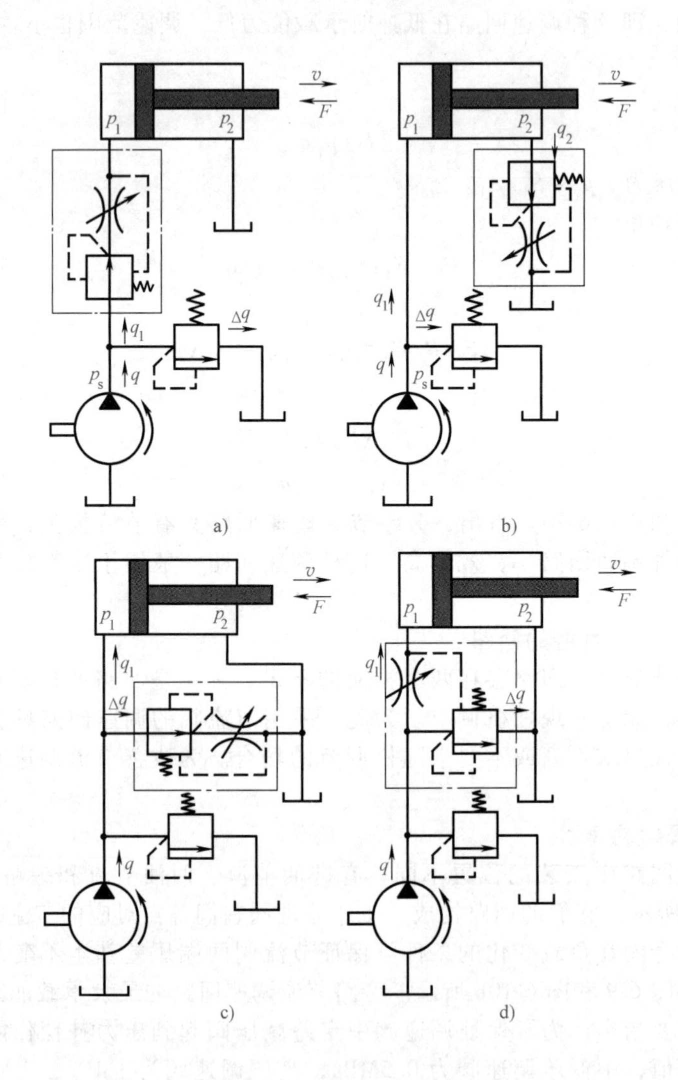

图 6-11 采用调速阀、旁通型调速阀的调速回路

二、变量泵容积调速回路

变量泵容积调速回路是指通过改变液压泵（马达）的流量（排量）调节执行元件的运动速度或转速的回路。按改变液压泵排量的方法不同又分为手动调节容积调速回路和自动调节容积调速回路。前者通过手动变量机构等改变液压泵的排量，一般为开环控制，又称为容积调速回路。后者由压力补偿变量泵与节流元件组合而成，节流元件在回路中既为控制元件，又为检测元件，它将检测的流量信号转换为压力信号，反馈作用改变液压泵的排量，使液压

泵输出的流量适应系统的需要，这种回路通常称为容积节流调速回路。对直接由负载压力反馈作用改变液压泵排量的恒功率变量泵调速回路，可视为节流元件开口无穷大，也包含在后一种回路中。

（一）手动调节容积调速回路

典型的手动调节容积调速回路有泵-马达调速回路。回路中变量泵为手动变量、手动伺服变量或电动变量，其输出流量可人为调节。马达可为定量马达，也可为变量马达，变量形式同液压泵。与节流调速回路相比，这种调速回路既无溢流损失，又无节流损失，回路效率较高，适用于高速、大功率场合。

泵-马达回路按照油液循环方式的不同有开式回路和闭式回路两种。开式回路中马达的回油直接通回油箱，工作油在油箱中冷却及沉淀过滤后再由液压泵送入系统循环。闭式回路中马达的回油直接与泵的吸油口相连，结构紧凑，但油液的冷却条件差，需设辅助泵补充泄漏和冷却。工程机械、行走机械的容积调速回路多为闭式回路。

1. 变量泵-定量马达调速回路

图 6-12a 所示为变量泵-定量马达调速回路。回路中高压管路上设有安全阀 4，用以防止回路过载；低压管路上连接一小流量的辅助泵 1，补充主泵 3 和马达 5 的泄漏，其供油压力由溢流阀 6 调定。辅助泵与溢流阀使低压管路始终保持一定的压力，不仅改善了主泵的吸油条件，而且可置换部分发热油液，降低系统温升。

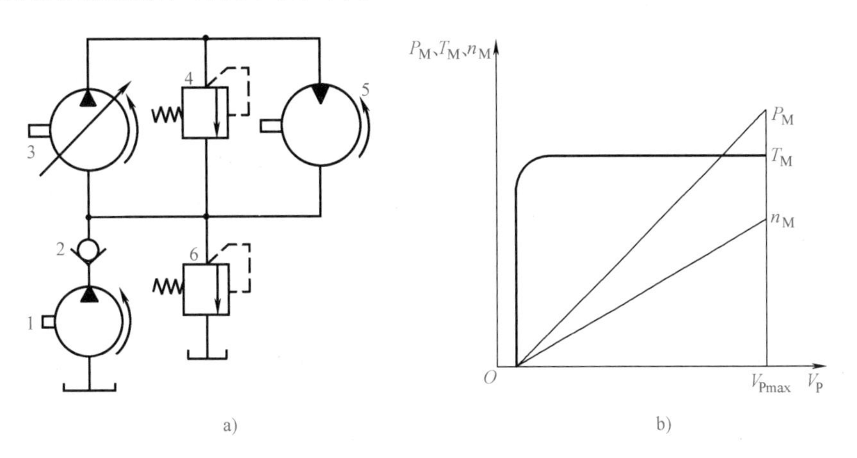

图 6-12　变量泵-定量马达调速

a）回路　b）特性曲线

1—辅助泵　2—单向阀　3—主泵　4—安全阀　5—马达　6—溢流阀

在这种回路中，液压泵的转速 n_P 和液压马达的排量 V_M 视为常量，改变泵的排量 V_P 可使马达转速 n_M 和输出功率 P_M 随之成比例地变化。马达的输出转矩 T_M 和回路的工作压力 Δp 取决于负载转矩，不会因调速而发生变化，所以这种回路常称为恒转矩调速回路。回路特性曲线如图 6-12b 所示。需要注意的是这种回路的速度刚性受负载变化影响的原因与节流调速回路有根本的不同，即随着负载转矩增加，因泵和马达的泄漏增加，致使马达输出转速下降。这种回路的调速范围一般为 $R_c = n_{Mmax}/n_{Mmin} \approx 40$。

2. 变量泵-变量马达调速回路

图 6-13a 所示为变量泵-变量马达调速回路。回路中各元件对称布置，变换泵的供油方向，即实现马达正反向旋转。单向阀 4 和 5 用于补油泵 3 双向补油，单向阀 6 和 7 使安全阀 8 在两个方向都起过载保护作用。一般机械要求低速时有较大的输出转矩，高速时能提供较大的输出功率。采用这种回路恰好可以达到这个要求。在低速段，先将马达排量调至最大，用变量

泵调速，当泵的排量由小变大，直至最大时，马达转速随之升高，输出功率也随之线性增加。此时因马达排量最大，马达能获得最大输出转矩，且处于恒转矩状态。在高速段，泵为最大排量，用变量马达调速，将马达排量由大调小，马达转速继续升高，输出转矩随之降低。此时因泵处于最大输出功率状态不变，故马达处于恒功率状态。回路特性曲线如图 6-13b 所示。由于泵和马达的排量都可改变，扩大了回路的调速范围，一般 $R_c \leqslant 100$。

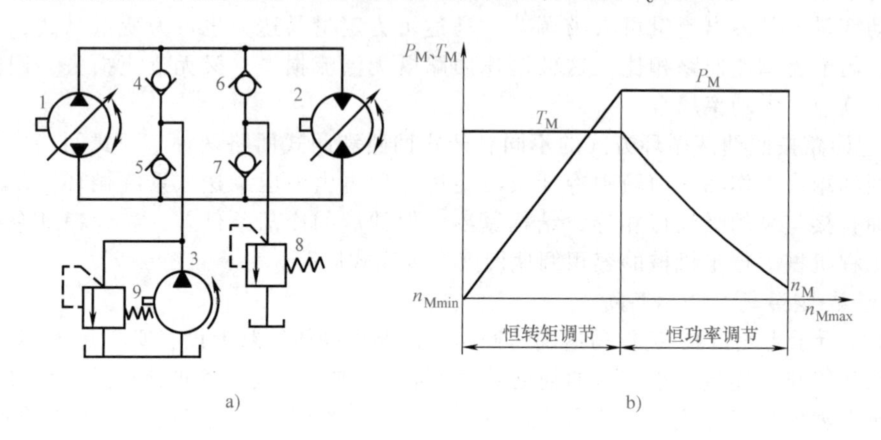

图 6-13 变量泵-变量马达调速

a）回路 b）特性曲线

1—变量泵 2—变量马达 3—补油泵 4～7—单向阀 8—安全阀 9—溢流阀

上述回路的恒功率调速区段相当于定量泵-变量马达调速回路。因为定量泵-变量马达调速回路的调速范围较小，又不能利用马达的变量机构来实现马达平稳反向，调节不方便，故很少单独使用。

（二）自动调节容积调速回路

1. 恒功率变量泵调速回路

在图 6-14a 中，恒功率变量泵的出口直接接液压缸的工作腔，泵的输出流量全部进入液压缸，泵的出口压力即液压缸的负载压力。因为负载压力反馈作用在泵的变量活塞上，与弹簧力相比较，因此负载压力增大时，泵的排量自动减小，并保持压力和流量的乘积为常量，即功率恒定，特性曲线如图 6-14b 所示。恒功率变量泵的变量原理已在第二章介绍，参看图 2-10。压力机是这种调速回路典型的应用实例。

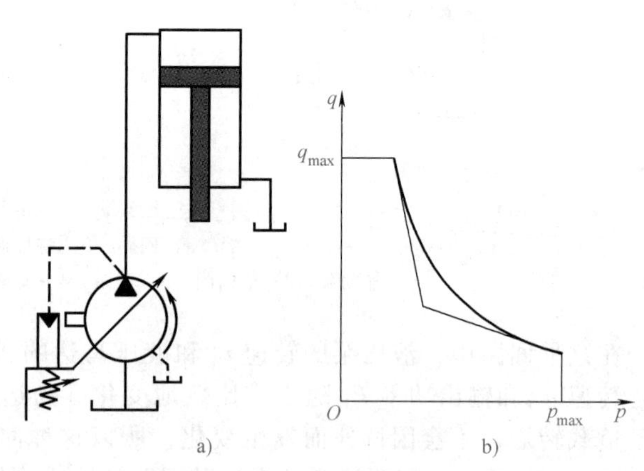

图 6-14 恒功率变量泵调速

a）回路 b）特性曲线

2. 限压式变量泵和调速阀的调速回路

这种调速回路采用限压式变量泵供油，通过调速阀来确定进入液压缸或自液压缸流出的流量，并使变量泵输出的流量与液压缸所需的流量自动相适应。这种调速没有溢流损失，效率较高，速度稳定性比手动调节容积调速回路好。

（1）回路的工作原理 在图 6-15a 中，变量泵 1 输出的压力油经调速阀 2 进入液压缸工作腔，回油经背压阀3返回油箱。改变调速阀中节流阀的通流面积A_T的大小，就可以调节液压缸的运动速度，变量泵的输出流量q和通过调速阀进入液压缸的流量q_1自相适应。例如：将A_T减小到某一值，在关小节流开口瞬间，变量泵的输出流量还未来得及改变，出现了$q>q_1$，导致泵的出口压力p增大，其反馈作用使变量泵的流量q自动减小到与A_T对应的q_1；反之，将A_T增大到某一值，将出现$q<q_1$，会使泵的出口压力降低，其输出流量自动增大到$q\approx q_1$。由此可见，调速阀不仅起调节作用，而且作为检测元件将其流量转换为压力信号控制泵的变量机构。对应于调速阀一定的开口，调速阀的进口（即泵的出口）具有一定的压力，泵输出相应的流量。

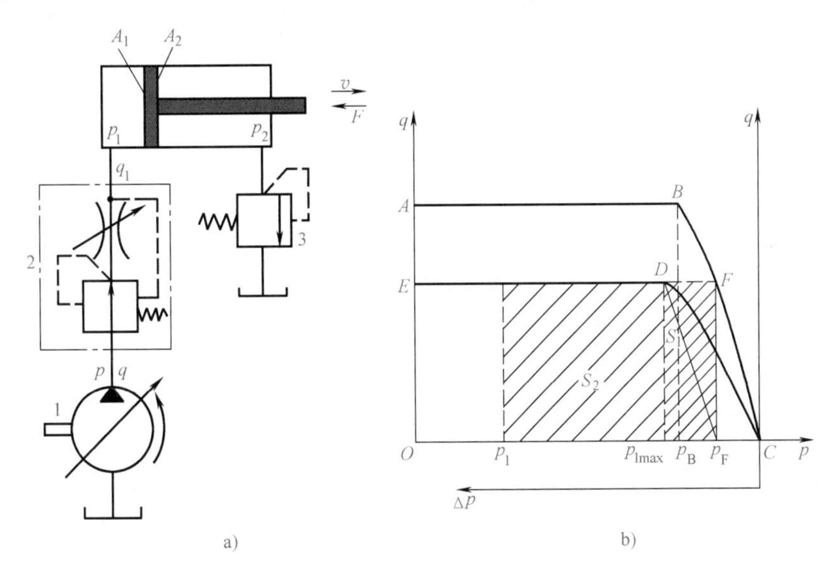

图6-15　限压式变量泵和调速阀的调速

a）回路　b）特性曲线

1—变量泵　2—调速阀　3—背压阀

（2）回路的特性曲线　在图6-15b中，曲线ABC是限压式变量泵的压力-流量特性，曲线CDE是调速阀在某一开度时的压差-流量特性，点F是泵的工作点。由图可见，这种回路无溢流损失，但有节流损失，其大小与液压缸工作压力p_1有关。当进入液压缸的工作流量为q_1、泵的出口压力为p时，为了保证调速阀正常工作所需的压差为Δp_1，液压缸的工作压力最大值应该是$p_{1\max}=p-\Delta p_1$；再由于背压p_2的存在，p_1的最小值又必须满足$p_{1\min}>\dfrac{p_2A_2}{A_1}$。当$p_1=p_{1\max}$时，回路的节流损失（图6-15b中阴影面积$S_1$）最小；$p_1$越小，则节流损失（图中阴影面积$S_2$）越大。若不考虑泵的出口至液压缸的入口的流量损失，回路的效率为

$$\eta_c=\frac{p_1q_1}{pq}=\frac{p_1}{p} \tag{6-21}$$

由式（6-21）看出，当负载变化较大且大部分时间处于低负载下工作时，回路效率不高。泵的出口压力应略大于（$p_{1\max}+\Delta p_c+\Delta p_1$），其中$p_{1\max}$为液压缸最大工作压力，$\Delta p_c$为管路的压力损失，$\Delta p_1$为调速阀正常工作所需压差。这种调速回路中的调速阀也可以装在回油路上。

3. 差压式变量泵和节流阀的调速回路

这种调速回路采用差压式变量泵供油，通过节流阀来确定进入液压缸或自液压缸流出的

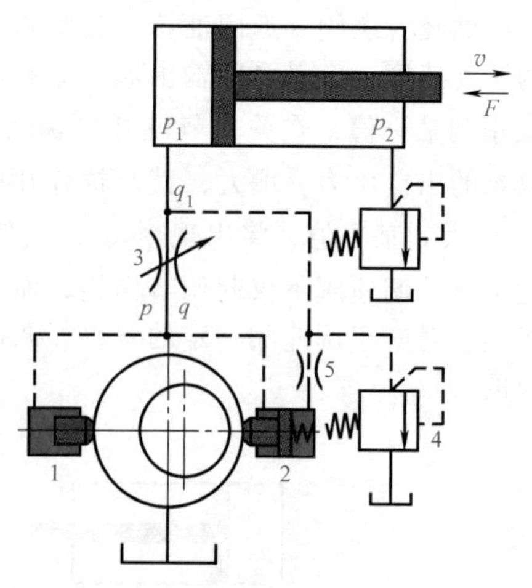

图 6-16 差压式变量泵和节流阀的调速回路
1—柱塞 2—活塞 3—节流阀
4—溢流阀 5—固定阻尼

流量，不但使变量泵输出的流量与液压缸所需流量自相适应，而且液压泵的工作压力能自动跟随负载压力的增减而增减。

(1) 回路的工作原理 图 6-16 中，在液压缸的进油路上有一个节流阀，节流阀两端的压差反馈作用在变量泵的两个控制活塞（柱塞）上。其中柱塞 1 的有效作用面积和活塞 2 的活塞杆截面面积相等。因此变量泵定子的偏心距大小，也就是泵的流量受到节流阀 3 两端压差的控制。溢流阀 4 为安全阀，固定阻尼 5 用于防止定子移动过快引起的振荡。改变节流阀开口大小，就可以控制进入液压缸的流量 q_1，并使泵的输出流量 q 自动与 q_1 相适应。若 $q>q_1$，泵的供油压力 p 将上升，泵的定子在控制活塞的作用下右移，偏心距减小，使 q 减小至 $q\approx q_1$；反之，若 $q<q_1$，泵的供油压力 p 将下降，引起定子左移，偏心距加大，使 q 增大至 $q\approx q_1$。在这种回路中，节流阀两端的压差 $\Delta p=p-p_1$ 基本上由作用在变量泵控制活塞上的弹簧力 F_t 来确定，因此输入液压缸的流量不受负载变化的影响。此外，回路能补偿负载变化引起泵的泄漏变化，故回路具有良好的稳速特性。节流阀也可串接在回油路上。

(2) 回路效率 由于液压泵输出的流量始终与负载流量相适应，泵的工作压力 p 始终比负载压力 p_1 大一恒定值 F_t/A_0（A_0 为泵的控制活塞的有效作用面积）。回路不但没有溢流损失，而且节流损失较采用限压式变量泵和调速阀的调速回路小，因此回路效率高，发热小。回路效率为

$$\eta_c=\frac{p_1q_1}{pq}=\frac{p_1}{p_1+\dfrac{F_t}{A_0}} \tag{6-22}$$

综上所述，回路中的节流阀在起流量调节作用的同时，又将流量检测为压差信号，反馈作用控制泵的流量，泵的出口压力等于负载压力加节流阀前后的压差。若用手动滑阀或电液比例节流阀替代普通节流阀，并根据工况需要随时调节阀口大小以控制执行元件的运动速度，则泵的压力和流量均适应负载的需求。因此，该回路又称为功率适应调速回路或负载敏感调速回路，特别适用于负载变化较大的场合。

第三节 速度控制回路（二）——快速运动和速度换接回路

一、快速运动回路

快速运动回路的功能在于使执行元件获得尽可能大的工作速度，以提高生产率或充分利用功率。一般采用差动缸、双泵供油、充液增速和蓄能器来实现。

1. 液压缸差动连接快速运动回路

在图 6-17 中，换向阀处于原位时，液压缸有杆腔的回油和液压泵供油合在一起进入液压缸无杆腔，使活塞快速向右运动。这种回路结构简单，应用较多，但液压缸的速度加快有限，差动连接与非差动连接的速度之比 $v_1'/v_1=A_1/(A_1-A_2)$，有时仍不能满足快速运动的要求，通常需要和其他方法联合使用。在差动回路中，泵的流量和液压缸有杆腔排出的流量合在一起流过的阀和管路应按

合成流量来选择其规格，否则会导致压力损失过大，泵空载时供油压力过高。

2. 双泵供油快速运动回路

在图 6-18 中，低压大流量泵 1 和高压小流量泵 2 组成的双联泵做动力源。外控顺序阀 3（卸载阀）和溢流阀 5 分别设定双泵供油和高压小流量泵 2 供油时系统的最高工作压力。换向阀 6 处于图示位置，系统压力低于外控顺序阀 3 的调定压力时，两个泵同时向系统供油，活塞快速向右运动；换向阀 6 处于右位，系统压力达到或超过外控顺序阀 3 的调定压力时，低压大流量泵 1 通过外控顺序阀 3 卸荷，单向阀 4 自动关闭，只有高压小流量泵 2 向系统供油，活塞慢速向右运动。外控顺序阀 3 的调定压力至少应比溢流阀 5 的调定压力低 10%~20%，低压大流量泵 1 卸荷减少了动力消耗，回路效率较高。该回路常用在执行元件快进和工进速度相差较大的场合。

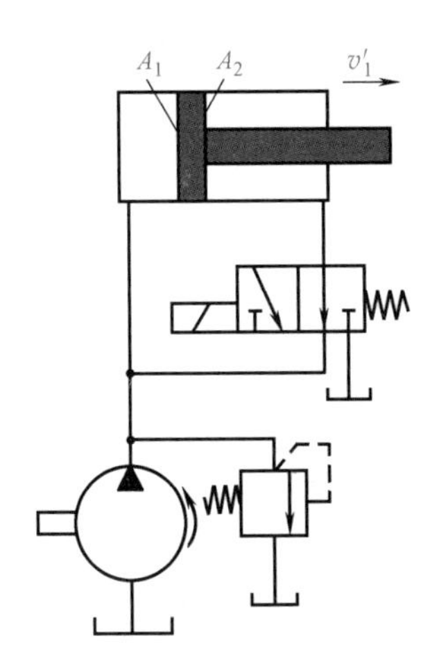

图 6-17　液压缸差动连接快速运动回路

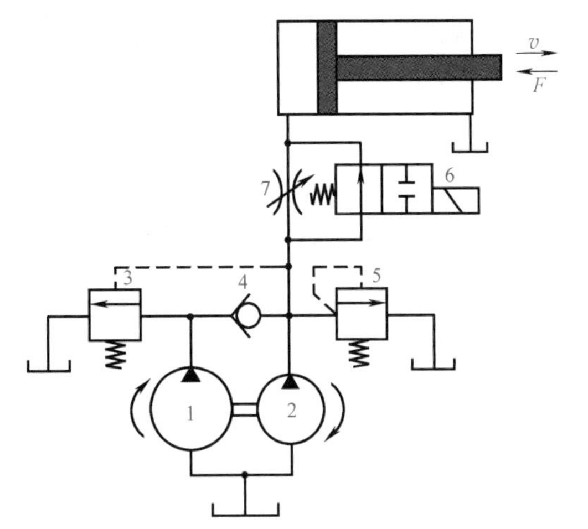

图 6-18　双泵供油快速运动回路
1—低压大流量泵　2—高压小流量泵　3—外控顺序阀
4—单向阀　5—溢流阀　6—换向阀　7—节流阀

3. 充液快速运动回路

（1）自重充液快速运动回路　该回路用于垂直运动部件质量较大的液压机系统。如图 6-19a 所示，手动换向阀 1 右位接入回路，由于运动部件的自重，活塞快速下降，由单向节流阀 2 控制下降速度。此时因液压泵供油不足，液压缸上腔出现负压，充液油箱 4 通过液控单向阀（充液阀）3 向液压缸上腔补油；当运动部件接触工件，负载增加时，液压缸上腔压力升高，液控单向阀 3 关闭，此时只靠液压泵供油，活塞运动速度降低。回程时，换向阀左位接入回路，压力油进入液压缸下腔，同时打开液控单向阀 3，液压缸上腔一部分回油进入充液油箱 4。为防止活塞快速下降时液压缸上腔吸油不充分，充液油箱常被充压油箱代替，以实现强制充液。

（2）采用增速缸的快速运动回路　对于卧式液压缸，不能利用运动部件自重充液做快速运动，而采用增速缸或辅助缸的方案。图 6-19b 所示为采用增速缸的快速运动回路。增速缸由活塞缸与柱塞缸复合而成。当换向阀左位接入回路时，压力油经柱塞孔进入增速缸小腔 5，推动活塞快速向右移动，大腔 6 所需油液由液控单向阀（充液阀）7 从油箱吸取，活塞缸右腔的油液经换向阀回油箱。当执行元件接触工件，负载增加时，回路压力升高，使顺序阀 8 开启，高压油关闭液控单向阀 7，并进入增速缸大腔 6，活塞转换成慢速运动，且推力增大。换向阀右位接入回路时，压力油进入活塞缸右腔，同时打开液控单向阀 7，大腔 6 的回油排回油箱，活塞快速向左退回。这种回路功率利用比较合理，但增速比受增速缸尺寸的限制，结构比较复杂。

（3）采用辅助缸的快速运动回路　在图 6-19c 中，当泵向成对设置的辅助缸 10 供油时，带动

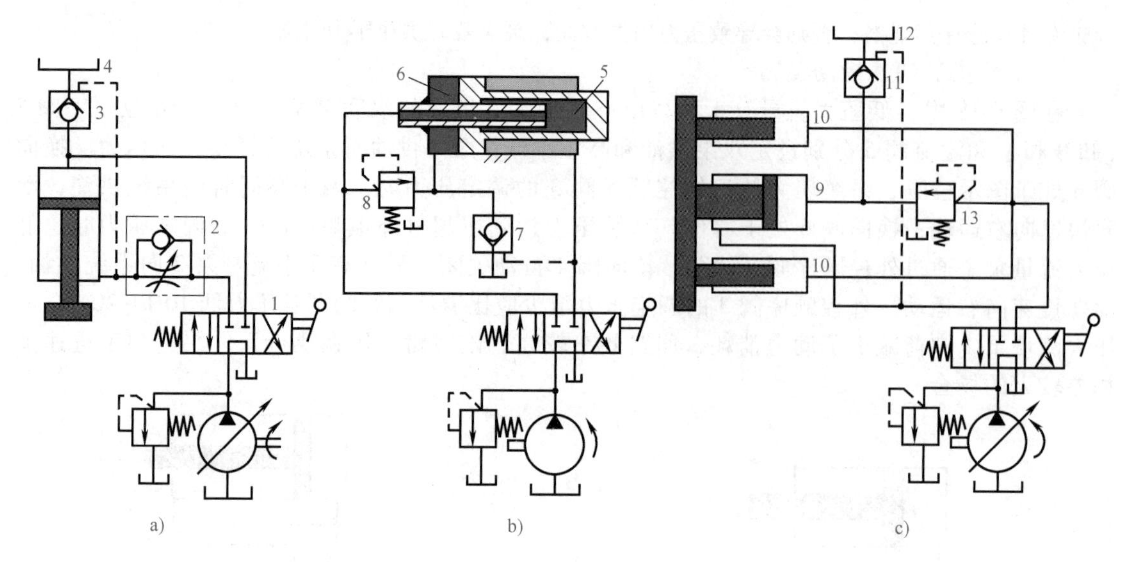

图 6-19 充液快速运动回路

a）自重充液快速运动回路 b）采用增速缸的快速运动回路 c）采用辅助缸的快速运动回路

1—手动换向阀 2—单向节流阀 3、7、11—液控单向阀 4、12—充液油箱

5—小腔 6—大腔 8、13—顺序阀 9—主缸 10—辅助缸

主缸 9 的活塞快速向左运动，主缸 9 右腔由液控单向阀 11 从充液油箱 12 补油，直至压板触及工件后，油压上升，压力油经顺序阀 13 进入主缸，转为慢速左移。此时主缸和辅助缸同时对工件加压。主缸左腔油液经换向阀回油箱。回程时压力油进入主缸左腔，主缸右腔油液通过液控单向阀 11 排回充液油箱 12，辅助缸回油经换向阀回油箱。这种回路简单易行，常用于冶金机械。

4. 采用蓄能器的快速运动回路

对于某些间歇工作且停留时间较长的液压设备（如冶金机械），以及某些工作速度存在快、慢两种速度的液压设备（如组合机床），常采用蓄能器的快速运动回路，如图 6-20 所示。其中定量泵可选较小的流量规格，在系统不需要流量或工作速度很低时，泵的全部流量或大部分流量进入蓄能器储存待用，在系统工作或要求快速运动时，由泵和蓄能器同时向系统供油。图 6-20 所示的油源工作情况取决于蓄能器工作压力的大小。一般设定三个压力值：$p_1>p_2>p_3$，p_1 为蓄能器的最高压力，由溢流阀 8 限定。当蓄能器的工作压力 $p\geqslant p_2$ 时，电接触式压力表 6 上限触点发令，使换向阀 3 电磁铁 2YA 得电，液压泵通过换向阀 3 卸荷（或发令使液压泵停机），蓄能器的压力油经组合阀 5 向系统供油，供油量的大小可通过系统中的流量控制阀进行调节。当蓄能器工作压力 $p<p_2$ 时，电磁铁 1YA 和 2YA 均不得电，液压泵和蓄能器同时向系统供油或液压泵同时向系统和蓄能器供油；当蓄能器的工作压力 $p\leqslant p_3$ 时，电接触式压力表 6 下限触点发令，组合阀 5 电磁铁 1YA 得电，组合阀

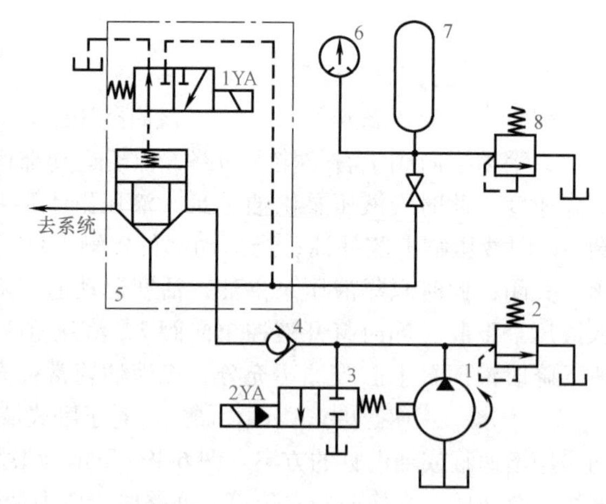

图 6-20 采用蓄能器的快速运动回路

1—液压泵 2、8—溢流阀 3—换向阀 4—单向阀

5—组合阀 6—电接触式压力表 7—蓄能器

5 相当于单向阀，液压泵除向系统供油外，还可向蓄能器供油。设计时，若根据系统工作循环要求，合理地选取液压泵的流量、蓄能器的工作压力范围和容积，则可获得较高的回路效率。

二、速度换接回路

速度换接回路用于执行元件速度的切换，因切换前后速度的不同，有快、慢速及两种慢速换接回路。这种回路应该具有较高的换接平稳性和换接精度。

1. 快、慢速换接回路

实现快、慢速换接的方法很多，图 6-19 所示的三种快速运动回路是通过压力变化来实现快、慢速度切换的，更多的则是采用换向阀实现快、慢速换接。

（1）用行程阀（电磁阀）的速度换接回路　在图 6-21 中，换向阀处于图示位置，液压缸活塞快进到预定位置，活塞杆上挡块压下行程阀 1，行程阀关闭，液压缸右腔油液必须通过节流阀 2 才能流回油箱，活塞运动转为慢速工进。换向阀左位接入回路时，压力油经单向阀 3 进入液压缸右腔，活塞快速向左返回。这种回路速度切换过程比较平稳，换接点位置准确。但行程阀的安装位置不能任意布置，管路连接较为复杂。如果将行程阀改为电磁阀，并通过挡块压下电气行程开关来操纵，也可实现快、慢速度换接，这样虽然阀的安装灵活、连接方便，但速度换接的平稳性、可靠性和换接精度相对较差。这种回路在机床液压系统中较为常见。

（2）液压马达串、并联双速换接回路　在液压驱动的行走机械中，根据路况往往需要两档速度：在平地行驶时为高速；上坡时需要输出转矩增加，转速降低。为此采用两个液压马达串联或并联，以达到上述目的。

图 6-22a 所示为液压马达并联回路，两液压马达 1、2 主轴刚性连接在一起（一般为同轴双排柱塞液压马达），手动换向阀 3 左位时，压力油只驱动液压马达 1，液压马达 2 空转；手动换向阀 3 右位时，液压马达 1 和 2 并联。若两液压马达排量相等，并联时进入每个液压马达的流量减少一半，转速相应降低一半，而转矩增加一倍。手动换向阀 3 实现液压马达速度的切换，不管手动换向阀处于何位，回路的输出功率相同。图 6-22b 所示为液压马达串、并联回路，用二位四通换向阀 4 使两液压马达串联或并联来实现快、慢速切换。二位四通换向阀 4 上位接入回路，两液压马达并联；下位接入回路，两液压马达串联。串联时为高速；并联时为低速，输出转矩相应增加。串联和并联两种情况下回路的输出功率相同。

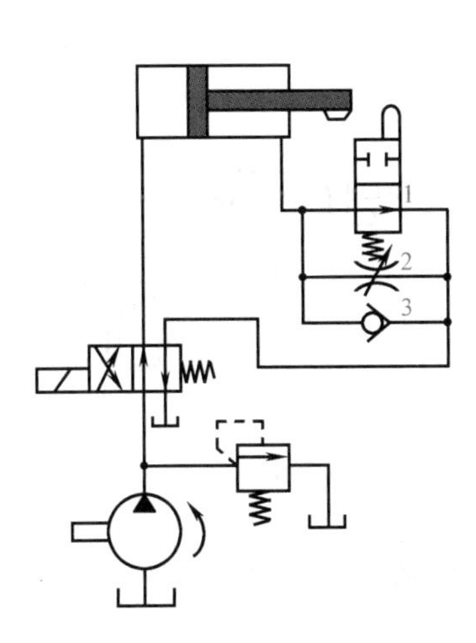

图 6-21　用行程阀的速度换接回路

1—行程阀　2—节流阀　3—单向阀

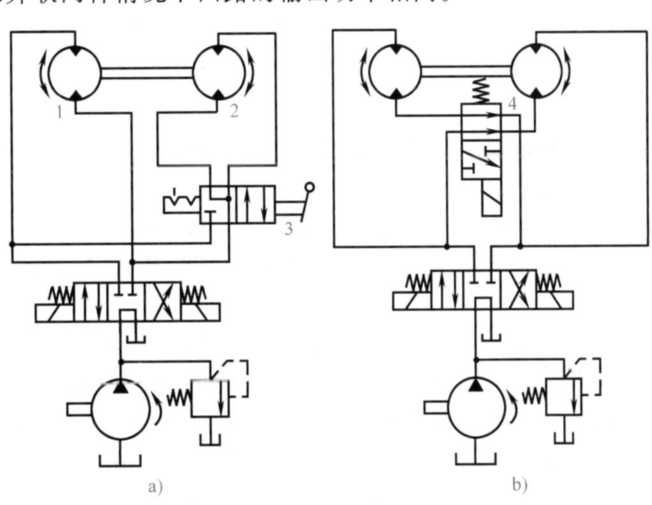

图 6-22　液压马达双速换接回路

a）液压马达并联回路　b）液压马达串、并联回路

1、2—液压马达　3—手动换向阀　4—二位四通换向阀

2. 两种慢速换接回路

某些机床要求工作行程有两种进给速度，一般第一进给速度大于第二进给速度，为实现两次工进速度，常用两个调速阀串联或并联在油路中，用换向阀进行切换。图 6-23a 所示为两个调速阀串联来实现两次进给速度换接的回路，它只能用于第二进给速度小于第一进给速度的场合，故调速阀 B 的开口小于调速阀 A。这种回路速度换接平稳性较好。图 6-23b 所示为两个调速阀并联来实现两次进给速度换接的回路，这里两个进给速度可以分别调整，互不影响。但一个调速阀工作时另一个调速阀无油通过，其定差减压阀处于最大开口位置，因而在速度换接瞬间，通过该调速阀的流量过大，会造成进给部件突然前冲。因此这种回路不宜用在同一行程两次进给速度的换接上，只可用在速度预选的场合。

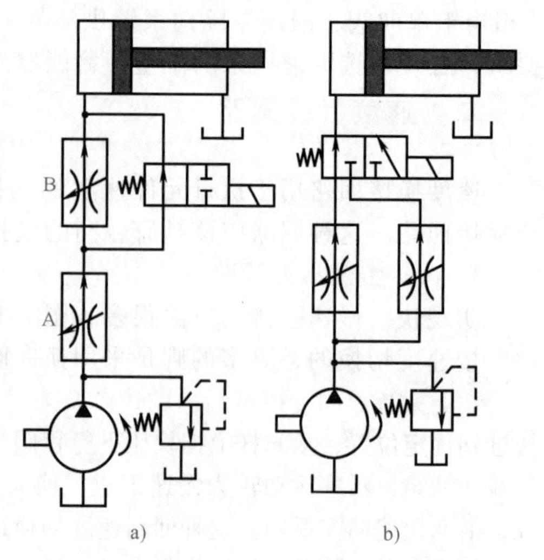

图 6-23 调速阀串、并联速度换接回路
a）调速阀串联回路 b）调速阀并联回路

执行元件还可以通过电液比例流量阀来实现速度的无级变换，切换过程平稳。

第四节 方向控制回路

通过控制进入执行元件液流的通、断或变向来实现液压系统执行元件的起动、停止或改变运动方向的回路称为方向控制回路。常用的方向控制回路有换向回路、锁紧回路和制动回路。

一、换向回路

1. 采用换向阀的换向回路

采用二位四通（五通）、三位四通（五通）换向阀都可以使执行元件换向。二位阀只能使执行元件正、反向运动，而三位阀有中位，不同中位滑阀机能可使系统获得不同性能。对于利用重力或弹簧力回程的单作用液压缸，用二位三通换向阀就可使其换向，如图 6-24 所示。

采用电磁阀换向最为方便，但电磁阀动作快，换向有冲击。交流电磁铁一般不宜进行频繁切换，以免线圈烧坏。采用电液换向阀时，可通过调节单向节流阀（阻尼器）来控制其液动阀的换向速度，换向冲击较小，但仍不能进行频繁切换。

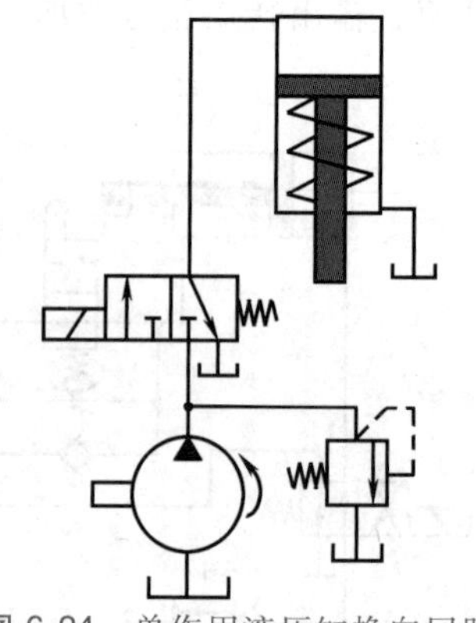
图 6-24 单作用液压缸换向回路

用机动阀换向时，可以通过工作机构的挡块和杠杆，直接使阀换向，这样既省去了电磁阀换向的行程开关、继电器等中间环节，换向频率也不会受电磁铁的限制。但是机动阀必须安装在工作机构附近，且当工作机构运动速度很低、挡块推动杠杆带动换向阀阀芯移至中间位置时，工作机构可能因失去动力而停止运动，出现换向死点；当工作机构运动速度较高时，又可能因换向阀阀芯移动过快而引起换向冲击。因此，对一些需要频繁的连续往复运动，且对换向过程又有很多要求的工作机构（如磨床工作台），常用机动滑阀作先导阀，由它控制一个可调式液动换向阀实现换向。

图 6-25 所示为采用机液换向阀的换向回路，按照工作台制动原理不同，机液换向阀的换向回路分为时间控制制动式和行程控制制动式两种。它们的主要区别在于前者的主油路只受主换向阀 2 的控制，而后者的主油路还受先导阀 1 的控制，先导阀阀芯上的制动锥可逐渐将液压缸的回油通道关小，使工作台实现预制动。当节流器 J_1、J_2的开口调定后，不论工作台原来的速度快慢如何，前者工作台制动的时间基本不变，而后者工作台预先制动的行程基本不变。时间控制制动式换向回路主要用于工作部件运动速度大、换向频率高、换向精度要求不高的场合，如平面磨床液压系统。行程控制制动式换向回路宜用于工作部件运动速度不大，但换向精度要求较高的场合，如内、外圆磨床液压系统。

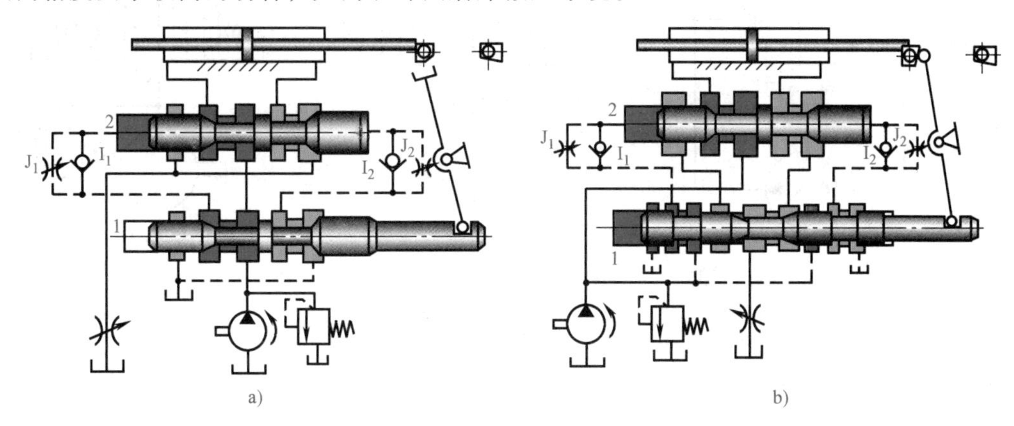

图 6-25　采用机液换向阀的换向回路

a）时间控制制动式换向回路　b）行程控制制动式换向回路

1—先导阀　2—主换向阀

2. 采用双向变量泵的换向回路

在闭式回路中可用双向变量泵变更供油方向来实现液压缸（马达）换向。在图 6-26 中，执行元件是单杆双作用液压缸 5，活塞向右运动时，其进油流量大于排油流量，双向变量泵 1 吸油侧流量不足，可用辅助泵 2 通过单向阀 3 来补充；变更双向变量泵 1 的供油方向，活塞向左运动时，排油流量大于进油流量，双向变量泵 1 吸油侧多余的油液通过由单杆双作用液压缸 5 进油侧压力控制的二位二通换向阀 4 和溢流阀 6 排回油箱。溢流阀 6 和 8 既使活塞向左或向右运动时泵吸油侧有一定的吸入压力，又可使活塞运动平稳。溢流阀 7 是防止系统过载的安全阀。这种回路适用于压力较高、流量较大的场合。

二、锁紧回路

锁紧回路的功能是通过切断执行元件的进、出油通道来使它停在任意位置，并防止停止运动后因外界因素而发生窜动。使液压缸锁紧的最简单的方法是利用三位换向阀的 M 型或 O 型中位机能来封闭液压缸的两腔，使活塞在行程范围内任意位置停止。但由于滑阀的泄漏，不能长时间保持停止位置不动，锁紧精度不高。最常用的方法是采用液控单向阀作锁紧元件（图 6-27），在液压缸的两侧油路上都串接一个液控单向阀（液压锁），活塞可以在行程的任何位置上长期锁紧，不会因外界原因而窜动，其锁紧精度只受液压缸的泄漏和油液可压缩性的影响。为了保证锁紧迅速、准确，换向阀应采用 H 型或 Y 型中位机能。图 6-27 所示回路常用于汽车起重机的支腿油路和飞机起落架的收放油路上。

当执行元件是液压马达时，切断其进、出油口后理应停止转动，但因液压马达还有一个泄油口直接通回油箱，当液压马达在重力负载力矩的作用下变成泵工况时，其出口油液将经泄油口流回油箱，使液压马达出现滑转。为此，在切断液压马达进、出油口的同时，需通过液压制动器来保证液压马达可靠地停转，如图 6-28 所示。

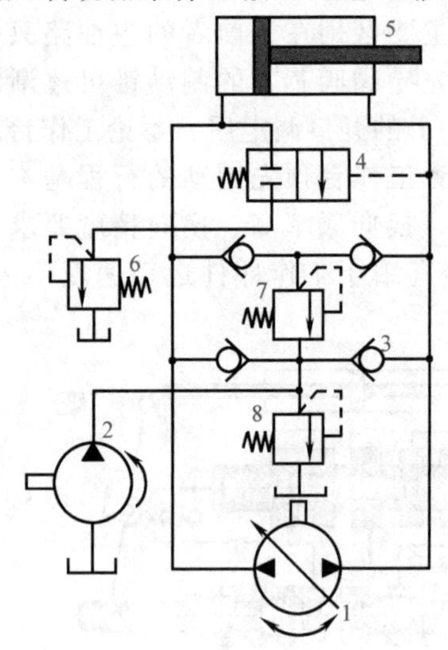

图 6-26 采用双向变量泵的换向回路

1—双向变量泵 2—辅助泵 3—单向阀 4—二位二通换向阀 5—单杆双作用液压缸 6~8—溢流阀

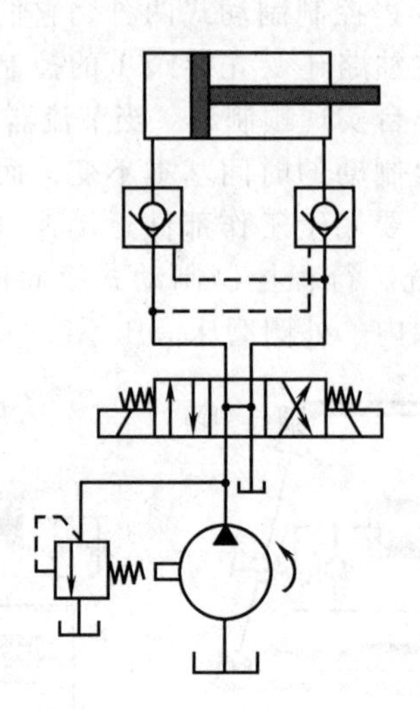

图 6-27 用液控单向阀的锁紧回路

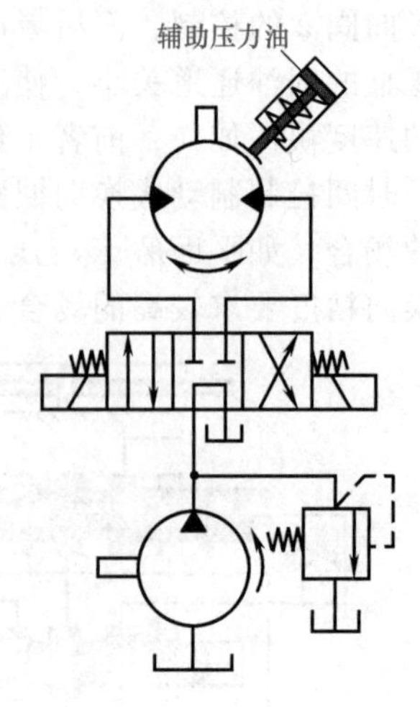

图 6-28 用制动器的液压马达锁紧回路

三、制动回路

制动回路的功能在于使执行元件平稳地由运动状态转换成静止状态。要求对油路中出现的异常高压和负压做出迅速反应，应使制动时间尽可能短，冲击尽可能小。

图 6-29a 所示为采用溢流阀的液压缸制动回路。在液压缸两侧油路上设置反应灵敏的小型直动式溢流阀 2 和 4，换向阀切换时，活塞在溢流阀 2 或 4 的调定压力下实现制动。如活塞向右运动换向阀突然切换时，活塞右侧油液压力由于运动部件的惯性而突然升高，当压力超过溢流阀 4 的调定压力时，溢流阀 4 打开溢流，缓和管路中的液压冲击，同时液压缸左腔通过单向阀 3 补油。当活塞向左运动时，由溢流阀 2 和单向阀 5 起缓冲和补油作用。起缓冲作用的溢流阀 2 和 4 的调定压力一般比主油路的溢流阀 1 的调定压力高 5%~10%。

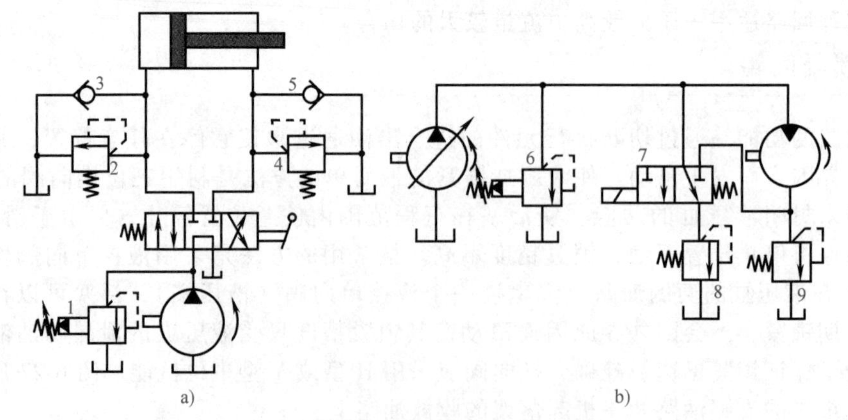

图 6-29 采用溢流阀的液压缸制动回路

a）液压缸制动回路 b）液压马达制动回路

1、2、4、6、9—溢流阀 3、5—单向阀 7—换向阀 8—背压阀

图 6-29b 所示为采用溢流阀的液压马达制动回路。在液压马达的回油路上串接一溢流阀 9。换向阀 7 电磁铁得电时，液压马达由泵供油而旋转，液压马达排油通过背压阀 8 回油箱，背压阀调定压力一般为 0.3~0.7MPa。当电磁铁失电时，切断液压马达回油，液压马达制动。由于惯性负载作用，液压马达将继续旋转，为泵工况。液压马达的最大出口压力由溢流阀 9 限定，即出口压力超过溢流阀 9 的调定压力时其打开溢流，缓和管路中的液压冲击。泵在背压阀 8 的调定压力下低压卸荷，并在液压马达制动时实现有压补油，使其不致吸空。溢流阀 9 的调定压力不宜调得过高，一般等于系统的额定工作压力。溢流阀 6 为系统的安全阀。

第五节　多执行元件控制回路

如果由一个油源给多个执行元件供油，各执行元件会因回路中压力、流量的相互影响而在动作上受到牵制。可以通过压力、流量、行程控制来满足多执行元件预定动作的要求。

一、顺序动作回路

顺序动作回路的功能在于使几个执行元件严格按照预定顺序依次动作。按控制方式不同，分为压力控制和行程控制两种。

1. 压力控制顺序动作回路

利用液压系统工作过程中的压力变化来使执行元件按顺序先后动作是液压系统独具的控制特性。图 6-30a 所示为采用顺序阀控制的顺序动作回路。钻床液压系统的动作顺序为：①夹紧工件；②钻头进给；③钻头退出；④松开工件。当换向阀 5 左位接入回路时，夹紧缸活塞向右运动，夹紧工件后回路压力升高到顺序阀 3 的调定压力，顺序阀 3 开启，钻孔缸 2 的活塞才向右运动进行钻孔。钻孔完毕，换向阀 5 右位接入回路，钻孔缸 2 的活塞先退到左端点，回路压力升高，打开顺序阀 4，再使夹紧缸 1 的活塞退回原位。

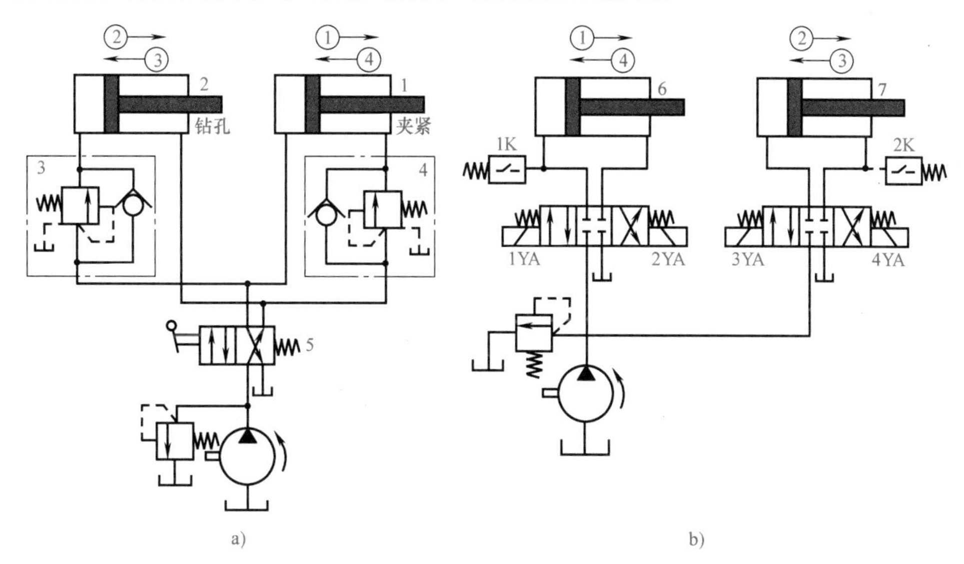

图 6-30　压力控制顺序动作回路

a）采用顺序阀控制的顺序动作回路　b）采用压力继电器控制的顺序动作回路

1—夹紧缸　2—钻孔缸　3、4—顺序阀　5—换向阀　6、7—液压缸

图 6-30b 所示为采用压力继电器控制电磁换向阀来实现顺序动作的回路。按起动按钮，电磁铁 1YA 得电，液压缸 6 的活塞前进到右端点后，回路压力升高，压力继电器 1K 动作，使电磁铁 3YA

得电，液压缸7的活塞前进。按返回按钮，1YA、3YA失电，4YA得电，液压缸7的活塞先退回原位后，回路压力升高，压力继电器2K动作，使2YA得电，液压缸6的活塞后退。

压力控制的顺序动作回路中，顺序阀或压力继电器的调定压力必须大于前一动作执行元件的最高工作压力的10%～15%，否则在管路中的压力冲击或波动下会造成误动作，引起事故。这种回路只适用于系统中执行元件数目不多、负载变化不大的场合。

2. 行程控制顺序动作回路

图6-31a所示为采用行程阀控制的顺序动作回路。图示位置两液压缸活塞均退至左端点。电磁阀3左位接入回路后，液压缸1的活塞先向右运动，当活塞杆上的挡块压下行程阀4后，液压缸2活塞才向右运动；电磁阀3右位接入回路，液压缸1的活塞先退回，其挡块离开行程阀4后，液压缸2的活塞才退回。这种回路动作可靠，但要改变动作顺序难。

图6-31b所示为采用行程开关控制的顺序动作回路。按起动按钮，电磁铁1YA得电，液压缸1的活塞先向右运动，当活塞杆上的挡块压下行程开关2st，使电磁铁2YA得电后，液压缸2的活塞才向右运动，直到压下行程开关3st，使电磁铁1YA失电，液压缸1的活塞向左退回，而后压下行程开关1st，使电磁铁2YA失电，液压缸2的活塞再退回。在这种回路中，调整挡块位置可调整液压缸的行程，通过电控系统可任意地改变动作顺序，方便灵活，应用广泛。

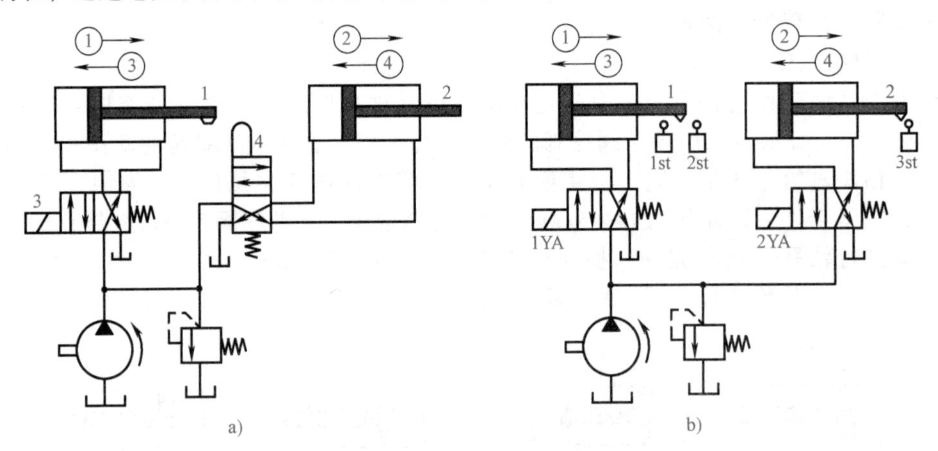

图6-31 行程控制顺序动作回路

a）采用行程阀控制的顺序动作回路 b）采用行程开关控制的顺序动作回路

1、2—液压缸 3—电磁阀 4—行程阀

二、同步回路

同步回路的功能是使系统中多个执行元件克服负载、摩擦阻力、泄漏、制造质量和结构变形上的差异，而保证在运动上的同步。同步运动分为速度同步和位置同步两类。速度同步是指各执行元件的运动速度相等，而位置同步是指各执行元件在运动中或停止时都保持相同的位移量。若严格地做到每瞬间速度同步，则也能保持位置同步。实际上同步回路多数采用速度同步。

1. 用流量控制阀的同步回路

图6-32a中，在两个并联液压缸的进（回）油路上分别串接一个调速阀，仔细调整两个调速阀的开口大小，控制进入两液压缸或自两液压缸流出的流量，可使它们在一个方向上实现速度同步。这种回路结构简单，但调整比较麻烦，同步精度不高，不宜用于偏载或负载变化频繁的场合。在图6-32b中，采用分流集流阀（同步阀）代替调速阀来控制进入或流出两液压缸的流量，可使两液压缸在承受不同负载时仍能实现速度同步。回路中的单向节流阀2用来控制活塞的下降速度，液控单向阀4的作用是防止活塞停止时因两缸负载不同而通过分

流阀的内节流孔窜油。由于同步作用靠分流阀自动调整，使用较为方便，但效率低，压力损失大，不宜用于低压系统。

2. 用串联液压缸的同步回路

有效工作面积相等的两个液压缸串联起来便可实现同步，这种回路允许较大的偏载，因偏载造成的压差不影响流量的改变，只导致微量的压缩和泄漏，因此同步精度较高，回路效率也较高。这种情况下泵的供油压力至少是两缸工作压力之和。由于制造误差、内泄漏及混入空气等因素的影响，经多次行程后，将积累为两缸显著的位置差别。为此，回路中应具有位置补偿装置，如图 6-33 所示。当两缸活塞同时下行时，若液压缸 5 的活塞先到达行程端点，则挡块压下行程开关 1st，电磁铁 3YA 得电，换向阀 3 左位接入回路，压力油经换向阀 3 和液控单向阀 4 进入液压缸 6 上腔，进行补油，使其活塞继续下行到达行程端点。如果液压缸 6 的活塞先到达端点，行程开关 2st 使电磁铁 4YA 得电，换向阀 3 右位接入回路，压力油进入液控单向阀 4 的控制腔，打开液控单向阀 4，液压缸 5 下腔与油箱接通，使其活塞继续下行到达行程端点，从而消除积累误差。

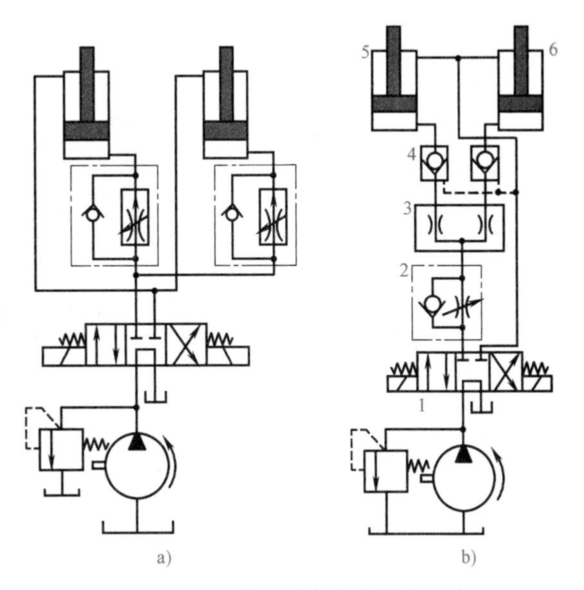

图 6-32　用流量控制阀的同步回路

a）用调速阀的同步回路　b）用分流集流阀的同步回路
1—换向阀　2—单向节流阀　3—分流集流阀
4—液控单向阀　5、6—液压缸

3. 用同步缸或同步马达的同步回路

图 6-34a 所示为同步缸的同步回路。同步缸 3 是两个尺寸相同的缸体和两个活塞共用一个活塞杆的液压缸，活塞向左或向右运动时输出或接收相等容积的油液，在回路中起着配流的作用，使有效作用面积相等的两个液压缸实现双向同步运动。同步缸的两个活塞上装有双作用单向阀 4，可以在行程端点消除误差。

和同步缸一样，用两个同轴等排量双向液压马达 5 做配油环节，输出相同流量的油液，也可实现两缸双向同步。在图6-34b 中，节流阀 6 用于在行程端点消除两缸位置误差。

这种回路的同步精度比采用流量控制阀的同步回路高，但专用的配流元件带来了系统复杂、制作成本高的缺点。

4. 采用比例阀或伺服阀的同步回路

当液压系统有很高的同步精度要求时，必须采用比例阀或伺服阀的同步回路。图 6-35 所示为一例，伺服阀 1 根据两个位移传感器 2、3 的反馈信号，持续不断地调整阀口开度，控制两个液压缸的输入或输出流量，使它们获得双向同步运动。

三、互不干扰回路

互不干扰回路的功能是使系统中几个执行元件在完成各自工作循环时彼此互不影响。图 6-36 所示为通过双泵供油来实现多缸快、慢速互不干扰的回路。液压缸 1 和 2 各自要完成“快进-工进-快退”的自动工作循环。当电磁铁 1YA、2YA 得电，两缸均由大流量泵 10 供油，并做差动连接实现快进。如果液压缸 1 先完成快进动作，挡块和行程开关使电磁铁 3YA 得电，1YA 失电，大流量泵进入液压缸 1 的油路被切断，而改为小流量泵 9 供油，由调速阀 7 获得慢速工进，不受液压缸 2 快进的影响。当两缸均转为工进，都由小流量泵 9 供油后，若液压

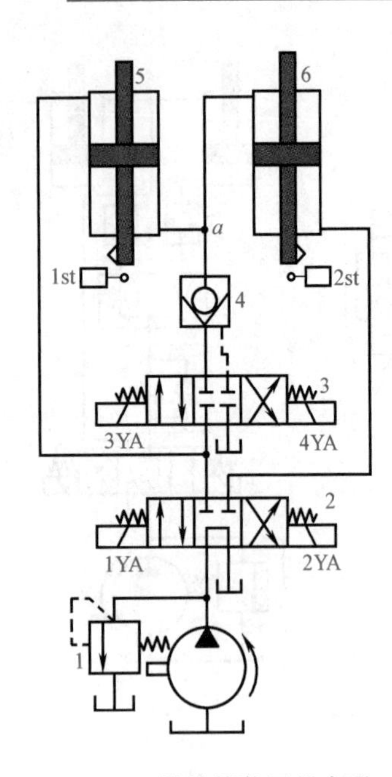

图 6-33 带补偿装置的串联液压缸同步回路

1—溢流阀 2、3—换向阀 4—液控单向阀 5、6—液压缸

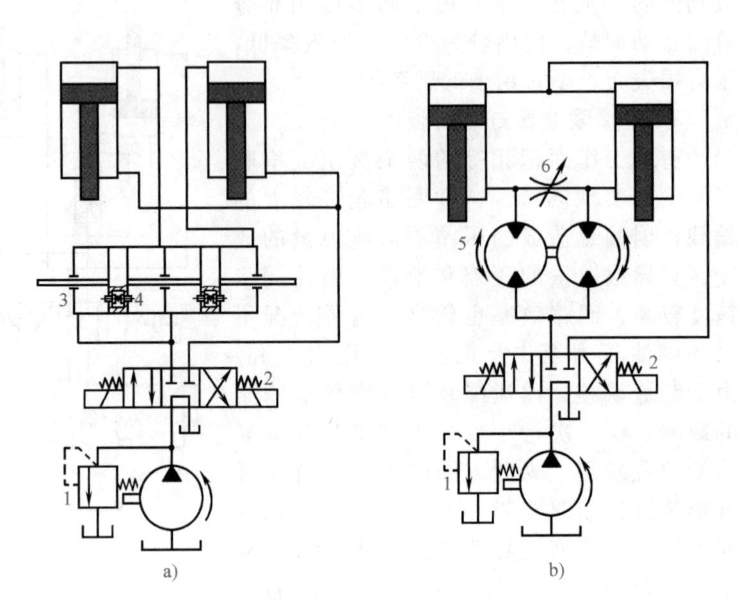

图 6-34 用同步缸、同步马达的同步回路

a）用同步缸的同步回路 b）用同步马达的同步回路

1—溢流阀 2—换向阀 3—同步缸 4—双作用单向阀 5—双向液压马达 6—节流阀

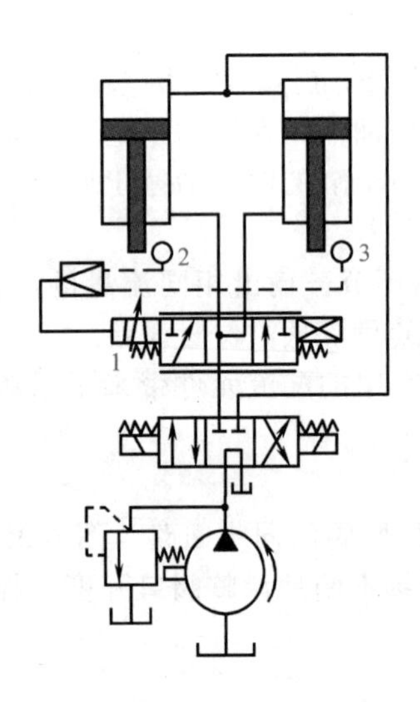

图 6-35 采用伺服阀的同步回路

1—伺服阀 2、3—位移传感器

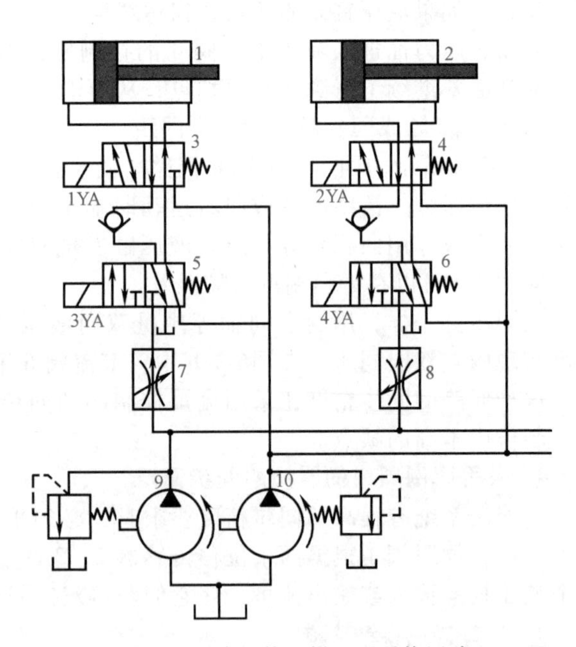

图 6-36 多缸快、慢互不干扰回路

1、2—液压缸 3~6—电磁阀 7、8—调速阀 9—小流量泵 10—大流量泵

缸 1 先完成了工进，挡块和行程开关使电磁铁 1YA、3YA 都得电，液压缸 1 改由大流量泵 10 供油，使活塞快速返回，这时液压缸 2 仍由小流量泵 9 供油继续完成工进，不受液压缸 1 影响。当所有电磁铁都失电时，两缸都停止运动。此回路采用由大、小流量泵分别供油，并由相应的电磁阀进行控制的方案来保证两缸快、慢速运动互不干扰。

四、多路换向阀控制回路

多路换向阀是由若干个单连换向阀、安全溢流阀、单向阀和补油阀等组合成的集成阀，具有结构紧凑、压力损失小、多位性能等优点，主要用于起重运输机械、工程机械及其他行走机械多个执行元件的运动方向和速度的集中控制。其操纵方式多为手动操纵，当工作压力较高时，则采用减压阀先导操纵。按多路换向阀的连接方式控制回路分为串联、并联、串并联三种基本油路。

1. 串联油路

在图6-37a中，多路换向阀内第一连滑阀的回油为下一连滑阀的进油，依次下去直到最后一连滑阀。串联油路的特点是工作时可以实现两个以上执行元件的复合动作，这时泵的工作压力等于同时工作的各执行元件负载压力的总和。但外负载较大时，串联的执行元件很难实现复合动作。

2. 并联油路

在图6-37b中，从多路换向阀进油口来的压力油可直接通到各连滑阀的进油腔，各连滑阀的回油腔又都直接与总回油路相连。并联油路的多路换向阀既可控制执行元件单动，又可实现复合动作。复合动作时，若各执行元件的负载相差很大，则负载小的先动，复合动作成为顺序动作。

3. 串并联油路

在图6-37c中，按串并联油路连接的多路换向阀每一连滑阀的进油腔都与前一连滑阀的中位回油通道相通，每一连滑阀的回油腔则直接与总回油口相连，即各滑阀的进油腔串联，回油腔并联。当一个执行元件工作时，后面的执行元件的进油通道被切断。因此多路换向阀中只能有一个滑阀工作，即各滑阀之间具有互锁功能，各执行元件只能实现单动。

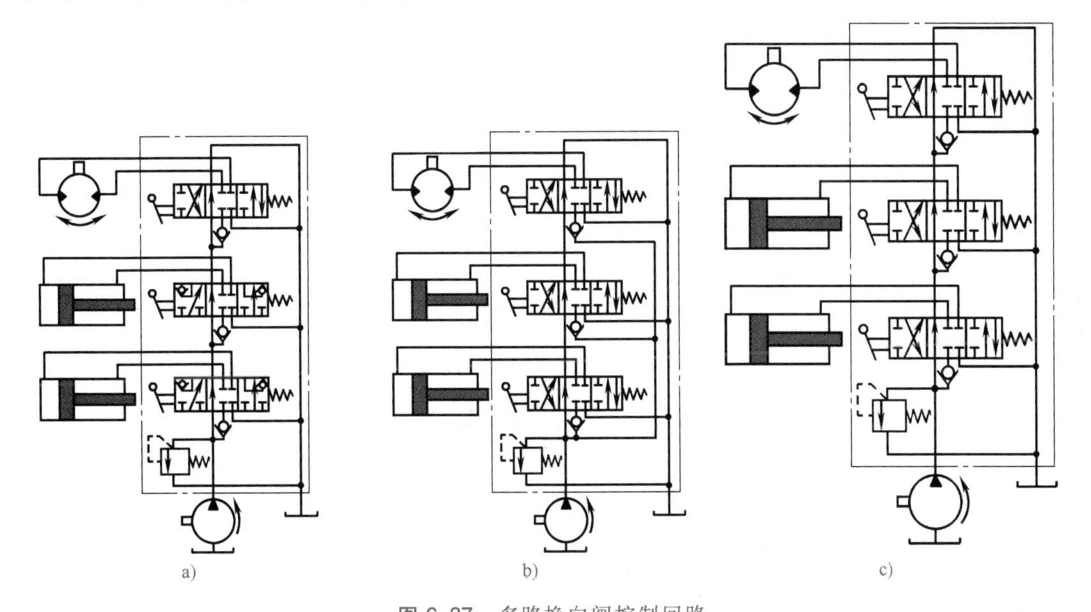

图6-37 多路换向阀控制回路

a）串联油路 b）并联油路 c）串并联油路

当多路换向阀的连数较多时，常采用上述三种油路连接形式的组合，称为复合油路连接。无论多路换向阀是何种连接方式，在各个执行元件都处于停止位置时，液压泵可通过各连滑阀的中位自动卸荷，而当任一执行元件要求工作时，液压泵又立即恢复供应压力油。

习 题

6-1 试用一个先导式溢流阀、两个远程调压阀和两个二位电磁滑阀组成一个三级调压且能卸荷的回路，画出回路图并简述工作原理。

6-2 在图6-38所示的液压系统中，液压缸的有效工作面积 $A_{I1}=A_{II1}=100cm^2$，$A_{I2}=A_{II2}=50cm^2$，液压缸Ⅰ工作负载 $F_{LI}=35000N$，液压缸Ⅱ的工作负载 $F_{LII}=25000N$，溢流阀、顺序阀和减压阀的调整压力分别为5MPa、4MPa和3MPa。若不计摩擦阻力、惯性力、管路及换向阀的压力损失，求下列三种工况下 A、B、C 三处的压力 p_A、p_B、p_C。

1）液压泵起动后，两换向阀处于中位。

2）2YA得电，液压缸Ⅱ工进时及前进碰到固定挡铁时。

3）2YA失电、1YA得电，液压缸Ⅰ运动时及到达终点孔穿突然失去负载时。

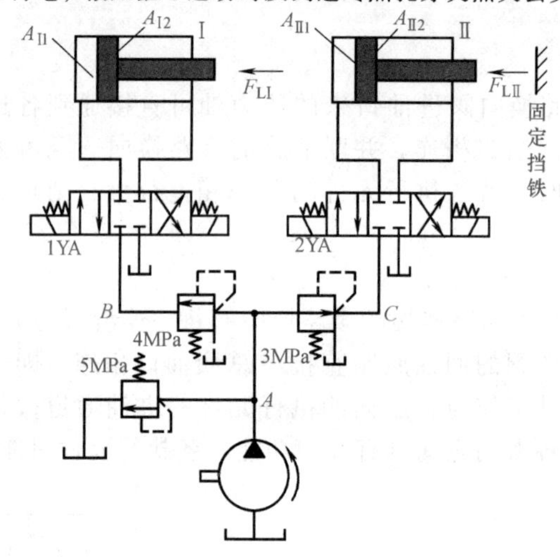

图6-38 习题6-2图

6-3 在图6-39所示的夹紧回路中，如溢流阀调整压力 $p_Y=5MPa$，减压阀调整压力 $p_j=2.5MPa$，试分析：

1）夹紧缸在未夹紧工件前做空载运动时 A、B、C 三处的压力各为多少？

2）夹紧缸夹紧工件后，泵的出口压力为5MPa时，A、C 两处的压力各为多少？

3）夹紧缸夹紧工件后，因其他执行元件的快进使泵的出口压力降至1.5MPa时，A、C 两处的压力各为多少？

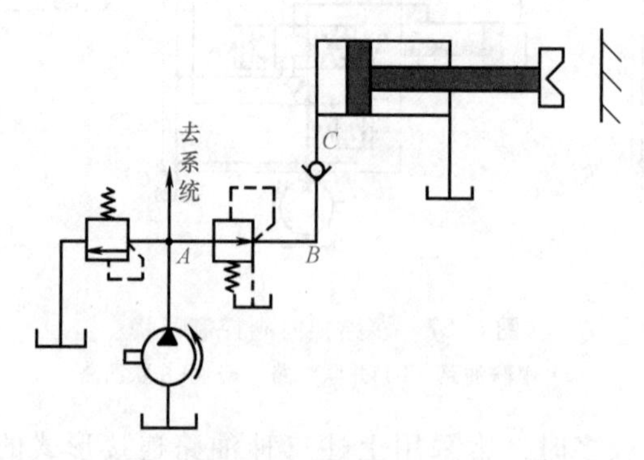

图6-39 习题6-3图

6-4　在图 6-40 所示的液压系统中，立式液压缸活塞与运动部件的重力为 G，两腔面积分别为 A_1 和 A_2，泵 1 和 2 最大工作压力分别为 p_1、p_2。若忽略管路上的压力损失，问：

1）阀 4、5、6、9 各是什么阀？各自在系统中的功用是什么？

2）阀 4、5、6、9 的压力应如何调整？

3）这个系统由哪些基本回路组成？

6-5　试推导采用节流阀的回油路节流调速回路的速度负载特性、速度刚性及效率的表达式，其已知条件如图 6-41 所示。

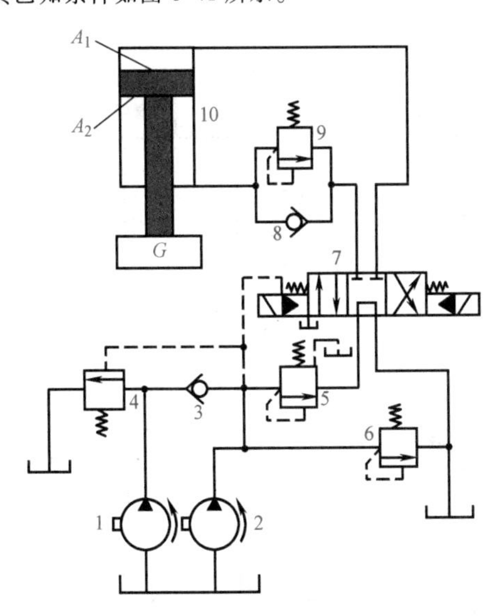

图 6-40　习题 6-4 图

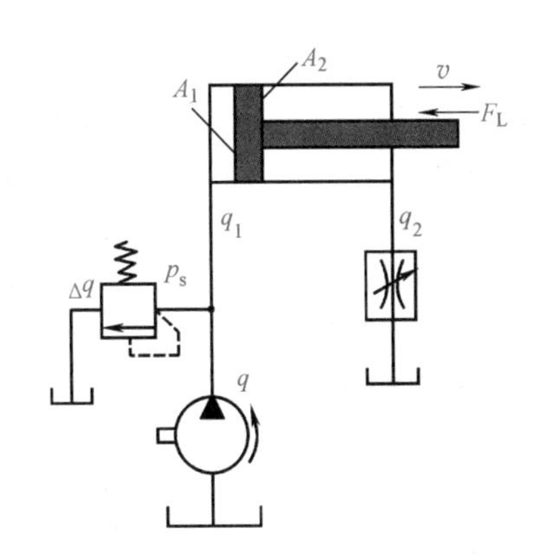

图 6-41　习题 6-5 图

6-6　图 6-42 所示为某专用铣床液压系统。已知：泵的输出流量 $q=30\text{L/min}$，溢流阀调整压力 $p_Y=2.4\text{MPa}$，液压缸两腔作用面积分别为 $A_1=50\text{cm}^2$，$A_2=25\text{cm}^2$，切削负载 $F_L=9000\text{N}$，摩擦负载 $F_f=1000\text{N}$，切削时通过调速阀的流量 $q_i=1.2\text{L/min}$。若忽略元件的泄漏和压力损失，试求：

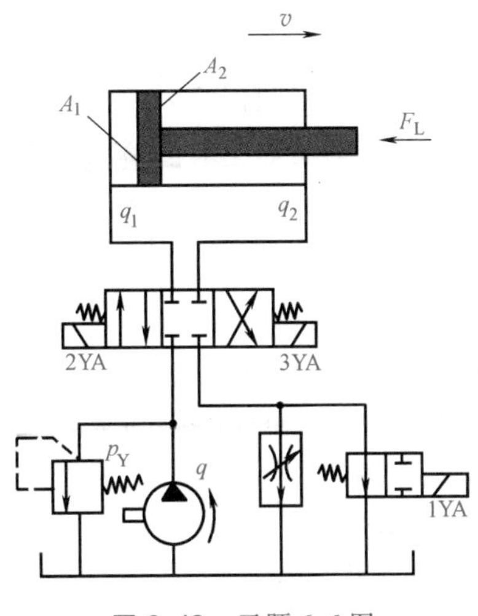

图 6-42　习题 6-6 图

1）活塞快速趋近工件时，活塞的快进速度 v_1 及回路的效率 η_1。

2）切削进给时，活塞的工进速度 v_2 及回路的效率 η_2。

6-7 在图6-43所示的八种回路中，已知：液压泵的流量 $q=0.167\times10^{-6}\mathrm{m^3/s}$，液压缸无杆腔有效作用面积 $A_1=50\mathrm{cm}^2$，有杆腔有效作用面积 $A_2=25\mathrm{cm}^2$，溢流阀的调定压力 $p_s=24\times10^5\mathrm{Pa}$，负载 F_L 及节流阀通流面积 a 均已标注在图上，试分别计算这八种回路中活塞的运动速度和液压泵的工作压力。通过节流阀的流量 $q=C_d a\sqrt{\frac{2}{\rho}\Delta p}$，其中 $C_d=0.62$，$\rho=870\mathrm{kg/m^3}$。

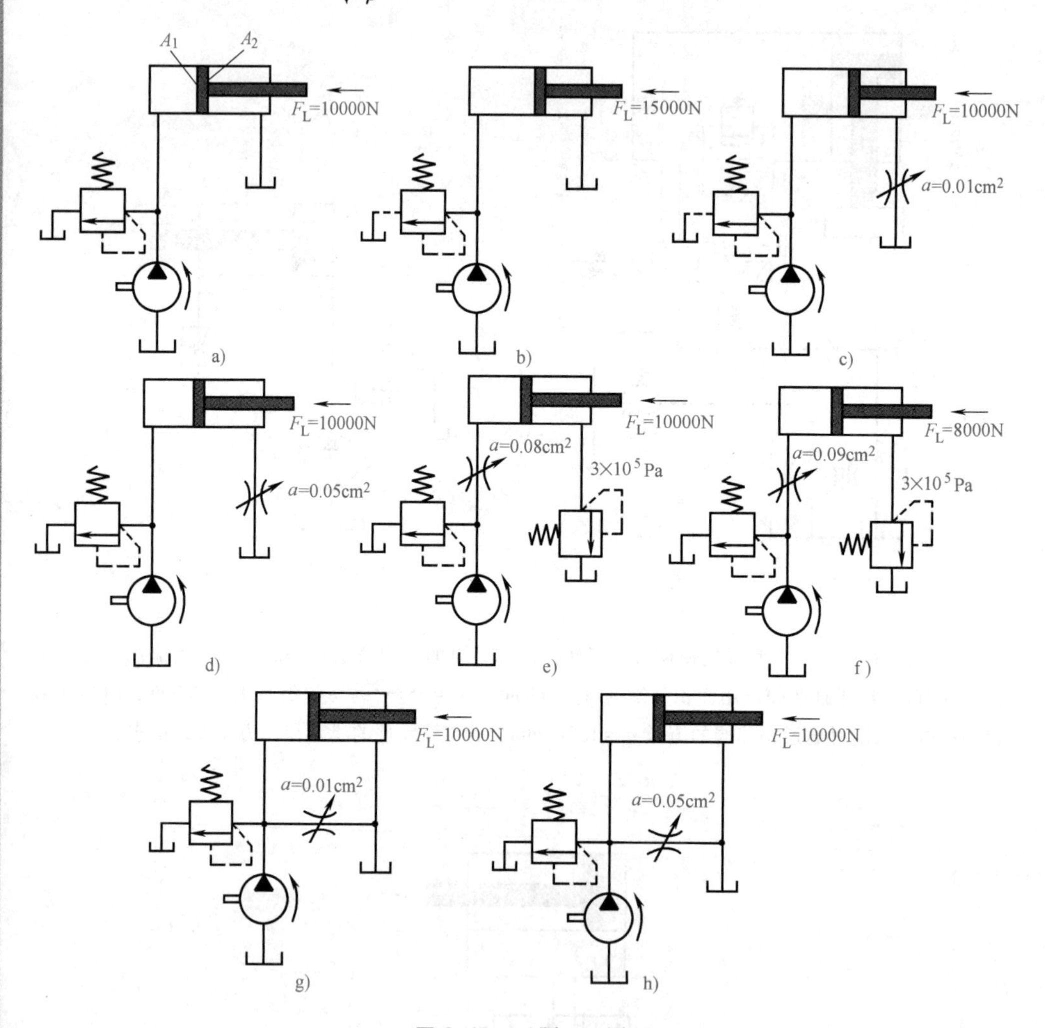

图6-43 习题6-7图

6-8 在变量泵-定量马达回路中，已知变量泵转速 $n_P=1500\mathrm{r/min}$，排量 $V_{P\max}=8\mathrm{mL/r}$，定量马达排量 $V_M=10\mathrm{mL/r}$，安全阀调整压力 $p_Y=40\times10^5\mathrm{Pa}$。设泵和马达的容积效率和机械效率有如下关系：$\eta_{PV}=\eta_{Pm}=\eta_{MV}=\eta_{Mm}=0.95$，试求：

1）马达转速 $n_M=1000\mathrm{r/min}$ 时泵的排量。

2）马达负载转矩 $T_M=8\mathrm{N\cdot m}$ 时的转速 n_M。

3）泵的最大输出功率。

6-9　画出差压式变量泵与安装在回油路上的节流阀组成的容积调速回路原理图，并分析说明其工作原理。

6-10　为什么在图 6-23a 所示的两个调速阀串联实现两次进给速度换接的回路中，前一个调速阀的开口面积必须大于后一个调速阀的开口面积？如要求该回路在不增加调速阀的条件下实现三种进给速度换接，回路应进行什么改进？

6-11　在图 6-27 所示的锁紧回路中，为什么要求换向阀的中位机能为 H 型或 Y 型？若采用 M 型，会出现什么问题？

6-12　在图 6-30a 所示的采用顺序阀控制的顺序动作回路中，顺序阀 3 能否改为外控式？绘图予以说明。

6-13　图 6-44 所示的液压系统的工作循环为"快进—工进—固定挡铁停留—快退—原位停止"，其中压力继电器用于固定挡铁停留时发令，使 2YA 得电，然后转为快退。问：

1）压力继电器的动作压力如何确定？

2）若改为回油路节流调速，压力继电器应如何安装？说明其动作原理。

6-14　如果只考虑防止干扰，将图 6-36 所示回路改为两液压缸分别由各自的油源供油似乎更好，你以为如何？综合比较一下这两种方案的优缺点。

6-15　图 4-36 所示回路包含哪些基本回路？请说明插装阀 1～5 在回路中的作用。

6-16　图 6-45 所示的手动滑阀的中位机能为 H 型，四个阀口的开口大小为：$x_1=x_2=x_3=x_4$。阀左位工作时：P→A，B→T；右位工作时：P→B，A→T。试分析滑阀由中位换向到左位或右位时，四个阀口的开口大小如何变化。

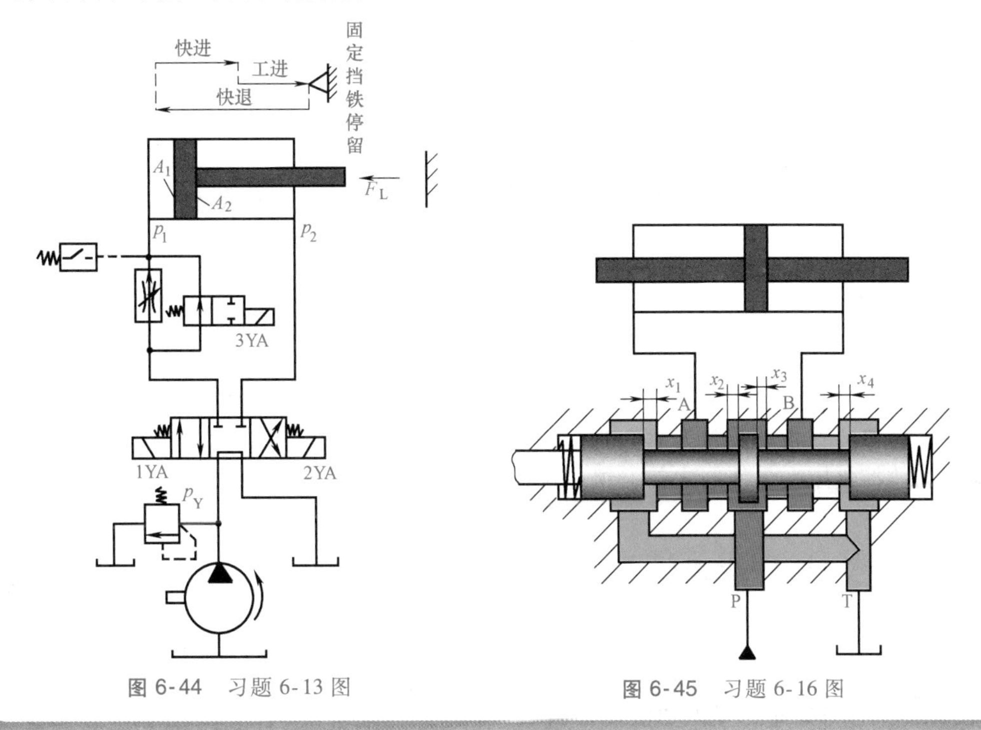

图 6-44　习题 6-13 图　　　图 6-45　习题 6-16 图

Chapter 7

第七章

典型液压系统

液压传动广泛地应用在机械制造、冶金、轻工、起重运输、工程机械、船舶、航空等各个领域。根据液压主机的工况特点、动作循环和工作要求，其液压传动系统的组成、作用和特点不尽相同。本章将通过几个典型的液压系统，介绍液压技术在各行各业中的应用，熟悉各种液压元件在系统中的作用和各种基本回路的构成，进而掌握分析液压系统的步骤和方法。

分析一个较复杂的液压系统，大致可以按以下步骤进行：

1）了解设备对液压系统的要求。

2）根据设备对系统的要求，以执行元件为中心将整个系统分解为若干子系统。

3）根据对执行元件的动作要求，参照电磁铁动作顺序表，逐步分析各子系统的换向回路、调速回路、压力控制回路等。

4）根据设备各执行元件间的互锁、同步、顺序动作和防干扰等要求，分析各子系统之间的联系。

5）归纳总结整个系统的特点，以加深对系统的理解。

第一节　组合机床液压动力滑台液压系统

一、概述

组合机床是由通用部件和部分专用部件组成的高效、专用、自动化程度较高的机床（图 7-1）。它能完成钻、扩、铰、镗、铣、攻螺纹等加工工序。动力滑台是组合机床的通用部件，它上面安装着各种旋转刀具，常用液压或机械装置驱动滑台按一定的动作循环完成进给运动。在数控机床大量使用之前，组合机床作为一种面向特定零件和特定加工工艺方案而

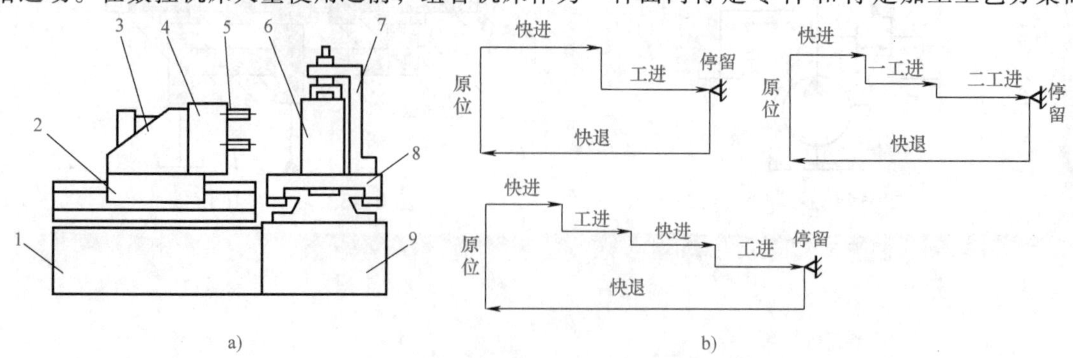

图 7-1　组合机床及液压动力滑台组成和工作循环

a）组成　b）工作循环

1—床身　2—动力滑台　3—动力头　4—主轴箱　5—刀具　6—工件　7—夹具　8—工作台　9—底座

专门设计的专用机床，是构成机械制造自动化生产线的主要装备，现今已被大量使用的数控机床所取代，但在需要大进给力的场合，用液压动力滑台构成专用机床仍然是有实际意义的。

组合机床要求动力滑台空载时速度快、推力小；工进时速度慢、推力大，速度稳定；速度换接平稳；功率利用合理、效率高、发热少。

二、YT4543 型动力滑台液压系统的工作原理

图 7-2 所示为 YT4543 型动力滑台液压系统图。该系统用限压式变量叶片泵供油，电液换向阀换向，用液压缸差动连接实现快进，调速阀调节工进速度，用行程阀控制快、慢速度的换接，电磁阀控制两种工进速度的换接，用固定挡铁保证进给的位置精度。滑台的动作循环是：快进→一工进→二工进→遇固定挡铁停留→快退→原位停止。表 7-1 为该滑台的电磁铁动作顺序表（表中“+”代表电磁铁得电）。

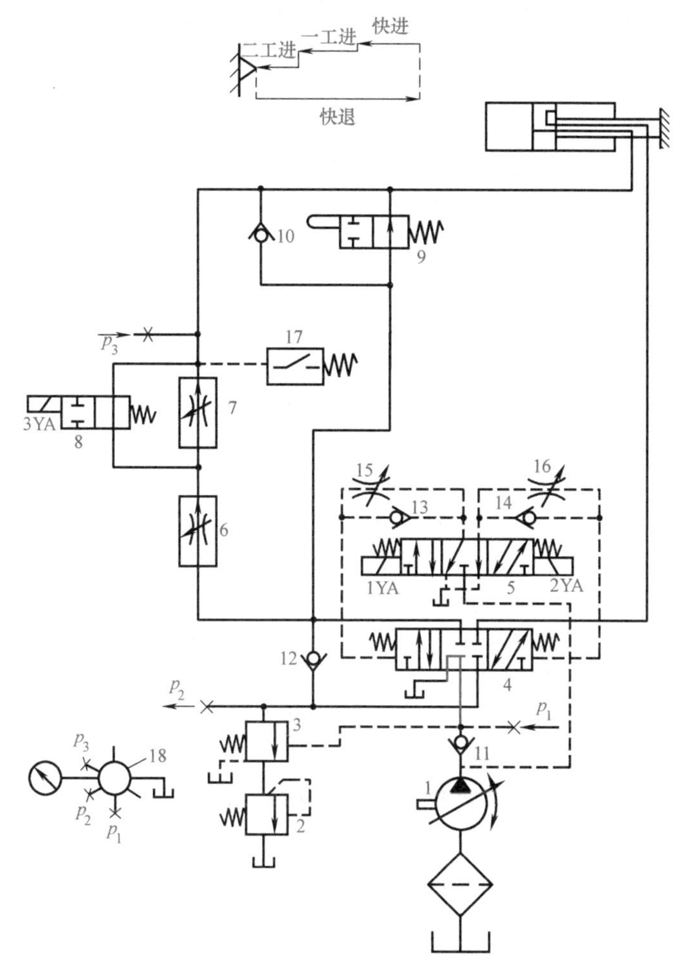

图 7-2 YT4543 型动力滑台液压系统图

1—限压式变量叶片泵 2—背压阀 3 液控顺序阀 4—液动阀 5—电磁先导阀 6、7—调速阀 8—电磁阀 9—行程阀 10~14—单向阀 15、16—节流阀 17—压力继电器 18—压力表开关 p_1、p_2、p_3—压力表接点

1. 快进

按下起动按钮，电磁铁 1YA 得电，电磁先导阀 5 处于左位，在控制油路的驱动下，液动阀 4 切换至左位。主油路的进油路：限压式变量叶片泵 1→单向阀 11→液动阀 4 左位→行程阀 9 常位→液压缸左腔。由于快进时动力滑台负载小，泵的出口压力较低，液控顺序阀 3 关闭，

表 7-1 YT4543 型动力滑台电磁铁动作顺序表

动作	元件				
	1YA	2YA	3YA	压力继电器 17	行程阀 9
快进	+				通
一工进	+				断
二工进	+		+		断
遇固定挡铁停留	+		+	+	断
快退		+	±		断→通
原位停止					通

注：表中"+"表示通电。后同。

所以液压缸右腔回油→液动阀 4 左位→单向阀 12→行程阀 9 常位→液压缸左腔。液压缸形成差动连接，且此时限压式变量叶片泵 1 流量最大，滑台向左快进。

2. 一工进

快进到预定位置，滑台上的行程挡块压下行程阀 9，切断了原来进入液压缸左腔的油路。此时 3YA 处于失电状态，从液动阀 4 左位来的油液→调速阀 6→电磁阀 8 常位→液压缸左腔。由于调速阀的接入，泵的压力升高，一方面限压式变量叶片泵流量减小到与调速阀调定的流量一致，另一方面使液控顺序阀 3 打开，液压缸右腔油液不再进入其左腔，而是经液动阀 4 左位→液控顺序阀 3→背压阀 2→油箱。此时单向阀 12 关闭，液压缸以一工进速度继续向左运动。

3. 二工进

当滑台以一工进速度运动到一定位置时，行程挡块压下电气行程开关，使电磁铁 3YA 得电，经电磁阀 8 的通路被切断，从调速阀 6 出来的油液须再经调速阀 7 进入液压缸左腔，由于调速阀 7 的开口比调速阀 6 小，滑台的进给速度降低，它将以调速阀 7 调定的二工进速度继续向左运动。

4. 遇固定挡铁停留

为了在加工端面和台肩孔时提高其轴向尺寸精度和表面质量，滑台需要在固定挡铁处停留。当滑台以二工进速度行进碰上固定挡铁后，滑台停止运动。这时泵的压力升高、流量减小，直至输出流量仅能补偿系统泄漏为止。此时液压缸左腔压力随之升高，压力继电器 17 动作并发出信号给时间继电器，使滑台在固定挡铁处停留一定时间后开始下一个动作。

5. 快退

当滑台停留一定时间后，时间继电器发出快退信号，1YA 失电，2YA 得电，电磁先导阀 5、液动阀 4 处于右位。主油路的进油路：限压式变量叶片泵 1→单向阀 11→液动阀 4 右位→液压缸右腔；回油路：液压缸左腔→单向阀 10→液动阀 4 右位→油箱。由于此时空载，泵的供油压力低，输出流量大，滑台快速退回。

6. 原位停止

当滑台快退到原位时，挡块压下原位行程开关，使电磁铁 1YA、2YA 和 3YA 都失电，液动阀 4 和电磁先导阀 5 处于中位，滑台停止运动，限压式变量叶片泵 1 通过液动阀 4 中位（M 型）卸荷。为了使卸荷状态下控制油路保持一定预控压力，限压式变量叶片泵 1 和液动阀 4 之间装有单向阀 11，单向阀 11 的正向开启压力 $p_k = 0.4\text{MPa}$。

三、YT4543 型动力滑台液压系统的特点

1）采用了限压式变量泵和调速阀组成的容积节流调速回路，保证了稳定的低速运动（$v_{min} = 0.0066\text{m/min}$）、较好的速度刚性和较大的调速范围（$R_e \approx 100$ 以上）。进给时回油路上的背压阀除了防止空气渗入系统外，还可以使滑台承受一定的负值负载。

2）采用了限压式变量泵和液压缸差动连接两项措施来实现快进，可以得到较大的快进速度，系统能量利用合理。

3）采用了行程阀和顺序阀实现快进与工进的换接，不仅简化了油路，而且使动作可靠，转换的位置精度也比较高。由于工进速度比较低，采用布置灵活的电磁阀来实现两种工进速度的换接，可以得到足够的换接精度。

4）采用换向时间可调的三位五通电液换向阀来切换主油路，提高了滑台的换向平稳性。滑台停止运动时，M 型中位机能使泵在低压下卸荷，五通结构又使滑台在后退时没有背压，减小了能量损失。

第二节　压力机液压系统

一、概述

压力机是锻压、冲压、冷挤、校直、弯曲、粉末冶金、成形、打包等工艺中广泛应用的压力加工机械，是最早应用液压传动的机械之一。压力机的类型很多，其中以四柱式液压机最为典型。主机为三梁四柱式结构，上滑块由四柱导向、上液压缸驱动，实现“快速下行→慢速加压→保压延时→快速回程→原位停止”的动作循环。下液压缸布置在工作台中间孔内，驱动下滑块实现“向上顶出→向下退回”或“浮动压边下行→停止→顶出”的动作循环，如图 7-3 所示。压力机液压系统以压力控制为主，系统压力高，流量大，功率大，尤其要注意如何提高系统效率和防止产生液压冲击。

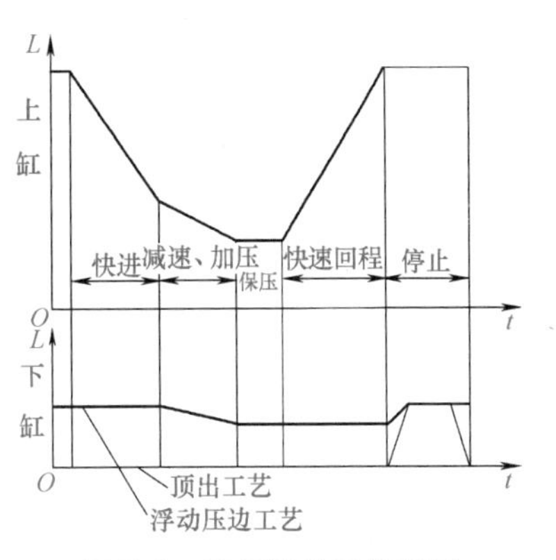

图 7-3　液压机的工作循环

二、3150kN 通用液压机液压系统的工作原理及特点

图 7-4 为 3150kN 通用液压机的液压系统图。系统有两个泵，主泵 1 是一个高压、大流量恒功率（压力补偿）变量泵，最高工作压力由溢流阀 4 的远程调压阀 5 调定。辅助泵 2 是一个低压小流量定量泵，用于供应液动阀的控制油，其压力由溢流阀 3 调整。

（1）起动　按起动按钮，电磁铁全部处于失电状态，主泵 1 输出的油经电液换向阀 6 中位及电液换向阀 21 中位流回油箱，空载起动。

（2）上缸快速下行　电磁铁 1YA、5YA 得电，电液换向阀 6 换至右位，控制油经电磁换向阀 8 右位使液控单向阀 9 打开。

进油路：主泵 1→电液换向阀 6 右位→单向阀 13→上缸 16 上腔。

回油路：上缸 16 下腔→液控单向阀 9→电液换向阀 6 右位→电液换向阀 21 中位→油箱。

上缸滑块在自重作用下迅速下降，主泵 1 虽处于最大流量状态，仍不能满足其需要，因而上缸上腔形成负压，上部油箱 15 的油液经液控单向阀 14（充液阀）进入上缸上腔。

（3）上缸慢速接近工件，加压　当上缸滑块降至一定位置触动行程开关 2st 后，电磁铁 5YA 失电，电磁换向阀 8 处于原位，液控单向阀 9 关闭。上缸下腔油液经背压阀 10、电液换向阀 6 右位、电液换向阀 21 中位回油箱。这时，上缸上腔压力升高，液控单向阀 14 关闭。上缸在主泵 1 供给的压力油作用下慢速接近工件。当上缸滑块接触工件后，阻力急剧增加，上腔压力进一步提高，主泵 1 的输出流量自动减小。

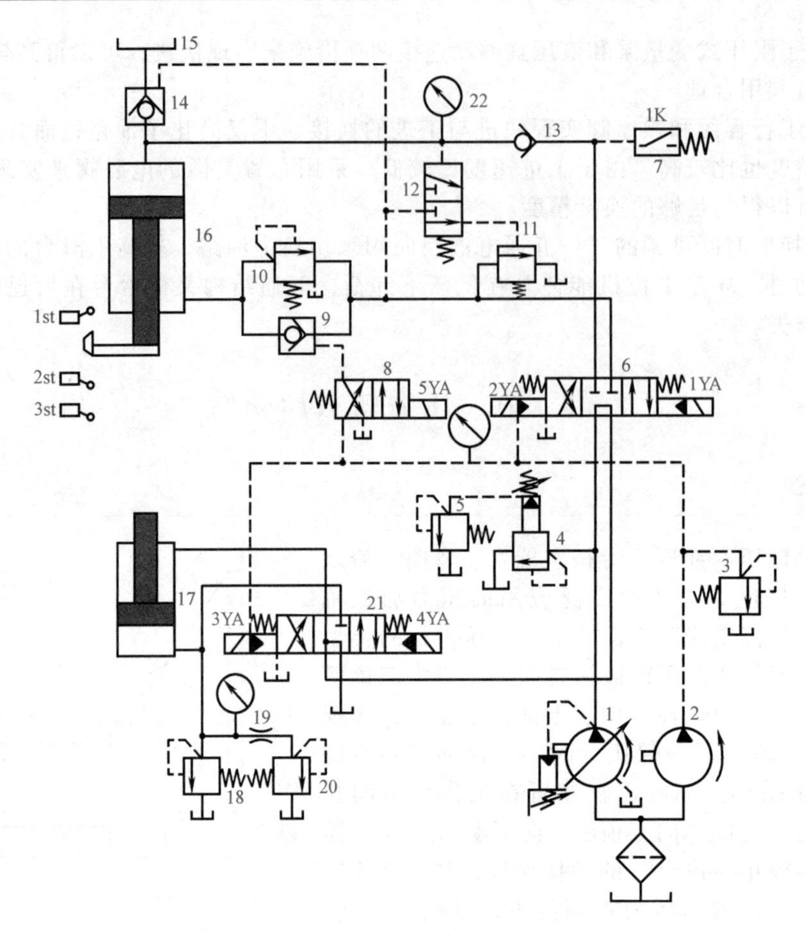

图7-4 3150kN通用液压机液压系统图

1—主泵 2—辅助泵 3、4、18—溢流阀 5—远程调压阀 6、21—电液换向阀 7—压力继电器 8—电磁换向阀 9、14—液控单向阀 10、20—背压阀 11—外控顺序阀 12—液动阀 13—单向阀 15—油箱 16—上缸 17—下缸 19—节流器 22—压力表

（4）保压 当上缸上腔压力达到预定值时，压力继电器7发出信号，使电磁铁1YA失电，电液换向阀6回中位，上缸的上、下腔封闭，单向阀13和液控单向阀14的锥面保证了上缸上腔良好的密封性，使上缸上腔保压，保压时间由压力继电器7控制的时间继电器调整。保压期间，主泵1经电液换向阀6、21的中位卸荷。

（5）泄压，上缸回程 保压过程结束，时间继电器发出信号，电磁铁2YA得电，电液换向阀6换至左位。由于上缸上腔压力很高，液动阀12处于上位，压力油经电液换向阀6左位及电液换向阀21上位使外控顺序阀11开启。此时主泵1输出油液经外控顺序阀11回油箱。主泵1在低压下工作，此压力不足以打开液控单向阀14的主阀阀芯，而是先打开液控单向阀14中的卸荷阀芯，使上缸上腔油液经此卸荷阀阀口泄回上部油箱15，压力逐渐降低。

当上缸上腔压力泄至一定值后，液动阀12回到下位，外控顺序阀11关闭，主泵1供油压力升高，液控单向阀14完全打开，此时油液流动情况为：

进油路：主泵1→电液换向阀6左位→液控单向阀9→上缸下腔。

回油路：上缸上腔→液控单向阀14→上部油箱15。实现主缸快速回程。

（6）上缸原位停止 当上缸滑块上升至触动行程开关1st后，电磁铁2YA失电，电液换向阀6处于中位，液控单向阀9将主缸下腔封闭，上缸原位停止不动。主泵1输出油经电液换向阀6、21中位回油箱，泵卸荷。

（7）下缸顶出及退回 电磁铁 3YA 得电，电液换向阀 21 换至左位。

进油路：主泵 1→电液换向阀 6 中位→电液换向阀 21 左位→下缸 17 下腔。

回油路：下缸 17 上腔→电液换向阀 21 左位→油箱。下液压缸活塞上升，顶出。

电磁铁 3YA 失电，4YA 得电，电液换向阀 21 换至右位，下缸活塞下行，退回。

（8）浮动压边 进行薄板拉伸压边时，要求下缸活塞上升到一定位置后，既保持一定压力，又能随上缸滑块的下压而下降。这时，电液换向阀 21 处于中位，上缸滑块下压时下缸活塞被迫随之下行，下缸下腔油液经节流器 19 和背压阀 20 流回油箱，使下缸下腔保持所需的压边压力。调节背压阀 20 即可改变浮动压边力。下缸上腔则经电液换向阀 21 中位从油箱补油。溢流阀 18 为下缸下腔安全阀。

表 7-2 为 3150kN 通用液压机的电磁铁动作顺序表。

该系统采用高压大流量恒功率变量泵供油，利用滑块自重充液的快速运动回路，既符合工艺要求，又节省了能量：采用单向阀 13 保压及由外控顺序阀 11 和带卸荷阀芯的液控单向阀 14 组成的泄压回路，结构简单，减小了由保压转换为快速回程时的液压冲击。

表 7-2 3150kN 通用液压机电磁铁动作顺序表

动作程序		1YA	2YA	3YA	4YA	5YA
上缸	快速下行	+				+
	慢速加压	+				
	保压					
	泄压回程		+			
	停止					
下缸	顶出			+		
	退回				+	
	压边	+				

三、3150kN 液压机插装阀集成系统原理

插装阀具有密封性好、通流能力大、压力损失小、易于集成化等优点，在液压机中得到广泛应用。3150kN 液压机插装阀集成系统如图 7-5 所示。系统包括五个插装阀集成块：由 F_1、F_2 组成进油调压回路，F_1 为单向阀，用以防止系统中的油液向泵倒流，F_2 的先导式溢流阀 2 用来调整系统压力，先导式溢流阀 1 用于限制系统最高压力，缓冲阀 3 与电磁换向阀 4 配合，用于液压泵卸荷、升压缓冲；由 F_3、F_4 组成上缸上腔油液三通回路，先导式溢流阀 6 为上缸上腔安全阀，缓冲阀 7 与电磁换向阀 8 配合，用于上缸上腔泄压缓冲；由 F_5、F_6 组成上缸下腔油液三通回路，先导式溢流阀 11 用于调整上缸下腔平衡压力，先导式溢流阀 10 为上缸下腔安全阀；由 F_7、F_8 组成下缸上腔油液三通回路，先导式溢流阀 15 为下缸上腔安全阀，单向阀 14 用于下缸作液压垫时，活塞浮动下行时上腔补油；由 F_9、F_{10} 组成下缸下腔油液三通回路，先导式溢流阀 18 下缸下腔安全阀。另外，进油主阀 F_3、F_5、F_7、F_9 的控制油路上都有一个压力选择梭阀，用于保证锥阀关闭可靠，防止反压使之开启。

系统实现“上缸加压、下缸顶出”自动工作循环的工作原理如下：

（1）起动 按起动按钮，电磁铁全部处于失电状态，电磁换向阀 4 处于中位。插装阀 F_2 控制腔经缓冲阀 3、电磁换向阀 4 与油箱连通，主阀开启。泵输出油液经 F_2 流回油箱，泵空载起动。

（2）上缸快速下行 电磁铁 1YA、3YA、6YA 得电，插装阀 F_2 关闭，F_3、F_6 开启，泵向系统供油，输出油经阀 F_1、F_3 进入上缸上腔。上缸下腔油液经阀 F_6 快速排回油箱。于是液

压机上滑块在自重作用下加速下行，上缸上腔产生负压，通过充液阀21从上部油箱充液。

(3) 上缸减速下行 当滑块下降至一定位置触动行程开关2st后，电磁铁6YA失电，7YA得电，插装阀F_6控制腔与先导式溢流阀11接通，插装阀F_6在先导式溢流阀11的调定压力下溢流，上缸下腔产生一定背压。上缸上腔压力相应增高，充液阀21关闭。上缸上腔进油仅为泵的流量，滑块减速。

(4) 上缸工作行程 当上缸减速下行接近工件时，上缸上腔压力由压制负载决定，上缸上腔压力升高，变量泵输出流量自动减小。当压力升达先导式溢流阀2的调定压力时，泵的流量全部经插装阀F_2溢流，滑块停止运动。

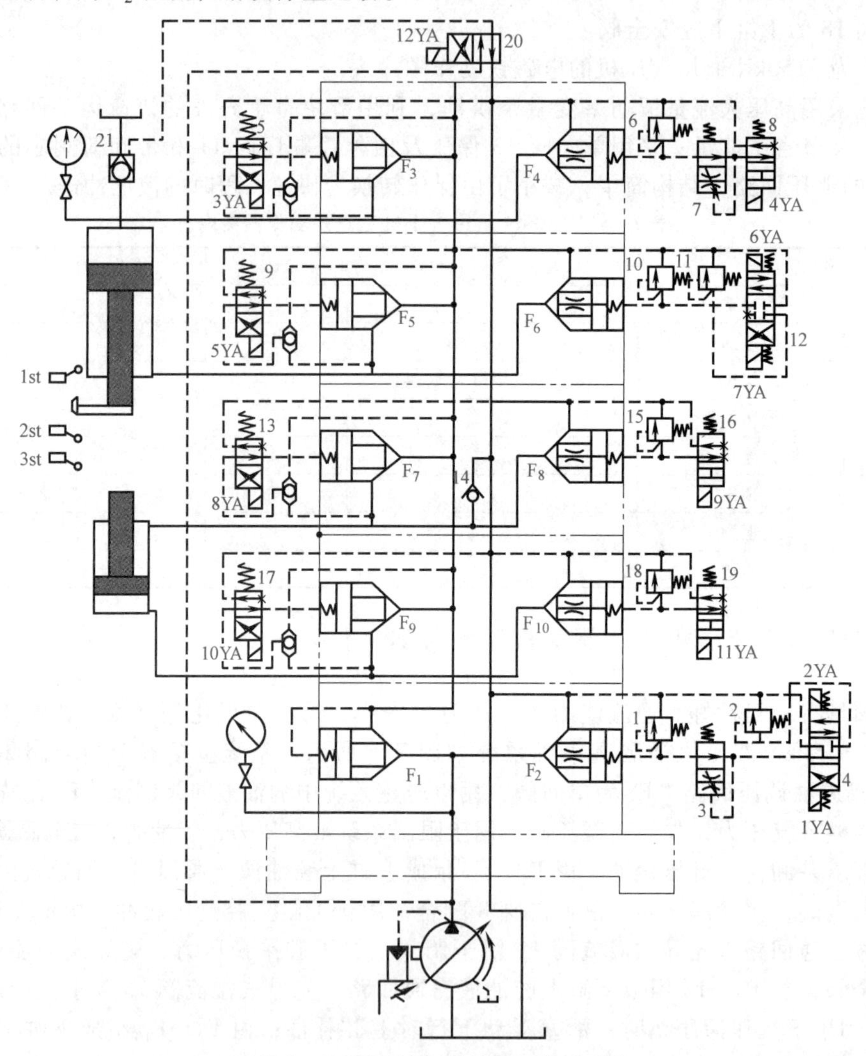

图7-5 3150kN液压机插装阀集成系统

1、2、6、10、11、15、18—先导式溢流阀 3、7—缓冲阀 4、5、8、9、12、13、16、17、19、20—电磁换向阀 14—单向阀 21—充液阀

(5) 保压 当上缸上腔压力达到所要求的工作压力后，电接点压力表发信号，使电磁铁1YA、3YA、7YA全部失电，插装阀F_3、F_6关闭。上缸上腔闭锁，实现保压。同时插装阀F_2开启，泵卸荷。

(6) 泄压 上缸上腔保压一段时间后，时间继电器发信号，使电磁铁4YA得电，插装阀F_4控制腔通过缓冲阀7及电磁换向阀8与油箱相通，由于缓冲阀7的作用，插装阀F_4缓慢开启，从而实现上缸上腔无冲击泄压。

（7）上缸回程 上缸上腔压力降至一定值后，电接点压力表发信号，使电磁铁 2YA、5YA、4YA、12YA 得电，插装阀 F_2 关闭，F_5、F_4 开启，充液阀 21 开启，压力油经阀 F_1、阀 F_5 进入上缸下腔，上缸上腔油液经充液阀 21 和阀 F_4 分别至上部油箱和主油箱。上缸实现回程。

（8）上缸停止 当上缸回程到达上端点时，行程开关 1st 发信号，使全部电磁铁失电，插装阀 F_2 开启，泵卸荷。插装阀 F_5 将上缸下腔封闭，上滑块停止运动。

（9）下缸顶出及退回 令电磁铁 2YA、9YA、10YA 得电，插装阀 F_9、F_8 开启，压力油经插装阀 F_1、F_9 进入下缸下腔，下缸上腔油液经插装阀 F_8 排回油箱，实现顶出。

令电磁铁 9YA、10YA 失电，2YA、8YA、11YA 得电，插装阀 F_7、F_{10}开启，压力油经插装阀 F_1、F_7 进入下缸上腔，下腔油液经插装阀 F_{10}排回油箱，实现退回。

表 7-3 为其电磁铁动作顺序表。

表 7-3 3150kN 液压机插装阀系统电磁铁动作顺序表

动作程序		1YA	2YA	3YA	4YA	5YA	6YA	7YA	8YA	9YA	10YA	11YA	12YA
上缸	快速下行	+		+			+						
	减速下行，加压	+		+				+					
	保压												
	泄压				+								
	回程		+		+	+							+
	停止												
下缸	顶出		+							+	+		
	退回		+						+			+	

第三节 塑料注射成型机液压系统

一、概述

塑料注射成型机简称注塑机。它将颗粒状的塑料加热熔化到流动状态，用注射装置快速高压注入模腔，保压一定时间，冷却后成型为塑料制品。

注塑机的工作循环如下：

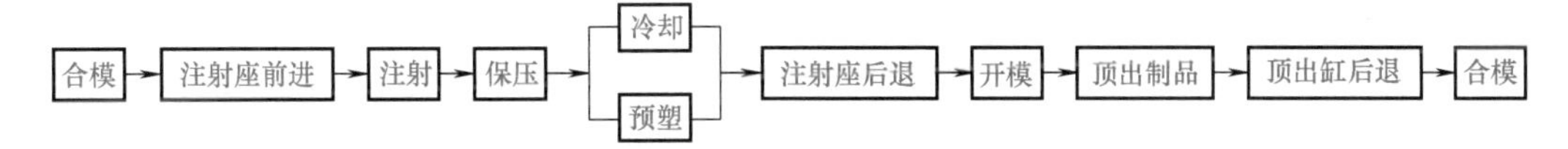

以上动作分别由合模缸、注射座移动缸、预塑马达、注射缸、顶出缸完成。

注塑机液压系统要求有足够的合模力，可调节的合模、开模速度，可调节的注射压力和注射速度，可调的保压压力，系统还应设有安全联锁装置。

二、SZ-250A 型注塑机液压系统的工作原理

SZ-250A 型注塑机属中小型注塑机，每次最大注射容量为 250cm^3。图 7-6 为其液压系统图。各执行元件的动作循环主要依靠行程开关切换电磁换向阀来实现，电磁铁动作顺序见表 7-4。

1. 关安全门

为保证操作安全，注塑机都装有安全门。关安全门，行程阀 6 恢复常位，合模缸才能动作，开始整个动作循环。

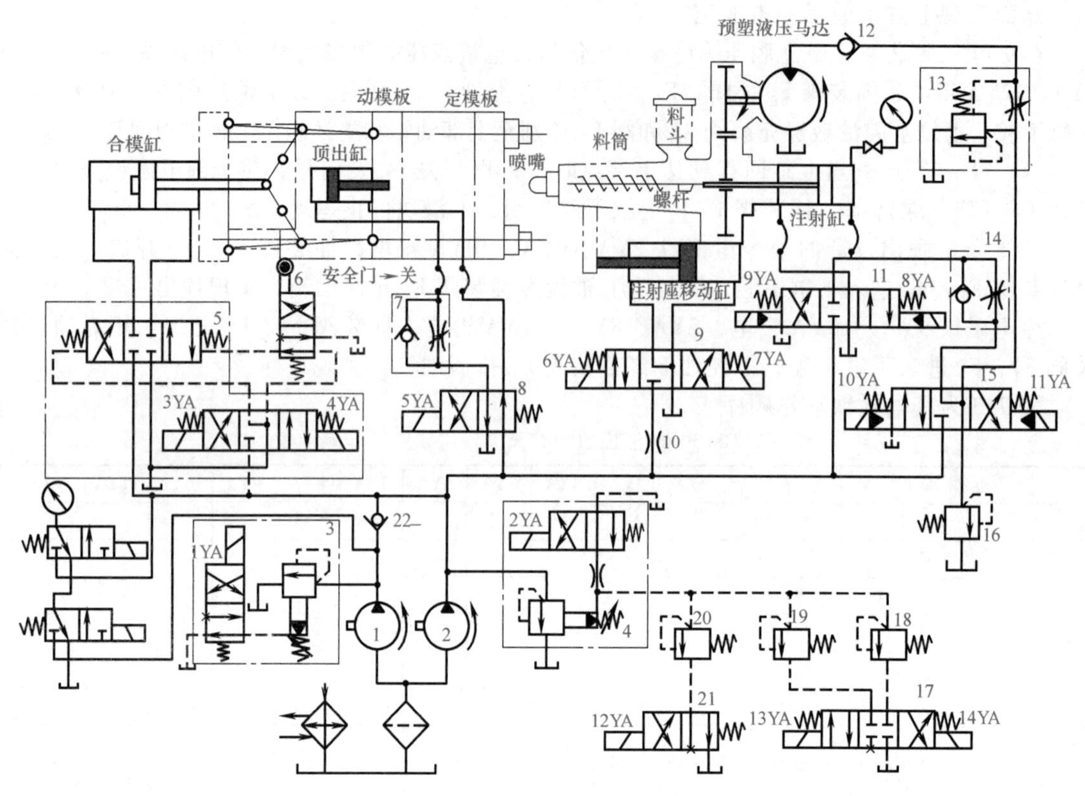

图 7-6 SZ-250A 型注塑机液压系统图

1—大流量泵 2—小流量泵 3、4—电磁溢流阀 5—电液换向阀 6—行程阀 7、14—单向节流阀 8、9、11、15、17、21—电磁换向阀 10—节流阀 12、22—单向阀 13—旁通型调速阀 16—背压阀 18、19、20—溢流阀

表 7-4 SZ-250A 型注塑机电磁铁动作顺序表

动作循环		1YA	2YA	3YA	4YA	5YA	6YA	7YA	8YA	9YA	10YA	11YA	12YA	13YA	14YA
合模	慢速		+	+											
	快速	+	+	+											
	低压		+	+										+	
	高压		+	+											
注射座前移			+					+							
注射	慢速		+					+			+		+		
	快速	+	+					+	+		+		+		
保压			+					+			+				+
预塑		+	+					+				+			
防流涎			+					+		+					
注射座后退			+				+								
开模	慢速Ⅰ		+		+										
	快速	+	+		+										
	慢速Ⅱ	+	+		+										
顶出	前进		+			+									
	后退		+												
螺杆后退			+							+					
螺杆前进			+						+						

2. 合模

动模板慢速起动、快速前移，接近定模板时，液压系统转为低压、慢速控制。在确认模具内没有异物存在后，系统转为高压使模具闭合。这里采用了液压-机械式合模机构，合模缸通过对称五连杆机构推动模板进行开模和合模，连杆机构具有增力和自锁作用。

（1）慢速合模（2YA、3YA得电） 大流量泵1通过电磁溢流阀3卸荷，小流量泵2的压力由电磁溢流阀4调定，小流量泵2压力油经电液换向阀5右位进入合模缸左腔，推动活塞带动连杆慢速合模，合模缸右腔油液经电液换向阀5和冷却器回油箱。

（2）快速合模（1YA、2YA、3YA得电） 慢速合模转快速合模时，由行程开关发令使1YA得电，大流量泵1不再卸荷，其压力油经单向阀22与小流量泵2的供油汇合，同时向合模缸供油，实现快速合模，最高压力由电磁溢流阀4限定。

（3）低压合模（2YA、3YA、13YA得电） 大流量泵1卸荷，小流量泵2输出的压力由溢流阀18控制。因溢流阀18所调压力较低，合模缸推力较小，即使两个模板间有硬质异物，也不致损坏模具表面。

（4）高压合模（2YA、3YA得电） 大流量泵1卸荷，小流量泵2供油，系统压力由电磁溢流阀4控制，高压合模并使连杆产生弹性变形，牢固地锁紧模具。

3. 注射座前移（2YA、7YA得电）

小流量泵2的压力油经电磁换向阀9右位进入注射座移动缸右腔，注射座前移使喷嘴与模具接触，注射座移动缸左腔油液经电磁换向阀9回油箱。

4. 注射

注射螺杆以一定的压力和速度将料筒前端的熔料经喷嘴注入模腔。分慢速注射和快速注射两种。

（1）慢速注射（2YA、7YA、10YA、12YA得电） 小流量泵2输出的压力油经电磁换向阀15左位和单向节流阀14进入注射缸右腔，左腔油液经电磁换向阀11中位回油箱，注射缸活塞带动注射螺杆慢速注射，注射速度由单向节流阀14调节，溢流阀20起定压作用。

（2）快速注射（1YA、2YA、7YA、8YA、10YA、12YA得电） 大流量泵1和小流量泵2输出的压力油经电磁换向阀11右位进入注射缸右腔，左腔油液经电磁换向阀11回油箱。由于两个泵同时供油，且不经过单向节流阀14，注射速度加快。此时，溢流阀20起安全作用。

5. 保压（2YA、7YA、10YA、14YA得电）

由于注射缸对模腔内的熔料实行保压并补塑，只需少量油液，所以大流量泵1卸荷，小流量泵2单独供油，多余的油液经电磁溢流阀4溢回油箱，保压压力由溢流阀19调节。

6. 预塑（1YA、2YA、7YA、11YA得电）

保压完毕，从料斗加入的物料随着螺杆的转动被带至料筒前端，进行加热塑化，并建立起一定压力。当螺杆头部熔料压力到达能克服注射缸活塞退回的阻力时，螺杆开始后退。后退到预定位置，即螺杆头部熔料达到所需注射量时，螺杆停止转动和后退，准备下一次注射。与此同时，在模腔内的制品冷却成型。

螺杆转动由预塑液压马达通过齿轮机构驱动。大流量泵1和小流量泵2输出的压力油经电磁换向阀15右位、旁通型调速阀13和单向阀12进入马达，马达的转速由旁通型调速阀13控制，电磁溢流阀4为安全阀。螺杆头部熔料压力迫使注射缸后退时，注射缸右腔油液经单向节流阀14、电磁换向阀15右位和背压阀16回油箱，其背压由背压阀16控制。同时注射缸左腔产生局部真空，油箱内的油液在大气压作用下经电磁换向阀11中位进入其内。

7. 防流涎（2YA、7YA、9YA得电）

采用直通开敞式喷嘴时，预塑加料结束，要使螺杆后退一小段距离，减小料筒前端压力，防止喷嘴端部物料流出。大流量泵1卸荷，小流量泵2输出的压力油一方面经电磁换向阀9右位进入注射座移动缸右腔，使喷嘴与模具保持接触，一方面经电磁换向阀11左位进入注射缸左腔，使螺杆强制后退。注射座移动缸左腔和注射缸右腔油液分别经电磁换向阀 9 和电磁换向阀 11 回油箱。

8. 注射座后退（2YA、6YA 得电）

保压结束，注射座后退。大流量泵 1 卸荷，小流量泵 2 输出的压力油经电磁换向阀 9 左位使注射座后退。

9. 开模

开模速度一般为慢-快-慢。

（1）慢速开模（2YA 得电或 1YA、4YA 得电） 大流量泵 1（或小流量泵 2）卸荷，小流量泵 2（或大流量泵 1）输出的压力油经电液换向阀 5 左位进入合模缸右腔，左腔油液经电液换向阀 5 回油箱。

（2）快速开模（1YA、2YA、4YA 得电） 大流量泵 1 和小流量泵 2 合流向合模缸右腔供油，开模速度加快。

10. 顶出

（1）顶出缸前进（2YA、5YA 得电） 大流量泵 1 卸荷，小流量泵 2 输出的压力油经电磁换向阀 8 左位、单向节流阀 7 进入顶出缸左腔，推动顶出杆顶出制品，其运动速度由单向节流阀 7 调节，电磁溢流阀 4 为定压阀。

（2）顶出缸后退（2YA 得电） 小流量泵 2 输出的压力油经电磁换向阀 8 常位使顶出缸后退。

11. 螺杆后退和前进

为了拆卸螺杆，有时需要螺杆后退。这时，电磁铁 2YA、9YA 得电，大流量泵 1 卸荷，小流量泵 2 输出的压力油经左位进入注射缸左腔，注射缸活塞携带螺杆后退。当电磁铁 2YA、8YA 得电时，螺杆前进。

三、SZ-250A 型注塑机液压系统的特点

1）因注射缸液压力直接作用在螺杆上，因此注射压力 p_z 与注射缸的油压 p 的比值为 D^2/d^2（D 为注射缸活塞直径，d 为螺杆直径）。为满足加工不同塑料对注射压力的要求，一般注塑机都配备三种不同直径的螺杆，在系统压力 $p=14\text{MPa}$ 时，获得注射压力 $p_z=40\sim150\text{MPa}$。

2）为保证足够的合模力，防止高压注射时模具离缝产生塑料溢边，该注塑机采用了液压-机械增力合模机构，也可采用增压缸合模装置。

3）根据塑料注射成型工艺，模具的启闭过程和塑料注射的各阶段速度不一样，而且快、慢速之比可达 50~100，为此该注塑机采用了双泵供油系统，快速时双泵合流，慢速时小流量泵 2（流量为 48L/min）供油，大流量泵 1（流量为 194L/min）卸荷（图 7-6），系统功率利用比较合理。有时在多泵分级调速系统中还兼用差动增速或充液增速的方法。

4）系统所需多级压力，由多个并联的远程调压阀控制。如果采用电液比例压力阀来实现多级压力调节，再加上电液比例流量阀调速，不仅减少了元件，降低了压力及速度变换过程中的冲击和噪声，还为实现计算机控制创造了条件。

5）注塑机的多执行元件的循环动作主要依靠行程开关按事先编程的顺序完成。这种方式灵活方便。

第四节 液压挖掘机系统

挖掘机在工业与民用建筑、交通运输、水利施工、露天采矿及现代军事工程中都有广泛的应用，是各种土石方施工中不可缺少的机械设备。

液压挖掘机的工作过程包括作业循环和整机移动两项主要动作，轮胎式挖掘机还有车轮

转向和支腿收放等辅助动作。图 7-7 所示为液压挖掘机的组成和工作循环。一个作业循环包括以下几个过程。

（1）挖掘 以斗杆缸动作为主，用铲斗缸调整切削角度，配合挖掘。有特殊要求的挖掘动作，可根据作业要求进行铲斗、斗杆和动臂三个缸的复合动作，以保证铲斗按某一特定轨迹运动。

（2）满斗提升及回转 挖掘结束，铲斗缸推出，动臂缸顶起，满斗提升，转台向卸载方向回转。

（3）卸载 回转到卸载位置，转台制动。斗杆缸调整卸载半径，铲斗缸收回，转斗卸载。

（4）返回 卸载结束，转台反向回转，动臂缸与斗杆缸配合动作，使空斗下放到新的挖掘位置，开始下一次作业。

挖掘机对液压系统的要求如下：

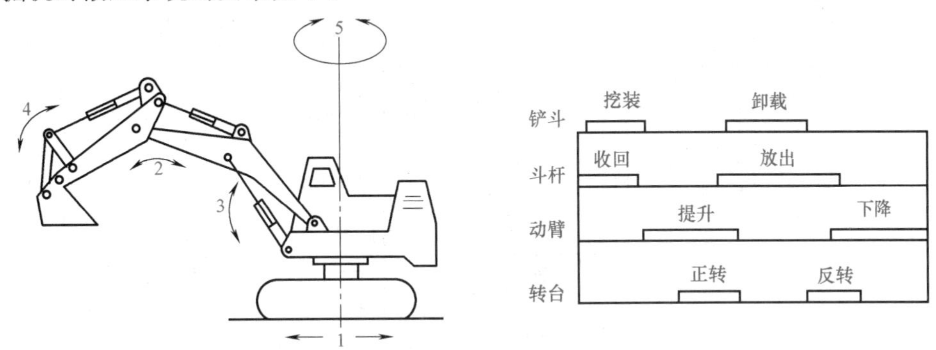

图 7-7 液压挖掘机的组成和工作循环

1—整机行走 2—动臂升降 3—斗杆收放 4—铲斗装卸 5—转台回转

1）由工作循环可知，应能实现多个执行机构的复合动作。

2）各执行机构起动、制动频繁，负载变化大，因而振动冲击大，要求液压系统元件耐冲击、抗振动，有足够的可靠性和完善的安全保护措施。

3）工况变化大，作业时间长，应能充分利用发动机的功率来提高液压系统的效率。

4）有超越负载工况，应有防止动臂超速下降、整机超速溜坡的限速装置。

5）野外作业环境恶劣，温度变化大，应有防尘、过滤和冷却装置。

6）执行元件多，操作应灵活方便、安全可靠。

一、YW-60 型履带式挖掘机液压系统的工作原理

图 7-8 所示为 YW-60 型履带式挖掘机的液压系统原理。该液压系统是双泵双回路变量系统，由一对双联轴向柱塞泵、一组双向对流三位六通液动多路换向阀和各执行液压缸、回转液压马达、行走液压马达等组成。变量泵采用液压联系的总功率变量调节器，保证两泵的同步变量和按照两回路负载压力之和进行变量。在第一组多路阀中，换向阀①、②之间为串并联，②、③之间为串并联，③、④之间为并联；在第二组多路阀中，换向阀⑦、⑧之间为串并联，⑥、⑦之间为并联，⑤、⑥之间为串并联。

液压泵 A 输出的压力油通过第一组多路阀（①、②、③、④）可以向铲斗缸 19、动臂缸 17、左行走马达 11 和斗杆缸 18 供油。液压泵 B 输出的压力油通过第二组多路阀（⑤、⑥、⑦、⑧）除了向回转马达 13、斗杆缸和右行走马达供油外，还向铲斗缸无杆腔和动臂缸无杆腔合流换向阀⑤供油。液压泵的动力分配为：液压泵 A 驱动铲斗缸、动臂缸、左行走马达和斗杆缸；液压泵 B 驱动回转马达、斗杆缸、右行走马达、动臂缸无杆腔或铲斗缸无杆腔。A、B 两泵驱动的机构中相同执行机构为合流单动，不同执行机构则为复合动作。常用的复合动

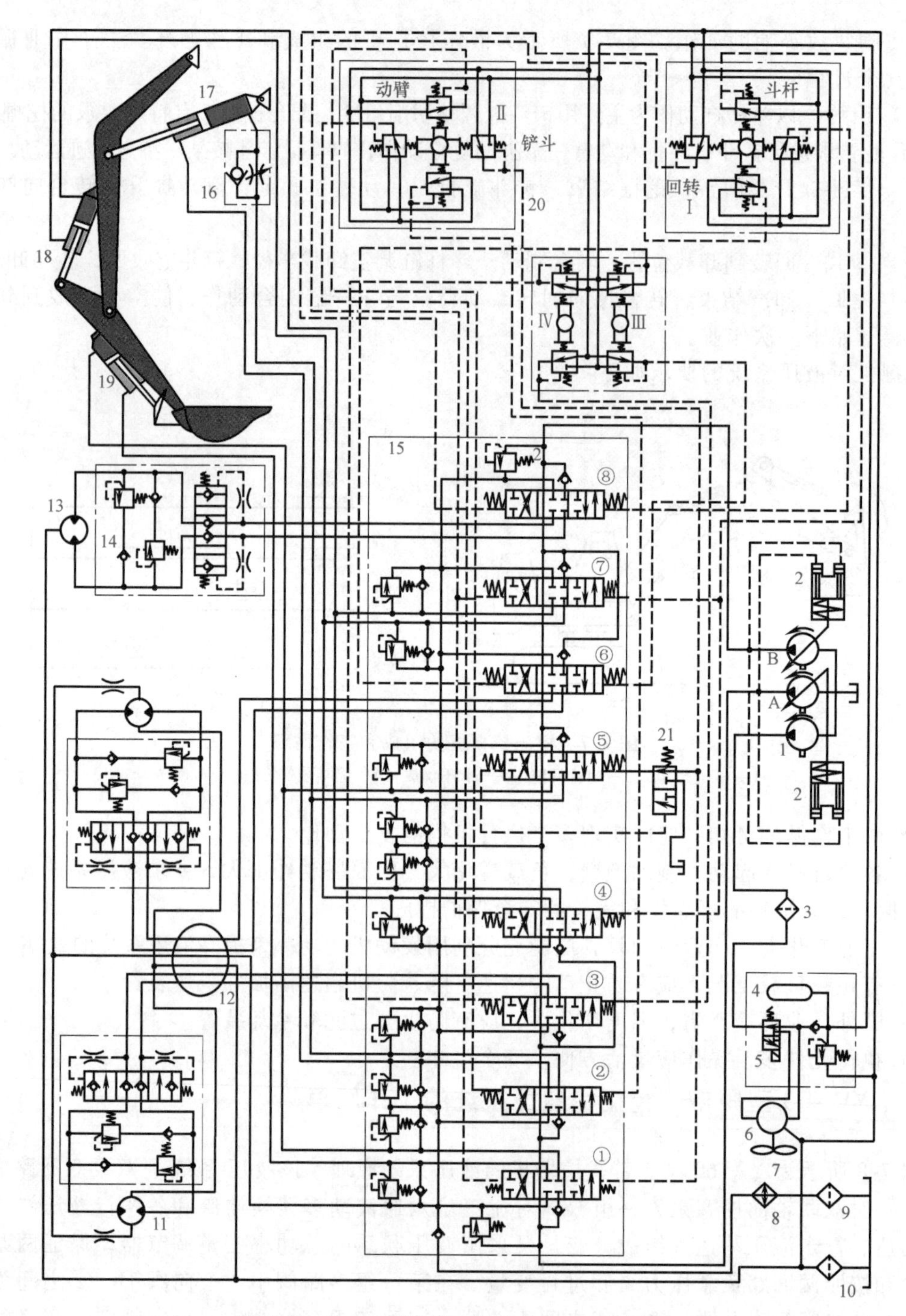

图7-8 YW-60型履带式挖掘机液压系统原理

A、B—液压泵 1—控制液压泵 2—安全阀 3、9、10—过滤器 4—蓄能器 5—电磁换向阀 6—冷却马达 7—冷却风扇 8—散热器 11—左行走马达 12—中心回转接头 13—回转马达 14—缓冲补油限速阀 15—多路换向阀组 16—单向节流阀 17—动臂缸 18—斗杆缸 19—铲斗缸 20—手动减压阀式先导阀 21—液动换向阀 ①~⑧—换向阀

作有：动臂-回转、左行走-右行走、铲斗-斗杆、动臂-斗杆。

两个主泵的回路中都设有一个溢流阀，压力调定为25MPa。同时每个液压缸和换向阀之间都设有双向过载补油阀，压力调定为30MPa，目的是限制液压缸的闭锁压力不超过限度。在每个液压马达油路中都设有缓冲补油限速阀，以缓冲液压马达制动和换向中的冲击，并通过换向阀中位机能从主油路充分补油，还可防止行走马达“溜坡”超速。

通过液动换向阀 21 和换向阀⑤配合，使液压泵 B 所供压力油在动臂无杆腔和铲斗无杆腔间切换，实现动臂快速提升和铲斗快速挖掘。系统还设置了自动控温装置，通过油箱中油温传感器发信号，使电磁阀接通齿轮马达，马达带动风扇旋转，冷却液压油。

系统操作方式采用手动减压阀先导控制，控制油源动力由控制液压泵 1（小齿轮泵）提供，为保证发动机出现故障仍能操作工作机构，控制油路上设有蓄能器 4 作应急能源。操作手动减压阀控制手柄至不同方向和位置，可使其输出 0~2.5MPa 的压力油，以控制液动多路换向阀的开度，实现方向和流量的控制。该方式操作轻便，且有操作力和位置的感觉。

手柄Ⅲ、Ⅳ位于驾驶室前部，可向前后两个方向运动，用于控制左右行走马达。手柄Ⅰ位于驾驶室左边，手柄Ⅱ位于驾驶室右边，手柄Ⅰ可向四个方向运动，分别控制工作装置和回转液压马达。

1. 行走

将手柄Ⅲ、Ⅳ同时推向前（图中向左），对应前面的两个先导式减压阀输出控制压力油，使换向阀③、⑥处于下位，A、B 两泵输出压力油分别通向左右行走马达，驱动挖掘机行走。油路的循环路线为：

A 路进油：液压泵 A→换向阀①中位→换向阀②中位→换向阀③下位→限速阀上位→左行走马达。

A 路回油：左行走马达→限速阀上位→换向阀③下位→背压阀→散热器 8→过滤器 9→油箱。

B 路进油：液压泵 B→换向阀⑧中位→换向阀⑥下位→限速阀上位→右行走马达。

B 路回油：右行走马达→限速阀上位→换向阀⑥下位→背压阀→散热器 8→过滤器 9→油箱。

挖掘机的倒退类似，不再叙述。如挖掘机转向，只需操作其中一个手柄，挖掘机就绕另一边履带转弯，如向相反方向操作两个手柄，挖掘机就绕中心转弯。

2. 回转

将手柄Ⅰ推向左边（图中向下），对应的先导式减压阀输出控制压力油，使换向阀⑧处于下位，液压泵 B 输出压力油通向回转马达，驱动挖掘机转台回转。油路的循环路线为：

进油：液压泵 B→换向阀⑧下位→限速阀左位→回转马达 13。

回油：回转马达 13→限速阀左位→换向阀⑧下位→背压阀→散热器 8→过滤器 9→油箱。

如果反方向操作手柄，则挖掘机反向回转。

3. 斗杆收放

将手柄Ⅰ推向前边（图中向左），对应的先导式减压阀输出控制压力油，使换向阀④、⑦处于上位，驱动斗杆伸出。油路的循环路线为：

A 路进油：液压泵 A→换向阀①中位→换向阀②中位→换向阀④上位→斗杆缸 18 无杆腔。

A 路回油：斗杆缸 18 有杆腔→换向阀④上位→背压阀→散热器 8→过滤器 9→油箱。

B 路进油：液压泵 B→换向阀⑧中位→换向阀⑦上位→斗杆缸 18 无杆腔。

B 路回油：斗杆缸 18 有杆腔→换向阀⑦上位→背压阀→散热器 8→过滤器 9→油箱。

向相反方向操作手柄，使斗杆缩回。

4. 动臂升降

将手柄Ⅱ推向前边（图中向左），对应的先导式减压阀输出控制压力油，使换向阀②处于下位、⑤处于上位，驱动动臂上升。油路的循环路线为：

A 路进油：液压泵 A→换向阀①中位→换向阀②下位→动臂缸 17 无杆腔。

A 路回油：动臂缸 17 有杆腔→换向阀②下位→背压阀→散热器 8→过滤器 9→油箱。

B 路进油：液压泵 B→换向阀⑧中位→换向阀⑦中位→换向阀⑥中位→换向阀⑤上位→动臂缸 17 无杆腔。

B 路回油：与 A 路回油同。

向相反方向操作手柄，动臂下降。

5. 铲斗装卸

将手柄Ⅱ推向左边（图中向下），对应的先导式减压阀输出控制压力油，使换向阀①、⑤处于下位，驱动铲斗收起。油路的循环路线为：

A路进油：液压泵A→换向阀①下位→铲斗缸19无杆腔。

A路回油：铲斗缸19有杆腔→换向阀①下位→背压阀→散热器8→过滤器9→油箱。

B路进油：液压泵B→换向阀⑧中位→换向阀⑦中位→换向阀⑥中位→换向阀⑤下位→铲斗缸19无杆腔。

B路回油：与A路回油同。

向相反方向操作手柄，使铲斗下放。

二、YW-60型履带式挖掘机液压系统的特点

1）液压系统采用液压联系的总功率变量泵，能够充分利用发动机的功率。

2）采用减压阀先导操作，在作业时操作轻便且有操作力和位置的感觉。

3）系统采用了各种调速方式，如有级调速（单泵供油、双泵合流）和无级调速（总功率变量容积调速和换向阀节流调速）。

4）各机构既可单动，相关机构也可复合动作。工作装置单动由双泵合流供油，其速度理论上比复合动作高一倍。

5）液压系统除了溢流阀之外，工作装置的液压缸设置了双向过载补油阀，液压马达设置了缓冲补油限速阀，提高了液压系统的安全性。

6）液压系统设置了背压阀，不仅使液压系统能够承受一定负值负载，而且可防止空气进入液压系统，减少执行机构的爬行，提高了执行机构工作的稳定性，还可以在执行元件制动时充分补油、预热液压马达。

7）有独立的控制油源，同时采用蓄能器作为应急油源，保证了操作的可靠性。

8）液压系统设置自动温控装置，保证油液在正常温度范围内工作。

习　题

7-1　图7-9所示为ZL50型装载机液压系统原理图，执行元件有转向缸、铲斗缸和动臂缸。

动力源为柴油机驱动一组双联泵和一台单泵，柴油机的工作转速 $n=600\sim2200$r/min，根据装载机的工作特点，要求：①转向部分在 $n=600\sim1500$r/min 时，由流量转换阀4保证有一恒定流量 q_z，以优先满足转向要求，$n>1500$r/min 后，q_z 随 n 增大而增加。转向阀6为一手动伺服阀，操作转向手轮，可开起通往转向缸的阀口，停止操作，机械反馈使阀回到中位；②动臂缸、铲斗缸要求单独动作，铲斗优先。试分析：

1）转向缸属于哪一种调速方式？溢流阀5在这里起什么作用？

2）多路换向阀11属于什么连接形式？它是如何满足铲斗缸和动臂缸的工作要求的？

3）铲斗缸和动臂缸的运动速度如何调节？

4）双作用溢流阀10在系统中的作用。

7-2　图7-10所示为专用铣床液压系统，要求机床工作台一次可安装两个工件，并能同时加工。工件的上料、卸料由手工完成，工件的夹紧及工作台进给运动由液压系统完成。机床的工作循环为“手工上料—工件自动夹紧—工作台快进—铣削进给—工作台快退—夹具松开—手工卸料”。分析系统回答下列问题：

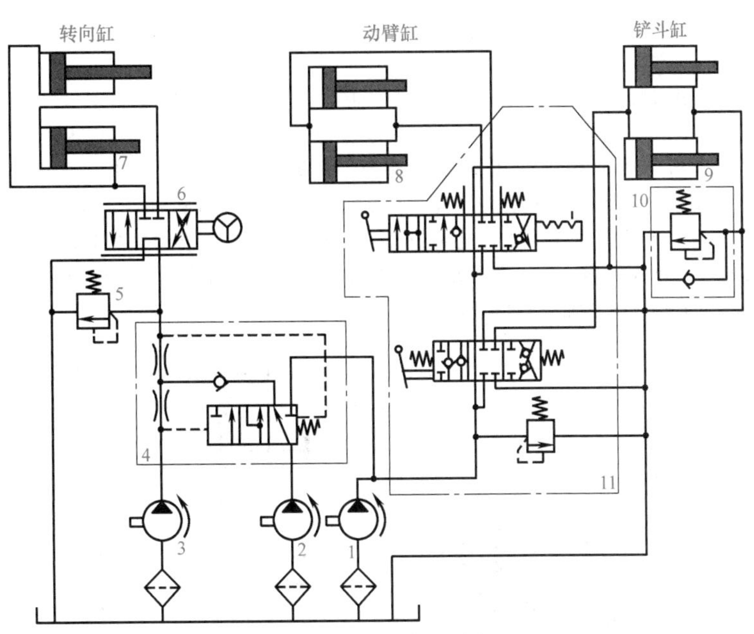

图 7-9　习题 7-1 图

1—工作泵　2—辅助泵　3—转向泵　4—流量转换阀　5—溢流阀　6—转向阀
7—转向缸　8—动臂缸　9—铲斗缸　10—双作用溢流阀　11—多路换向阀

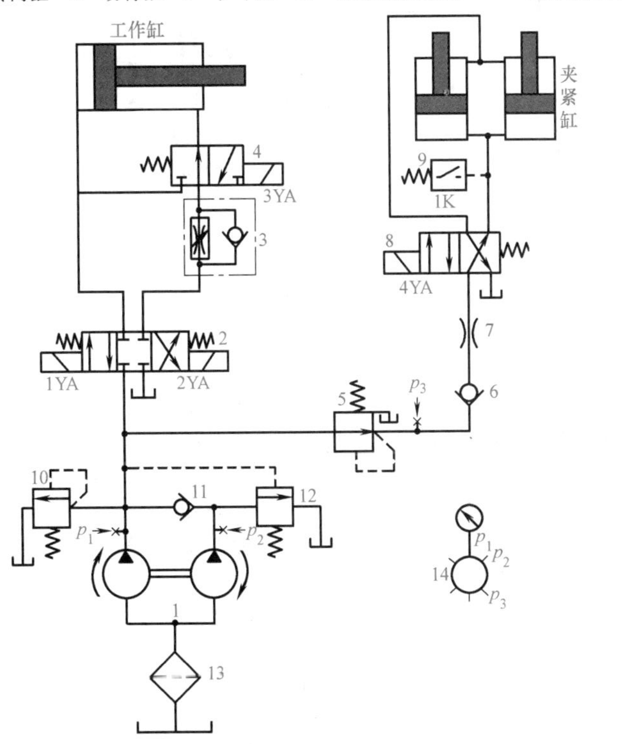

图 7-10　习题 7-2 图

1—双联叶片泵　2、4、8—换向阀　3—单向调速阀　5—减压阀　6、11—单向阀　7—节流阀
9—压力继电器　10—溢流阀　12—外控顺序阀　13—过滤器　14—压力表开关

1）填写电磁铁动作顺序表。

2）系统由哪些基本回路组成。

3）哪些工况由双泵供油？哪些工况由单泵供油？

4）说明元件6、7在系统中的作用。

7-3 图7-11所示为剪板机液压系统原理图，剪刀由主缸驱动，其工作循环为：空载起动—空程下行—剪切—下行缓冲—快速回程。在下行过程中主缸可随时停止运动并退回。为了对刀，还要求主缸有一个轻压对线功能，此时剪刀下行的力很小，不会损坏板料。试分析：

1）剪板机液压系统工作原理，即写出各动作时的油流走向和填写电磁铁动作顺序表。

2）阀5、2、1、10在系统中的作用。

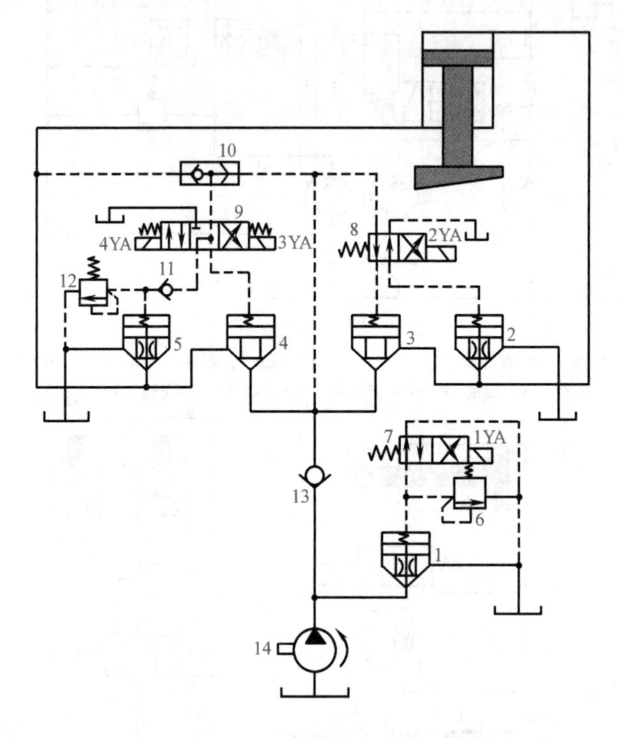

图7-11 习题7-3图

7-4 图7-12所示为JS01工业机械手液压系统，机械手具有手臂升降、伸缩、回转和手腕回转、手指夹紧五种功能，另外，为保证定位精度，手臂回转机构有定位装置。它完成的动作循环为“插定位销—手臂前伸—手指张开—手指夹紧抓料—手臂上升—手臂缩回—手腕回转—拔定位销—手臂回转—插定位销—手臂前伸—手臂中停—手指松开—手指闭合—手臂缩回—手臂下降—手腕回转复位—拔定位销—手臂回转复位，泵卸荷。分析系统回答下列问题：

1）填写电磁铁动作顺序表。

2）手臂升降、伸缩、回转及手腕回转的速度是如何调节的？调速时，泵的溢流阀处于什么工作状态？

3）元件12在手臂升降缸回路中起什么作用？

4）在手臂回转缸回路中为什么要设置元件19？

5）元件21在手指夹紧缸回路中起什么作用？

6）系统中为什么要设置元件8、9？

7）单向阀5、6、7、9各起什么作用？

8）为什么定位缸选用二位换向阀，而其他执行元件选用三位换向阀？为什么手臂升降缸和手臂伸缩缸选用电液换向阀，而其他执行元件选用电磁换向阀？

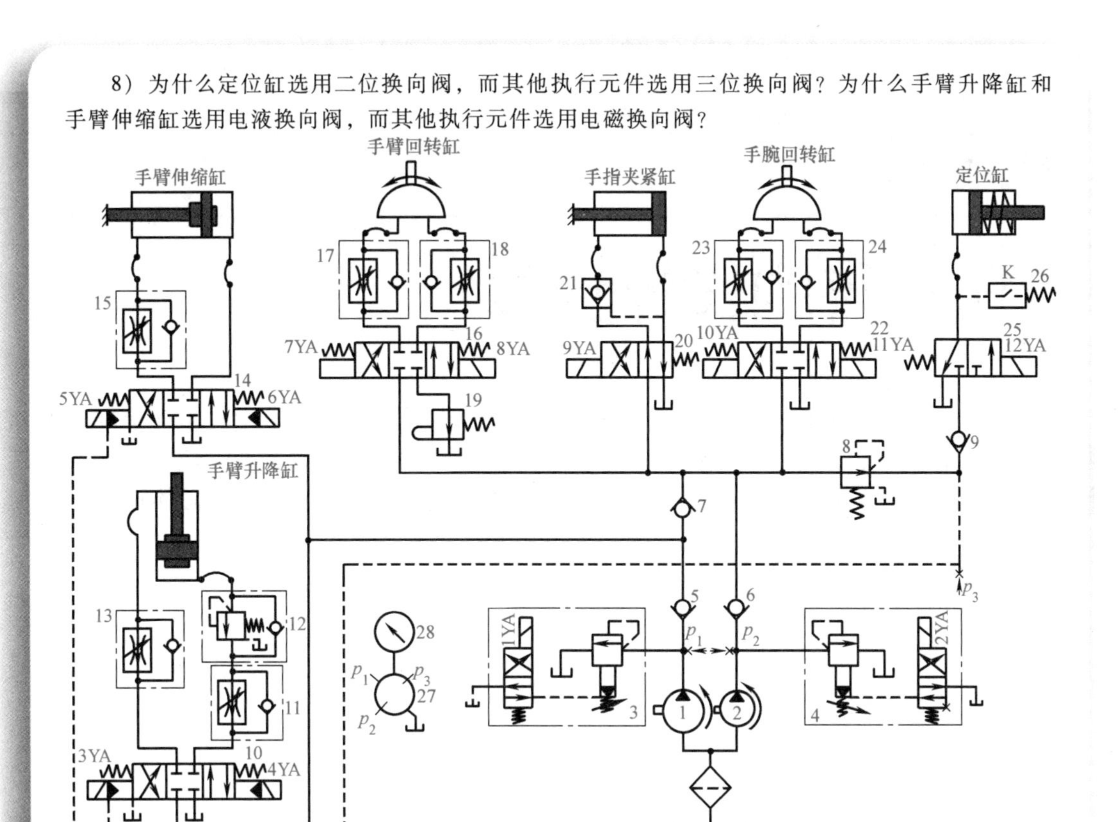

图 7-12　习题 7-4 图

Chapter 8

第八章

液压系统的设计计算

液压系统设计作为液压主机设计的重要组成部分，设计时必须满足主机工作循环的全部技术要求，且静动态性能好、效率高、结构简单、工作安全可靠、寿命长、经济性好、使用维护方便。为此，要明确与液压系统有关的主机参数的确定原则，与主机的总体设计（包括机械、电气设计）综合考虑，做到机、电、液相互配合，保证整机的性能最好。

液压系统设计的步骤一般是：

1）明确液压系统使用要求，进行负载特性分析。

2）设计液压系统方案。

3）计算液压系统主要参数。

4）绘制液压系统工作原理图。

5）选择液压元件。

6）验算液压系统性能。

7）液压装置结构设计。

8）绘制工作图，编制文件，并提出电气系统设计任务书。

第一节　液压系统的设计步骤

一、液压系统使用要求及速度负载分析

（一）使用要求

主机对液压系统的使用要求是液压系统设计的主要依据。因此，设计液压系统前必须明确下列问题：

1）主机的用途、总体布局、对液压装置的位置及空间尺寸的限制。

2）主机的工艺流程、动作循环、技术参数及性能要求。

3）主机对液压系统的工作方式及控制方式的要求。

4）液压系统的工作条件和工作环境。

5）经济性与成本等方面的要求。

（二）速度负载分析

对主机工作过程中各执行元件的运动速度及负载规律进行分析的内容包括：

1）各执行元件无负载运动的最大速度（快进、快退速度）、有负载的工作速度（工进速度）范围以及它们的变化规律，并绘制速度图（v-t）。

2）各执行元件的负载是单向负载还是双向负载、是与运动方向相反的正值负载还是与运动方向相同的负值负载、是恒定负载还是变负载，负载力的方向是否与液压缸活塞杆轴线重合，对复杂的液压系统需绘制负载图（F-t）。

二、液压系统方案设计

1. 确定回路方式

一般选用开式回路，即执行元件的排油回油箱，油液经过沉淀、冷却后再进入液压泵的进口。对于行走机械和航空航天液压装置，为减小体积和质量，可选择闭式回路，即执行元件的排油直接进入液压泵的进口。

2. 选用液压油液

普通液压系统选用矿油型液压油作工作介质，其中室内设备多选用汽轮机油和普通液压油，室外设备则选用抗磨液压油或低凝液压油，航空液压系统多选用航空液压油。对某些高温设备或井下液压系统，应选用难燃介质，如磷酸酯液、水-乙二醇、乳化液。液压油液选定后，设计和选择液压元件时应考虑其相容性。

3. 初定系统压力

液压系统的压力与液压设备工作环境、精度要求等有关，各类设备的常用压力见表 8-1。

表 8-1　各类设备的常用压力

设备类型	机床					农业机械、小型工程机械、工程机械辅助装置	液压机、重型机械、起重运输机械
	磨床	组合机床	车床、铣床	齿轮加工机床	拉床、龙门刨床		
工作压力 p/MPa	≤2	3~5	2~4	<6.3	<10	10~16	20~32

4. 选择执行元件

1）若要求实现连续回转运动，选用液压马达。若转速高于 500r/min，可直接选用高速液压马达，如齿轮马达、双作用叶片马达或轴向柱塞马达；若转速低于 500r/min，可选用低速液压马达或高速液压马达加机械减速装置。低速液压马达有单作用连杆型径向柱塞马达和多作用内曲线径向柱塞马达。

2）若要求往复摆动，可选用摆动液压缸或齿条活塞液压缸。

3）若要求实现直线运动，应选用活塞液压缸或柱塞液压缸。如果要求双向工作进给，应选用双活塞杆液压缸；如果只要求一个方向工作、反向退回，应选用单活塞杆液压缸；如果负载力不与活塞杆轴线重合或缸径较大、行程较长，应选用柱塞缸，反向退回则采用其他方式。

5. 确定液压泵类型

1）若系统压力 $p<21$MPa，选用齿轮泵或双作用叶片泵；若 $p>21$MPa，选用柱塞泵。

2）若系统采用节流调速，选用定量泵；若系统要求高效节能，应选用变量泵。

3）若液压系统有多个执行元件，且各工作循环所需流量相差很大，应选用多台泵供油，实现分级调速。

6. 选择调速方式

1）中小型液压设备特别是机床，一般选用定量泵节流调速。若设备对速度稳定性要求较高，则选用调速阀的节流调速回路。

2）如果设备原动机是内燃机，可采用定量泵变转速调速，同时用多路换向阀阀口实现微调。

3）采用变量泵调速，可以是手动变量调速，也可以是压力适应变量调速。

7. 确定调压方式

1）溢流阀旁接在液压泵出口，在进油和回油节流调速系统中为定压阀，用以保持系统工作压力恒定；在其他场合为安全阀，用以限制系统最高工作压力。当液压系统在工作循环不同阶段的工作压力相差很大时，为节省能量消耗，应采用多级调压。

2）中低压系统为获得低于系统压力的二次压力可选用减压阀，大型高压系统宜选用单独的控制油源。

3）为了使执行元件不工作时液压泵在很小的输出功率下工作，应采用卸荷回路。

4）对垂直负载应采用平衡回路，对垂直变负载则应采用限速锁，以保证重物平稳下落。

8. 选择换向回路

1）若液压设备自动化程度较高，应选用电动换向。此时各执行元件的顺序、互锁、联动等要求可由电气控制系统实现。

2）对行走机械，为保证工作可靠，一般选用手动换向。若执行元件较多，可选用多路换向阀。

9. 绘制液压系统原理图

液压基本回路确定以后，用一些辅助元件将其组合起来构成完整的液压系统。在组合回路时，尽可能多地去掉相同的多余元件，力求系统简单，元件数量、品种规格少。综合后的系统要能实现主机要求的各项功能，并且操作方便，工作安全可靠，动作平稳，调整维修方便。对于系统中的压力阀，应设置测压点，以便将压力阀调节到要求的数值，并可由测压点处的压力表观察系统是否正常工作。

三、液压系统的参数计算

（一）执行元件主要结构尺寸计算

1. 液压缸的主要尺寸确定

根据初定的系统压力 p_s，液压缸的最高工作压力 $p_{max}\approx 0.9p_s$。视液压缸回油背压为零，可得液压缸活塞作用面积

$$A=F_L/p_{max} \tag{8-1}$$

对双活塞杆液压缸 $A=\frac{\pi(D^2-d^2)}{4}$，一般取 $d=0.5D$；对单活塞杆液压缸 $A=\frac{\pi D^2}{4}$，按往返速比要求一般取 $d=(0.5\sim0.7)D$；对柱塞缸 $A=\frac{\pi d_1^2}{4}$。

如果在计算液压缸尺寸时需考虑背压，则可初定一参考数值，回路确定之后再修正。参考背压值见表 8-2。

若液压缸有低速要求，已计算出的有效作用面积 A 还应满足最低稳定速度的要求，即 A 应满足

表 8-2 液压缸参考背压值

系 统 类 型	背压 $p_2/(\times10^6\text{Pa})$
回油路上有节流阀的调速系统	0.2~0.5
回油路上有调速阀的调速系统	0.5~0.8
回油路上装有背压阀	0.5~1.5
带补油泵的闭式回路	0.8~1.5

$$v_{min}=\frac{q_{min}}{A}\leqslant[v_{min}] \tag{8-2}$$

式中 q_{min}——流量控制阀或变量泵的最小稳定流量，由产品样本查出。

计算出的活塞直径 D、活塞杆直径 d 或柱塞直径 d_1 需按 GB/T 2348—1993《液压气动系统及元件 缸内径及活塞杆外径》圆整。在 D、d 确定后可求得液压缸所需流量 $q_1=v_{max}A$。

2. 液压马达的主要尺寸确定

为保证液压马达运转平稳，一般应设回油背压 $p_b=0.5\sim1\text{MPa}$。因此可由最大负载转矩 T_{Lmax}、最高转速 n_{Mmax} 及液压马达工作压力 p 计算出液压马达的排量 V_M 和输入液压马达的最大流量 q_M

$$V_M = \frac{2\pi T_{Lmax}}{(p-p_b)\eta_{Mm}} \tag{8-3}$$

$$q_M = \frac{n_{Mmax} V_M}{\eta_{MV}} \tag{8-4}$$

式中 η_{MV}、η_{Mm}——液压马达的容积效率和机械效率，计算时可查手册或产品样本。

3. 作执行元件工况图

执行元件主要参数确定之后，根据设计任务要求，就可以算出执行元件在工作循环各阶段的工作压力、输入流量和功率，作出压力、流量和功率对时间（或位移）的变化曲线，即工况图。当系统中包含多个执行元件时，其工况图就是各个执行元件工况图的综合。

液压执行元件的工况图是选择其他液压元件的依据，液压泵和各种阀的规格就是根据工况图中最大压力和最大流量确定的。

（二）液压泵的性能参数计算

1. 确定液压泵的最大工作压力 p_P

$$p_P \geqslant p_1 + \sum \Delta p \tag{8-5}$$

式中 p_1——执行元件的最高工作压力。

$\sum \Delta p$——执行元件进油路上的压力损失。对夹紧、压制和定位等工况，若在执行元件到达终点时系统才出现最高工作压力，则 $\sum \Delta p=0$；对其他工况，液压元件的规格和管路长度、直径未确定时，可初定简单系统 $\sum \Delta p=0.2\sim0.5$MPa，复杂系统 $\sum \Delta p=0.5\sim1.5$MPa。

2. 确定液压泵的最大流量 q_P

$$q_P \geqslant K(\sum q)_{max} \tag{8-6}$$

式中 $(\sum q)_{max}$——同时动作的各执行元件所需流量之和的最大值；

K——泄漏系数，一般取 $K=1.1\sim1.3$，大流量时取小值，反之取大值。

对于节流调速系统，如果最大流量点处于溢流阀的工作状态，则泵的供油量须增加溢流阀的最小溢流量，一般为溢流阀的额定流量的15%。当系统中有蓄能器时，泵的最大供油量为一个工作循环中执行元件的平均流量与回路泄漏量之和。

3. 选择液压泵的规格型号

液压泵的规格型号按 p_P、q_P 值在产品目录中选取，并使液压泵有一定的压力储备，额定流量与泵的最大流量相符。

四、液压元件和装置的选择

（一）控制阀的选择

根据系统的最大工作压力和通过阀的实际最大流量，由产品样本确定阀的规格和型号，被选定阀的额定压力和额定流量应大于或等于系统的最大工作压力和阀的实际流量，必要时通过阀的实际流量可略大于该阀的额定流量，但不允许超出20%，以免压力损失过大，引起噪声和发热。选择流量阀时还应考虑最小稳定流量是否满足工作部件最低运动速度要求。

（二）辅助元件的选择

过滤器、蓄能器、管道和管接头等辅助元件可按照第五章中有关论述选用。选择油管和管接头的简便方法，是使它们的规格与它所连接的液压元件油口的尺寸一致。

油箱有效容积的确定一般根据泵的额定流量 q_P 进行，对低压系统（0~2.5MPa），$V=(2\sim4)q_P$；对中压系统（2.5~6.3MPa），$V=(5\sim7)q_P$；对高压系统（>6.3MPa），$V=(6\sim12)q_P$。

（三）液压阀配置形式的选择

对于固定式液压设备，常将液压系统的动力、控制与调节装置集中安装成独立的液压站，可使装配与维修方便，隔开动力源的振动，并减小油温的变化对主机工作精度的影响。液压元件在液压站上的配置有多种形式可供选择。配置形式不同，液压系统的压力损失和元件类型不同。液压元件目前采用集成化配置，具体形式有下面三种：

1. 集成油路板式

集成油路板是一块较厚的液压元件安装板，板式连接的液压元件由螺钉安装在板的正面，管接头安装在板的反面，元件之间的油路全部由板内加工的孔道形成，如图8-1所示。

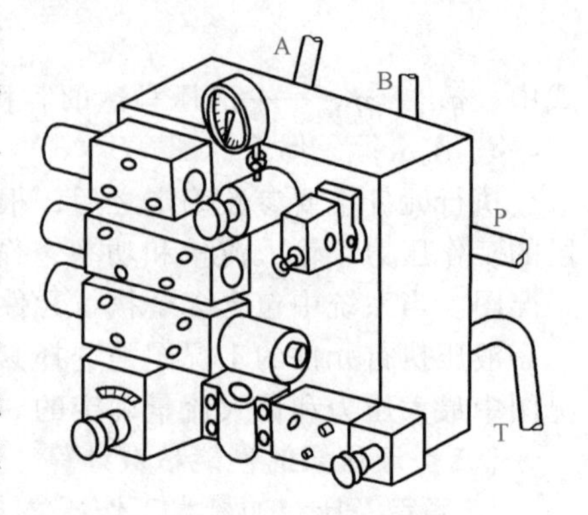

图8-1 集成油路板式配置

2. 集成块式

集成块是一个通用化的六面体，四周除一面安装通向执行元件的管接头外，其余三面都可安装板式液压阀。元件之间的连接油路由集成块内部孔道形成。一个液压系统往往由多块集成块组成，如图8-2所示。进油口和回油口在底板上，通过集成块的公共孔直通顶盖。

3. 叠加阀式

叠加阀是自成系列的元件，每个叠加阀既起控制阀的作用，又起通道体的作用，因此它不需要另外的连接块，只需用长螺栓直接将各叠加阀叠装在底板上，即可组成所需要的液压系统，如图8-3所示。这种配置形式的优点是：结构紧凑、油管少、体积小、质量小，不需设计专用的油路连接块。

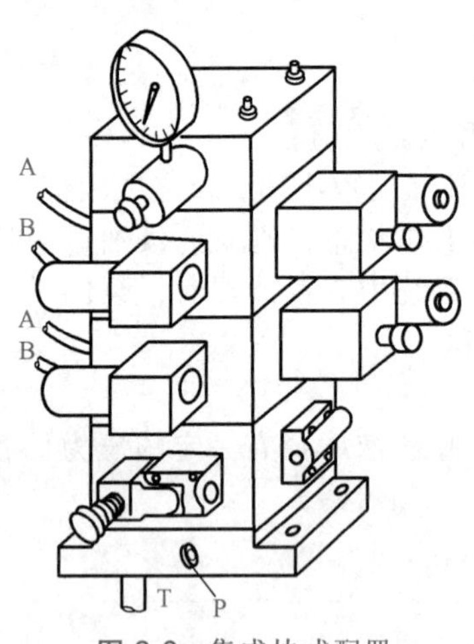

图8-2 集成块式配置

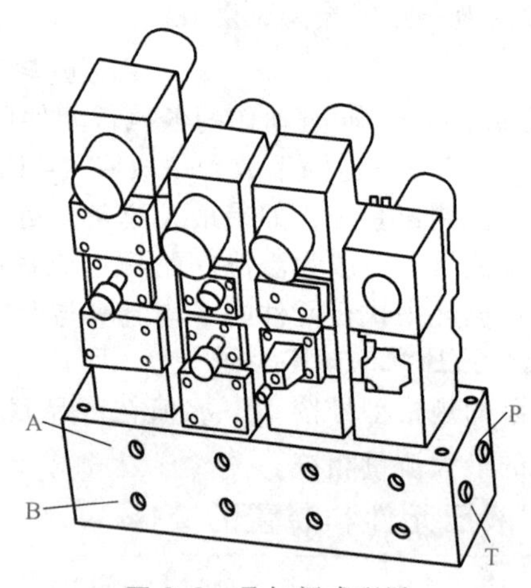

图8-3 叠加阀式配置

(四) 泵-电动机装置的选择

液压泵-电动机装置包括液压泵、电动机、泵用联轴器、传动底座及管路附件等，又称为泵组，如图8-4所示。

1. 电动机功率计算

根据压力和流量选定液压泵的规格型号之后，驱动液压泵的电动机功率可按下式计算

$$P = p_P q_P / \eta_P \tag{8-7}$$

式中 P——电动机功率（W）；

p_P——液压泵最大工作压力（Pa）；

q_P——液压泵的输出流量（m^3/s）；

η_P——液压泵总效率，可由液压泵产品样本查出。

此时必须注意，当泵的工作压力低于其额定压力、工作流量小于额定流量时，泵的总效率会下降很多。

根据公式（8-7）选取电动机功率时最好有一定的功率储备，但允许短时超载25%。选定电动机后，电动机的转速、功率即已确定，但电动机的型号还与它的安装形式有关。

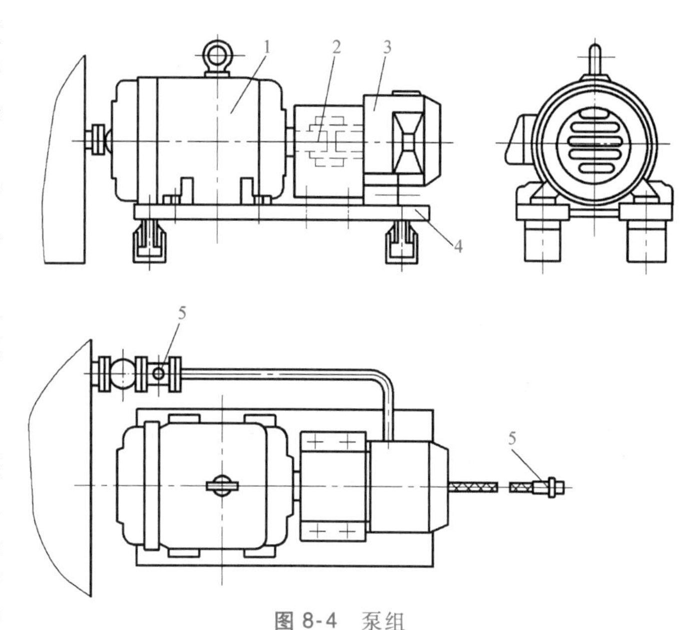

图8-4　泵组

1—电动机　2—泵用联轴器　3—液压泵　4—底座　5—管路附件

2. 电动机的安装形式

可供选择的电动机的安装形式主要有三种：机座带底脚、端盖上无凸缘结构；机座不带底脚、端盖上带大于机座的凸缘结构；机座带底脚、端盖上带大于机座的凸缘结构。图8-4所示为机座带底脚、端盖上无凸缘的结构，一般用于水平放置。若泵组立式放置，则应选用机座不带底脚、端盖上带大于机座的凸缘结构。机座带底脚且端盖上带凸缘的结构用于水平放置的泵组，此时液压泵通过法兰式支架支承在电动机上。

3. 联轴器

由于液压泵的传动轴不能承受径向载荷和轴向载荷，但又要求泵轴与电动机轴有很高的同轴度，因此一般采用弹性联轴器的连接形式。联轴器的规格按其传递的转矩最大值选取。

若选用特殊的轴端带内花键连接孔的电动机，则可选用主轴输入端为花键的液压泵，两者直接插入组装。这样即可保持两轴的同心，又可省去联轴器，使泵组的尺寸减小。

4. 泵组底座

小功率泵组可以安装在油箱的上盖上（上置式），功率较大时需单独安装在专用的平台上（非上置式）。泵组的底座应具有足够的强度和刚度，要便于安装和检修，同时在合适的部位设置泄油盘，以防止液压油液污染场地。

为减小噪声和振动，泵组与安装平台之间最好加弹性材料制成的防振垫。

5. 管路附件

液压泵的吸油管一般选用硬管，管路尽可能短，过流面积尽可能大，以减小吸油阻力。安装吸油管时注意液压泵有吸油高度的限制。安装非上置式泵组时，需在油箱与泵的吸油口之间加闸阀，以便于检修。

因吸油管采用硬管，因此应在吸油口设置橡胶补偿接管（隔振喉），起隔振、补偿作用。

五、验算液压系统性能

液压系统初步确定之后，就需对系统的有关性能加以验算，以判别系统的设计质量，并对液压系统进行完善和改进。根据液压系统的不同，需要验算的项目也有所不同，但一般的液压系统都要进行回路压力损失和发热温升的验算。

（一）系统压力损失的验算

选定系统的液压元件、安装形式、油管和管接头后，画出管路的安装图，然后对管路系统总的压力损失进行验算，压力损失包括管道内的沿程损失、局部损失以及阀类元件的局部损失三项。前两项损失可按式（1-40）进行计算，阀类元件处的局部损失可从产品样本中查出或按式（1-39）来计算。如果算出的管路压力损失 Δp 与初算时假定值相差太大，则必须以此 Δp 值代替假定值，进行重新计算，或对原设计进行修改，以降低 Δp 值。

在对系统压力损失进行验算时，应按系统工作循环的不同阶段，对进油路和回油路分别进行计算，对于较简单的液压系统，压力损失的验算可以省略。

（二）系统发热温升的验算

液压系统工作时，液压泵和执行元件存在着容积损失和机械损失，管路和各种阀类元件通过液流时要产生压力损失和泄漏。所有的这些损失所消耗的能量均转变成热能，使油温升高。连续工作一段时间后，系统所产生的热量与散发到空气中的热量相等，即达到热平衡状态，此后温度不再升高。不同的主机，因工作条件与工况的不同，最高允许油温是不同的，系统发热温升的验算，就是计算系统的实际油温，如果实际油温小于最高允许温度，则系统满足要求。系统中散发热量的元件主要是油箱。

系统单位时间的发热量 Φ（kW）为

$$\Phi = P_1 - P_2 \tag{8-8}$$

式中 P_1——液压泵的输入功率（kW）；

P_2——系统的输出功率（kW），执行元件是液压缸时为液压缸的输出功率。

若在一个工作循环中有几个工作阶段，则可根据各阶段的发热量求出系统的平均发热量

$$\Phi = \frac{1}{\tau}\sum_{i=1}^{n}(P_{1i} - P_{2i})t_i \tag{8-9}$$

式中 τ——工作循环周期（s）；

t_i——第 i 工作阶段的持续时间（s）；

P_{1i}——第 i 工作阶段泵的输入功率（kW）；

P_{2i}——第 i 工作阶段系统的输出功率（kW）。

油箱单位时间的散热量 Φ'（kW）为

$$\Phi' = C_T A \Delta T \tag{8-10}$$

式中 A——油箱散热面积（m^2）；

ΔT——系统温升（℃），$\Delta T = T_1 - T_2$，T_1 为系统达到热平衡时的油温（℃），T_2 为环境温度（℃）；

C_T——油箱散热系数［kW/(m²·℃)］，自然冷却通风很差时 $C_T = (8 \sim 9) \times 10^{-3}$，自然冷却通风良好时 $C_T = (15 \sim 17.5) \times 10^{-3}$，油箱加专用冷却器时 $C_T = (110 \sim 170) \times 10^{-3}$。

液压系统达到热平衡时，$\Phi = \Phi'$，即

$$\Delta T = \frac{\Phi}{C_T A} \tag{8-11}$$

如果油箱三个边长的比例在 1∶1∶1 至 1∶2∶3 范围内，且油面高度为油箱高度的 80%，则其散热面积 A（m^2）近似为

$$A = 0.065\sqrt[3]{V^2} \tag{8-12}$$

式中 V——油箱的有效容积（L）。

然后按下式验算，即

$$T_1 = T_2 + \Delta T \leqslant [T_1] \tag{8-13}$$

式中 $[T_1]$——最高允许油温。对于一般机床，$[T_1] = 55 \sim 70$℃；对粗加工机械、工程机械，$[T_1] = 65 \sim 80$℃。

如果油温超过最高允许油温，则必须采取降温措施，如改进液压系统设计、增大油箱散热面或加装冷却器等。

六、绘制工作图、编制技术文件

所设计的液压系统经过验算后，即可对初步拟订的液压系统进行修改，并绘制正式的工作图和编制技术文件。

正式工作图一般包括正式的液压系统工作原理图、液压系统装配图、各种非标准元件（如油箱、液压缸等）的装配图及零件图。

液压系统原理图是对初步拟订的系统经反复修改完善，选定了液压元件之后，所绘制的液压系统图。图中应附有液压元件明细表，表中标明各液压元件的规格、型号和参数调整值；对于复杂的系统，应按各执行元件的动作顺序绘制工作循环图和电气元件动作顺序表。

液压系统的装配图是液压系统的安装施工图，应包括液压泵装置图、集成油路装配图和管路安装图。在管路安装图上应表示出各液压部件和元件在设备和工作地的位置和固定方式，油管的规格和分布位置，各种管接头的形式和规格等。在绘制装配图时应考虑安装、使用、调整和维修方便，管道尽量短，弯头和管接头尽量少。

编写技术文件，一般应包括：设计计算说明书、零部件目录表、标准件、通用件及外购件总表等。

第二节　液压系统的设计计算举例

设计一卧式单面多轴钻孔组合机床动力滑台的液压系统。动力滑台的工作循环是：快进→工进→快退→停止。液压系统的主要参数与性能要求如下：切削力 $F_t=20000\text{N}$，移动部件总重力 $G=10000\text{N}$，快进行程 $l_1=100\text{mm}$，工进行程 $l_2=50\text{mm}$，快进、快退的速度为 4m/min，工进速度为 0.05m/min，加速、减速时间 $\Delta t=0.2\text{s}$，静摩擦因数 $f_s=0.2$，动摩擦因数 $f_d=0.1$。该动力滑台采用水平放置的平导轨，动力滑台可在任意位置停止。

一、负载分析

负载分析中，暂不考虑回油腔的背压力，液压缸的密封装置产生的摩擦阻力在机械效率中加以考虑。因工作部件是卧式放置的，重力的水平分力为零，这样需要考虑的力有：切削力、导轨摩擦力和惯性力。导轨的正压力等于动力部件的重力，设导轨的静摩擦力为 F_{fs}，动摩擦力为 F_{fd}，则

$$F_{fs}=f_sF_N=0.2\times10000\text{N}=2000\text{N}$$
$$F_{fd}=f_dF_N=0.1\times10000\text{N}=1000\text{N}$$

而惯性力

$$F_m=m\frac{\Delta v}{\Delta t}=\frac{G}{g}\frac{\Delta v}{\Delta t}=\frac{10000\times4/60}{9.8\times0.2}\text{N}=342\text{N}$$

如果忽略切削力引起的颠覆力矩对导轨摩擦力的影响，并设液压缸的机械效率 $\eta_m=0.95$，则可以算出液压缸在各工作阶段的总机械负载，见表 8-3。

表 8-3 液压缸在各工作阶段的总机械负载

运动阶段	计算公式	总机械负载 F/N
起动	$F=F_{fs}/\eta_m$	2105
加速	$F=(F_{fd}+F_m)/\eta_m$	1413
快进	$F=F_{fd}/\eta_m$	1053
工进	$F=(F_t+F_{fd})/\eta_m$	22105
快退	$F=F_{fd}/\eta_m$	1053

根据负载计算结果和已知的各阶段的速度，可绘出负载图（F-l）和速度图（v-l），如图 8-5a、b 所示。横坐标以上为液压缸活塞前进时的曲线，以下为液压缸活塞退回时的曲线。

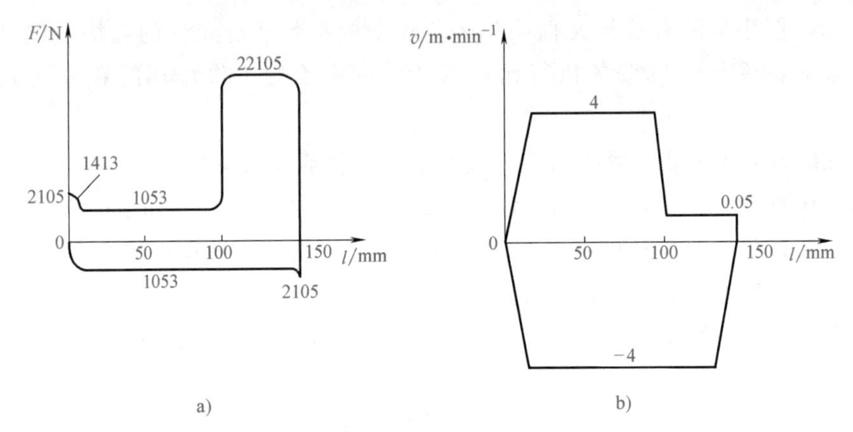

图 8-5 负载速度图
a）负载图 b）速度图

二、液压系统方案设计

1. 确定液压泵的类型及调速方式

参考同类组合机床，选用双作用叶片泵双泵供油、调速阀进油节流调速的开式回路，溢流阀作定压阀。为防止钻孔钻通时滑台突然失去负载向前冲，在回油路上设置背压阀，初定背压值 $p_b=0.8\text{MPa}$。

2. 选用执行元件

因系统动作循环要求正向快进和工作，反向快退，且快进、快退速度相等，因此选用单活塞杆液压缸，快进时差动连接，无杆腔面积 A_1 等于有杆腔面积 A_2 的两倍。

3. 快速运动回路和速度换接回路

根据本例的运动方式和要求，采用差动连接与双泵供油两种快速运动回路来实现快速运动。即快进时，由大、小泵同时供油，液压缸实现差动连接。

本例采用二位二通电磁阀的速度换接回路，控制由快进转为工进。与采用行程阀相比，电磁阀可直接安装在液压站上，由工作台的行程开关控制，管路较简单，行程大小也容易调整，另外采用液控顺序阀与单向阀来切断差动油路。因此速度换接回路为行程与压力联合控制形式。

4. 换向回路的选择

本系统对换向的平稳性没有严格要求，所以选用电磁换向阀的换向回路。为便于实现差动连接，选用了三位五通换向阀。为提高换向的位置精度，采用固定挡铁和压力继电器的行程终点返程控制。

5. 绘制液压系统原理图

将上述所选定的液压回路进行组合，并根据要求进行必要的修改与补充，即组成图 8-6 所示的液压系统原理图。为便于观察和调整压力，在液压泵的出口处、背压阀和液压缸无杆腔进口处设置测压点，并设置多点压力表开关。这样只需一个压力表即能观测各点压力。

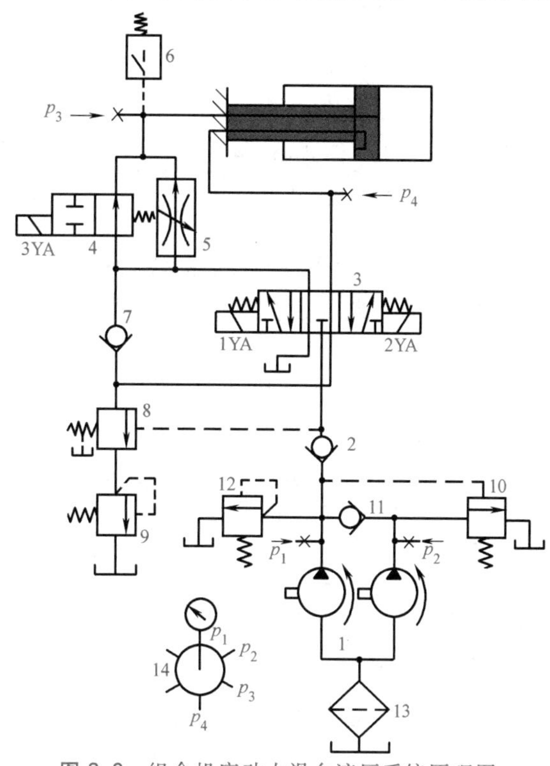

图 8-6　组合机床动力滑台液压系统原理图

1—双联叶片泵　2、7、11—单向阀　3—三位五通电磁阀　4—二位二通电磁阀
5—调速阀　6—压力继电器　8、10—液控顺序阀
9—背压阀　12—溢流阀　13—过滤器　14—压力表开关

液压系统中各电磁铁的动作顺序见表 8-4。

表 8-4　电磁铁动作顺序表

	1YA	2YA	3YA
快进	+	−	−
工进	+	−	+
快退	−	+	−
停止	−	−	−

注：表中“+”表示通电，“−”表示断电。

三、液压系统的参数计算

（一）液压缸参数计算

1. 初选液压缸的工作压力

参考同类型组合机床，初定液压缸的工作压力 $p_1=4\times10^6\text{Pa}$。

2. 确定液压缸的主要结构尺寸

本例要求动力滑台的快进、快退速度相等，现采用活塞杆固定的单杆式液压缸。快进时采用差动连接，并取无杆腔有效作用面积 A_1 等于有杆腔有效作用面积 A_2 的两倍，即 $A_1=2A_2$。为了防止在钻孔钻通时滑台突然前冲，在回油路中装有背压阀，按表8-2初选背压$p_b=0.8\times10^6$Pa。

由表8-3可知，最大负载为工进阶段的负载$F=22105$N，按此计算A_1，即

$$A_1=\frac{F}{p_1-\frac{1}{2}p_b}=\frac{22105}{4\times10^6-\frac{1}{2}\times0.8\times10^6}\text{m}^2=6.14\times10^{-3}\text{m}^2$$

$$=61.4\text{cm}^2$$

液压缸直径

$$D=\sqrt{\frac{4A_1}{\pi}}=\sqrt{\frac{4\times61.4}{3.14}}\text{cm}=8.84\text{cm}$$

由$A_1=2A_2$，可知活塞杆直径

$$d=0.707D=0.707\times8.84\text{cm}=6.25\text{cm}$$

按GB/T 2348—1993将所计算的D与d值分别圆整到相近的标准直径，以便采用标准的密封装置。圆整后得

$$D=9\text{cm},\quad d=6.3\text{cm}$$

按标准直径算出

$$A_1=\frac{\pi}{4}D^2=\frac{\pi}{4}\times9^2\text{cm}^2=63.6\text{cm}^2$$

$$A_2=\frac{\pi}{4}(D^2-d^2)=\frac{\pi}{4}(9^2-6.3^2)\text{cm}^2=32.4\text{cm}^2$$

按最低工进速度验算液压缸尺寸，查产品样本，调速阀最小稳定流量$q_{\min}=0.05$L/min，因工进速度$v=0.05$m/min为最小速度，则

$$A_1\geqslant\frac{q_{\min}}{v_{\min}}=\frac{0.05\times10^3}{0.05\times10^2}\text{cm}^2=10\text{cm}^2$$

本例$A_1=63.6\text{cm}^2>10\text{cm}^2$，满足最低速度的要求。

3. 计算液压缸各工作阶段的工作压力、流量和功率

根据液压缸的负载图和速度图以及液压缸的有效作用面积，可以算出液压缸各工作阶段的工作压力、流量和功率，在计算工进时背压按$p_b=0.8\times10^6$Pa代入，快退时背压按$p_b=0.5\times10^6$Pa代入，计算公式和计算结果列于表8-5中。

表8-5 液压缸所需的实际流量、压力和功率

工作循环	计算公式	负载F/N	进油压力p_j/Pa	回油压力p_b/Pa	所需流量/L·min^{-1}	输入功率P/kW
差动快进	$p_j=\frac{F+\Delta pA_2}{A_1-A_2}$ $q=v(A_1-A_2)$ $P=p_jq$	1053	0.85×10^6	1.35×10^6	12.5	0.174
工进	$p_j=\frac{F+p_bA_2}{A_1}$ $q=A_1v$ $P=p_jq$	22105	3.88×10^6	0.8×10^6	0.32	0.021
快退	$p_j=\frac{F+p_bA_1}{A_2}$ $q=A_2v$ $P=p_jq$	1053	1.31×10^6	0.5×10^6	12.9	0.281

注：1. 差动连接时，液压缸的回油口到进油口之间的压力损失$\Delta p=0.5\times10^6$Pa，而$p_b=p_j+\Delta p$。

2. 快退时，液压缸有杆腔进油，压力为p_j，无杆腔回油，压力为p_b。

（二）液压泵的参数计算

由表 8-5 可知，工进阶段液压缸工作压力最大，若取进油路总压力损失 $\sum \Delta p = 0.5 \times 10^6 \mathrm{Pa}$，压力继电器可靠动作需要压差为 $0.5 \times 10^6 \mathrm{Pa}$，则液压泵最高工作压力可按式（8-5）算出

$$p_P = p_1 + \sum \Delta p + 0.5 \times 10^6 = (3.85 + 0.5 + 0.5) \times 10^6 \mathrm{Pa} = 4.88 \times 10^6 \mathrm{Pa}$$

因此泵的额定压力可取 $p_r \geqslant 1.25 \times 4.88 \times 10^6 \mathrm{Pa} = 6.1 \times 10^6 \mathrm{Pa}$。

由表 8-5 可知，工进时所需流量最小为 0.32L/min，设溢流阀最小溢流量为 2.5L/min，则小流量泵的流量按式（8-6）应为 $q_{P1} \geqslant (1.1 \times 0.32 + 2.5) \mathrm{L/min} = 2.85 \mathrm{L/min}$；快进快退时液压缸所需的最大流量是 12.9L/min，则泵的总流量为 $q_P = 1.1 \times 12.9 \mathrm{L/min} = 14.2 \mathrm{L/min}$，因此大流量泵的流量 $q_{P2} \geqslant q_P - q_{P1} = (14.2 - 2.85) \mathrm{L/min} = 11.35 \mathrm{L/min}$。

根据上面计算的压力和流量，查产品样本，选用 YB-4/12 型双联叶片泵，该泵额定压力为 6.3MPa，额定转速为 960r/min。

（三）电动机的选择

系统为双泵供油，其中小流量泵的流量 $q_{P1} = (4 \times 10^{-3}/60) \mathrm{m^3/s} = 0.0667 \times 10^{-3} \mathrm{m^3/s}$，大流量泵的流量 $q_{P2} = (12 \times 10^{-3}/60) \mathrm{m^5/s} = 0.2 \times 10^{-3} \mathrm{m^3/s}$。差动快进、快退时两个泵同时向系统供油；工进时，小流量泵向系统供油，大流量泵卸荷。下面分别计算三个阶段所需要的电动机功率 P。

1. 差动快进

差动快进时，大流量泵的出口压力油经单向阀 11 后与小流量泵汇合，然后经单向阀 2、三位五通电磁阀 3、二位二通电磁阀 4 进入液压缸大腔，大腔的压力 $p_1 = p_j = 0.85 \times 10^6 \mathrm{Pa}$。查样本可知，小流量泵的出口压力损失 $\Delta p_1 = 0.45 \times 10^6 \mathrm{Pa}$，大流量泵出口到小流量泵出口的压力损失 $\Delta p_2 = 0.15 \times 10^6 \mathrm{Pa}$。于是计算可得小流量泵的出口压力 $p_{P1} = 1.3 \times 10^6 \mathrm{Pa}$（总效率 $\eta_1 = 0.5$），大流量泵的出口压力 $p_{P2} = 1.45 \times 10^6 \mathrm{Pa}$（总效率 $\eta_2 = 0.5$）。

这时电动机功率为

$$P_1 = \frac{p_{P1} q_1}{\eta_1} + \frac{p_{P2} q_2}{\eta_2} = \left(\frac{1.3 \times 10^6 \times 0.0667 \times 10^{-3}}{0.5} + \frac{1.45 \times 10^6 \times 0.2 \times 10^{-3}}{0.5} \right) \mathrm{W} = 463 \mathrm{W}$$

2. 工进

考虑到调速阀所需最小压差 $\Delta p_1 = 0.5 \times 10^6 \mathrm{Pa}$，压力继电器可靠动作需要压差 $\Delta p_2 = 0.5 \times 10^6 \mathrm{Pa}$，因此工进时小流量泵的出口压力 $p_{P1} = p_1 + \Delta p_1 + \Delta p_2 = 4.88 \times 10^6 \mathrm{Pa}$；大流量泵的卸荷压力取 $p_{P2} = 0.2 \times 10^6 \mathrm{Pa}$（小流量泵的总效率 $\eta_1 = 0.565$，大流量泵的总效率 $\eta_2 = 0.3$）。

这时电动机功率为

$$P_2 = \frac{p_{P1} q_1}{\eta_1} + \frac{p_{P2} q_2}{\eta_2} = \left(\frac{4.88 \times 10^6 \times 0.0667 \times 10^{-3}}{0.565} + \frac{0.2 \times 10^6 \times 0.2 \times 10^{-3}}{0.3} \right) \mathrm{W} = 709 \mathrm{W}$$

3. 快退

类似差动快进分析知：小流量泵的出口压力 $p_{P1} = 1.65 \times 10^6 \mathrm{Pa}$（总效率 $\eta_1 = 0.5$）；大流量泵的出口压力 $p_{P2} = 1.8 \times 10^6 \mathrm{Pa}$（总效率 $\eta_2 = 0.51$）。此时电动机功率为

$$P_3 = \frac{p_{P1} q_1}{\eta_1} + \frac{p_{P2} q_2}{\eta_2} = \left(\frac{1.65 \times 10^6 \times 0.0667 \times 10^{-3}}{0.5} + \frac{1.8 \times 10^6 \times 0.2 \times 10^{-3}}{0.51} \right) \mathrm{W} = 926 \mathrm{W}$$

综合比较，快退时所需功率最大。据此查样本选用 Y90L-6 异步电动机，电动机功率为 1.1kW，额定转速为 910r/min。

四、液压元件的选择

1. 液压阀及过滤器的选择

根据液压阀在系统中的最高工作压力与通过该阀的最大流量，可选出液压阀的型号及规格。本例中所有液压阀的额定压力都为 6.3×10^6Pa，额定流量根据各阀通过的流量，确定为 10L/min、25L/min 和 63L/min 三种规格；过滤器按液压泵额定流量的两倍选取吸油用线隙式过滤器。表中序号与系统原理图中的序号一致。所有元件的规格型号列于表 8-6 中。

表 8-6 液压元件明细表

序号	元件名称	最大通过流量/ $L\cdot min^{-1}$	型号	序号	元件名称	最大通过流量/ $L\cdot min^{-1}$	型号
1	双联叶片泵	16	YB-4/12	8	液控顺序阀	0.16	XY-25B
2	单向阀	16	I-25B	9	背压阀	0.16	B-10B
3	三位五通电磁阀	32	$35D_1$-63BY	10	液控顺序阀(卸荷用)	12	XY-25B
4	二位二通电磁阀	32	$22D_1$-63BH	11	单向阀	12	I-25B
5	调速阀	0.32	Q-10B	12	溢流阀	4	Y-10B
6	压力继电器		DP_1-63B	13	过滤器	32	XU-B32×100
7	单向阀	16	I-25B	14	压力表开关		K-6B

2. 油管的选择

根据选定的液压阀的连接油口尺寸确定管道尺寸，液压缸的进、出油管按输入、排出的最大流量来计算。由于本系统液压缸差动连接快进、快退时，油管内通油量最大，其实际流量为泵额定流量的两倍，达 32L/min，则液压缸进、出油管直径 d 按产品样本，选用内径为 15mm、外径为 19mm 的 10 号冷拔钢管。

3. 油箱容积的确定

中压系统的油箱容积一般取液压泵每分钟额定流量的 5~7 倍，本例取 7 倍，故油箱容积为

$$V=7\times16L=112L$$

油箱的具体结构设计，参照第五章第三节内容进行。

五、验算液压系统性能

(一) 压力损失的验算及泵压力的调整

1. 工进时的压力损失验算和小流量泵压力的调整

工进时管路中的流量仅为 0.32L/min，因此流速很小，所以沿程压力损失和局部压力损失都非常小，可以忽略不计。这时进油路上仅考虑调速阀的压力损失 $\Delta p_1=0.5\times10^6$Pa，回油路上只有背压阀的压力损失，小流量泵的调整压力应等于工进时液压缸的工作压力 p_1 加上进油路调速阀的压差 Δp_1，并考虑压力继电器动作需要，则

$$p_P=p_1+\Delta p_1+0.5\times10^6\text{Pa}=(3.88+0.5+0.5)\times10^6\text{Pa}=4.88\times10^6\text{Pa}$$

即小流量泵的溢流阀 12 应按此压力调整。

2. 快退时的压力损失验算及大流量泵卸荷压力的调整

因快退时，液压缸无杆腔的回油量是进油量的两倍，其压力损失比快进时要大，因此必须计算快退时进油路与回油路的压力损失，以便确定大流量泵的卸荷压力。

已知：快退时进油管和回油管长度均为 $l=1.8$m，油管直径 $d=15\times10^{-3}$m，通过的流量为：进油路 $q_1=16\text{L/min}=0.267\times10^{-3}\text{m}^3/\text{s}$，回油路 $q_2=32\text{L/min}=0.534\times10^{-3}\text{m}^3/\text{s}$。液压系统选用 N32 号液压油，考虑最低工作温度为 15℃，由手册查出此时油的运动黏度 $\nu=1.5\text{st}=1.5\text{cm}^2/\text{s}$，油的密度 $\rho=900\text{kg/m}^3$，液压系统元件采用集成块式的配置形式。

（1）确定油流的流动状态　按式（1-30）经单位换算得

$$Re=\frac{vd}{\nu}\times10^4=\frac{1.2732q}{d\nu}\times10^4$$

式中　v——平均流速（m/s）；

d——油管内径（m）；

ν——油的运动黏度（cm^2/s）；

q——通过的流量（m^3/s）。

则进油路中液流的雷诺数为

$$Re_1=\frac{1.2732\times0.267\times10^{-3}}{15\times10^{-3}\times1.5}\times10^4\approx151<2300$$

回油路中液流的雷诺数为

$$Re_2=\frac{1.2732\times0.534\times10^{-3}}{15\times10^{-3}\times1.5}\approx302<2300$$

由上可知，进回油路中的流动都是层流。

（2）沿程压力损失$\sum\Delta p_\lambda$　由式（1-37）可算出进油路和回油路的压力损失。在进油路上，流速$v=\frac{4q_1}{\pi d^2}=\frac{4\times0.267\times10^{-3}}{3.14\times15^2\times10^{-6}}$m/s≈1.51m/s，则压力损失为

$$\sum\Delta p_{\lambda1}=\frac{64}{Re_1}\frac{l}{d}\frac{\rho v^2}{2}=\frac{64\times1.8\times900\times1.51^2}{151\times15\times10^{-3}\times2}\text{Pa}=0.052\times10^6\text{Pa}$$

在回油路上，流速为进油路流速的两倍，即$v=3.02$m/s，则压力损失为

$$\sum\Delta p_{\lambda2}=\frac{64\times1.8\times900\times3.02^2}{302\times15\times10^{-3}\times2}\text{Pa}\approx0.104\times10^6\text{Pa}$$

（3）局部压力损失　由于采用集成块式的液压装置，所以只考虑阀类元件和集成块内油路的压力损失。各阀的局部压力损失按式（1-39）计算，结果列于表8-7中。

表8-7　阀类元件局部压力损失

元件名称	额定流量 q_n/L·min^{-1}	实际通过的流量 q/L·min^{-1}	额定压力损失 Δp_n/(×10^6Pa)	实际压力损失 Δp_ξ/(×10^6Pa)
单向阀2	25	16	0.2	0.082
三位五通电磁阀3	63	16/32	0.4	0.026/0.103
二位二通电磁阀4	63	32	0.4	0.103
单向阀11	25	12	0.2	0.046

注：快退时经过三位五通阀的两油道流量不同，压力损失也不同。

若取集成块进油路的压力损失$\Delta p_{j1}=0.03\times10^6$Pa，回油路压力损失$\Delta p_{j2}=0.05\times10^6$Pa，则进油路和回油路总的压力损失为

$$\sum\Delta p_1=\sum\Delta p_{\lambda1}+\sum\Delta p_\xi+\Delta p_{j1}=(0.052+0.082+0.026+0.046+0.03)\times10^6\text{Pa}=0.236\times10^6\text{Pa}$$

$$\sum\Delta p_2=\sum\Delta p_{\lambda1}+\sum\Delta p_\xi+\Delta p_{j2}=(0.104+0.103+0.103+0.05)\times10^6\text{Pa}=0.36\times10^6\text{Pa}$$

查表8-3知快退时液压缸负载$F=1053$N，则快退时液压缸的工作压力为

$$p_1=(F+\sum\Delta p_2A_1)/A_2=[(1053+0.36\times10^6\times63.6\times10^{-4})/(32.4\times10^{-4})]\text{Pa}=1.032\times10^6\text{Pa}$$

按式（8-5）可算出快退时泵的工作压力为

$$p_P=p_1+\sum\Delta p_1=(1.032\times10^6+0.236\times10^6)\text{Pa}=1.268\times10^6\text{Pa}$$

因此，大流量泵卸荷阀，即液控顺序阀10的调整压力应大于1.268×10^6Pa。

从以上验算结果可以看出，各种工况下的实际压力损失都小于初选的压力损失值，而且比较接近，说明液压系统的油路结构、元件的参数是合理的，满足要求。

（二）液压系统的发热和温升验算

在整个工作循环中，工进阶段所占用的时间最长，所以系统的发热主要是工进阶段造成的，故按工进工况验算系统温升。

工进时液压泵的输入功率如前面计算

$$P_1 = 709\text{W}$$

工进时液压缸的输出功率

$$P_2 = Fv = (22105\times0.05/60)\text{W} = 18.4\text{W}$$

则系统总的发热功率 Φ 为

$$\Phi = P_1 - P_2 = (709-18.4)\text{W} = 690.6\text{W}$$

已知油箱容积 $V=112\text{L}=112\times10^{-3}\text{m}^3$，则按式（8-12）求得油箱近似散热面积 A 为

$$A = 0.065\sqrt[3]{V^2} = 0.065\sqrt[3]{112^2}\,\text{m}^2 = 1.51\text{m}^2$$

假定通风良好，取油箱散热系数 $C_T = 15\times10^{-3}\text{kW}/(\text{m}^2\cdot℃)$，则利用式（8-11）可得油液温升为

$$\Delta T = \frac{\Phi}{C_T A} = \frac{690.6\times10^{-3}}{15\times10^{-3}\times1.51}℃ \approx 30.6℃$$

设环境温度 $T_2 = 25℃$，则热平衡温度为

$$T_1 = T_2 + \Delta T = 25℃ + 30.4℃ = 55.6℃ \leqslant [T_1] = 55℃$$

所以油箱散热基本可达到要求。

习 题

8-1 在离心机、轧辊机等质量较大的回转传动装置中，液压马达的负载实际上是一个飞轮。已知：铸铁飞轮的外径 $D=1\text{m}$，宽度 $B=200\text{mm}$，轴颈半径 $R=100\text{mm}$，所受重力 $G=12.5\text{kN}$；齿轮增速机构的传动比 $i=n_1/n_2=0.2$（图 8-7），飞轮的稳定转速 $n=200\text{r/min}$。若加、减速时间为 2s，液压马达机械效率 $\eta_{Mm}=0.95$，齿轮增速机构的机械效率 $\eta_{gm}=0.90$，轴颈的静、动摩擦因数分别为 $\mu_s=0.2$、$\mu_a=0.08$，作液压马达的负载循环图，并求其最大输出转矩。

8-2 一台卧式单面多轴钻孔组合机床，动力滑台的工作循环是：快进→工进→快退→停止。液压系统的主要性能参数要求是：轴向切削力 $F_t=24000\text{N}$；滑台移动部件总重 5000N；加、减速时间为 0.2s；采用平导轨，静摩擦因数 $\mu_s=0.2$，动摩擦因数 $\mu_a=0.1$；快进行程为 200mm，工进行程为 100mm；快进与快退速度相等，均为 3.5m/min，工进速度为 30～50mm/min。工作时要求运动平稳，且可随时停止运动。试设计动力滑台的液压系统。

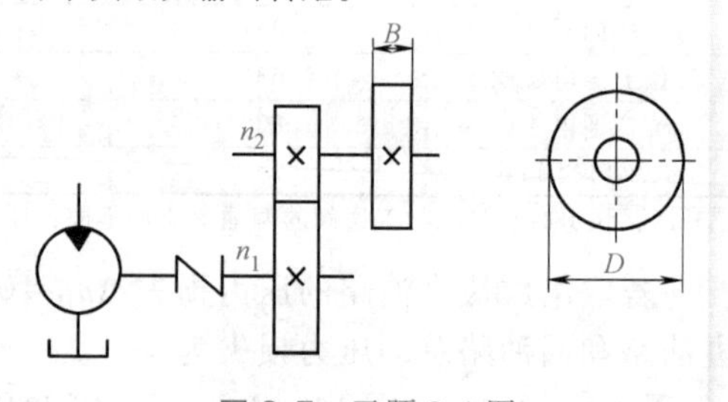

图 8-7 习题 8-1 图

8-3 试设计卧式双面铣削组合机床的液压系统。机床的加工对象为铸铁变速箱箱体，动作顺序为：夹紧缸夹紧→工作台快速趋近工件→工作台进给→工作台快退→夹紧缸松开→原位停止。工作台移动部件的总重力为 4000N，加、减速时间为 0.2s。采用平导轨，静、动摩擦因数分别为：$\mu_s=0.2$，$\mu_a=0.1$。夹紧缸行程为 30mm，夹紧力为 800N。工作台快进行程为 100mm，快进速度为 3.5m/min，工进行程为 200mm，工进速度为 80～300m/min，轴向工作负载为 12000N，快退速度为 6m/min。要求工作台运动平稳，夹紧力可调并保压。

第二篇

气压传动

Chapter 9

第九章

气压传动基础知识

气压传动的工作原理与液压传动相同，系统组成也类似。但因工作介质不同，气压传动与液压传动又存在显著差异。气压传动的工作介质是取之不尽的空气，黏度低、流动损失小，可集中供气，并适合远距离输送，用完的空气还可直接排放到大气中，无污染、成本低。另一方面由于空气具有明显的可压缩性，因此气动执行元件的运动刚度低于液压传动。为了更好地掌握气动技术的特点，首先必须了解空气的性质、气体的状态变化及流动规律。

第一节　空气的物理性质

一、空气的组成

自然界的空气是由若干种气体混合而成的，主要成分是氮气（N_2，体积分数约为 78%）和氧气（O_2，体积分数约为 21%），其他气体（主要是惰性气体和二氧化碳等）所占的比例极小。此外，空气中常含有一定量的水蒸气。

混合气体的压力称为全压，为各组成气体的压力总和。每种成分气体的压力称为分压，它表示这种气体在与混合气体同样温度下，单独占据混合气体的总容积时所具有的压力。

二、气体的基本状态参数

气体的状态参数有六个：温度 T、体积 V、压力 p、热力学能、焓、熵。其中前三个参数可以测量，称为基本状态参数。由三个基本状态参数可以计算出另外的三个状态参数。根据三个基本状态参数特点规定了空气的两种状态：基准状态和标准状态，而这两种状态是计算空气其他状态的出发点。

基准状态：温度为 0℃，压力为 1.013×10^5Pa 的干空气的状态。基准状态下空气的密度 $\rho_0=1.293\text{kg/m}^3$。

标准状态：温度为 20℃，相对湿度为 65%，压力为 0.1MPa 的空气状态。标准状态下空气的密度 $\rho=1.185\text{kg/m}^3$。

三、空气的密度

空气具有一定的质量，也会占有一定的体积空间。空气的密度是指单位体积内的空气质量，用 ρ 表示。

$$\rho=\frac{m}{V} \tag{9-1}$$

对于干空气，密度又可写成

$$\rho=\rho_0\frac{273}{273+t}\frac{p}{0.1013} \tag{9-2}$$

式中　m、V——气体的质量和体积；

ρ_0——基准状态下干空气的密度，$\rho_0 = 1.293 kg/m^3$；

p——绝对压力（MPa）；

$273+t$——热力学温度（K），t 为气体的摄氏温度。

四、空气的黏性

空气的黏性是空气质点相对碰撞时产生的阻力性质。描述黏性可用动力黏度 μ 和运动黏度 ν 两个概念，它们之间存在数学关系，即

$$\nu = \frac{\mu}{\rho} \tag{9-3}$$

空气的黏性受压力变化的影响极小，可忽略不计。它主要受温度变化的影响，随着温度的升高，空气的黏性增大。空气黏度随温度的变化见表 9-1。

表 9-1　空气的运动黏度与温度的关系（环境压力为 0.101325MPa）

t/℃	0	5	10	20	30	40	60	80	100
$\nu/m^2 \cdot s^{-1}$	0.133×10^{-4}	0.142×10^{-4}	0.147×10^{-4}	0.157×10^{-4}	0.166×10^{-4}	0.176×10^{-4}	0.196×10^{-4}	0.21×10^{-4}	0.238×10^{-4}

五、气体（空气）的易变特性

气体的体积受压力和温度变化的影响极大，因此与液体和固体相比较，气体的体积具有易变特性。例如，液压油在一定温度下，工作压力为 0.2MPa，当压力增大 0.1MPa 时，体积减小 1/20000；同样情况下，当空气压力增大 0.1MPa 时，体积减小 1/3，两者体积随压力的变化相差近万倍。又如水温每升高 1℃，体积增大 1/20000；而空气温度每增加 1℃，体积增大 1/273，两者体积随温度的变化相差 73 倍。气体与液体体积变化相差悬殊，主要原因是气体分子间的距离大，分子间的内聚力小，分子间的平均自由路径大。

六、湿空气

空气中含有较多水分时会对气动系统的工作稳定性带来负面影响，因此各种气动元件对压缩空气的含水量有明确的上限规定，而且通常需对气源采取各种措施以除去压缩空气中的水分。

含有水分的空气称为湿空气，其含有水分的程度用湿度和含湿量来表示。湿度又分为绝对湿度和相对湿度。

1. 绝对湿度 χ

每立方米湿空气中所含的水蒸气的质量称为绝对湿度，即

$$\chi = \frac{m_s}{V} \tag{9-4}$$

式中　χ——绝对湿度（kg/m^3）；

m_s——湿空气中水蒸气的质量（kg）；

V——湿空气的体积（m^3）。

2. 饱和绝对湿度 χ_b

湿空气中水蒸气的分压力达到该温度下水蒸气的饱和压力时的绝对湿度称为饱和绝对湿度，即

$$\chi_b = \frac{p_b}{R_s T} \tag{9-5}$$

式中　χ_b——饱和绝对湿度（kg/m^3）；

p_b——饱和湿空气中水蒸气的分压力（Pa）；

R_s——水蒸气的气体常数，$R_s=462.05\text{N}\cdot\text{m}/(\text{kg}\cdot\text{K})$；

T——热力学温度（K）。

绝对湿度只能说明湿空气中含有水蒸气的多少。湿空气所具有吸收水蒸气的能力（水蒸气从空气中析出的可能性），需要用相对湿度来说明。

3. 相对湿度

在相同温度和压力的条件下，绝对湿度和饱和绝对湿度的比值称为相对湿度，即

$$\phi=\frac{\chi}{\chi_b}\times100\%=\frac{p_s}{p_b}\times100\% \tag{9-6}$$

式中 χ、χ_b——绝对湿度和饱和绝对湿度；

p_s、p_b——水蒸气的分压力和饱和水蒸气的分压力。

ϕ 值在0~100%之间。干空气的相对湿度 ϕ 为0，饱和湿空气的相对湿度为100%。ϕ 值越大，表示湿空气吸收水蒸气的能力越弱，离水蒸气达到饱和而析出的极限越近。因此，在气压传动系统中相对湿度 ϕ 值越小越好。气压传动系统要求压缩空气的相对湿度小于90%。通常情况下，ϕ 在60%~70%范围内，人体感觉舒适。

4. 含湿量

含湿量分为质量含湿量和容积含湿量两种。

（1）质量含湿量　每千克质量的干空气中所混合的水蒸气的质量称为质量含湿量，即

$$d=\frac{m_s}{m_g} \tag{9-7}$$

式中 d——质量含湿量（g/kg）；

m_s——水蒸气的质量（g）；

m_g——干空气的质量（kg）。

（2）容积含湿量　单位体积的干空气中所混合的水蒸气的质量称为容积含湿量，即

$$d'=\frac{m_s}{V_g}=\frac{dm_g}{V_g}=d\rho \tag{9-8}$$

式中 d'——容积含湿量（g/m^3）；

V_g——干空气的体积（m^3）；

ρ——干空气的密度（kg/m^3）。

当湿空气的温度和压力发生变化时，其中的水分可能由气态变为液态或由液态变为气态。气动系统中应考虑湿空气中水分物相变化的影响。表9-2所列为绝对压力为0.1013MPa时饱和空气中水蒸气的分压力、含湿量与温度的关系。从表9-2中可以看出，降低空气温度可以减少进入气动设备空气中所含的水分。

表9-2 绝对压力为0.1013MPa时饱和空气中水蒸气的分压力、含湿量与温度的关系

温度 t/℃	饱和水蒸气分压力 $p_b/(\times10^5\text{MPa})$	容积含湿量 $d'/\text{g}\cdot\text{m}^{-3}$	温度 t/℃	饱和水蒸气分压力 $p_b/(\times10^5\text{MPa})$	容积含湿量 $d'/\text{g}\cdot\text{m}^{-3}$
100	1.013	597.0	30	0.042	30.4
80	0.473	292.9	25	0.032	23.0
70	0.312	197.9	20	0.023	17.3
60	0.199	130.1	15	0.017	12.8
50	0.123	83.2	10	0.012	9.4
40	0.074	51.2	0	0.006	4.8
35	0.056	39.6	-10	0.0026	2.2

第二节　气体的状态变化

一、理想气体的状态方程

没有黏性的气体称为理想气体。理想气体处于某一平衡状态时，其压力、温度、质量和体积（或密度）之间的关系称为理想气体状态方程

$$pV = mRT \tag{9-9}$$

$$p = \rho RT \tag{9-10}$$

式中　p——气体的绝对压力（N/m^2）；

V——气体的体积（m^3）；

m——气体的质量（kg）；

R——气体常数，干空气 $R=278.1N \cdot m/(kg \cdot K)$、水蒸气 $R=462.05N \cdot m/(kg \cdot K)$；

T——气体的热力学温度（K）；

ρ——气体的密度（kg/m^3）。

由于实际气体具有黏性，因此严格地讲它并不完全服从理想气体状态方程，即 $pV/(mRT) \neq 1$。但是压力在 0~10MPa、温度在 0~200℃之间变化时，$pV/(mRT) \approx 1$，其误差小于 4%。气压传动系统中的压缩空气的压力一般在 1MPa 以下，可看作理想气体。

二、气体状态变化过程及其规律（质量不变）

当质量不变时，气体状态方程式（9-9）可写成

$$\frac{pV}{T} = 常数 \tag{9-11}$$

气体的状态变化过程是指气体的状态参数（压力、温度、体积）由一个平衡状态变化到另一个平衡状态。下面根据式（9-11）分析几种气体状态变化过程及其规律。

1. 等容过程

一定质量的气体，在状态变化过程中体积保持不变，这种过程称为等容过程，则有

$$\frac{p_1}{T_1} = \frac{p_2}{T_2} = 常数 \tag{9-12}$$

式（9-12）表明：当体积不变时，压力的变化与温度的变化成正比，当压力上升时，气体的温度随之上升。在等容过程中，气体对外不做功，气体与外界的热交换用于增加（减少）气体的热力学能。

2. 等压过程

一定质量的气体，在状态变化过程中压力保持不变，这种过程称为等压过程，则有

$$\frac{V_1}{T_1} = \frac{V_2}{T_2} = 常数 \tag{9-13}$$

式（9-13）表明：当压力不变时，温度上升，气体的体积增大（膨胀）；温度下降，气体的体积减小。

3. 等温过程

一定质量的气体，在状态变化过程中温度保持不变，这种过程称为等温过程，则有

$$p_1V_1 = p_2V_2 = 常数 \tag{9-14}$$

式（9-14）表明：当温度不变时，压力上升，气体的体积减小；压力下降，气体的体积增大。

在等温过程中，气体的热力学能无变化，气体和外界所交换的热量全部用于气体对外做功或外界对气体做功。在气动系统中有不少工作过程，如气缸工作、管道输送空气等均可视为等温过程。

4. 绝热过程

一定质量的气体，在状态变化过程中与外界完全没有热交换，这种过程称为绝热过程，则有

$$p_1V_1^{\kappa}=p_2V_2^{\kappa}=常数 \tag{9-15}$$

式中 κ——等熵指数，$\kappa=1.4$。

在绝热系统中，系统靠消耗自身的热力学能对外做功。

5. 多变过程

在实际问题中，气体的变化过程往往不能简单地归属为上述几个过程中的任何一个，不加任何条件限制的过程称为多变过程，此时可用下式表示

$$p_1V_1^{n}=p_2V_2^{n}=常数 \tag{9-16}$$

式中 n——多变指数，n 在 0~1.4 之间变化。

在某一多变过程中，多变指数 n 保持不变；对于不同的多变过程，n 有不同的值。前面四种典型的变化过程可认为是多变过程的特例。

三、气压传动系统中的快速充、放气过程

在气压传动系统中，气罐、气缸、管道及其他执行机构的充气和放气过程是较为复杂的气体状态变化过程，这些过程中的质量变化（流量）、温度变化和变化过程的时间是气动技术中的重要问题，它们关系到气动系统与外界之间的能量交换，其中我们最为关心的是空气消耗及功率消耗。

由于快速充、放气过程中的气体来不及与外界进行能量交换，可视为绝热过程。同时，为简化分析过程，视气罐、气缸、管道及其他执行机构为定积容器。因此，按照定容积的绝热系统，用式（9-9）对充、放气过程进行讨论，其中重点考虑质量的变化对气体状态参数的影响。

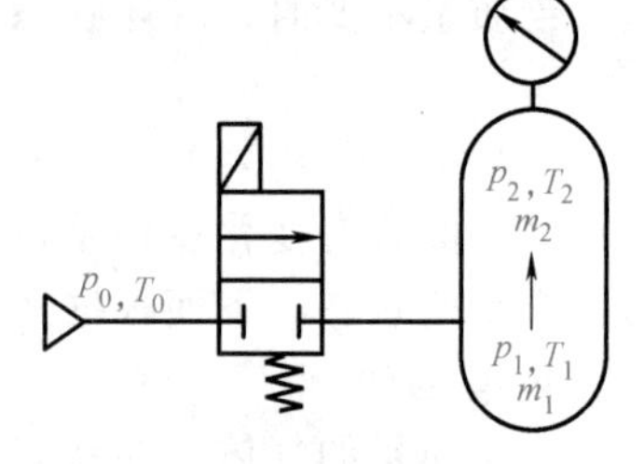

图 9-1 容器的充气

1. 定积容器的充气过程

在图 9-1 中，体积为 V 的容器，由一管道向其充入恒定压力为 p_0 和温度为 T_0 的气体，充气前容器内的气体处于状态 1（p_1、T_1、m_1），充气后容器内的气体变为状态 2（p_2、T_2、m_2）。

（1）充气引起的温度和质量变化 在绝热充气过程中，如果充入的气体和容器内的气体是同一气体，则充气前后容器中的温度变化为

$$\frac{T_2}{T_1}=\frac{\kappa}{\frac{T_1}{T_0}+\left(\kappa-\frac{T_1}{T_0}\right)\frac{p_1}{p_2}} \tag{9-17}$$

式中 κ——等熵指数，$\kappa=1.4$。

若充气前容器中的气体温度等于充入气体的温度，即 $T_1=T_0$，且充气至气源压力，则上式简化为

$$T_2=\frac{\kappa T_0}{1+(\kappa-1)\frac{p_1}{p_0}} \tag{9-18}$$

充入容器中的气体质量为

$$\Delta m=m_2-m_1=\frac{V}{\kappa RT_0}(p_2-p_1) \tag{9-19}$$

在式（9-18）的假设条件下，充气过程伴随着温度的升高，在极限情况下，充气后气体的热力学温度为充气前气体热力学温度的 1.4 倍。

（2）充气时间　充气过程分为两个阶段，当容器中气体压力 p 不大于临界压力，即 $p\leqslant 0.528p_0$ 时，充气管道中的气体流速达到声速，称为声速充气阶段，该阶段流向容器的气体流速保持为声速，需要时间 t_1；当容器中的压力大于临界压力，即 $p>0.528p_0$ 时，充气管道中的气体流速小于声速，称为亚声速充气阶段，该阶段流向容器的气体流速逐渐降低，需要时间 t_2。充气过程的压力-时间曲线如图 9-2 所示。

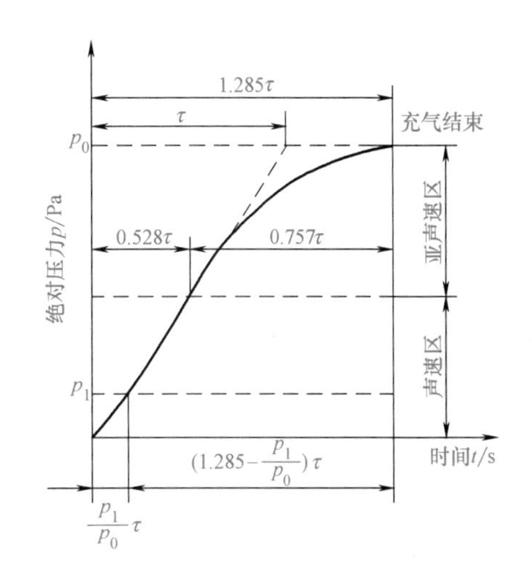

图 9-2　充气过程的压力-时间曲线

容器内气体压力由 p_1 充到 p_0 所需的时间 t 为

$$\begin{cases} t=t_1+t_2=\left(1.285-\dfrac{p_1}{p_0}\right)\tau \\ \tau=5.217\times10^{-3}\dfrac{V}{\kappa A}\sqrt{\dfrac{273}{T_0}} \end{cases} \tag{9-20}$$

式中　p_0——充气气源的绝对压力（Pa）；

p_1——容器中的初始绝对压力（Pa）；

τ——充气时间常数（s）；

V——容器的容积（m^3）；

A——管道的有效截面面积（m^2）；

T_0——气源的热力学温度（K）。

2. 容器的放气过程

在图 9-3 中，容积为 V 的容器内部储存一定压力的气体，经过阀门将气体排向大气。

排气前容器内的气体状态为状态 1（p_1、T_1、m_1），排气后气体变为状态 2（p_2、T_2、m_2）。

（1）放气引起的温度和质量变化　在绝热放气过程中，放气后气体的温度为

$$T_2=T_1\left(\frac{p_1}{p_2}\right)^{\frac{\kappa-1}{\kappa}} \tag{9-21}$$

放气后，容器中剩余的气体质量为

$$m_2=m_1\left(\frac{p_1}{p_2}\right)^{\frac{1}{\kappa}} \tag{9-22}$$

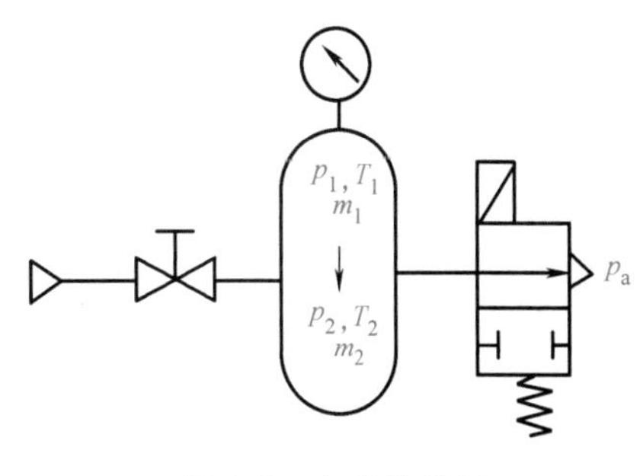

图 9-3　容器的放气

式（9-21）表明，绝热放气过程必然是一个降温的过程。放气终了的气体温度将随着压力比 p_1/p_2 的增大和初温的降低而降低。如果放气前，容器中的气体压力足够高，起始温度又足够低，那么经过绝热放气后，容器中的剩余气体将被冷却直至液化。

（2）放气时间　和充气过程一样，放气过程也分声速和亚声速两个阶段。当容器内压力不小于 1.893 个大气压，即 $p \geqslant 1.893p_a$ 时，放气气流流动速度为声速，称为声速放气阶段，需要时间 t_1；当容器内压力小于 1.893 个大气压，即 $p<1.893p_a$ 时，放气气流流动速度小于声速，为亚声速放气阶段，放气至大气压，需要时间 t_2。$p_e=1.893p_a$ 为放气过程的临界压力。放气过程的压力-时间曲线如图 9-4 所示。

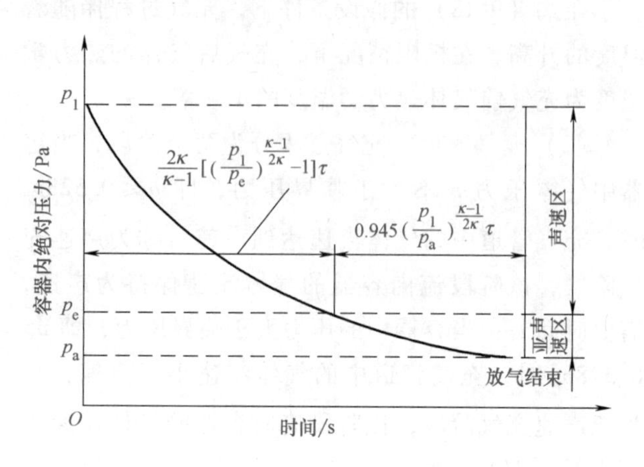

图 9-4　放气过程的压力-时间曲线

容器从初始压力放气到大气压所需的时间为

$$\begin{cases} t=t_1+t_2=\left\{\dfrac{2\kappa}{\kappa-1}\left[\left(\dfrac{p_1}{p_e}\right)^{\frac{\kappa-1}{2\kappa}}-1\right]+0.945\left(\dfrac{p_1}{p_a}\right)^{\frac{\kappa-1}{2\kappa}}\right\}\tau \\ \tau=5.217\times10^{-3}\dfrac{V}{\kappa A}\sqrt{\dfrac{273}{T_1}} \end{cases} \tag{9-23}$$

式中　p_1——充气前容器中压力（Pa）；

p_e——临界压力（Pa），$p_e=1.893p_a$；

p_a——大气压（Pa），$p_a=1.013\times10^5$Pa；

τ——放气时间常数（s）；

V——容器的体积（m^3）；

A——有效截面面积（m^2）；

T_1——放气前容器内的热力学温度（K）。

第三节　气体的流动规律

气体流动遵循能量守恒与转换、质量守恒和其他运动定律。在气压传动系统中，气体在管内的流动可视为一维定常流动（或稳定流动）。

一、气体流动的基本方程

确定一维定常流场，即求解气流的速度、压力、密度和温度，需要连续性方程、动量方程、能量方程和状态方程，状态方程见式（9-9）。

1. 连续性方程

气体在管道内做定常流动时，根据质量守恒定律，通过管道任意截面的气体质量流量都相等，即

$$\rho_1 v_1 A_1=\rho_2 v_2 A_2 \tag{9-24}$$

式中　ρ_1、ρ_2——截面 1 和 2 处气体的密度（kg/m^3）；

v_1、v_2——截面 1 和 2 处气体的流动速度（m/s）；

A_1、A_2——截面 1 和 2 的管道截面面积（m^2）。

2. 动量方程（欧拉运动方程）

动量方程是把牛顿第二定律和动量定律应用于运动流体所得到的数学表达式。其微分形式为

$$v\mathrm{d}v=\frac{\mathrm{d}p}{\rho} \tag{9-25}$$

式中　v——气体的流速（m/s）；

p——气体的压力（Pa）；

ρ——气体的密度（kg/m^3）。

3. 能量方程（伯努利方程）

根据能量守恒定律，在流管的任意截面上，推导出的伯努利方程为

$$\frac{v^2}{2}+gz+\int\frac{\mathrm{d}p}{\mathrm{d}\rho}+gh_w=\text{常量} \tag{9-26}$$

式中　z——位置高度（m）；

h_w——摩擦阻力损失水头（m）；

g——重力加速度（m/s^2）；

其他参数定义与式（9-25）相同。

因为气体流动一般都很快，基本上来不及和周围环境进行热交换，故可忽略，认为是绝热流动。考虑气体的可压缩性（$\rho\neq$常数），则有

$$\frac{v^2}{2}+gz+\frac{\kappa}{\kappa-1}\frac{p}{\rho}+gh_w=\text{常量} \tag{9-27}$$

因为气体的黏度很小，再忽略摩擦阻力和位置高度的影响，则有

$$\frac{v^2}{2}+\frac{\kappa}{\kappa-1}\frac{p}{\rho}=\text{常量} \tag{9-28}$$

在低速流动时，气体可认为是不可压缩的（$\rho=$常数），则有

$$\frac{v^2}{2}+\frac{p}{\rho}=\text{常量} \tag{9-29}$$

二、声速和马赫数

1. 声速

声音所引起的波称为“声波”。声波在介质中的传播速度称为声速。声波的传播速度很快，在传播过程中来不及和周围的介质进行热交换，其变化过程为绝热过程。对理想气体，声音在其中传播的相对速度只与气体的温度有关，可用下式计算

$$c=\sqrt{\kappa RT}\approx 20\sqrt{T}=20\sqrt{273+t} \tag{9-30}$$

式中　c——声速（m/s）；

κ——等熵指数，$\kappa=1.4$；

R——气体常数，干空气 $R=278.1\mathrm{N\cdot m/(kg\cdot K)}$；

T——气体的热力学温度（K）；

t——气体的摄氏温度（℃）。

从式（9-30）可见，当介质温度升高时，声速 c 将显著地增大。气体的声速 c 是随气体状态参数变化而变化的。

2. 马赫数

气流速度 v 和当地声速 c 之比称为马赫数，用符号 Ma 表示，即

$$Ma=\frac{v}{c} \tag{9-31}$$

当 $Ma<1$，即 $v<c$ 时，气体的流动状态为亚声速流动；当 $Ma>1$，即 $v>c$ 时，气体的流动状态为超声速流动；当 $Ma=1$，即 $v=c$ 时，气体的流动处于临界流动状态。

马赫数 Ma 是气流流动的重要参数，它反映了气流的可压缩性。马赫数越大，气流密度的变化越大。当气体流速 $v=50\text{m/s}$ 时，其密度变化仅 1%，可不考虑气体的可压缩性。当 $v=140\text{m/s}$ 时，其密度变化为 8%，一般要考虑气体的可压缩性。在气压传动系统中，气体流速一般较低，且已经被先压缩过，因此可以认为是不可压缩流体（指流动特性）的流动。

3. 气体在管道中的流动特性

气体在截面面积变化的管道中流动时，在马赫数大于 1 和小于 1 两种情况下，气体的流速 v、密度 ρ、压力 p、温度 t 等参数随管道截面面积 A 变化的规律截然不同。当马赫数等于 1，即气流处于临界流动状态时，气流将收缩于变截面管道的最小截面上以声速流动。表9-3所列为管道截面面积变化对气体流动参数的影响。

表 9-3 管道截面面积变化对气体流动参数的影响

流动区域	几何条件	气体流动截面积变化	结论
亚声速流动 $Ma<1$	收缩管 A 减小	v_1 → v_2	v、Ma 增大，ρ、p、t 减小
	扩散管 A 增大	v_1 → v_2	v、Ma 减小，ρ、p、t 增大
超声速流动 $Ma>1$	收缩管 A 减小	v_1 → v_2	v、Ma 减小，ρ、p、t 增大
	扩散管 A 增大	v_1 → v_2	v、Ma 增大，ρ、p、t 减小
声速(临界状态)流动 $Ma=1$	等截面 A 不变	v_1 → v_2	各参数不变

三、气体通过收缩喷嘴的流动

收缩喷嘴是用来将气体的压力能转换为动能的元件。

在图 9-5 中，大容器中的气体经收缩喷嘴流出。设喷嘴出口处压力为 p_e，喷嘴出口截面面积为 A_e，流速为 v_e；容器内流速 $v_0\approx0$，压力为 p_0，温度为 T_0。

当 $p_e=p_0$ 时，图 9-5 所示喷嘴的流速为零。

如果 p_e 减小，容器中的气体将经喷嘴流出。p_e 改变，导致喷嘴两端的压差改变，继而影

响整个流动状态。在 p_e 减小到临界压力之前（$p_e>0.528p_0$），气体的流动状态为亚声速流动状态。此时通过喷嘴的质量流量为

$$q_m=A_e p_0\sqrt{\frac{2\kappa}{R(\kappa-1)T_0}}\sqrt{\left(\frac{p_e}{p_0}\right)^{\frac{2}{\kappa}}-\left(\frac{p_e}{p_0}\right)^{\frac{\kappa+1}{\kappa}}} \tag{9-32}$$

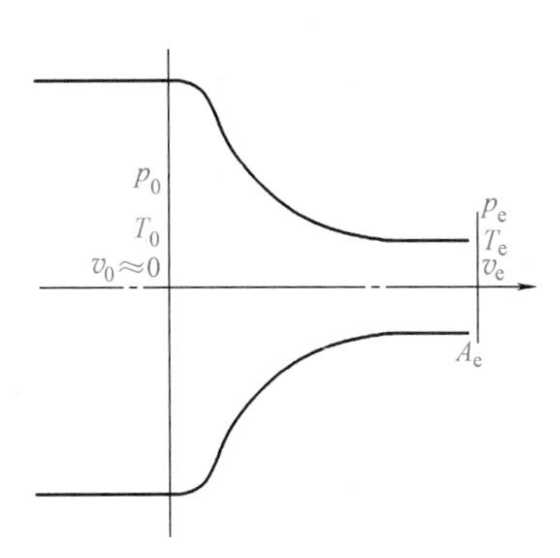

图 9-5　气体通过收缩喷嘴的流动

p_e 继续降低至临界压力时（$p_e=0.528p_0$），喷嘴出口截面上的气流速度达到声速。气体通过喷嘴的质量流量为

$$q_m=\left(\frac{2}{1+\kappa}\right)^{\frac{2}{\kappa-1}}A_e p_0\sqrt{\frac{2\kappa}{R(\kappa+1)T_0}} \tag{9-33}$$

式中　q_m——质量流量（kg/s）。

若 p_e 继续降低，由于喷嘴截面出口气流速度已经达到声速，同样以声速传播的背压 p_e 扰动波将不能影响喷嘴内部的流动状态，喷嘴出口截面的流速保持声速，压力保持为临界压力。所以，当喷嘴出口截面处流速达到声速后，不论背压如何降低，喷嘴出口截面处始终保持为声速流动，称此为超临界流动状态。

式（9-32）和式（9-33）在工程使用中不太方便，为简单起见将质量流量转化为基准状态下的体积流量。

当 $p_e>0.528p_0$ 时，亚声速流动的体积流量为

$$q_V=3.9\times10^3A_e\sqrt{\Delta p p_0}\sqrt{\frac{273}{T_0}} \tag{9-34}$$

当 $p_e\leqslant0.528p_0$ 时，超临界流动的体积流量为

$$q_V=1.89\times10^3A_e\sqrt{\frac{273}{T_0}} \tag{9-35}$$

式中　q_V——基准状态下的体积流量（m^3/s）；

A_e——喷嘴的截面积（m^2）；

Δp——喷嘴前后压差，$\Delta p=p_0-p_e$；

p_e——喷嘴出口的绝对压力（Pa）；

p_0——容器中的绝对压力（Pa）；

T_0——容器中的热力学温度（K）。

收缩喷嘴的流量公式，即式（9-32）~式（9-35）也适用于节流小孔、阀口等。

四、气动元件和管道的有效截面面积

气动元件和管道的流通能力可以用流量表示，还可以用有效截面面积 A 的值来描述。

在图 9-6 中，气体通过截面面积为 A_0 的孔口流动。由于孔口具有尖锐的边缘，而流线又不可能突然转折，经孔口后流束发生收缩，其最小截面面积称为有效截面面积，以 A 表示。有效截面面积 A 与孔口实际截面面积 A_0 之比，称为收缩系数，以 α 表示，即

$$\alpha = A/A_0 \tag{9-36}$$

1. 圆形节流孔的有效截面面积

图 9-6 所示为圆形节流孔。设节流孔直径为 d，节流孔上游直径为 D，节流孔孔口面积 $A_0=\pi d^2/4$。令 $\beta=(d/D)^2$，根据 β 值可以从图 9-7 中查到收缩系数 α 的值，从而计算有效截面面积 A。

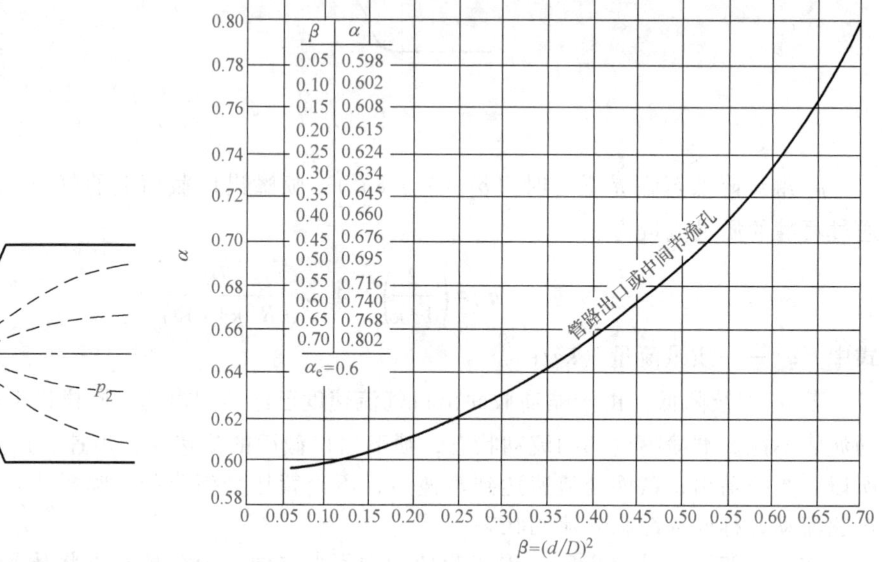

β	α
0.05	0.598
0.10	0.602
0.15	0.608
0.20	0.615
0.25	0.624
0.30	0.634
0.35	0.645
0.40	0.660
0.45	0.676
0.50	0.695
0.55	0.716
0.60	0.740
0.65	0.768
0.70	0.802

图 9-6 节流孔的有效截面面积

图 9-7 节流孔的收缩系数 α

2. 管道的有效截面面积

对于内径为 d、长为 l 的管道，其有效截面面积仍按式（9-36）计算。此时的 A_0 为管道的实际截面面积，式中收缩系数由图 9-8 查得。

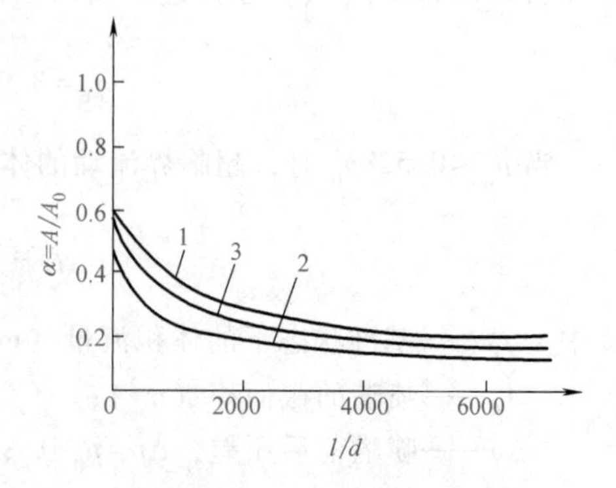

图 9-8 管道的收缩系数 α

1—$d=11.6\times10^{-3}$m 的具有涤纶编织物的乙烯软管 2—$d=2.52\times10^{-3}$m 的尼龙管 3—$d=1/4\sim1$in（1in=25.4mm）的瓦斯管

3. 多个元件组合后的有效截面面积

若系统中有若干元件并联，则合成有效截面面积 A 由下式计算

$$A=A_1+A_2+\cdots+A_n=\sum_{i=1}^{n}A_i \tag{9-37}$$

若系统中有若干元件串联，则合成有效截面面积 A 由下式计算

$$\frac{1}{A^2}=\frac{1}{A_1^2}+\frac{1}{A_2^2}+\cdots+\frac{1}{A_n^2}=\sum_{i=1}^{n}\frac{1}{A_i^2} \tag{9-38}$$

式中 A_1、A_2、…、A_n——各元件的有效截面面积。

习　题

9-1　什么叫湿空气的绝对湿度、饱合绝对湿度、相对湿度？

9-2　什么叫有效截面面积？

9-3　若空压机排出的空气压力 $p_2=7\times10^5$Pa（绝对压力），温度 $t_2=40$℃，吸入空气量 $Q=8\text{m}^3/\text{min}$，如吸入空气压力 $p_1=1\times10^5$Pa（绝对压力），温度 $t_1=20$℃，相对湿度 $\phi_1=0.82$，试求每小时的析水量。

9-4　$p_0=6\times10^5$Pa，$t_0=20$℃，阀的最小截面面积 $A=5\times10^{-5}\text{m}^2$，求容积 $V=0.01\text{m}^3$ 的容器，从初始压力 $p_H=1\times10^5$Pa（绝对压力）充到 p_0 所需的时间。

9-5　为测定一气阀的有效截面面积，在 $V=100$L 的容器内充入压力 $p_1=0.5$MPa（相对）、温度为20℃的空气，通过一测试阀将罐内空气放入大气，放气后罐内剩余压力 $p_2=0.2$MPa（相对），放气时间为6.15s。试求此被测阀的有效截面面积。

9-6　证明温度为15℃时空气中的声速为340m/s。

9-7　证明湿空气的密度

$$\rho'=\rho_0\frac{273}{273+t}\frac{p-0.378\phi p_b}{0.1013}$$

式中　ρ'——湿空气密度（kg/m^3）；

ρ_0——基准状态下干空气的密度（kg/m^3）；

t——湿空气温度（℃）；

p——湿空气全压力（MPa）；

ϕ——相对湿度（%）；

p_b——温度为 t 时湿空气中饱和水蒸气分压力（MPa）。

Chapter 10

第十章

气源装置及气动元件

气动系统的元件及装置可分为以下几种：

（1）气源装置　压缩空气的发生装置以及压缩空气的储存、净化等辅助装置。它为气动系统提供合乎质量要求的压缩空气。

（2）气动执行元件　将气体压力能转换成机械能并完成做功的元件，如气缸、气马达。

（3）气动控制阀　控制气体的压力、流量及运动方向的元件，如各种阀类。

（4）气动辅件　气动系统中的辅助元件，如消声器、管道、接头等。

（5）真空元件　产生真空或利用真空吸附其他产品的元件，如真空发生器、真空吸盘等。

（6）气动逻辑元件　能完成一定逻辑功能的气动元件。

（7）气动传感器及气动仪表　感测、转换、处理气动信号的元器件，如比值器、定值器、放大器、电气转换器、压力传感器、差压传感器、位置传感器等。

第一节　气源装置

气源装置为气动系统提供满足一定质量要求的压缩空气，它是气动系统的一个重要组成部分，气动系统对压缩空气的主要要求有：具有一定压力和流量，并具有一定的净化程度。

气源装置一般由四个部分组成：

1）气压发生装置。

2）压缩空气的净化装置和设备。

3）管道系统。

4）气动三大件。

往往将气压发生装置、压缩空气的净化装置和设备布置在压缩空气站内，作为工厂或车间统一的气源，如图 10-1 所示。

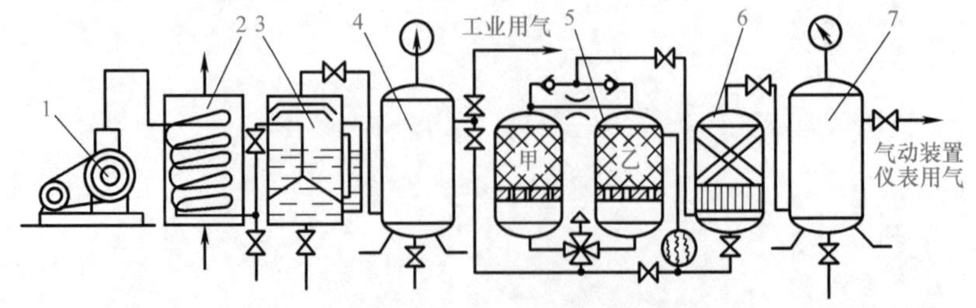

图 10-1　气源系统组成示意图

1—空气压缩机　2—后冷却器　3—油水分离器　4、7—气罐　5—干燥器　6—过滤器

在图 10-1 中，空气压缩机 1 用以产生压缩空气，一般由电动机带动。其吸气口装有空气过滤器，以减少进入空气压缩机内气体的杂质。后冷却器 2 用以降温冷却压缩空气，使

汽化的水、油凝结出来。油水分离器 3 用以分离并排出降温冷却凝结的水滴、油滴、杂质等。气罐 4 和 7 用以储存压缩空气，稳定压缩空气的压力，并除去部分油分和水分。干燥器 5 用以进一步吸收或排除压缩空气中的水分及油分，使之变成干燥空气。过滤器 6 用以进一步过滤压缩空气中的灰尘、杂质颗粒。气罐 4 输出的压缩空气可用于一般要求的气压传动系统，气罐 7 输出的压缩空气可用于要求较高的气动系统（如由气动仪表及射流元件组成的控制回路等）。

气动三大件的组成及布置由用气设备确定，图中未画出。

一、气压发生装置

（一）空气压缩机的分类

空气压缩机是一种气压发生装置，它是将机械能转换成气体压力能的转换装置。

空气压缩机的种类很多，按工作原理分为容积型和速度型。容积型空气压缩机的工作原理是压缩气体的体积，使单位体积内气体分子的密度增加以提高压缩空气的压力。速度型空气压缩机的工作原理是提高气体分子的运动速度，然后使气体分子的动能转化为压力能以提高压缩空气的压力。

（二）空气压缩机的选用原则

选择空气压缩机的根据是气压传动系统所需要的工作压力和流量两个主要参数。

一般空气压缩机为中压空气压缩机，额定排气压力为 1MPa。另外，还有低压空气压缩机，排气压力为 0.2MPa；高压空气压缩机，排气压力为 10MPa；超高压空气压缩机，排气压力为 100MPa。

选择输出流量时，要根据整个气动系统对压缩空气的需求量再加一定的备用余量，作为选择空气压缩机（或机组）流量的依据。空气压缩机铭牌上的流量是自由空气流量。

二、压缩空气的净化装置和设备

（一）气动系统对压缩空气质量的要求

气动系统对压缩空气质量的要求：具有一定的压力和足够的流量以及一定的净化程度，所含杂质（油、水及灰尘等）的粒径一般应满足以下要求：对于气缸、膜片式和截止式气动元件，不大于 50μm；对于气动马达、滑阀元件，要求不大于 25μm；对于射流元件，要求不大于 10μm。

由空气压缩机排出的压缩空气，虽然能满足一定的压力和流量要求，但不能直接为气动装置使用。因为一般气动设备所使用的空气压缩机都是工作压力较低（小于 1MPa）、用油润滑的活塞式空气压缩机。它从大气中吸入含有水分和灰尘的空气，经压缩后空气温度提高到 140~170℃，这时空气压缩机气缸里的润滑油有部分转为气态。这样油分、水分以及灰尘便形成混合的胶体微雾与杂质混在压缩空气中一同排出。如果将此压缩空气直接输送给气动装置使用，将会产生下列影响：

1）混在压缩空气中的油蒸气可能聚集在气罐、管道、气动系统的容器中形成易燃物，有引起爆炸的危险，另一方面润滑油被汽化后会形成一种有机酸，对金属设备、气动装置有腐蚀生锈的作用，影响设备的寿命。

2）混在压缩空气中的杂质能沉积在管道和气动元件的通道内，减小了通道面积，增加了管道阻力。特别是对装置中某些气动元件（如气动延时器等）的内径为 0.2~0.5mm 的气阻通道，严重时会产生阻塞，造成气体压力信号不能正常传递，使整个气动系统工作不稳定甚至失灵。

3）压缩空气中含有的饱和水分，在一定的条件下会凝结成水并聚集在个别管段内。在我国北方的冬天，凝结的水分会使管道及附件结冰而损坏，影响气动装置的正常工作。

4）压缩空气中的灰尘等杂质，对气动系统中做往复运动或转动的气动元件（如气缸、气马达、气动换向阀等）的运动部件会产生研磨作用，使这些元件因漏气增加而效率降低，影响它们的使用寿命。

由上可见，直接由空气压缩机排出的压缩空气，如果不进行净化处理，不除去混在压缩空气中的水分、油分等杂质是不能为气动装置使用的。因此，必须设置一些除油、除水、除尘并使压缩空气干燥的提高压缩空气质量、进行气源净化处理的设备。

（二）压缩空气净化装置和设备

压缩空气净化设备一般包括：后冷却器、油水分离器、气罐、干燥器。

后冷却器安装在空气压缩机出口管道上，空气压缩机排出具有140~170℃的压缩空气经过后冷却器，温度降至40~50℃。这样，就可使压缩空气中的油雾和水汽达到饱和使其大部分凝结成滴而析出。后冷却器的结构形式有：蛇管式、列管式、散热片式、套管式等，冷却方式有水冷和气冷两种。蛇管式和列管式后冷却器的结构分别如图10-2a、b所示。

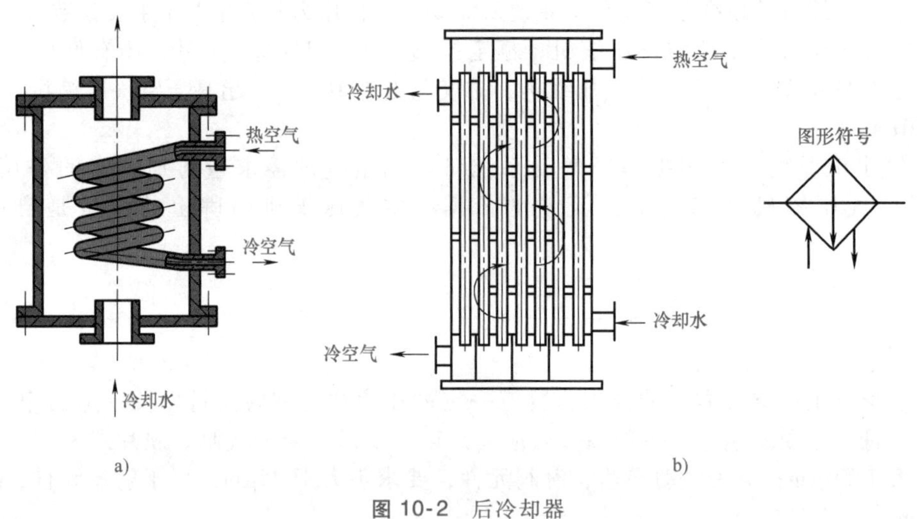

图10-2 后冷却器

a）蛇管式 b）列管式

油水分离器安装在后冷却器后的管道上，作用是分离压缩空气中所含的水分、油分等杂质，使压缩空气得到初步净化。油水分离器的结构形式有环形回转式、撞击折回式、离心旋转式、水浴式以及以上形式的组合使用等。油水分离器主要利用回转、离心、撞击、水浴等方法使水滴、油滴及其他杂质颗粒从压缩空气中分离出来。撞击折回式油水分离器如图10-3所示。

气罐的主要作用是储存一定数量的压缩空气，减小气源输出气流的脉动，增加气流连续性，减弱空气压缩机排出气流脉动引起的管道振动，进一步分离压缩空气中的水分和油分。气罐如图10-4所示。

干燥器的作用是进一步除去压缩空气中含有的水分、油分、颗粒杂质等，使压缩空气干燥，提供的压缩空气用于对气源质量要求较高的气动装置、气动仪表等。压缩空气的干燥主要采用吸附、离心、机械除水及冷冻等方法。干燥器如图10-5所示。

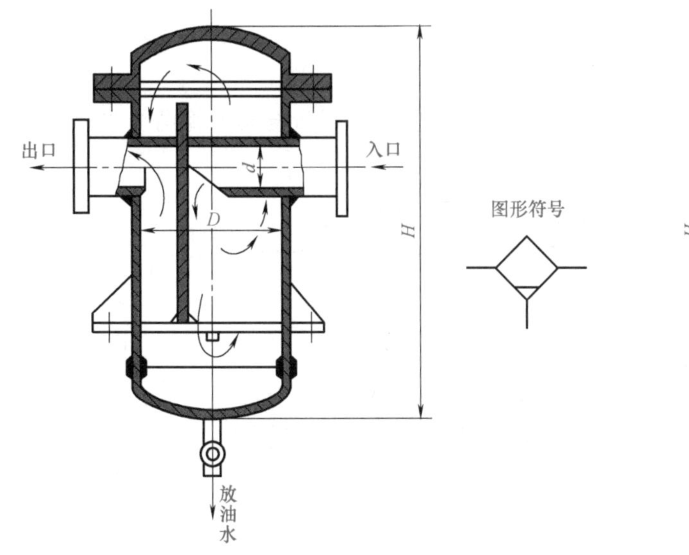

图 10-3　撞击折回式油水分离器

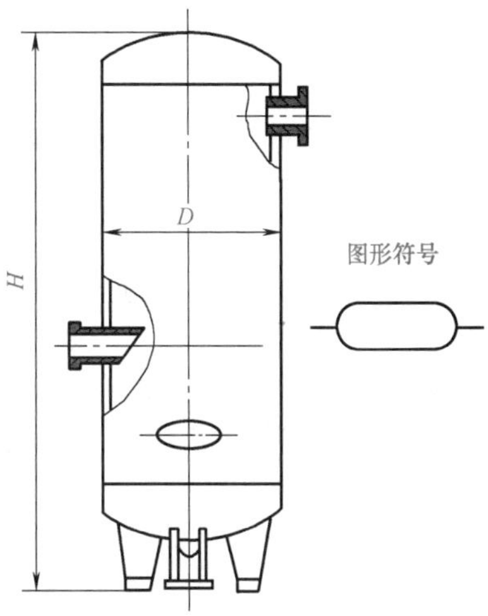

图 10-4　气罐

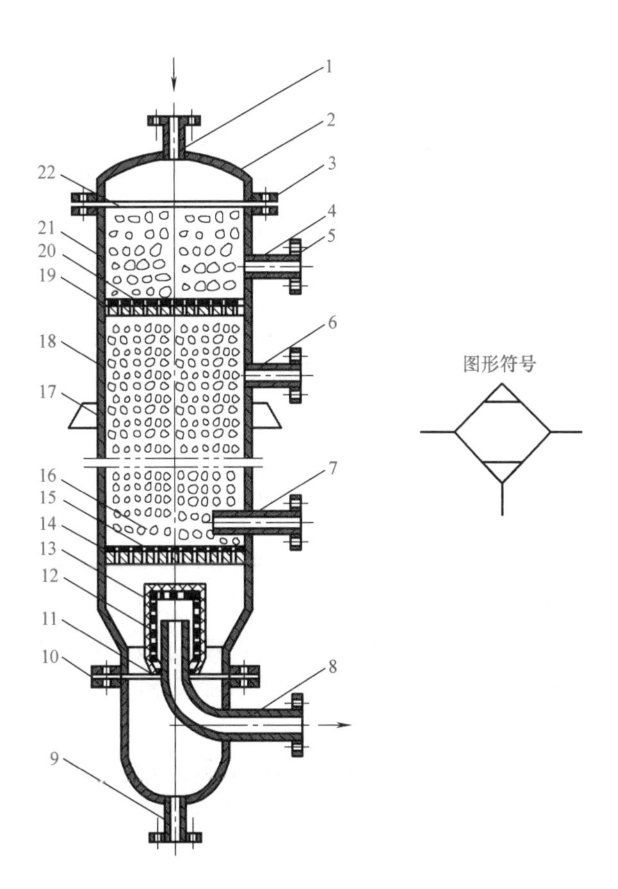

图 10-5　干燥器

1—湿空气进气管　2—顶盖　3、5、10—法兰　4、6—再生空气排气管　7—再生空气进气管　8—干燥空气输出管　9—排水管　11、22—密封垫　12、15、20—钢丝过滤网　13—毛毡　14—下栅板　16、21—吸附剂层　17—支承板　18—筒体　19—上栅板

三、管道系统

（一）管道系统的布置原则

1）所有管道系统统一根据现场实际情况因地制宜地安排，尽量与其他管网（如水管、煤气管、暖气管网等）、电线等统一协调布置。

2）车间内部干线管道应沿墙或柱子顺气流流动方向向下倾斜3°~5°，在主干管道和支管终点（最低点）设置集水罐，定期排放积水、污物等，如图10-6所示。

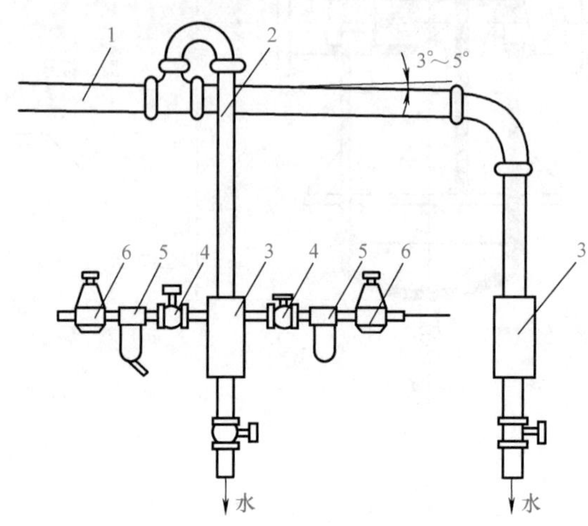

图10-6 车间内管道布置示意图

1—主管 2—支管 3—配气器罐 4—阀门 5—过滤器 6—减压阀

3）沿墙或柱接出的支管必须在主管的上部采用大角度拐弯后再向下引出。在离地面1.2~1.5m处，接入一个配气器。在配气器两侧接分支管引入用气设备，配气器下面设置放水排污装置，如图10-6所示。

4）为防止腐蚀、便于识别，压缩空气管道应刷防锈漆并涂以规定标记颜色的调合漆。

5）为保证可靠供气，可采用多种供气网络，如单树枝状、双树枝状、环状管网等。

6）如管道较长，可在靠近用气点的供气管道中安装一个适当的气罐，以满足大的间断供气量，避免过大的压降。

7）必须用最大耗气量或流量来确定管道的尺寸，并考虑管道系统中的压降。

（二）管道系统设计计算原则

管道内径 d 和壁厚 δ 的设计原则为：气源管道的管径大小是根据压缩空气的最大流量和允许的最大压力损失决定的。为避免压缩空气在管道内流动时压力损失过大，空气主管道内的流速应在6~10m/s（相应压力损失小于0.03MPa），用气车间空气流速应不大于10~15m/s，并限定所有管道内空气流速不大于25m/s，最大不得超过30m/s。

确定管道壁厚时主要考虑强度问题，可查手册选用。

四、气动三大件

分水滤气器、减压阀、油雾器一起称为气动三大件，三大件依次无管化连接而成的组件称为三联件，是多数气动设备中必不可少的气源处理装置。大多数情况下，气动三大件组合使用，其安装次序依进气方向为分水滤气器、减压阀、油雾器。气动三大件应安装在用气设备的近处。

压缩空气经过气动三大件的最后处理，将进入各气动元件及气动系统。因此，气动三大件是气动元件及气动系统使用压缩空气质量的最后保障。其组成及规格须由气动系统具体的用气要求确定，可以少于三大件，只用一件或两件，也可多于三件。

（一）分水滤气器

分水滤气器的作用是滤去空气中的灰尘、杂质，并将空气中的水分分离出来。目前，分水滤气器的种类很多，但工作原理及结构大体相同。

1. 工作原理

在图 10-7 中，当压缩空气从输入口进入后被引进旋风叶子 1，旋风叶子上冲制有很多小缺口，迫使空气沿切线方向产生强烈的旋转，这样，混杂在空气中较大的水滴、油污、灰尘便获得较大的离心力，并与存水杯 2 的内壁高速碰撞，而从气体中分离出来，沉淀于存水杯 2 中。然后，气体通过中间的滤芯 4，部分的灰尘、雾状水被拦截而滤去，洁净的空气便从输出口输出。

挡水板 3 也称防水裙，可防止杯中污水被气流卷起。污水由手动排水阀 5 放掉。

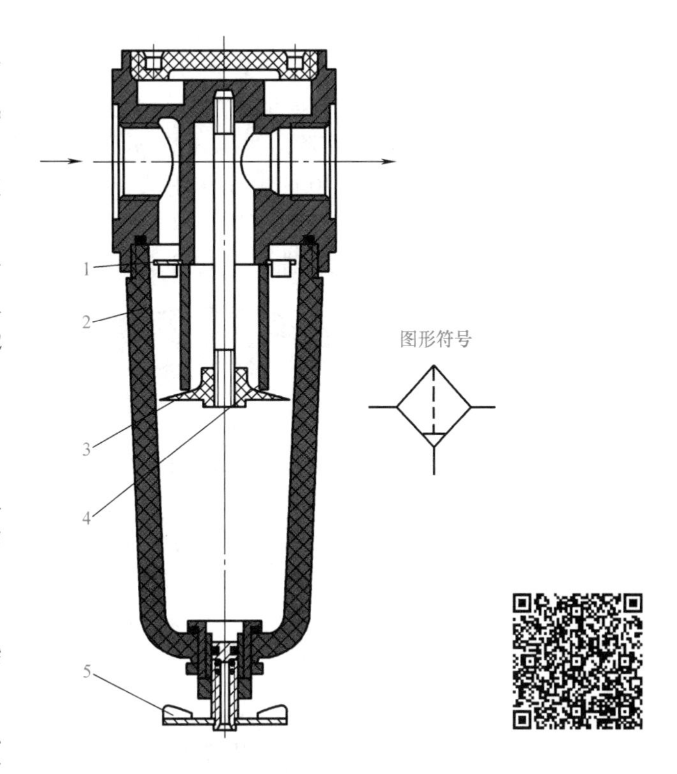

图 10-7　分水滤气器（扫描二维码获得原理动画）
1—旋风叶子　2—存水杯　3—挡水板
4—滤芯　5—手动排水阀

2. 分水滤气器的主要性能指标

（1）过滤度　能允许通过的杂质颗粒的最大直径。常用的规格有：5～10μm、10～20μm、25～40μm、50～75μm 四种，需要精过滤的还有 0.01～0.1μm、0.1～0.3μm、0.3～3μm、3～5μm 四种规格，以及其他规格如气味过滤等。

（2）水分离率　分离水分的能力，用符号 η 表示。

$$\eta=\frac{\phi_1-\phi_2}{\phi_1} \tag{10-1}$$

式中　ϕ_1——分水滤气器前空气的相对湿度；

ϕ_2——分水滤气器后空气的相对湿度。

规定分水滤气器的水分离率不小于 65%。

（3）分水滤气器的其他性能

滤灰效率：分水滤气器分离灰尘的质量和进入分水滤气器的灰尘质量之比。

流量特性：一定压力的压缩空气进入分水过滤器后，其输出压力与输入流量之间的关系。在额定流量下，输入压力与输出压力之差不超过输入压力的 5%。

（二）减压阀

减压阀的功用是：将气源压力减到每台用气设备所需要的压力，并保证减压后的压力值稳定。

1. 工作原理

在图 10-8 中，压力为 p_1 的压缩空气由左端输入，经进气阀口 10 节流后，压力降为 p_2 输出。p_2 的大小可由调压弹簧 2、3 进行调节。顺时针方向旋转调节旋钮 1，压缩调压弹簧 2、3 及膜片 5，推动阀芯 8 下移，增大进气阀口 10 的开度，使 p_2 增大。若逆时针方向旋转调节旋钮 1，进气阀口 10 的开度减小，p_2 随之减小。

若 p_1 瞬时升高，p_2 将随之升高，膜片气室 6 内压力也升高，膜片 5 上产生的推力相应增大。

此推力的变化破坏了原来力的平衡，使膜片5向上移动，有少部分气流经溢流孔12、排气孔11排出。在膜片上移的同时，复位弹簧9推动阀芯8向上移动，关小进气阀口10，进气阀口10的节流作用加大，输出压力下降，直至达到新的平衡为止，输出压力基本回到原值 p_2。

相反，若输入压力瞬时下降，输出压力 p_2 随之下降，膜片5下移，阀芯8会向下移动，进气阀口10开大，进气阀口10的节流作用减小，使输出压力增大，也基本回到原值 p_2。

逆时针方向旋转调节旋钮1，使调压弹簧2、3放松，气体作用在膜片5上的推力大于调压弹簧的作用力，膜片5向上弯曲，复位弹簧9关闭进气阀口10。再旋转调节旋钮1，阀芯8

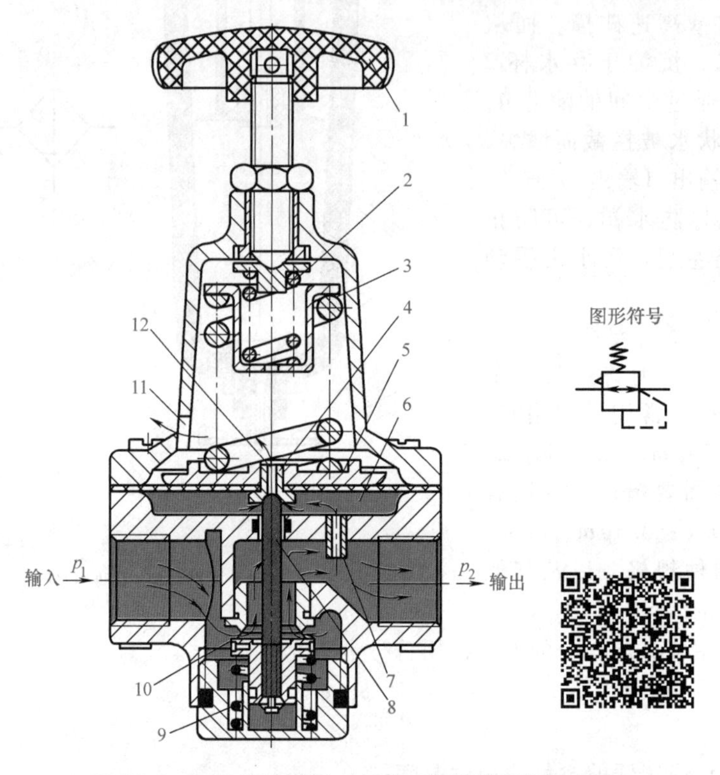

图 10-8 QTY 型减压阀（扫描二维码获得原理动画）

1—调节旋钮 2、3—调压弹簧 4—溢流阀座 5—膜片 6—膜片气室 7—阻尼孔 8—阀芯 9—复位弹簧 10—进气阀口 11—排气孔 12—溢流孔

的顶端与溢流阀座4脱开，膜片气室6中的压缩空气经溢流孔12、排气孔11排出。减压阀处于无输出状态。

总之，减压阀是靠改变调压弹簧调节输出压力值，靠进气阀口的节流作用减压，靠膜片上力的平衡作用和溢流孔的溢流作用稳压。

2. 减压阀的主要性能指标

（1）调压范围 减压阀输出压力 p_2 的可调范围，在此范围内要求达到规定的精度。调压范围主要与调压弹簧的刚度有关。为使输出压力在高、低调定值下都能得到较好的流量特性，常采用两个并联或串联的调压弹簧。并联时，在低压范围内只有刚度小的弹簧调压，高压范围内则合成调压；串联时，在低压范围内合成调压，高压范围内则让其中一个起作用。QTY 型减压阀的调压范围为 0.05~0.63MPa。

（2）压力特性 流量 q 为定值时，输入压力 p_1 的变化对输出压力 p_2 的影响。图 10-9 所示为减压阀的压力特性曲线。

（3）流量特性 输入压力 p_1 为定值时，输出流量的变化对输出压力 p_2 的影响。图 10-10

所示为减压阀的流量特性曲线。

压力特性和流量特性是减压阀的两个重要特性，是选择和使用减压阀的重要依据。

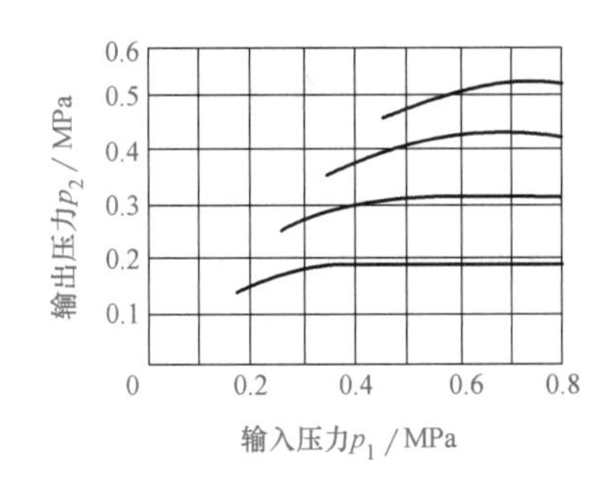

图 10-9　压力特性曲线（流量 $q=5\text{m}^3/\text{h}$）

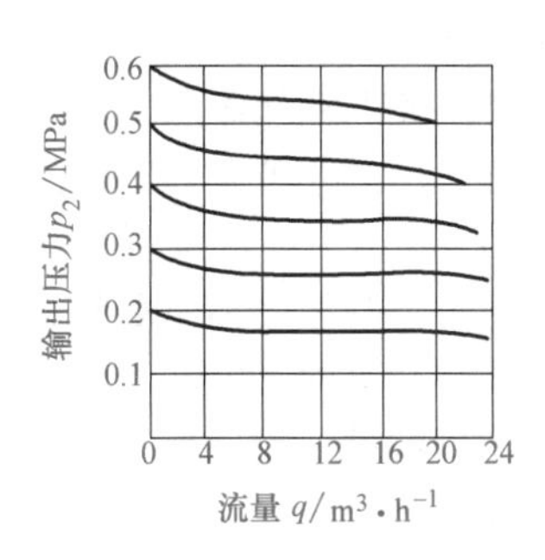

图 10-10　流量特性曲线（输入压力 $p_1=0.7\text{MPa}$）

（三）油雾器

油雾器是一种特殊的注油装置。当压缩空气流过时，它将润滑油喷射成雾状，随压缩空气一起流进需要润滑的部件，达到润滑的目的。

1. 油雾器的工作原理及结构

在图 10-11 中，当压缩空气从输入口进入后，通过喷嘴 1 下端的小孔进入阀座 4 的腔室

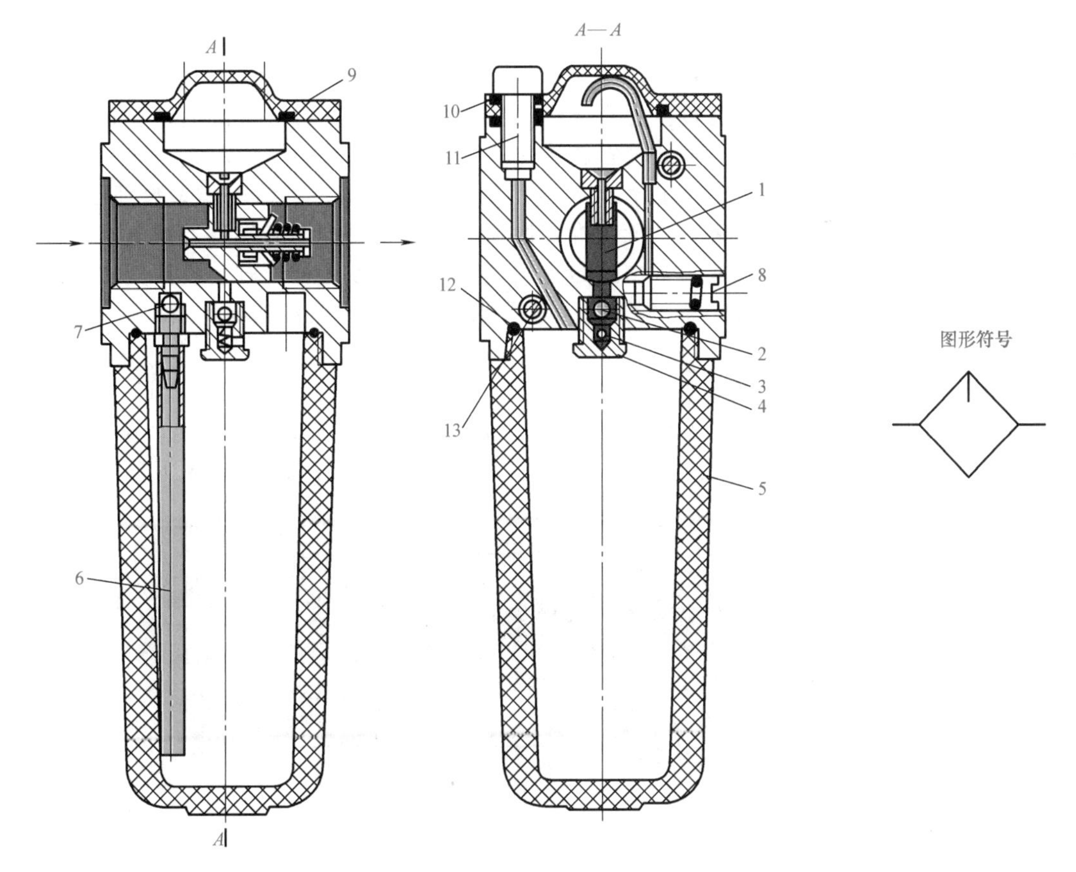

图 10-11　油雾器

1—喷嘴　2—钢球　3—弹簧　4—阀座　5—存油杯　6—吸油管　7—单向阀
8—节流阀　9—视油器　10、12—密封垫　11—油塞　13—螺母、螺钉

内，在截止阀的钢球2上下表面形成压差，由于泄漏和弹簧3的作用，而使钢球处于中间位置，压缩空气进入存油杯5的上腔，油面受压，压力油经吸油管6将单向阀7的钢球顶起，钢球上部管道有一个方形小孔，钢球不能将上部管道封死，压力油不断流入视油器9内，再滴入喷嘴1中，被主管气流从上面小孔引射出来，雾化后从输出口输出。节流阀8可以调节油量，使滴油量在每分钟0~120滴内变化。

图10-11所示为一次油雾器，也称普通油雾器。二次油雾器能使油滴在油雾器内进行两次雾化，使油雾粒径更小、更均匀，输送距离更远。从二次油雾器出来的油雾粒径可达5μm。

2. 油雾器的主要性能、指标

(1) 流量特性　它表征了在给定进口压力下，随着空气流量的变化，油雾器进、出口压降的变化情况。

(2) 起雾油量　存油杯中润滑油处于正常工作油位，油雾器进口压力为规定值，油滴量约为每分钟5滴（节流阀处于全开）时的最小空气流量。

油雾器的其他性能指标还有滴油量、油雾粒径、脉冲大小、最低不停气加油压力等。

第二节　气动执行元件

气动执行元件是将压缩空气的压力能转换为机械能并完成做功的元件，包括气缸和气马达。

一、气缸

（一）气缸的分类及典型结构

气缸是将压缩空气的压力能转换为直线运动并做功的执行元件。气缸的种类很多，分类方法也不同。按气缸的功能分为普通气缸和特殊气缸。普通气缸的结构形式与液压缸基本相同，常用于无特殊要求的场合。目前，最常选用的是标准气缸，其结构和参数都已系列化、标准化、通用化。其中，QGA系列为无缓冲普通气缸，QGB系列为有缓冲普通气缸。特殊气缸具有特别的结构或特定的功能，常由此给这类气缸命名，如无杆气缸、膜片气缸、冲击气缸、摆动气缸、气液缸、多位缸等。下面简单介绍几种典型气缸的结构与特点。

1. 普通气缸

图10-12所示为普通型单活塞杆双作用气缸。该气缸由缸筒11、前缸盖13、后缸盖1、活塞8、活塞杆10、密封件和紧固件等零件组成。缸筒在前、后缸盖之间由四根拉杆和螺母将其连接锁紧（图中未画出）。活塞与活塞杆相连，活塞上装有密封圈4、导向环5及磁性环6。

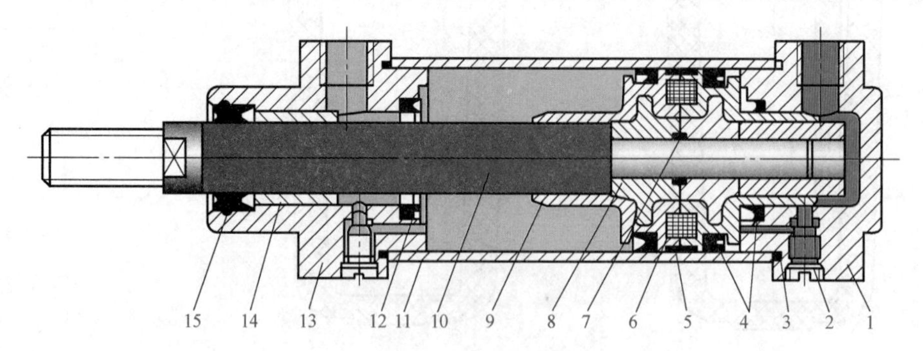

图10-12　普通型单活塞杆双作用气缸

1—后缸盖　2—缓冲节流针阀　3、4、7—密封圈　5—导向环
6—磁性环　8—活塞　9—缓冲柱塞　10—活塞杆　11—缸筒　12—缓冲密封圈
13—前缸盖　14—导向套　15—防尘组合密封圈

为防止漏气和外部粉尘的侵入，前缸盖上装有活塞杆用防尘组合密封圈 15。磁性环用来产生磁场，使活塞接近磁性开关时发出电信号。

2. 无杆气缸

无杆气缸没有普通气缸的刚性活塞杆，它利用活塞直接或间接实现直线运动。如图10-13所示，无杆气缸由缸筒 2，外部防尘密封件 7、内部抗压密封件 4，无杆活塞 3、缸盖 1、传动舌片 5、导架 6 等组成。拉制而成的铝制气缸筒沿轴向长度方向开槽，为防止内部压缩空气泄漏和外部杂物侵入，槽被内部抗压密封件 4 和外部防尘密封件 7 密封。内、外密封件都是塑料挤压成型件，且互相夹持固定，如图 10-13b 所示。无杆活塞 3 的两端带有唇形密封圈。活塞两端分别进、排气，活塞将在缸筒内往复移动。该运动通过缸筒槽的传动舌片 5 传递到承受负载的导架 6 上。此时，传动舌片将外部防尘密封件 7 与内部抗压密封件 4 挤开，但它们在活塞的两端仍然是互相夹持的。因此，传动舌片与导架组件在气缸上移动时无压缩空气泄漏。

无杆气缸缸径范围为 25~63mm，行程可达 10m。这种气缸最大的优点是节省了安装空间，特别适用于小缸径长行程的场合，在自动化系统、气动机器人中获得大量应用。

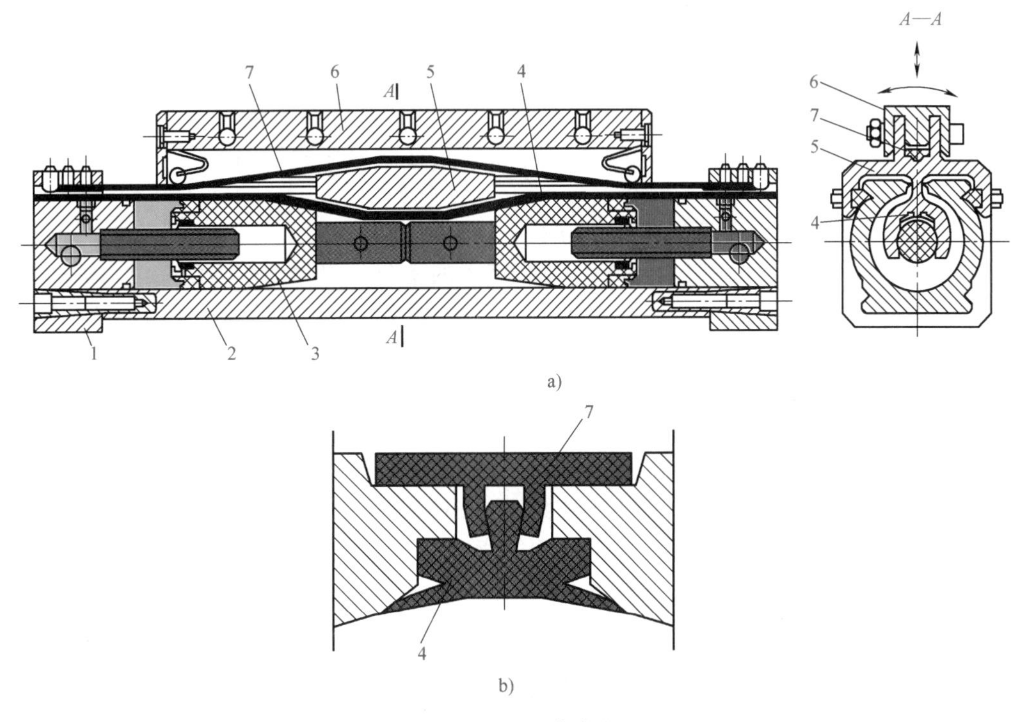

图 10-13　无杆气缸

a）无杆气缸结构图　b）缸筒槽密封布置

1—缸盖　2—缸筒　3—无杆活塞　4—内部抗压密封件

5—传动舌片　6—导架　7—外部防尘密封件

3. 膜片气缸

膜片气缸由缸体、膜片、膜盘和活塞杆等主要零件组成。它可以是单作用式，也可以是双作用式，其结构如图 10-14 所示。其膜片有盘形膜片和平膜片两种，多数采用夹织物橡胶材料。

膜片气缸与活塞式气缸相比，具有结构紧凑、简单，制造容易，成本低，维修方便，寿命长，泄漏小，效率高等优点，但膜片的变形量有限，其行程较短。这种气缸适用于气动夹具、自动调节阀及短行程工作场合。

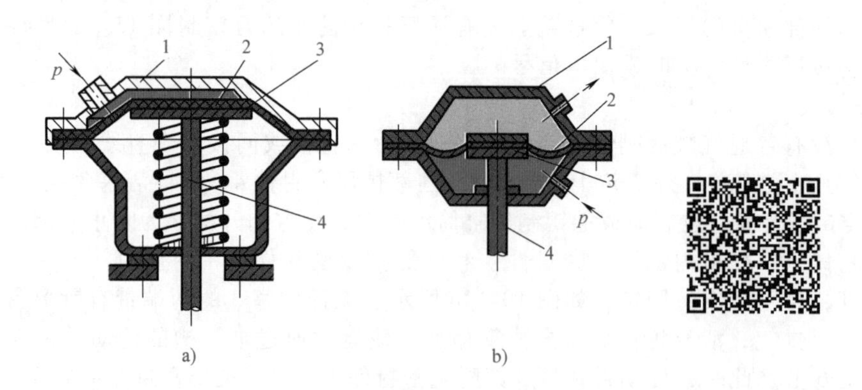

图 10-14 膜片气缸（扫描二维码获得原理动画）
a）单作用式 b）双作用式
1—缸体 2—膜片 3—膜盘 4—活塞杆

4. 冲击气缸

冲击气缸是把压缩空气的压力能转换为活塞组件的动能，利用此动能去做功的执行元件。如图 10-15 所示，冲击气缸由缸筒 8、中盖 5、活塞 7 和活塞杆 9 等主要零件组成。中盖与缸筒固定，它和活塞把气缸分割成三部分，即蓄能腔 3、活塞腔 2 和活塞杆腔 1。中盖的中心开有喷嘴口 4。

冲击气缸的整个工作过程可简单地分为三个阶段。图 10-15a 所示为复位阶段，活塞杆腔 1 进气时，蓄能腔 3 排气，活塞 7 上移，直至活塞上的密封垫封住中盖上的喷嘴口 4。活塞腔 2 经泄气口 6 与大气相通。最后活塞杆腔压力升至气源压力，蓄能腔压力降至大气压力。图 10-15b 所示为蓄能阶段，压缩空气进入蓄能腔，其压力只能通过喷嘴口的小面积作用在活塞上，不能克服活塞杆腔的排气压力所产生的向上推力及活塞与缸体间的摩擦力，喷嘴仍处于关闭状态，蓄能腔的压力将逐渐升高。图 10-15c 所示为冲击阶段，当蓄能腔压力与活塞杆腔压力的比值大于活塞杆腔作用面积与喷嘴面积之比时，活塞下移，使喷嘴口开启，聚集在蓄能腔中的压缩空气通过喷嘴口突然作用于活塞的全面积上。此时，活塞一侧的压力可达活塞杆一侧压力的几倍乃至几十倍，使活塞上作用着很大的向下推力。活塞在此推力作用下迅速加速，在很短的时间内以极高的速度向下冲击，从而获得很大的动能。

冲击气缸的用途广泛，可用于锻造、冲压、铆接、下料、压配、破碎等多种作业。

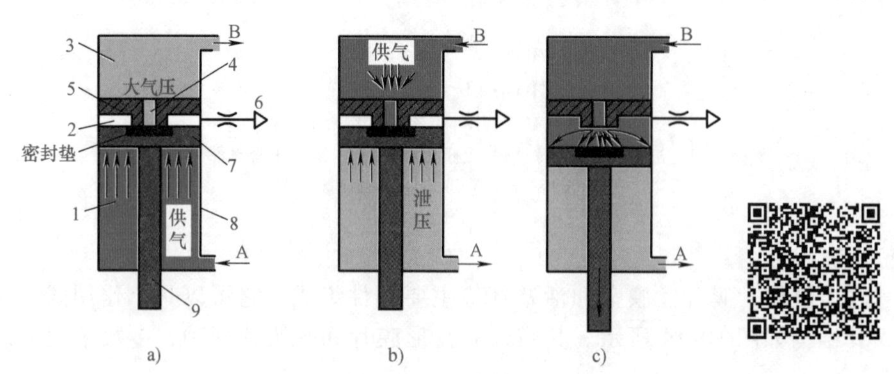

图 10-15 冲击气缸工作三阶段（扫描二维码获得原理动画）
a）复位阶段 b）蓄能阶段 c）冲击阶段
1—活塞杆腔 2—活塞腔 3—蓄能腔 4—喷嘴口 5—中盖 6—泄气口 7—活塞 8—缸筒 9—活塞杆

（二）普通气缸的工作特性

1. 气缸的瞬态特性

用图10-16中所示单杆双作用气缸来分析气缸的瞬态性能。

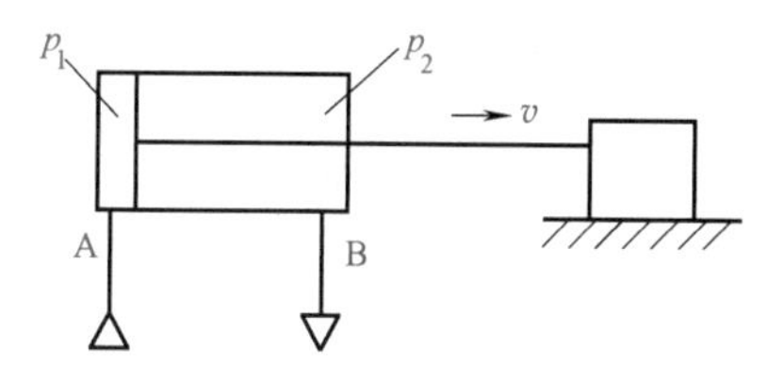

图10-16　单杆双作用气缸运动状态示意图

气源经A口向气缸无杆腔充气，压力p_1上升。有杆腔气体经B口排出（通常排向大气），压力p_2下降。当p_1与p_2的压差克服总负载时，活塞开始向右移动。此后，无杆腔为容积增大的充气状态，有杆腔为容积减小的排气状态。

在活塞向右运动过程中，p_1和p_2的大小是变化的。无杆腔虽然在充气，但其容积在增大，若供气不足或活塞运动速度过快，p_1将下降。有杆腔虽然在排气，但其容积在减小，若排气不畅，p_2将上升。p_1和p_2的变化必然导致活塞运动速度的变化，如果外负载和摩擦力也不稳定，则气缸两腔的压力和活塞速度的变化更复杂。

注意：p_1是气源向无杆腔充气与无杆腔中原有气体混合后形成的压力，不是气源压力；p_2是有杆腔中气体排向大气后的压力，不是大气压。由于多了充气和排气两个过程，气缸两腔的压力变化与液压缸两腔的压力基本不变有着本质的区别，这必然会影响气缸的工作特性。

2. 气缸的速度

气缸的平均速度v是指气缸的运动行程L除以气缸的运动时间t。气缸的速度通常是指气缸的平均速度。普通气缸的速度为50~500mm/s。气缸不宜低速运动，当速度低于50mm/s时，气缸运动不稳定，会出现时走时停的现象，称为“爬行”。当气缸速度高于500mm/s时，气缸内的密封件摩擦生热加剧，加剧密封件磨损，造成漏气，寿命缩短，还会加大行程末端的冲击力，影响到机械寿命。

气缸的瞬时速度是变化的，影响气缸瞬时速度的因素有：气源压力、进气和排气回路的阻尼、外负载、气缸两腔的体积（随运动而变化）等。由于气缸的瞬时速度无法像液压缸那样由流量直接确定，因此气缸速度通常采用节流阀进行粗调，或不调节。如果要求气缸在很低速度下工作或要求气缸速度稳定，宜采用气液阻尼缸或通过气液转换器，利用液压缸控制速度。

3. 气缸的输出力

单杠双作用气缸的推力为

$$F_1=p\frac{\pi D^2}{4}\eta \tag{10-2}$$

单杠双作用气缸的拉力为

$$F_2=p\left(\frac{\pi D^2}{4}-\frac{\pi d^2}{4}\right)\eta \tag{10-3}$$

式中　F_1——活塞伸出时的推力（N）；

F_2——活塞缩回时的拉力（N）；

D——活塞直径及气缸内径（m）；

d——活塞杆直径（m）；

p——气缸工作压力（Pa）；

η——气缸的负载率。

气缸的负载率η的取值要考虑气缸的总阻力和气缸的瞬态特性参数。气缸的总阻力包括：运动部件的惯性力、背压产生的背压阻力、所有密封件产生的摩擦阻力等，可以用效率的形式计入。气缸开始运动后，其两腔的压力不仅受充气量和排气量的影响，而且随气缸的运动而变化，气缸的输出力无法达到气缸静止时的最大输出力。这一部分的影响因素主要是气缸的瞬态特性参数，包括：气缸各个运动阶段的时间、最高运动速度、平均运动速度及缓冲效果等。

气缸在承受静载荷时，负载率 η 主要由气缸的总阻力决定，可取 0.7~0.85，有时可取 0.9。气缸运动时，负载率 η 主要受气缸瞬态特性参数影响。气缸速度在 50~500mm/s 时负载率 η 取值不大于 0.5，气缸速度大于 500mm/s 时负载率 η 取值不大于 0.3。

4. 气缸的耗气量

气缸的耗气量是指气缸在往复运动时所消耗的压缩空气量，耗气量大小是选择空压机流量的重要依据。

最大耗气量 q_{max} 是指气缸活塞完成一次行程所需的自由空气耗气量，即

$$q_{max}=\frac{AL}{t\eta_V}\frac{p+p_a}{p_a} \tag{10-4}$$

式中 A——气缸的有效作用面积；

L——气缸行程；

t——气缸活塞完成一次行程所需的时间；

p——工作压力；

p_a——大气压；

η_V——气缸容积效率，一般取 $\eta_V=0.9\sim0.95$。

5. 气缸的缓冲

气缸的运动速度很快，为了使活塞与端盖在行程末端不发生碰撞，常设置缓冲装置，如图 10-12 所示。在活塞接近行程末端时，利用缓冲柱塞将柱塞孔堵死，使封在气缸内的剩余气体被压缩，并经过节流阀缓慢流出，被压缩的气体起到吸收运动活塞动能的缓冲作用。

缓冲室内的气体被急剧压缩，属于绝热过程，其中气体吸收的能量 E_p（J）为

$$E_p=\frac{\kappa}{\kappa-1}p_2V_2\left[\left(\frac{p_3}{p_2}\right)^{\frac{\kappa-1}{\kappa}}-1\right] \tag{10-5}$$

式中 κ——气体绝热指数，对于空气，$\kappa=1.4$；

p_2——气缸排气背压力（绝对压力）（Pa）；

V_2——缓冲柱塞堵死柱塞孔时，环形缓冲气室的容积（m^3）；

p_3——缓冲气室内气体被压缩最后达到的压力，其最高值等于气缸安全强度所允许的气体压力（绝对压力）（Pa）。

运动部件在行程末端的动能 E_v（J）为

$$E_v=mv^2/2 \tag{10-6}$$

式中 m——运动部件的总质量（kg）；

v——活塞运动到行程末端的速度（m/s）。

按能量平衡原理应该有

$$E_p=E_d+E_v\pm E_g-E_f \tag{10-7}$$

或近似为

$$E_p\geqslant E_v \tag{10-8}$$

式中 E_d——进气腔给活塞的压力能（J）；

E_g——气缸非水平放置时重力产生的能量（J）；

E_f——摩擦力产生的能量（J）。

若满足式（10-7）或式（10-8），则认为气缸内置的缓冲装置能起到缓冲作用。否则，应采取一定措施，如增大缓冲行程或关小节流阀阀口等，以满足缓冲要求。但 p_3 不应太高，

一般 $p_3 \leq 5p_2$，故对高速、动能大的负载应采用其他方式进行缓冲，如采用缸外缓冲，以防止气缸尺寸过大。

（三）气缸的选择与使用

1. 气缸的选择

（1）选择气缸缸径 D　根据气缸的负载，确定气缸的轴向负载力。根据负载的运动状态，确定气缸的负载率 η。根据气源供气条件，确定气缸的工作压力 p。p 应小于减压阀入口压力的 85%。在上述已知条件下，可预算气缸缸径 D，并对缸径 D 进行标准化。

（2）选择气缸行程 L　根据气缸的操作距离及传动机构的行程来预选气缸的行程。为了便于安装调试，对计算出的行程要留有适当的余量，并应尽量选择标准行程。

（3）选择气缸的品种和安装方式　为适应不同的负载及功能，气缸生产厂家提供的气缸品种和型号繁多，安装形式也有多种。选择时应视具体情况来确定。例如：要求气缸行程终点无冲击和撞击现象的，可选用缓冲气缸；要求气缸承受横向负载的，可选择带导杆的气缸；要求重量轻的，可选择轻型气缸；要求安装空间窄小且行程短的，可选择薄型气缸；要求活塞杆不得旋转的，可选择具有杆不回转功能的气缸等。具体的选择可查阅生产厂家的产品目录。

（4）验算气缸的缓冲能力　选择了缸径和行程后，必须验算气缸的缓冲能力是否符合要求。可根据式（10-5）~式（10-8）进行验算。由于活塞运动到行程末端的瞬时速度计算困难，可选用气缸瞬时速度最大值。

当气缸内置的缓冲装置不能满足缓冲要求时，必须用其他方式进行缓冲。即使验算能满足缓冲要求，仍然建议在排气口增加排气节流阀，通过背压来提高气缸的缓冲能力，或通过缓冲回路进行缓冲，或设置液压缓冲器等。

（5）活塞杆的验算　气缸活塞杆承受横向负载的能力较弱，气缸需要承受横向负载时，通常需要在气缸运动方向上设置导向装置。

气缸活塞杆伸出较长时，承受轴向负载，易引起活塞杆弯曲变形而失去稳定性。因此在确定气缸的最大行程时，必须使受压杆的纵向弯曲变形控制在一定范围内。具体计算可参考工程力学及相关资料或设计手册。

（6）计算气缸的耗气量　气缸的耗气量大小与气缸的性能无关，但它是选择空压机流量的重要依据。根据式（10-4）计算气缸的最大耗气量。

（7）选择气缸的其他部件及相关元件　与气缸相关的其他部件包括：活塞杆端部接头、用于位置检测的磁性开关、换向阀、速度控制阀、消声器或排气节流阀及配管等。

2. 气缸的使用

1）普通气缸的正常工作条件：工作压力为 0.4~0.6MPa，环境及介质温度为-35~80℃。

2）气缸安装前应在 1.5 倍工作压力下试压，不应有漏气现象。

3）给油润滑气缸应配置流量适合的油雾器。不给油气缸也可给油使用，但一旦供油，就不得再停止供油。

4）使用中发现气缸的动能不能完全被吸收时，应调整缓冲回路或增设外部缓冲机构。

5）气缸的其他维护措施。这些措施包括：气缸使用的压缩空气应经过净化处理，去除其中的油水及颗粒杂质；安装气缸时，负载方向与活塞杆的轴线要一致，避免在活塞杆上施加横向负载和偏心负载；带磁性开关的气缸工作环境温度为-5~60℃，如超出范围应采取防冻或耐热措施；气缸长期不用应涂油保护以防锈等。

二、气马达

（一）气马达的分类及特点

气马达是利用压缩空气的能量实现旋转运动的机械，按结构形式可分为叶片式、活塞式、齿轮式等。最为常用的是叶片式气马达和活塞式气马达。叶片式气马达制造简单，结构紧凑，但低速起动转矩小，低速性能不好，适用于性能要求低或中等功率的机械，目前在矿山机械及风动工具中应用普遍。活塞式气马达在低速情况下有较大的输出功率，它的低速性能好，适用于载荷较大和要求低速转矩大的机械，如起重机、绞车绞盘、拉管机等。

由于使用压缩空气作工作介质，气马达有以下特点：

1）有过载保护作用。过载时，转速降低或停车，过载消除后立即恢复正常工作，不会产生故障，长时间满载工作温升小。

2）可以无级调速。控制进气流量，就能调节马达的功率和转速。额定转速从每分钟几十转到几十万转。

3）具有较高的起动转矩，可直接带负载起动。

4）与同类电动机相比，重量只有电动机的1/10~1/3，因此其惯性小，起动停止快。

5）可在恶劣环境下使用，具有防火、防爆，耐潮湿、粉尘及振动的优点。

6）结构简单，维修容易。

7）输出功率相对较小，最大只有20kW左右。

8）耗气量大，效率低，噪声大。

（二）叶片式气马达的工作原理

图10-17所示为叶片式气马达的工作原理。它的主要结构和工作原理与液压叶片马达相似，主要包括一个径向装有3~10个叶片的转子，偏心安装在定子内，转子两侧有前、后端盖（图中未画出），叶片在转子的径向槽内可自由滑动，叶片底部通有压缩空气，转子转动时靠离心力和叶片底部气压将叶片紧压在定子内表面上，定子内有半圆形的切沟，用以提供压缩空气及排出废气。

当压缩空气从A口进入定子腔内时，叶片带动转子逆时针方向旋转，产生旋转力矩，废气从排气口C排出，而定子腔内残余气体则经B口排出。如需改变气马达旋转方向，改变进、排气口即可。

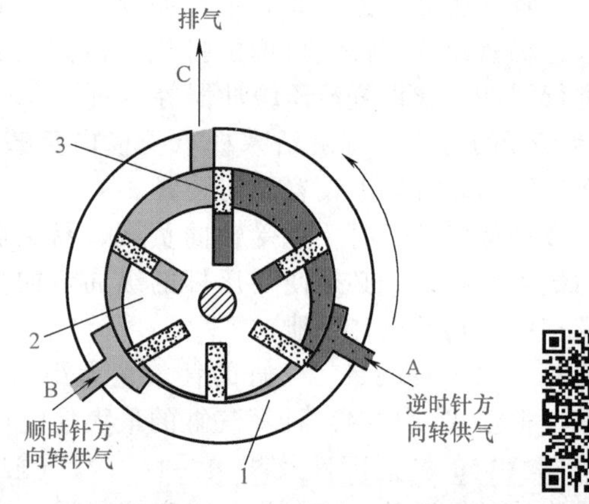

图10-17 叶片式气马达的工作原理
（扫描二维码获得原理动画）
1—定子 2—转子 3—叶片

气马达的有效转矩与叶片伸出的面积及其供气压力有关。叶片数目多，输出转矩虽然较均匀，且压缩空气的内泄漏减少，却使有效工作腔容积减小。所以叶片数目应选择适当。为了增强密封性，在叶片式气马达起动时，叶片常靠弹簧或压缩空气顶出，使其紧贴在定子的内表面上。随着马达转速增加，离心力进一步把叶片紧压在定子内表面。

（三）叶片式气马达的特性

图10-18所示为叶片式气马达的特性曲线。此曲线是在一定工作压力下作出的。如气压变化，特性曲线会有较大变化。当气压不变时，它的转矩、转速、功率均随着外负载变化而变化。这种特性曲线最大的特点是具有软特性。

当负载转矩T为零（即空转）时，转速最大，以n_{max}表示，此时气马达输出功率P为零。

当负载转矩等于气马达最大转矩时，气马达停止，此时，输出功率P也为零。

当负载转矩T等于气马达最大转矩一半时，其转速为$n_{max}/2$，输出功率P最大，为气马达的额定功率。

在没有泄漏的情况下，气马达的转速 n 与流量 q 成正比。但实际上总会有一定的泄漏，转速势必受其影响。在供气压力一定时，转速越低（即负载转矩越大），流量越小，叶片之间工作腔压力较高，泄漏就越大。因此，低速时的泄漏对转速的影响比高速时更大些，如图 10-19 所示。

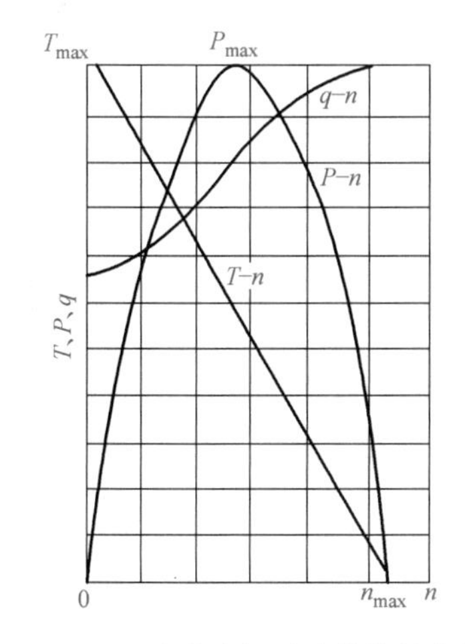

图 10-18　叶片式气马达的特性曲线

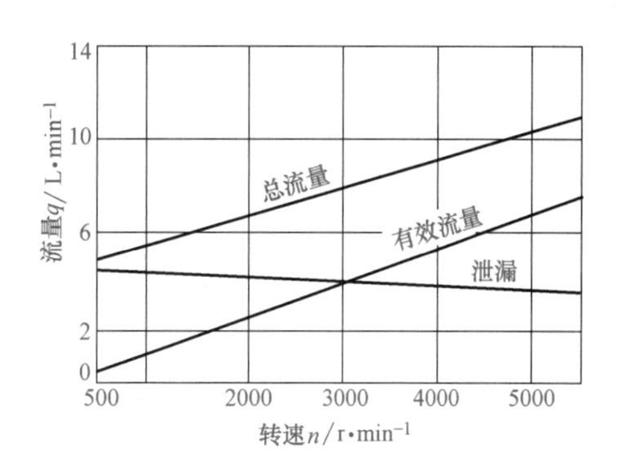

图 10-19　转速、总流量及泄漏量关系曲线

第三节　气动控制阀

气动控制阀的功用、工作原理等和液压控制阀相似，仅在结构上有所不同。按功能也分为压力控制阀、流量控制阀和方向控制阀三大类。表 10-1 列出了三大类气动控制阀及其特点。

表 10-1　气动控制阀

类　别	名　　称	图形符号	特　　点
压力控制阀	减压阀		调整或控制气压的变化，保持压缩空气减压后稳定在需要值，又称为调压阀。一般与分水滤气器、油雾器共同组成气动三大件。对低压系统则需用高精度的减压阀——定值器
	溢流阀		为保证气动回路或气罐的安全，当压力超过某一调定值时，实现自动向外排气，使压力回到某一调定值范围内，起过压保护作用。也称为安全阀
	顺序阀		依靠气路中压力的作用，按调定的压力控制执行元件顺序动作或输出压力信号。与单向阀并联可组成单向顺序阀
流量控制阀	节流阀		通过改变阀的流通面积来实现流量调节。与单向阀并联组成单向节流阀，常用于气缸的调速和延时回路中
	排气消声节流阀		装在执行元件主控阀的排气口处，调节排入大气中气体的流量。用于调整执行元件的运动速度并降低排气噪声

（续）

类别	名称		图形符号	特点
方向控制阀	换向型控制阀	气压控制换向阀	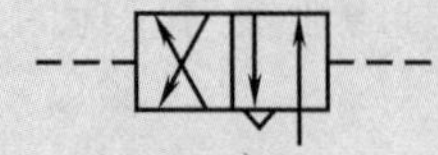 a)  b)	以气压为动力切换主阀，使气流改变流向 操作安全可靠，适用于易燃、易爆、潮湿和粉尘多的场合 图 a 所示为加压或泄压控制换向，图 b 所示为差压控制换向
		电磁控制换向阀	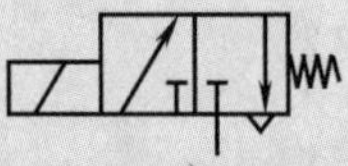 a) 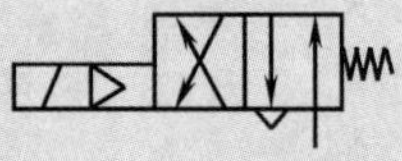 b) 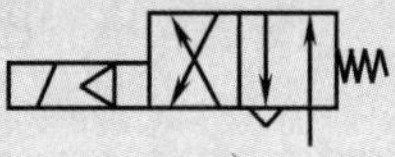 c)	用电磁力的作用来实现阀的切换以控制气流的流动方向。分为直动式和先导式两种 通径较大时采用先导式结构，由微型电磁铁控制气路产生先导压力，再由先导压力推动主阀阀芯实现换向，即电磁、气压复合控制 图 a 所示为直动式电磁阀，图 b、c 所示为先导式电磁阀。其中图 b 所示为气压加压控制，图 c 所示为气压泄压控制
		机械控制换向阀	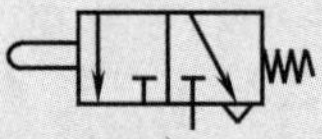 a) 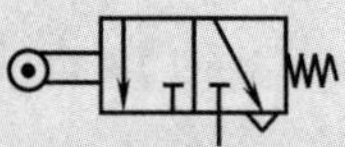 b) 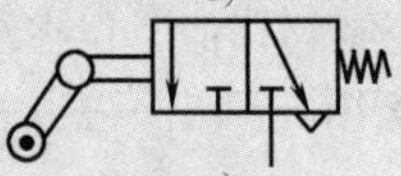 c)	依靠凸轮、撞块或其他机械外力推动阀芯使其换向 多用于行程程序控制系统，作为信号阀使用，也称为行程阀 图 a 所示为直动式机控阀，图 b 所示为滚轮式机控阀，图 c 所示为可通过式机控阀
		人力控制换向阀	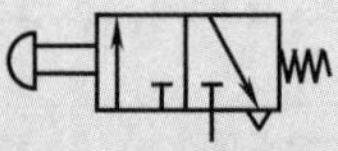 a) 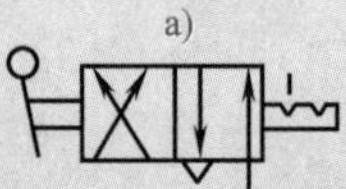 b) 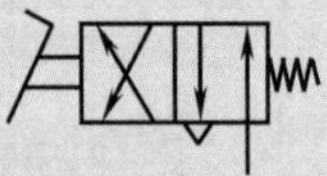 c)	分为手动和脚踏两种操作方式 图 a 所示为按钮式，图 b 所示为手柄式，图 c 所示为脚踏式
	单向型控制阀	单向阀	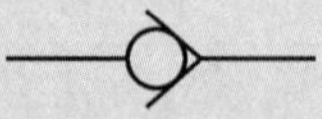	气流只能一个方向流动而不能反向流动
		梭阀	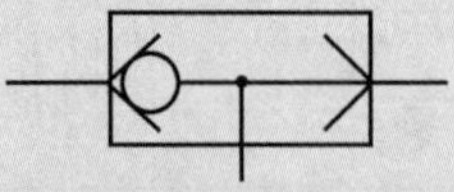	两个单向阀的组合，其作用相当于“或门”
		双压阀	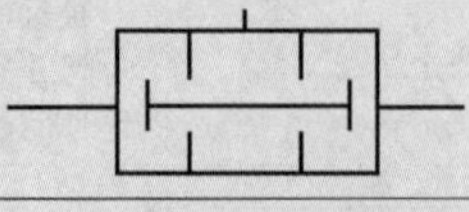	两个单向阀的组合结构形式，作用相当于“与门”
		快速排气阀	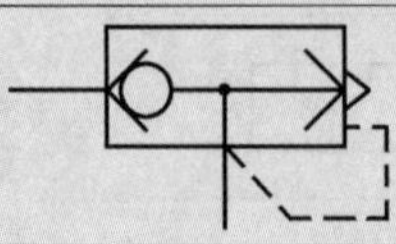	常装在换向阀与气缸之间，它使气缸不通过换向阀而快速排出气体，从而加快气缸的往复运动速度，缩短工作周期

表 10-1 列出的是定值开关式气动控制阀，与液压控制阀一样，也有气动比例控制阀和气动伺服控制阀，这里不再介绍。值得一提的是，近年来出现了新一代气电一体化控制元器件——阀岛，它集成了信号输入/输出及信号的控制，犹如一个控制岛屿，具有广泛的应用前景。

第四节　气动辅件

气动控制系统中，许多辅助元件往往是不可缺少的，如消声器、管道、接头、气液转换器等。

一、消声器

气缸、气阀等工作时排气速度较高，气体体积急剧膨胀，会产生刺耳的噪声。噪声的强弱随排气的速度、排气量和空气通道的形状而变化。排气的速度和功率越大，噪声也越大，一般可达 100～120dB。为了降低噪声，可以在排气口装设消声器。消声器就是通过阻尼或增加排气面积来降低排气的速度和功率，从而降低噪声的。

气动元件上使用的消声器的类型一般有三种：吸收型消声器、膨胀干涉型消声器、膨胀干涉吸收型消声器。图 10-20 所示为吸收型消声器，消声套用铜颗粒烧结成形，是目前使用最广泛的一种。

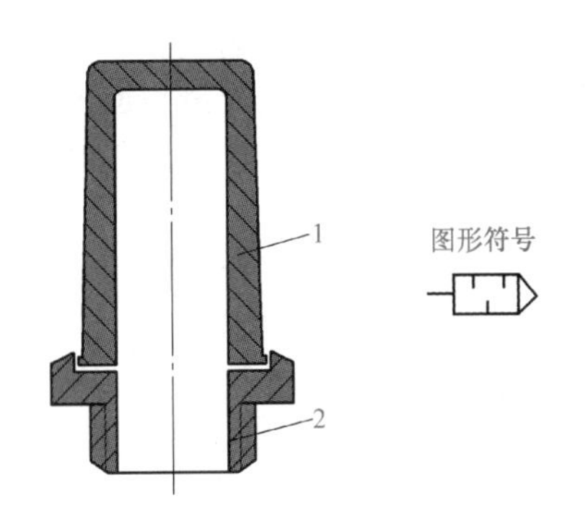

图 10-20　吸收型消声器
1—消声套　2—连接螺纹

二、管道连接件

管道连接件包括管子和各种管接头。有了管路连接，才能把气动控制元件、气动执行元件以及辅助元件等连接成一个完整的气动控制系统。因此，实际应用中管路连接是必不可少的。

管子可分为硬管和软管两种。如总气管和支气管等一些固定不动的、不需要经常装拆的地方使用硬管；连接运动部件、临时使用、希望装拆方便的管路应使用软管。硬管有铁管、钢管、黄铜管、纯铜管和硬塑料管等；软管有塑料管、尼龙管、橡胶管、金属编织塑料管及挠性金属导管等。常用的是纯铜管和尼龙管。

气动系统中使用的管接头的结构及工作原理与液压管接头基本相似，分为卡套式、扩口螺纹式、卡箍式、插入快换式等。

三、气液转换器

将空气压力转换成相同压力的液压力的元件称为气液转换器。

图 10-21 所示为一种隔离式气液转换器，上部进气口接气源，压缩空气先经过缓冲板 10

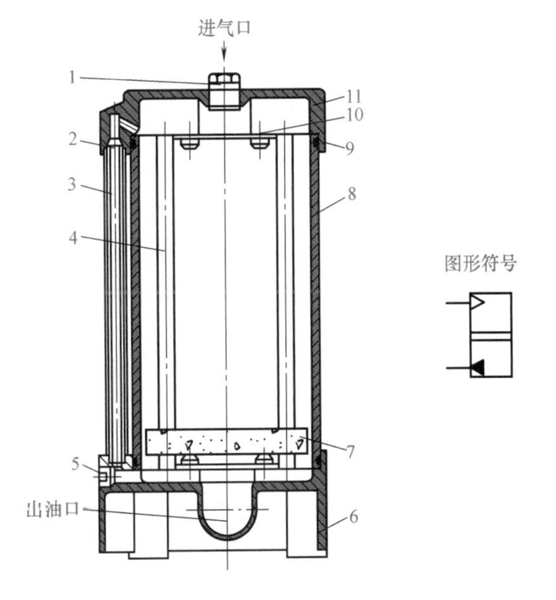

图 10-21　气液转换器
1—进气管　2—油位计垫圈　3—油位计
4—拉杆　5—泄油塞　6—下盖　7—浮子
8—筒体　9—垫圈　10—缓冲板　11—头盖

缓冲，再通过浮子7作用于液体（多为液压油），推压液体以同样的压力从出油口输出，以推动气液联动缸运动。缓冲板10还可以防止空气流入时混入冷凝水、排气时流出油沫。浮子7用于防止油、气直接接触，避免空气混入油中。

在具有压缩空气源的地方，采用气液转换器，用气压驱动气液联动缸，既不用配备液压泵装置，又避免了空气可压缩的缺陷，发挥了液压系统的优势，使控制速度更平稳，位置更精确。该系统结构简单、经济、可靠，适用于对运动要求较高的场合。

第五节 真空元件

以真空吸附为动力源，实现自动化的技术，已在电子元器件组装、汽车组装、轻工食品机械、医疗机械、印刷机械、塑料机械、包装机械和机器人等许多方面得到广泛应用。这是因为对于任何具有较光滑表面的物体，特别是那些不适于夹紧的非金属物体，如柔软的薄纸张、塑料膜、铝箔、玻璃及其制品、集成电路等微型精密零件，都可以使用真空吸附来完成各种作业。

在真空压力下工作的相关元件，统称为真空元件。真空元件包括真空发生装置、真空阀、真空执行机构、真空辅件等。真空发生装置有真空泵和真空发生器两种，真空泵用于需要大规模连续真空负压的场合，真空发生器适用于间歇工作、真空抽吸流量较小的情况。真空阀包括压力控制阀、方向控制阀和流量控制阀，真空阀的结构和工作原理与普通阀相类似，其中流量控制阀用于控制真空产生和破坏的快慢。真空执行机构包括真空吸盘和真空气缸。真空辅件包括真空过滤器、真空计、真空压力开关和管件等。

这里只介绍真空发生器和真空吸盘。

一、真空发生器

真空发生器是指利用气体的高速流动来产生真空的元件。

1. 工作原理

真空发生器如图10-22所示。它由先收缩后扩张的拉伐尔喷管1、负压腔2和接收管3等组成，有供气口P、排气口T和真空口A。压力气体由供气口进入真空发生器，通过拉伐尔喷管1时被加速，形成超声速射流。因射流在负压腔2内不会分散，将全部射入接收管3，并卷吸负压腔2内的气体，在负压腔2中形成真空，在真空口处接上真空吸盘便可吸吊物体。

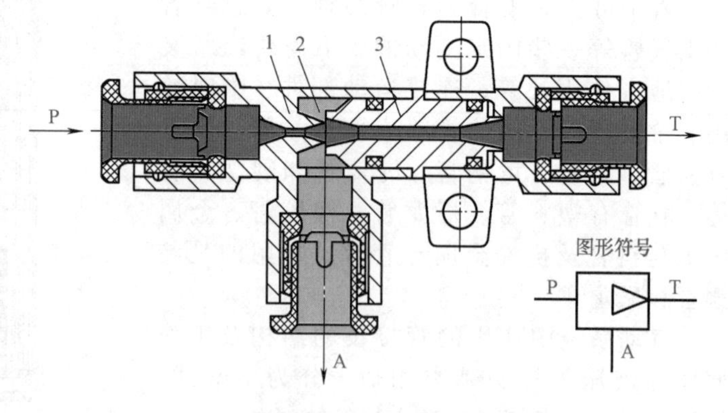

图10-22 真空发生器

1—拉伐尔喷管 2—负压腔 3—接收管

真空发生器的结构简单，无可动机械部件，故使用寿命长。

2. 真空发生器的主要性能指标

（1）耗气量 真空发生器的耗气量是指供给拉伐尔喷管的流量，它不但由喷嘴的直径决定，还与供气压力有关。同一喷嘴直径，其耗气量随供气压力的增加而增加，如图10-23所示。喷嘴直径是选择真空发生器的主要依据。喷嘴直径越大，抽吸流量和耗气量越大，真空度越低；喷嘴直径越小，抽吸流量和耗气量越小，真空度越高。

（2）真空度　图 10-24 所示为真空度特性曲线。由图可知，真空度存在最大值 p_{zmax}，当超过最大值后，即使增加供气压力，真空度不但没有增加反而下降。实际使用时，建议真空度选为（63%~95%）p_{zmax}。

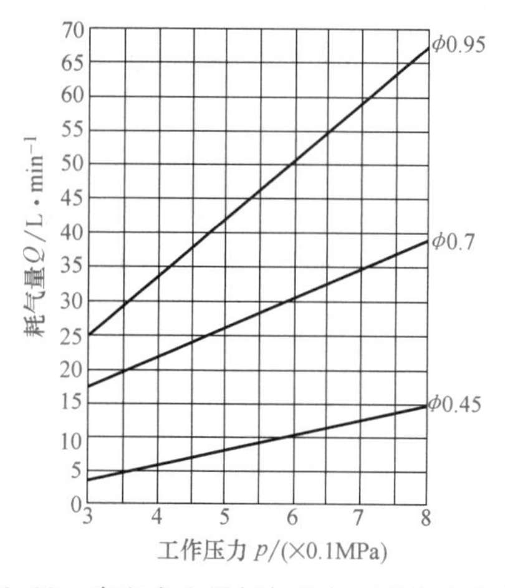

图 10-23　真空发生器耗气量与工作压力的关系

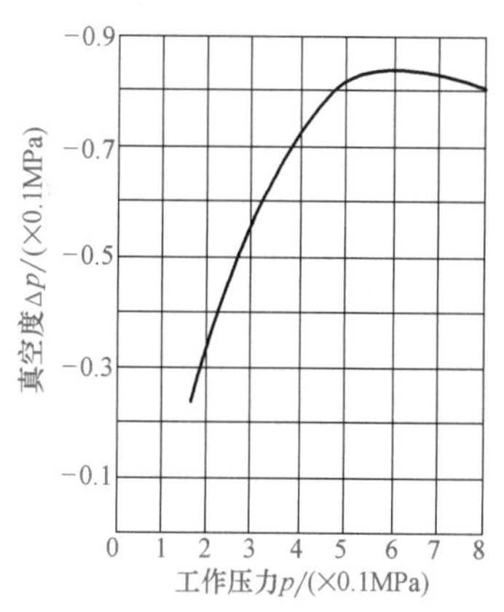

图 10-24　真空度特性曲线

（3）抽吸时间　抽吸时间表示了真空发生器的动态指标，在工作压力为 0.6MPa 的实验条件下，真空发生器抽吸 1L 容积空气所需的时间为抽吸时间。

二、真空吸盘

真空吸盘是真空系统中专门用于吸附、抓取物件的执行元件。通常由橡胶材料与金属骨架压制而成。

1. 结构和形状

真空吸盘需要根据所吸附的物件不同进行设计，除要求吸盘的材料性能适应外，其结构和安装方式也要与吸附物件的工作要求相适应。图 10-25 所示为常见真空吸盘的结构和形式。

图 10-25　常见真空吸盘的结构和形式

2. 真空吸盘的主要性能指标

真空吸盘的主要性能指标是吸力。吸盘吸力的理论值 F 为

$$F=\frac{\pi^2}{4}D_e p_z \tag{10-9}$$

式中　D_e——吸盘的有效直径；

p_z——真空度。

吸盘的实际吸力应考虑被吸吊物件的重量及搬运过程中的运动速度、加速度、振动和晃动的影响，并应留出足够的余量，以保证吸吊的安全。对于面积大的、重的、有振动的吸吊物，通常使用多个吸盘同时进行吸吊。

第六节　气动逻辑元件

气动逻辑元件是一种采用压缩空气作工作介质，通过元件内部的可动部件（如膜片等）的动作，改变气流流动的方向，从而实现一定逻辑功能的气动控制元件。

一、气动逻辑元件的分类及特点

气动逻辑元件的种类很多，按工作压力可分为高压元件（0.2~0.8MPa）、低压元件（0.02~0.2MPa）和微压元件（0.02MPa以下）；按逻辑功能又分为“或门”“与门”“非门”及“双稳”元件等；一般按结构形式分类，有高压截止式逻辑元件、膜片式逻辑元件、滑阀式逻辑元件和其他逻辑元件。

气动逻辑元件有如下特点：

1）元件流通孔道较大，抗污染能力较强（射流元件除外），对气源的净化程度要求低。

2）元件通常在完成切换动作后，能切断气源和排气孔之间的通道，因此无功耗气量较低。

3）元件的带负载能力强，可带动数量较多的控制或执行元件。

4）由于气信号孔和安装孔都已设计成标准形式，因此在组成系统时，元件之间连接方便，匹配简单，调试容易。

5）气动逻辑元件的响应时间一般为几毫秒至几十毫秒（微压元件可在1.5ms左右）。响应速度较慢，不宜组成运算很复杂的控制系统。

6）由于元件中存在可动部件，在强烈冲击和振动的工作环境中可能产生误动作。

二、高压截止式逻辑元件

高压截止式逻辑元件是依靠气压信号或通过膜片变形推动阀芯动作，从而改变气流的通路以实现一定的逻辑功能的气动元件。

1. “是门”元件

图10-26a为“是门”元件的工作原理图，a为信号输入孔，S为信号输出孔，中间孔接气源P。在a无信号时，阀片3在弹簧及气源压力作用下处于图示位置，封住P、S之间的通道，使S与排气孔相通，S无输出。在a有输入信号时，膜片6在输入信号作用下将阀芯1推动下移，封住S与排气孔间的通道，P、S之间相通，S有输出。即无输入信号时无输出，有输入信号时有输出。图10-26b所示为“是门”元件的逻辑关系。

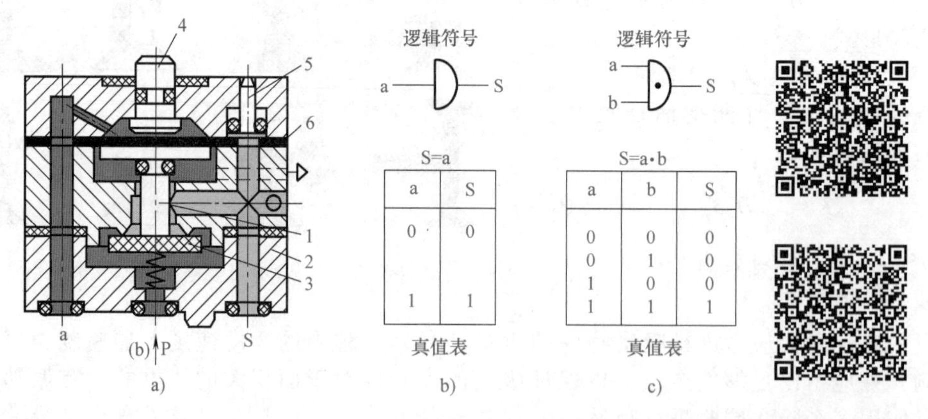

图10-26 “是门”和“与门”元件的工作原理图及逻辑关系（扫描二维码获得原理动画）
a）工作原理图 b）“是门”元件的逻辑关系 c）“与门”元件的逻辑关系
1—阀芯 2—阀体 3—阀片 4—手动按钮 5—显示活塞 6—膜片

显示活塞5用来显示输出的有无。手动按钮4用于手动发信。“是门”元件在回路中可用于波形的整形、隔离、放大。

2. “与门”元件

若将图 10-26a 的中间孔不接气源而换接另一输入信号 b，则成为“与门”元件。即当 a 有输入信号时，b 无输入信号；或当 b 有输入信号，a 无输入信号时，S 均无输出。只有 a、b 同时有输入信号时，S 才有输出。图 10-26c 所示为“与门”元件的逻辑关系。

3. “或门”元件

图 10-27a 为“或门”元件的工作原理图，a、b 为信号输入孔，S 为信号输出孔。当 a 有输入信号时，阀芯 2 因输入信号作用，下移封住信号孔 b，气流经 S 输出。当 b 有输入信号时，阀芯 2 在 b 信号作用下向上移，封住 a 信号孔，S 也会有输出。当 a、b 均有输入信号时，阀芯 2 在两个信号的作用下或上移或下移或保持在中位。但无论阀芯处在哪种状态，S 均会有输出。即在 a 或 b 两个输入端中，只要有一个有信号或同时有信号，S 均会有输出。显示活塞 1 用于显示输出的有无。“或门”元件的逻辑关系如图 10-27b 所示。

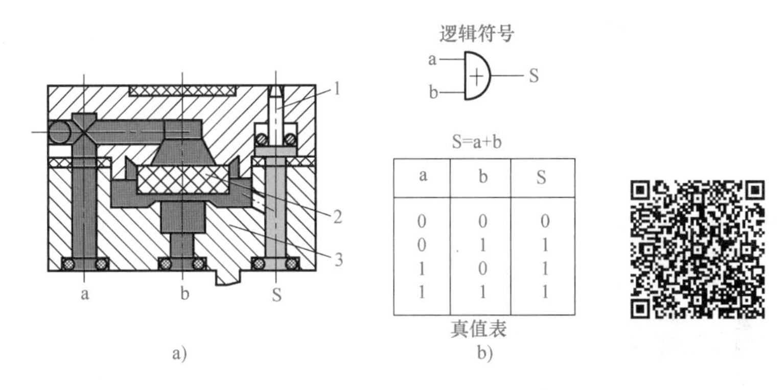

a	b	S
0	0	0
0	1	1
1	0	1
1	1	1

图 10-27　“或门”元件的工作原理图及逻辑关系（扫描二维码获得原理动画）

a）工作原理图　b）逻辑关系

1—显示活塞　2—阀芯　3—阀体

4. “非门”元件

图 10-28a 为“非门”元件的工作原理图，a 为信号输入孔，S 为信号输出孔，中间孔接气源 P。当 a 无信号输入时，阀片 3 在气源压力的作用下上移，封住输出孔 S 与排气孔间的通道，S 有输出。当 a 有输入信号时，膜片 6 在输入信号的作用下，推动阀杆 1 下移，封住气源孔 P，S 无输出。即一旦 a 有输入信号出现，输出孔就“非”，没有输出，其逻辑关系如图 10-28b 所示。显示活塞 5 用于检查输出的有无。手动按钮 4 用于手动发信。

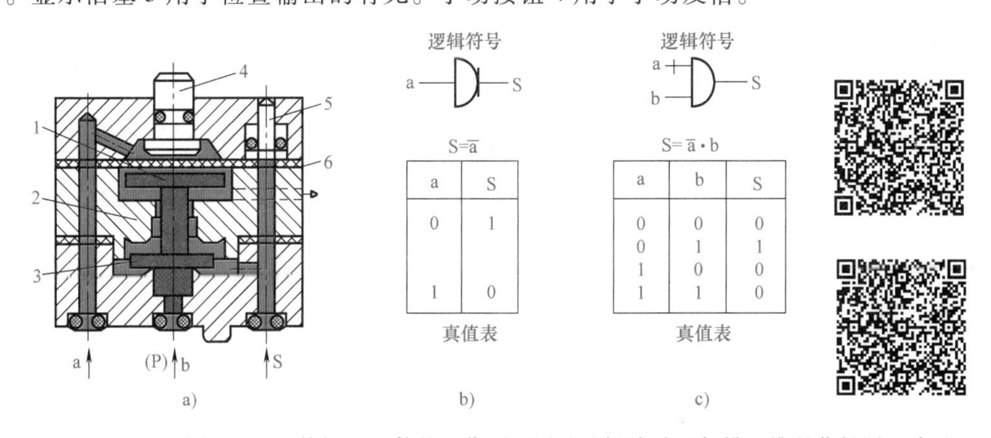

a	S
0	1
1	0

a	b	S
0	0	0
0	1	1
1	0	0
1	1	0

图 10-28　“非门”和“禁门”元件的工作原理图及逻辑关系（扫描二维码获得原理动画）

a）工作原理图　b）“非门”元件的逻辑关系　c）“禁门”元件的逻辑关系

1—阀杆　2—阀体　3—阀片　4—手动按钮　5—显示活塞　6—膜片

5. “禁门” 元件

若将图 10-28a 的中间孔不作气源孔 P，而作另一输入信号孔 b，则成为“禁门”元件。在 a、b 均输入信号时，阀杆 1 及阀片 3 在 a 输入的信号作用下封住 b 孔，S 无输出：在 a 无输入信号时，b 有输入信号，S 就有输出。即 a 的输入信号对 b 的输入信号起“禁止”作用，其逻辑关系如图 10-28c 所示。

6. “或非” 元件

图 10-29a 为“或非”元件的工作原理图，a、b、c 为三个信号输入孔，P 为气源孔，S 为输出孔，阀柱 1、2 和上下信号膜片是可以分开的。当三个输入孔都无输入信号时，S 有输出。若三个输入孔中任一个或某两个或三个有输入信号，相应的膜片在输入信号压力的作用下，通过阀柱依次将力传递到阀芯 3 上，阀芯下移切断 P 和 S 的通道，S 无输出。“或非”元件的逻辑关系如图 10-29b 所示。

“或非”元件是一种多功能的逻辑元件，应用这种元件可以组成“或门”“与门”及“双稳”等各种逻辑单元。

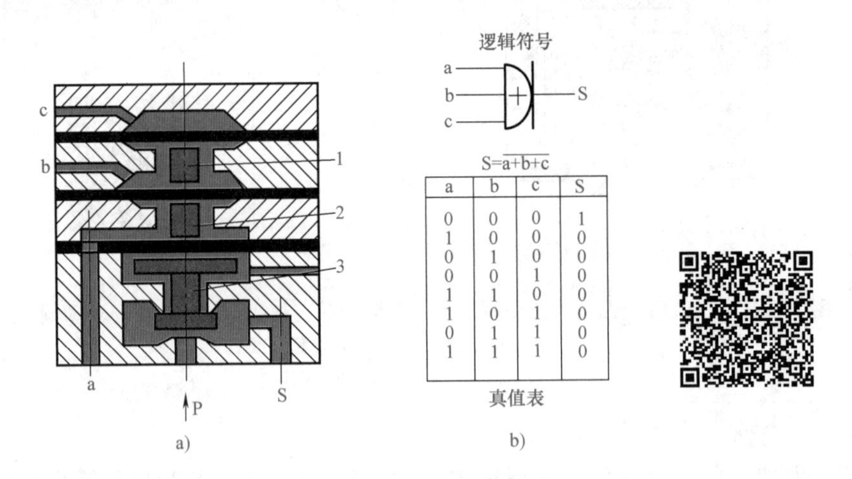

$S=\overline{a+b+c}$

a	b	c	S
0	0	0	1
1	0	0	0
0	1	0	0
0	0	1	0
1	1	0	0
1	0	1	0
0	1	1	0
1	1	1	0

图 10-29 “或非”元件的工作原理图及逻辑关系（扫描二维码获得原理动画）
a）工作原理图 b）逻辑关系
1、2—阀柱 3—阀芯

7. “双稳” 和 “单记忆” 元件

“双稳”和“单记忆”元件均属于记忆元件，在逻辑回路中有很重要的作用。图 10-30 为“双稳”元件的工作原理图。图示位置阀芯 2 被控制信号 a 推至右端，气源的压缩空气由 P 通至 S_1 输出，而 S_2 与排气孔 O 相通。撤去控制信号 a，阀芯仍保持右位，S_1 保持有输出，记忆了控制信号 a。若 b 有控制信号输入，则阀芯移至左端，S_2 与气源 P 相通，S_1 与排气孔 O 相通。若撤去控制信号 b，S_2 仍保持有输出，记忆了控制信号 b。“双稳”元件的逻辑关系如图 10-30b 所示。

“单记忆”元件的工作原理如图 10-31a 所示。a 为置“0”信号输入端，b 为置“1”输入端，S 为输出端，P 为气源孔。当 b 有置“1”信号输入时，膜片变形使活塞上移，将小活塞 4 顶起，打开气源通道并关闭排气通道，S 有输出。如果 b 的置“1”信号消失，膜片 1 复原，活塞 2 在输出端压力作用下仍保持在上端位置，S 仍有输出。对 b 的置“1”信号起记忆作用。当 a 有置“0”信号输入时，活塞 2 下移，打开排气通道，小活塞 4 也下移，切断气源，S 无输出。“单记忆”元件的逻辑关系如图 10-31b 所示。

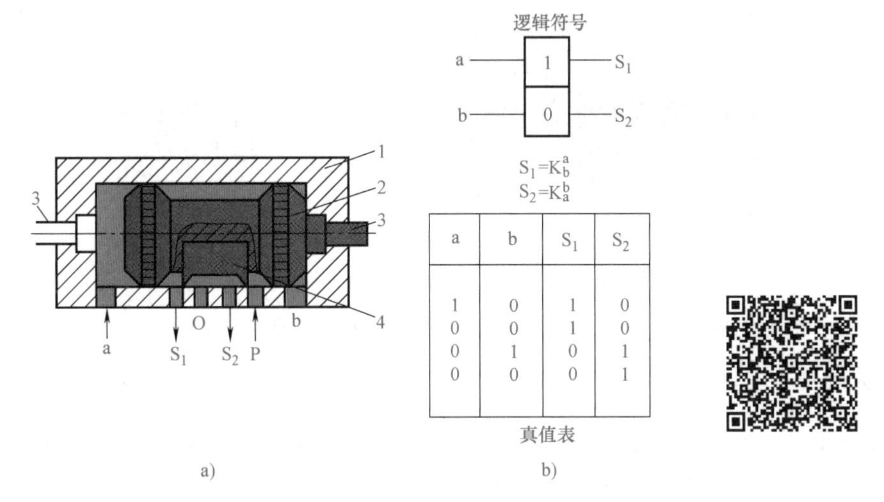

a	b	S_1	S_2
1	0	1	0
0	0	1	0
0	1	0	1
0	0	0	1

图 10-30　“双稳”元件的工作原理图及逻辑关系（扫描二维码获得原理动画）

a）工作原理图　b）逻辑关系

1—阀体　2—阀芯　3—手动按钮　4—滑块

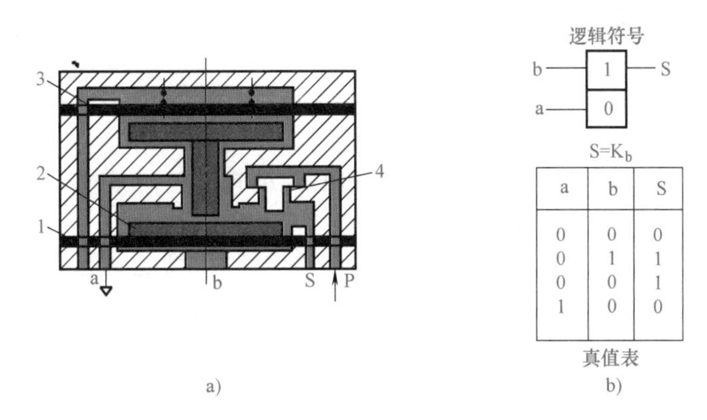

a	b	S
0	0	0
0	1	1
0	0	1
1	0	0

图 10-31　“单记忆”元件及逻辑关系

a）工作原理图　b）逻辑关系

1、3—膜片　2—活塞　4—小活塞

三、其他逻辑元件

1. 高压膜片式逻辑元件

高压膜片式逻辑元件的可动部件是膜片，利用膜片两侧受压面积不等使膜片变形，关闭或开启相应的孔道，实现逻辑功能。高压膜片式逻辑元件的基本单元是“三门”元件，其他逻辑元件是由“三门”元件派生而来的。

图 10-32 为所示为“三门”元件，a 为控制孔，b 为输入孔，S 为输出孔。因元件有三个通道，故称“三门”。当 a 无信号时，由 b 输入的气流将膜片顶开从 S 输出，此时元件的输出状态为有气。当 a 有信号时，若 S 为开路（如与大气相通），则膜片上气室压力高于下气室压力，膜片下移堵住 S 口，S 无气输出：若 S 是封闭的，则因 a、b 输入气体压力相同，膜片上下两侧受力面积相同，膜片处于中间位置，S 处于有气状态，但无流量输出。

2. 射流元件

射流元件是利用射流及其附壁效应进行控制的逻辑元件，其最大特点是无可动部件，因

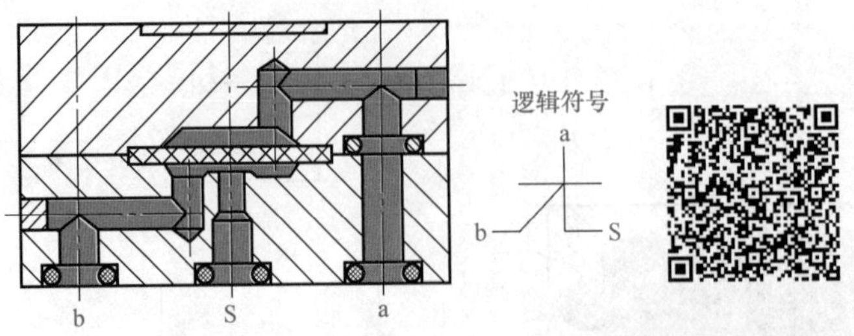

图10-32 “三门”元件（扫描二维码获得原理动画）

此抗振动、抗干扰能力强。但抗污染能力较弱，对气源质量要求高，限止了它的应用范围。

四、逻辑元件的应用

每个气动逻辑元件都对应于一个最基本的逻辑单元，逻辑控制系统的每个逻辑符号可以用对应的气动逻辑元件实现，气动逻辑元件设计有标准的机械和气信号接口，元件更换方便，组成逻辑系统简单，易于维护。

需要注意的是逻辑元件的输出功率有限，一般用于组成逻辑控制系统中的控制部分，或推动小功率执行元件。如果执行元件功率较大，则要在逻辑元件的输出信号后接大功率的气控滑阀作为执行元件的主控阀。

第七节 气动传感器及气动仪表

气动调节与控制系统是实际生产过程中常用的一种自动控制系统，气动仪表则是气动调节系统的核心。由气动单元组合仪表构成的调节系统框图如图10-33所示，该系统包括气动变送单元、气动调节单元、执行单元、给定单元，有的系统还包括转换单元。

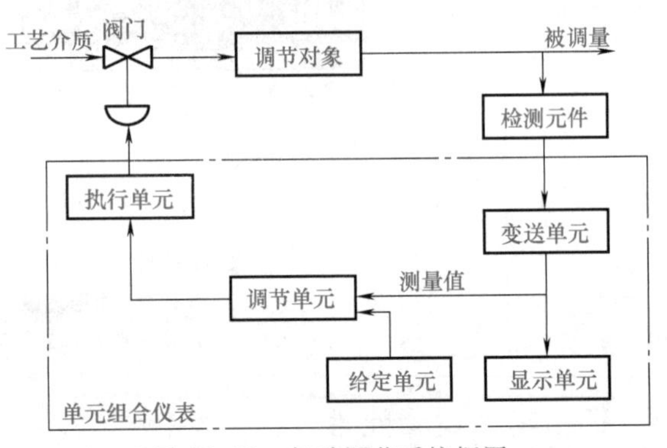

图10-33 气动调节系统框图

调节对象必须经过一定的检测元件——气动传感器，将被测物理量转换为气信号，再由变送单元将其变换为能远距离传送的标准气压信号（0.02~0.2MPa）。

由变送单元输出的标准气信号一方面送到显示单元供记录或显示，另一方面送到调节单元与给定值进行比较、计算、放大，并以一定的调节规律，如比例、微分、积分等关系发出调节信号，再通过执行单元控制被控对象，达到调节目的。给定值将由给定单元给出，它可以是常数，也可以是时间的函数、某一参数的函数或计算给出的信号。

转换单元能将标准电信号与标准气信号相互转换，使气动仪表与电动仪表或其他仪表互为补充，配合使用，既发挥气动传感器、气动仪表可靠性好、适应恶劣环境、结构简单等优点，又可克服抗负载能力差及计算、控制不宜太复杂等缺点。

这里只介绍气动传感器、气动变送器和气动调节器。

一、气动传感器

气动传感器是利用气体在流动中所呈现的物理特性来测量各种物理量的感测元件。它不用接触被测物体，输出气压信号。用于检测位置、尺寸、液位、温度、压力、流量、转速、速度、加速度等，尤其是在检测位置尺寸方面显示出极大的优越性。按工作原理不同，气动传感器有背压式传感器、反射式传感器和遮断式传感器等。

1. 背压式传感器

背压式传感器是利用喷嘴挡板机构的变节流原理工作的。如图 10-34a 所示，它由固定节流孔 1、背压室 2、喷嘴 3、输出口 5 等几部分组成，挡板 4（被测物）正对着喷嘴。当被测物体与喷嘴距离 x 较大时，由固定节流孔 1 流入的气流可通畅地从喷嘴 3 流出，背压室 2 的压力（即输出口压力）很低。当 x 减小时，气体从固定节流孔 1 向大气的流动受阻，从而使背压室 2 的压力上升。在一定范围内，只要 x 有微小变化，输出压力就发生较大变化。传感器特性曲线如图 10-34b 所示，当 $x=0$ 时，传感器输出最大，$p_c=p_s$；当 $x=D/4$ 时，$p_c=p_a$（大气压）；在 $x \leqslant D/4$ 段内，特性曲线线性度较好，灵敏度较高。

背压式传感器对物体的位移变化极为敏感，能分辨 2μm 的微小距离变化，测量范围在 ±15μm 左右；反应灵敏，耗气量大。其多用于位置和尺寸的检测。

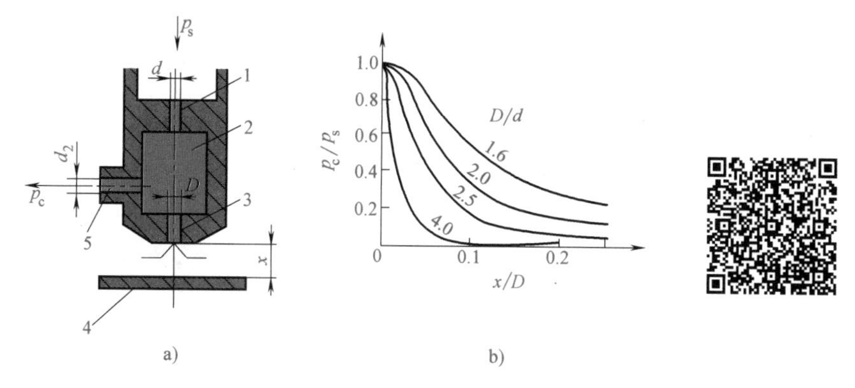

图 10-34　背压式传感器（扫描二维码获得原理动画）

a）工作原理图　b）特性曲线

1—固定节流孔　2—背压室　3—喷嘴　4—挡板（被测物）　5—输出口

2. 反射式传感器

反射式传感器由同心的圆环发射管和接收管构成，如图 10-35a 所示。压力为 p_s 的稳压气源从发射管的环行通道中流出，在喷嘴出口中心区产生一个低压漩涡，使输出压力 p_c 为负压。随着被检测物体的接近，自由射流受阻，负压漩涡消失，部分气流被反射到中间的接收管，输出压力 p_c 随 x 的减小而增大。反射式传感器的特性曲线如图 10-35b 所示。

反射式传感器与背压式传感器相比，测量距离大（5mm 左右），能分辨 0.03mm 的微小距离变化，气体流量消耗少，能承受较大的环境干扰。其多用于测量表面是平面的物体。

3. 遮断式传感器

遮断式传感器由发射管 1 和接收管 3 两部分组成，工作原理如图 10-36 所示。利用被测物体 2 挡住从发射管射出来的气流使接收管内压力为零，可测量物体边界位置。当气源压力小于 0.01MPa 时，发射管输出的气流为层流，流量较小。层流对外界的扰动非常灵敏，故用层流型遮断式传感器检测物体的位置具有很高的灵敏度，但测量距离不能大于 20mm。若提高气源压力至 0.6MPa，则发射管内为湍流，测量距离可达 70mm，但耗气量也增大，且检测灵敏度不及层流型。遮断式传感器不能在灰尘大的环境中使用，多用于判别物体是否存在。

除此之外，还有涡流式传感器、射流偏转式传感器、气声传感器等。

二、气动变送器

气动变送器的作用是将被测参数（如温度、压力、液面、流量等）变换成标准的气压信

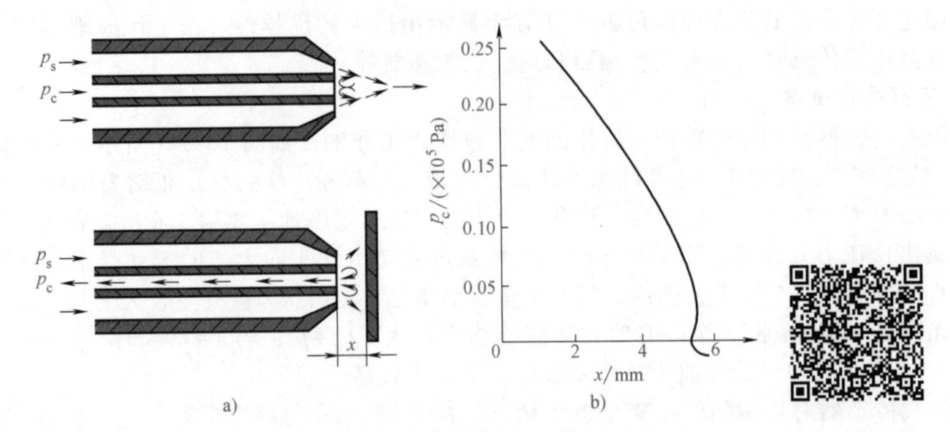

图 10-35 反射式传感器（扫描二维码获得原理动画）

a）工作原理图 b）特性曲线

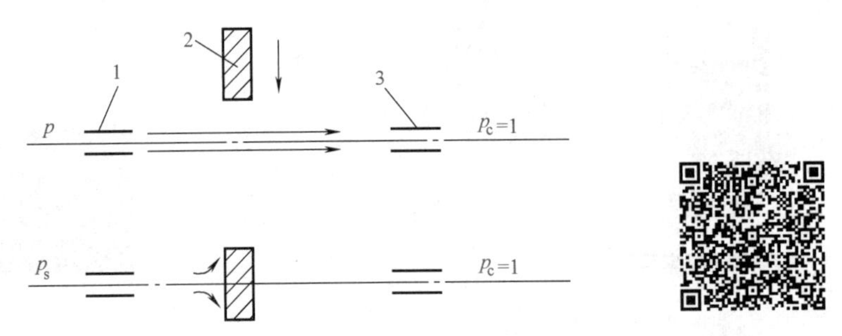

图 10-36 遮断式传感器的工作原理（扫描二维码获得原理动画）

1—发射管 2—被测物体 3—接收管

号，根据需要再输入至显示仪表或调节装置。常用的变送器有差压变送器、压力变送器和温度变送器等。各种变送器在结构上都是由测量和气动转换两部分组成的，其中气动转换部分采用统一的结构，只需更换不同的检测部件，便可组成不同测量参数的变送器。因差压变送器具有典型性，下面介绍其工作原理。

气动差压式变送器是检测差压信号并将其转换成标准压力信号的变送单元。差压变送器是基于力矩平衡原理工作的。图 10-37 为差压变送器的结构原理图。所谓力矩平衡是指变送器敏感元件感受到的差压变化产生的力矩与反馈波纹管产生的力矩平衡，因此能保证差压 Δp 和输出压力 $p_{出}$ 有一定的比例关系。

膜盒 1 中的结构可实现

$$F_{测}=p_1A_1-p_2A_2 \tag{10-10}$$

式中 $F_{测}$——测量力；

p_1、p_2——膜盒正压、负压室压力信号；

A_1、A_2——膜盒正压、负压室膜片有效面积（$A_1=A_2$）。

测量时，$F_{测}$ 作用于主杠杆 16 下端，并通过塔架 12 带动副杠杆 3 同时做顺时针方向的偏转，使顶丝 9 离开挡板 10，挡板借自身弹力靠近喷嘴 11，使喷嘴挡板放大器的背压增加，此压力经过放大器放大后作为输出压力 $p_{出}$。与此同时，输出压力又推动反馈波纹管 5 产生一个反馈力，形成一个以量程调节螺钉 6 为支点的逆时针方向的反馈力矩，此力矩通过塔架 12 的传递又作用在主杠杆 16 上，使它所产生的力矩和测量力作用在主杠杆上的力矩平衡。因此，输出压力和被测差压成比例。

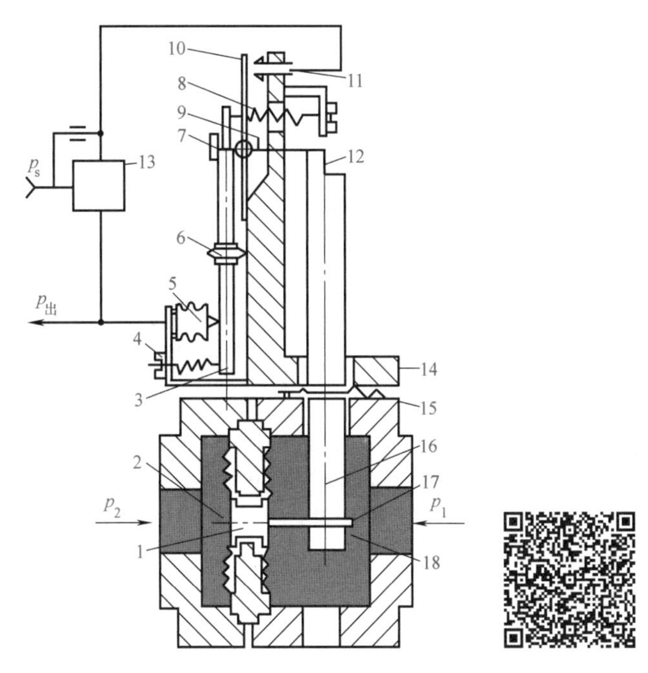

图 10-37 差压变送器的结构原理图（扫描二维码获得原理动画）

1—膜盒 2—负压室 3—副杠杆 4—调节弹簧 5—反馈波纹管 6—量程调节螺钉 7—静压轮 8—迁移弹簧 9—顶丝 10—挡板 11—喷嘴 12—塔架 13—放大器 14—支架 15—密封膜片 16—主杠杆 17—“C”形簧片 18—正压室

三、气动调节器

气动调节单元是调节系统的中心环节，它将变送器送来的被控量与给定值比较，以一定的调节规律，向执行单元发出调节信号，使被控参数在某一范围内以一定的规律变化。

气动调节器有三类：比例调节器、积分调节器、微分调节器，并可用它们组合使用。这里以比例调节器为例简单介绍气动调节器的特点。

比例调节器使输出信号变化与输入信号（给定值与测量值之差）在一定范围内成线性关系。图 10-38 所示为比例调节器的工作原理。

气源进入比例调节器后，分为两路，一路进入放大器 A 室，球阀关闭 A 室与 B 室的通路。另一路进入背压室 D 并由喷嘴排向大气。

输入信号进入波纹管 1 并与装在同一轴线上的弹簧 12 产生一合力作用在杠杆 3 上，形成一顺时针方向的力矩，使杠杆绕可调支点 11 产生微小偏转，推动挡板 7 压向喷嘴 6，背压室 D 中压力增大，并由膜片推动阀杆下移，球阀打开，气源压力经 A 室进入 B 室并作为比值器的输出压力。同时，输出的压力进入波纹管 4 与弹簧 10 产生一反馈力作用在杠杆 3 上，产生逆时针方向的旋转力矩，与输入信号产生的力矩达到新的平衡。其有如下关系：

$$p_{出}=\frac{A_1L_1}{A_2L_2}\left(p_{入}-\frac{F_{t1}}{A_1}\right)+\frac{F_{t2}}{A_2}$$

式中 $p_{入}$、$p_{出}$——比值器输入、输出压力；

A_1、A_2——波纹管 1 和 4 的有效面积；

L_1、L_2——波纹管 1 和 4 到可调支点的距离；

F_{t1}、F_{t2}——弹簧 12 和 10 的弹簧力。

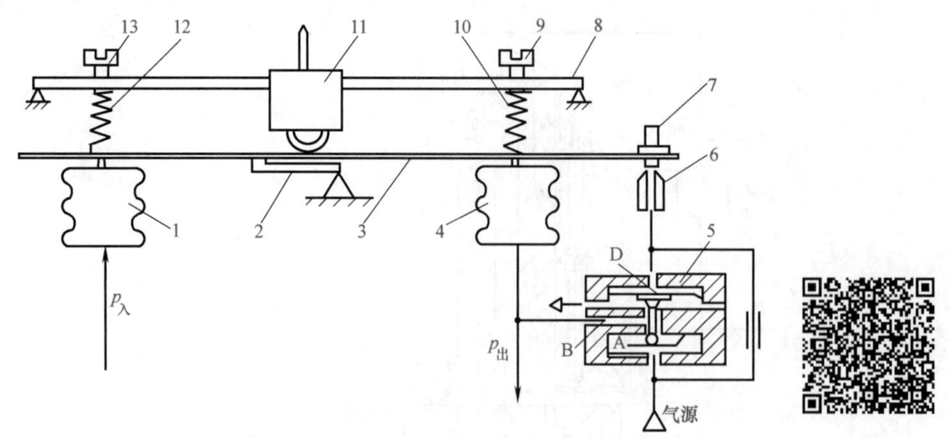

图 10-38 比例调节器的工作原理（扫描二维码获得原理动画）

1、4—波纹管 2—弹簧片 3—杠杆 5—放大器 6—喷嘴 7—挡板

8—导杆 9、13—调节螺钉 10、12—弹簧 11—可调支点

令 $k=\dfrac{A_1L_1}{A_2L_2}$并调节弹簧，使

$$\frac{F_{t1}}{A_1}=\frac{F_{t2}}{A_2}=0.02\text{MPa}$$

则

$$p_出=k(p_入-0.02)+0.02$$

调整可调支点 11 的位置改变 L_1/L_2的值，可改变比例调节器的比例系数。

习 题

10-1 气动系统对压缩空气有哪些质量要求？主要依靠哪些设备保证气动系统的压缩空气质量？并简述这些设备的工作原理。

10-2 简述冲击气缸的工作过程及工作原理。

10-3 图 10-39 所示的供气系统有何错误？应怎样正确布置。

10-4 “是门”元件与“非门”元件结构相似，“是门”元件中阀芯底部有一弹簧，“非门”元件中却没有，说明“是门”元件中弹簧的作用，去掉该弹簧后“是门”元件能否正常工作？为什么？

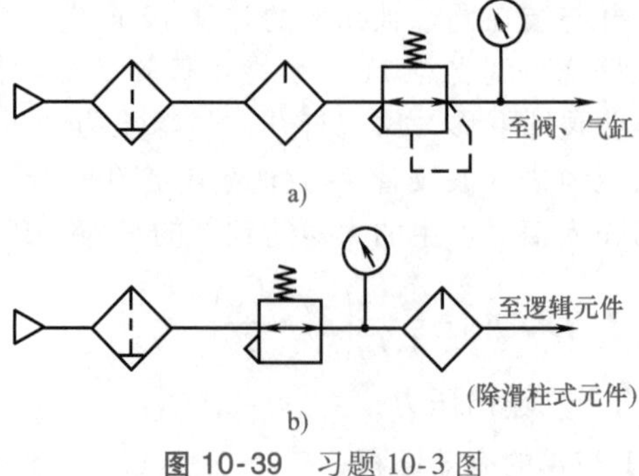

图 10-39 习题 10-3 图

Chapter 11

第十一章

气动回路

与液压系统一样，气动系统也是由一些基本回路组成的。按回路控制的不同功能气动回路分为压力与力控制回路、换向回路、速度控制回路、基本逻辑回路和其他控制回路。了解回路的功能、熟悉回路的结构和性能，将有助于设计出经济实用和可靠的气动回路。

第一节　压力控制回路与力控制回路

对气动系统的压力进行调节和控制的回路称为压力控制回路。增大气缸活塞杆输出力的回路称为力控制回路。

一、压力控制回路

1. 气源压力控制回路

图 11-1 所示的压力控制回路用于控制压缩空气站的气罐内的压力 p_s，又称为一次压力控制回路。采用电接点压力表或压力继电器控制空气压缩机的起动和停止，使气罐内的压力保持在要求的范围内；安全阀用于限定气罐内的最高压力。

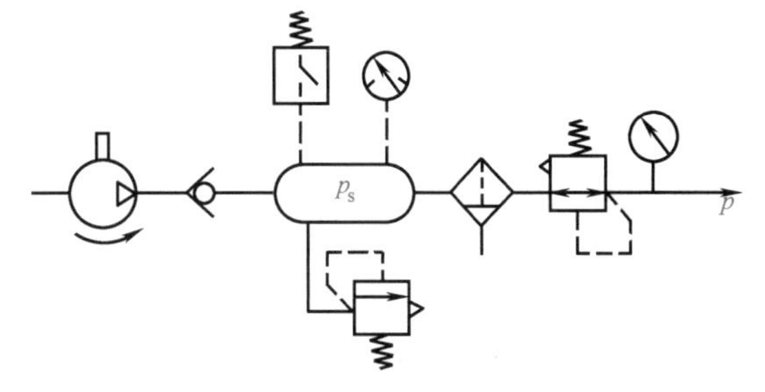

图 11-1　气源压力控制回路

2. 设备压力控制回路

图 11-2 所示压力控制回路是向每台气动设备提供气源的压力调节回路，又称为二次压力控制回路。主要由分水滤气器、减压阀、油雾器三大件组成。如图 11-2a 所示，通过调节减压阀可以得到气动设备所需的工作压力。如图 11-2b 所示，通过换向阀可以向气动设备提供两种不同的工作压力。如图 11-2c 所示，采用两个减压阀可对同一台气动设备的不同执行元件提供两种不同的工作压力。

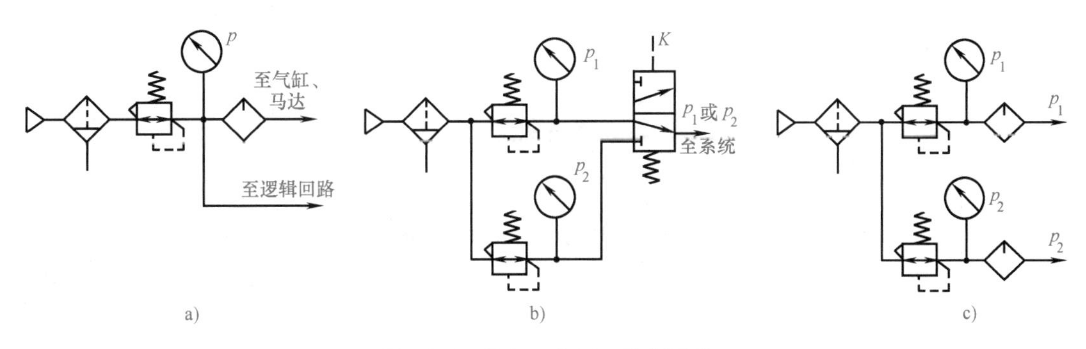

图 11-2　设备工作压力控制回路

二、力控制回路

气动系统工作压力一般较低，通过改变执行元件的作用面积或利用气液增压器来增大输出力的回路称为力控制回路。

1. 串联气缸增力回路

图11-3所示为采用三段式活塞缸串联的增力回路。通过控制电磁阀的通电个数，实现对活塞杆推力的控制。活塞缸串联段数越多，输出的推力越大。

2. 气液增压器增力回路

在图11-4中，利用气液增压器1把较低的气体压力转变为较高的液体压力，提高了气液缸2的输出力。

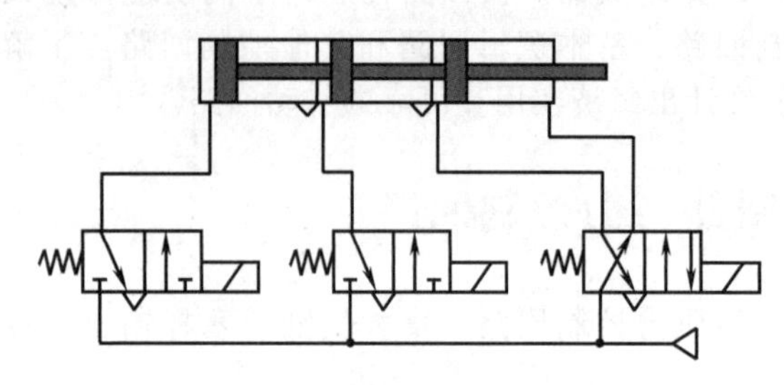

图11-3 串联气缸增力回路

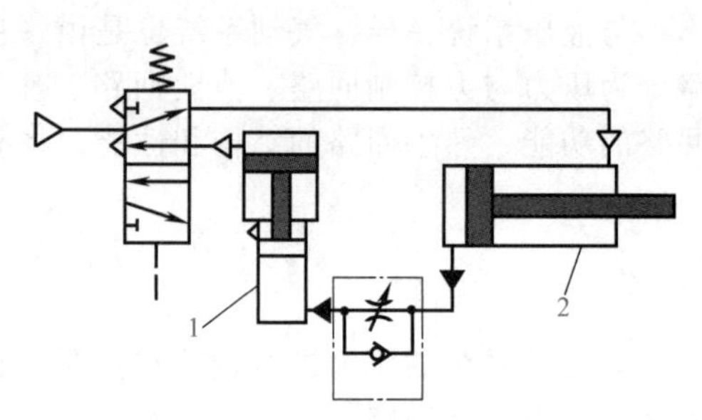

图11-4 气液增压器增力回路

1—气液增压器 2—气液缸

第二节 换向回路

通过控制进气方向来改变执行元件运动方向的回路称为换向回路。

一、单作用气缸换向回路

图11-5所示为采用二位三通电磁阀控制单作用气缸升降的回路。

二、双作用气缸换向回路

1. 换向回路

图11-6所示为用电控二位五通换向阀控制双作用气缸伸缩的回路。

2. 单往复动作回路

图11-7所示为由机动换向阀和手动换向阀组成的单往复动作回路。按下手动阀后，二位五通换向阀换向，气缸外伸；当活塞杆挡块压下行程阀后，二位五通换向阀换至图示位置，气缸缩回并停止。按一次手动阀，气缸完成一次往复运动。

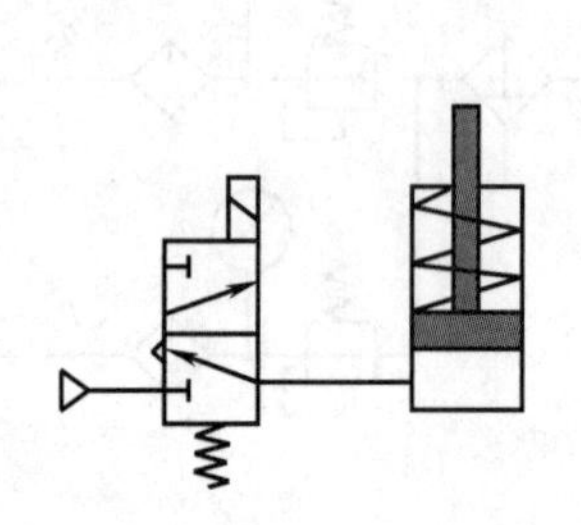

图11-5 单作用气缸换向回路

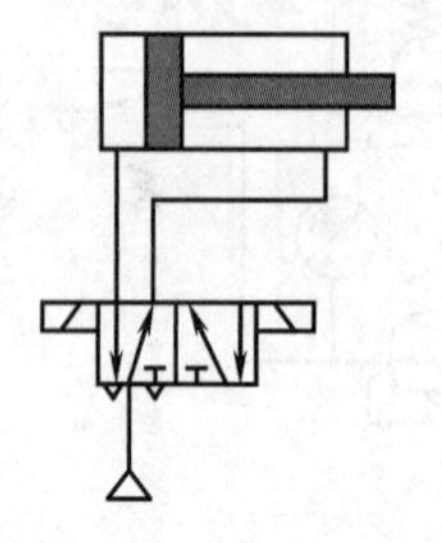

图11-6 双作用气缸换向回路

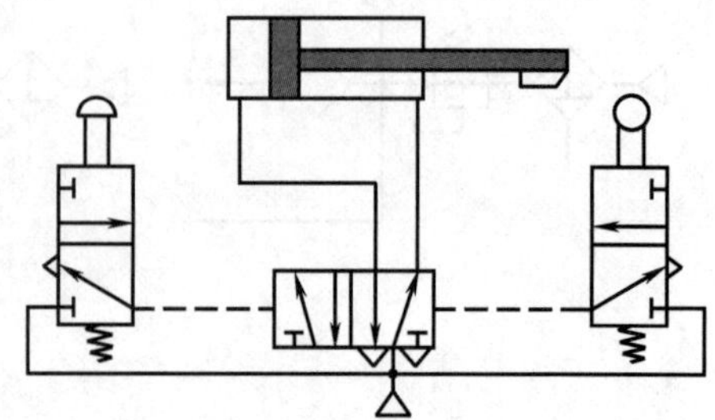

图11-7 单往复动作回路

3. 连续往复动作回路

在图 11-8 中，手动阀 1 换向，高压气体经过行程阀 3 使液动阀 2 换向，气缸活塞杆外伸，行程阀 3 复位，活塞杆行至挡块压下行程阀 4 时，液动阀 2 换向至图示位置，活塞杆缩回，行程阀 4 复位。当活塞杆缩回到行程终点压下行程阀 3 时，液动阀 2 再次换向，如此循环实现连续往复运动。

三、气马达换向回路

在图 11-9 中，采用三位五通电磁换向阀可控制气马达的正转、反转和停止三个状态。由于气马达排气噪声较大，该回路在排气管上通常接消声器，如果不需要节流阀调速，两条排气管可共用一个消声器。

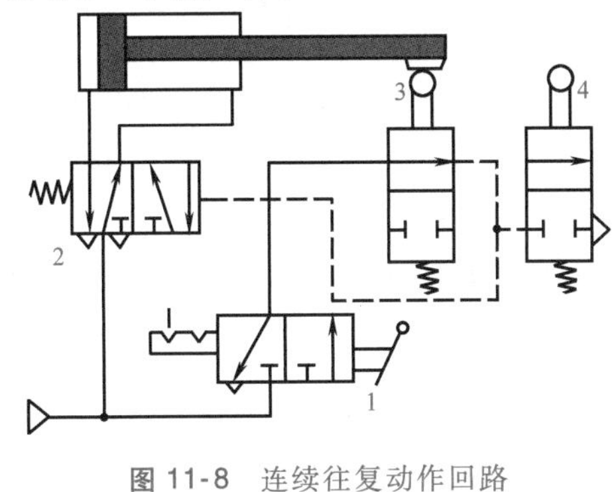

图 11-8　连续往复动作回路
1—手动阀　2—液动阀　3、4—行程阀

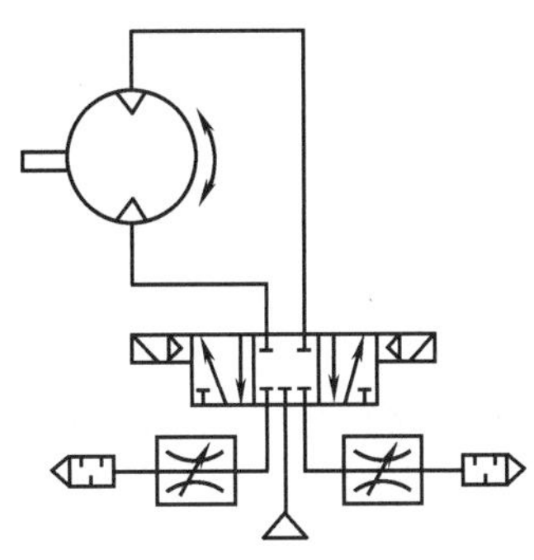

图 11-9　气马达换向回路

第三节　速度控制回路

控制气缸运动速度的回路称为速度控制回路。

一、气阀调速回路

因气动系统使用功率不大，故调速方法主要是节流调速，常采用排气节流调速。

1. 单作用气缸调速回路

图 11-10a 所示回路采用了两个单向节流阀分别控制活塞杆的升、降速度。在图 11-10b 中，活塞杆伸出时节流调速；活塞杆退回时，通过快速排气阀排气，快速退回。

2. 双作用气缸调速回路

图 11-11a 所示回路采用单向节流阀对气缸双向调速；图 11-11b 所示回路采用排气节流阀对气缸双向调速。当外负载变化不大时，采用排气节流调速，进气阻力小，比图 11-11a 所示的调速回路效果好；且排气节流阀和消声器通常做成一体，可直接安装在二位五通换向阀上。

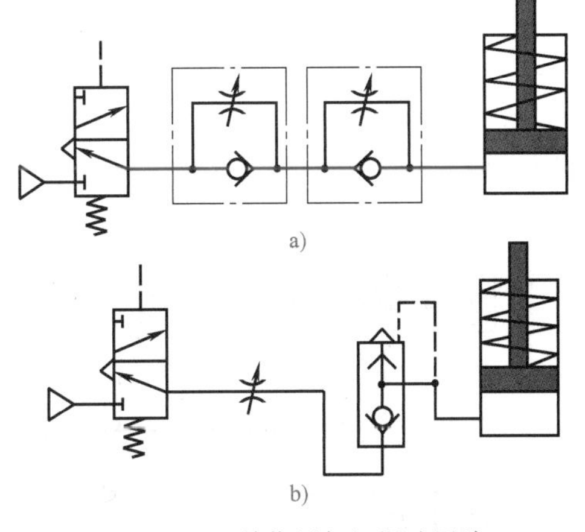

图 11-10　单作用气缸调速回路

3. 缓冲回路

由于气动执行元件动作速度快，当活塞惯性较大时，可采用图 11-12 所示的回路。当活塞向右运动时，气缸右腔的气体经过二位二通换向阀排气，直到活塞运动接近末端，压下行程阀，气体经节流阀排气，活塞低速运动到终点。

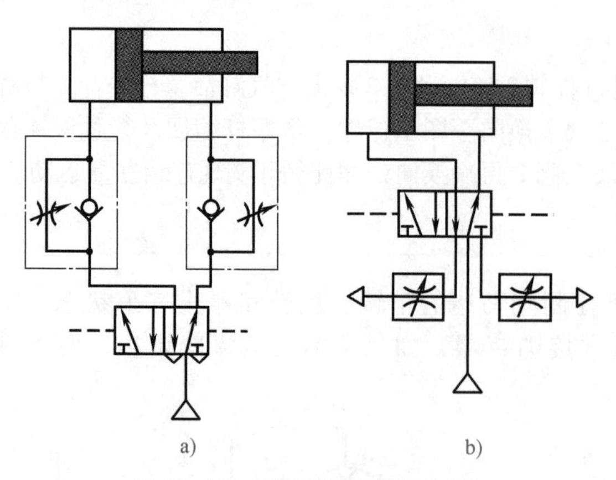

图 11-11 双作用气缸调速回路

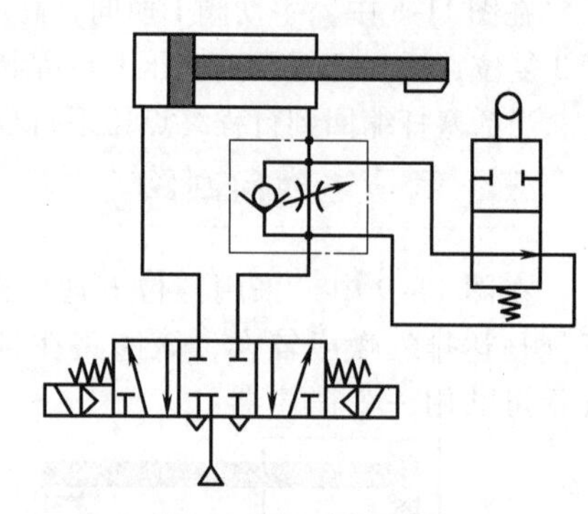

图 11-12 缓冲回路

二、气液联动速度控制回路

由于气体可压缩，运动速度不稳定，定位精度也不高。在气动不能满足工作要求的场合，可采用气液联动速度控制回路。其中以气缸为动力，液压缸为阻尼，调节运动速度。

1. 调速回路

在图 11-13 中，采用单向节流阀 1、2 实现双向调速，油杯 3 用于补充漏油。

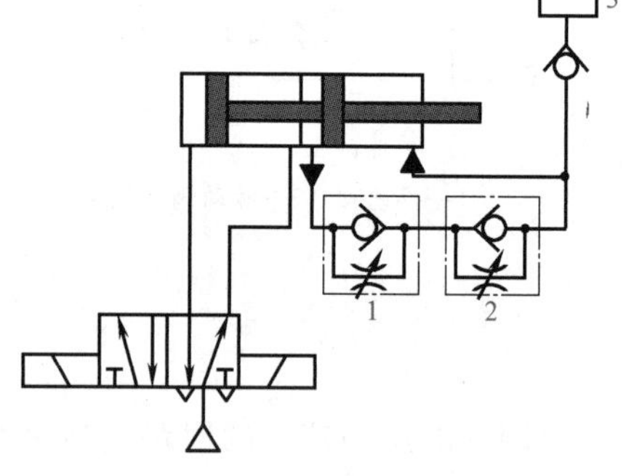

图 11-13 气液缸调速回路

1、2—单向节流阀 3—油杯

2. 变速回路

图 11-14 所示为气液缸变速回路。当活塞杆右行到撞块 A 碰到行程阀后，开始慢速运动。改变行程阀的安装位置可以改变开始变速的位置。

3. 有中位停止的变速回路

图 11-15 所示回路中，液压阻尼缸和气缸并联，

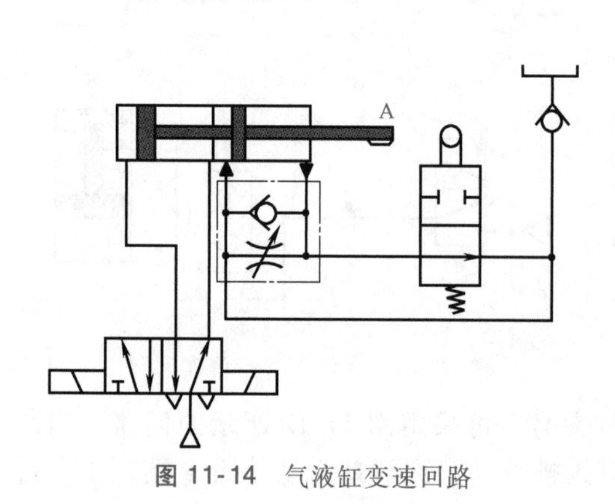

图 11-14 气液缸变速回路

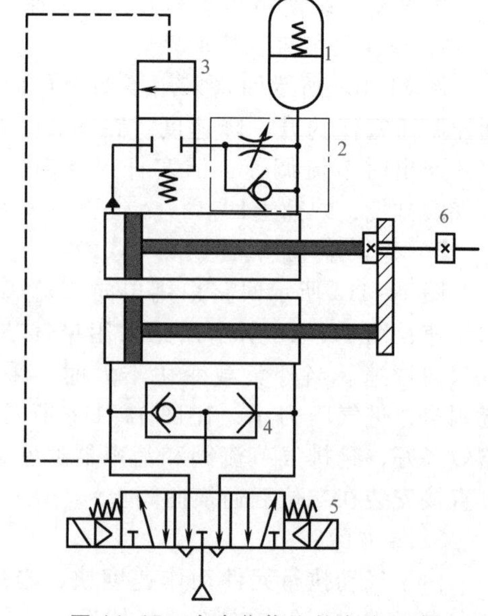

图 11-15 有中位停止的变速回路

1—弹簧式蓄能器 2—单向节流阀 3—二位二通换向阀 4—梭阀 5—三位五通换向阀 6—螺母

气缸活塞杆端滑块套在液压缸活塞杆上，当滑块运动到螺母 6 处时，气缸由快进转为与液压缸同样的慢进。此时，两缸的速度由单向节流阀 2 控制。弹簧式蓄能器 1 用于液压缸活塞往复运动时吸收或补充油液。调节螺母 6，可调节气缸由快进转为慢进的变速位置。当三位五通换向阀 5 处于中间位置时，液压阻尼缸的油路被二位二通换向阀 3 切断，活塞停止。而当三位五通换向阀切换到左位或右位时，压缩空气都可经过梭阀 4 切换二位二通换向阀 3，使液压阻尼缸起调速作用。

第四节　气动逻辑回路

基本的逻辑回路有“与”“或”“非”“双稳”，延时等回路。表 11-1 中示出了几种常见的基本逻辑回路，表中右边的“真值表”即为该逻辑回路的动作说明，a、b 为输入信号，S_1、S_2和 S 为输出信号；“1”与“0”分别表示有信号和无信号。

表 11-1　基本逻辑回路

名称	逻辑符号及表示式	气动元件回路	真值表	说　明
“是”回路	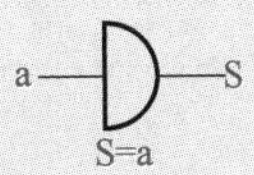 a — S S=a	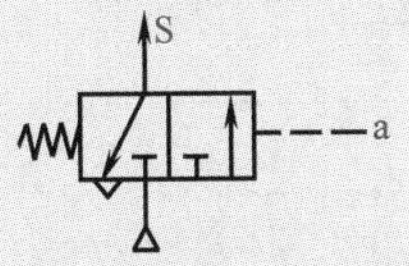 S, a	a S 0 0 1 1	有信号 a 则 S 有输出；无 a 则 S 无输出
“非”回路	 a — S $S=\overline{a}$	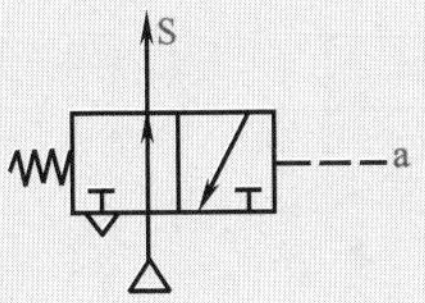 S, a	a S 0 1 1 0	有 a 则 S 无输出；无 a 则 S 有输出
“与”回路	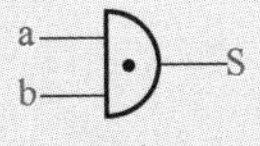 a, b — S S=a·b	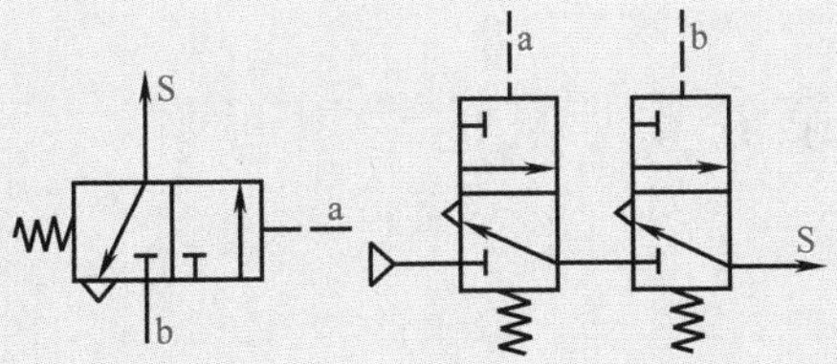 S, a, b a) 无源 a, b, S b) 有源	a b S 0 0 0 1 0 0 0 1 0 1 1 1	只有当信号 a 和 b 同时存在时，S 才有输出
“或”回路	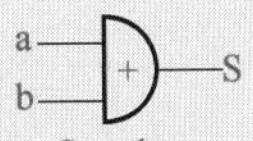 a, b — S S=a+b	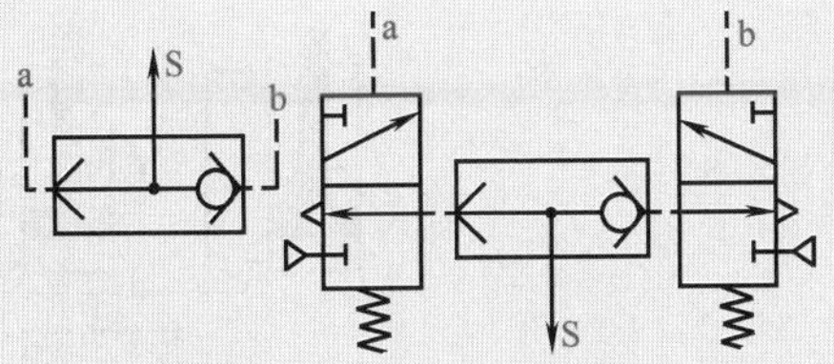 a, S, b a) 无源 a, b, S b) 有源	a b S 0 0 0 0 1 1 1 0 1 1 1 1	有 a 或 b 任一个信号 S 就有输出
“禁”回路	 a, b — S $S=\overline{a}\cdot b$	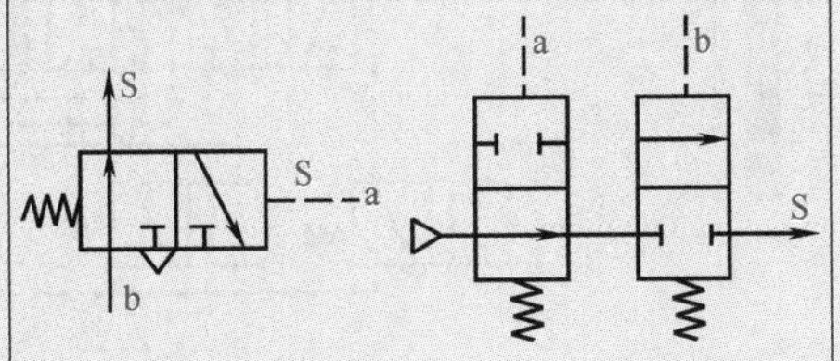 S, S, a, b a) 无源 a, b, S b) 有源	a b S 0 0 0 0 1 1 1 0 0 1 1 0	有信号 a 时，S 无输出；无信号 a、有信号 b 时，S 才有输出

（续）

名称	逻辑符号及表示式	气动元件回路	真值表	说明
记忆回路	a) b)	a) 双稳 b) 单记忆	a b S_1 S_2 1 0 1 0 0 0 1 0 0 1 0 1 0 0 0 1	有信号 a 时，S_1 有输出；a 消失，S_1 仍有输出，直到有 b 信号时，S_1 才无输出（图 b 所示为单记忆）。要求 a、b 不能同时加信号
脉冲回路				回路可把长信号 a 变为一脉冲信号 S 输出，脉冲宽度可由气阻 R、气容 C 调节。回路要求 a 的持续时间大于脉冲宽度 t
延时回路				当有信号 a 时，需延时 t 时间后 S 才有输出，调节气阻 R 或气容 C 可调节 t。回路要求信号 a 持续时间大于 t

第五节　其他常用回路

一、安全保护回路

1. 双手操作回路

在图 11-16 所示回路中，只有同时按下两个起动用的手动换向阀，气缸才能动作。该回

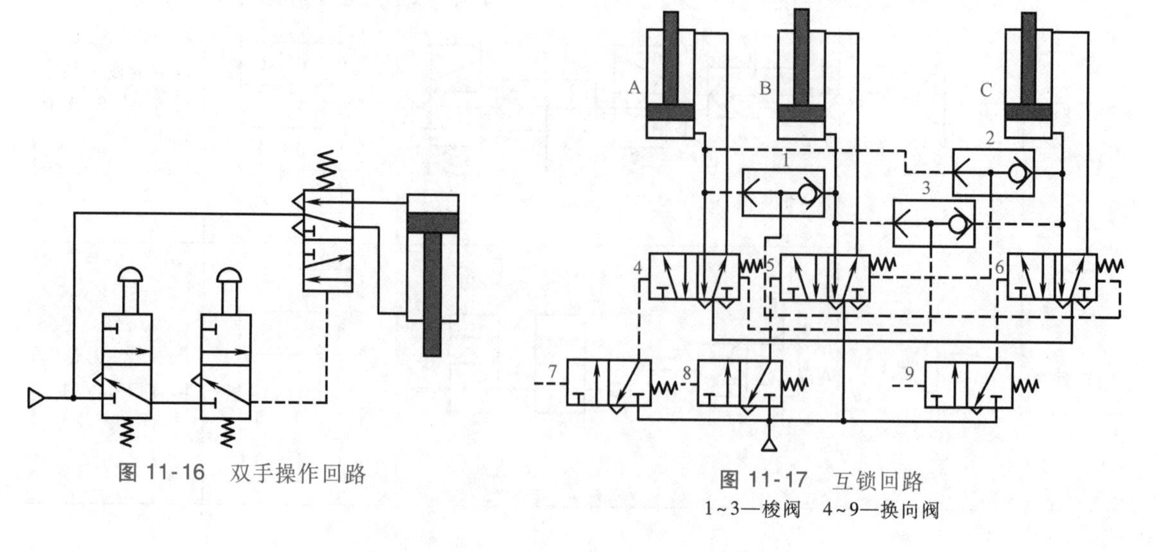

图 11-16　双手操作回路

图 11-17　互锁回路
1~3—梭阀　4~9—换向阀

路在冲床、锻床上，对操作人员的手起保护作用。

2. 互锁回路

在 11-17 所示回路中，当一个气缸活塞杆伸出时，不允许其他气缸活塞杆伸出。图中梭阀 1、2、3 和换向阀 4、5、6 共同实现互锁。当换向阀 7 换向时，使换向阀 4 换向，A 缸活塞杆向外伸出。与此同时，A 缸的进气管道气体通过梭阀 1 和 2 作用在换向阀 6 和 5 的弹簧端。此时即使换向阀 8 或 9 有信号，使换向阀 6 或 5 的无弹簧端通气，换向阀 6、5 也不会换向，B、C 两缸也不会动作。如果要其他缸的活塞外伸，必须使前面动作的缸复位后才行。

二、多位缸位置控制回路

多位缸位置控制回路的特点是：按设计要求控制多位缸的单个或多个活塞伸出或缩回，从而得到多个位置。这类回路多用于流水线上物件的检测、分选和分类等。

图 11-18a 所示是左右缸共用一个缸筒、右缸活塞杆固定以实现三个位置控制的回路。手动阀 1、2、3 经梭阀 6 和 7 控制换向阀 4 和 5。气缸处于图示位置，为位置Ⅰ。当手动阀 2 切换时，左缸活塞杆随缸筒一起左移，得到位置Ⅱ；当手动阀 3 切换（手动阀 2 复位）时，左缸活塞杆继续左移，得到位置Ⅲ。手动阀 1 切换（手动阀 3 复位）时，缸筒与左缸活塞杆同时右移，回到位置Ⅰ。

图 11-18b 所示为 A、B 两缸串联使 B 缸实现三个位置的控制回路，图示为位置Ⅰ。当电磁阀 2 得电时，A 缸活塞杆向左运动推出 B 缸活塞杆，使 B 缸活塞杆由位置Ⅰ移动到位置Ⅱ。当电磁阀 1 得电时，B 缸活塞杆由位置Ⅱ继续移动到位置Ⅲ。如果在 A 缸的端盖①、②处及 B 缸的端盖③处分别安装上调节螺钉，就可以控制 A 缸和 B 缸的活塞杆在位置Ⅰ到位置Ⅲ之间的任意位置停止。

图 11-18c 所示为三柱塞数字缸控制回路。其中 p_1 为正常工作压力供给 A、B、C 三通口推动柱塞 1、2、3 伸出或停于某一位置，D 口接低压气体，压力为 p_2，以使各柱塞复位或停于

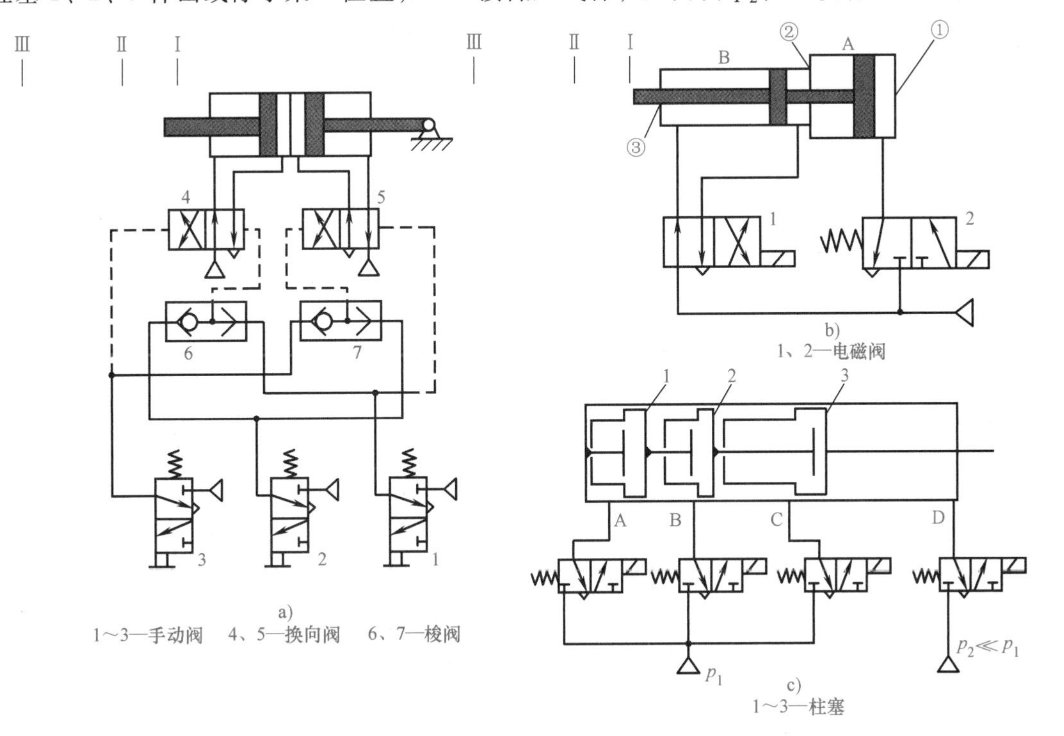

图 11-18　多位缸的位置控制回路

某个需要的位置。该回路可控制活塞杆得到包括初始位置在内的八个位置。

三、同步动作回路

为实现两缸的同步动作，往往采用气液缸的结构形式，利用液体的不可压缩性来保证同步精度。

图 11-19a 所示回路中，气液缸 A 的有效作用面积 S_A 和气液缸 B 的有效作用面积 S_B 相等，可保证两缸在运动过程中同步。回路中 1 接放气装置，以放掉油液中的空气。该回路同步精度较高。

图 11-19b 所示为采用气液组合缸的同步回路，可保证在负载 F_1、F_2 不相等时也能使工作台同步动作。当三位五通换向阀处于中位时，蓄能器自动为液压缸补充泄漏油液。当该阀换至任一位置时，蓄能器回路都被切断。当三位五通换向阀换至上位时（C 口有信号），气源压力通过三位五通换向阀进入气液缸下腔，使之克服负载 F_1 和 F_2 向上运动。此时气液缸 A 上腔的液压油被压送到气液缸 B 的液压缸下腔。气液缸 B 上腔的液压油被压送到气液缸 A 的液压缸下腔，两气液缸尺寸完全相同，从而保证了两气液缸的动作同步。同理，三位五通换向阀 1 的 D 口有信号时，可以保证气液缸向下运动同步。回路中的 1、2 接放气装置，用来放掉油液中的空气。

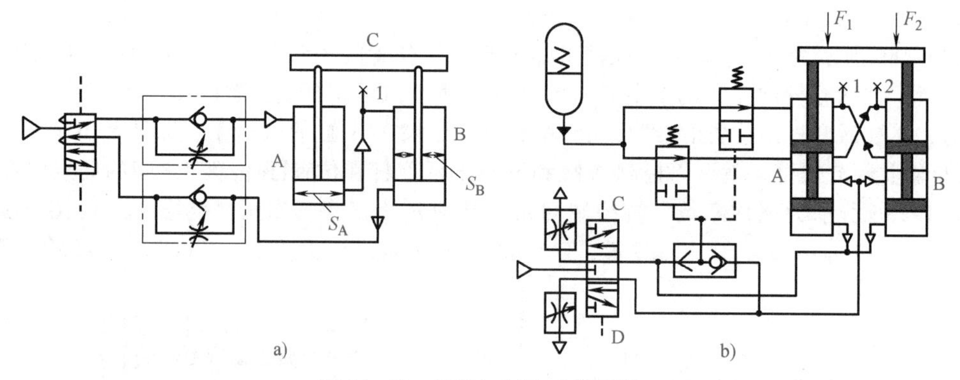

图 11-19 气液缸同步动作回路

四、冲击气缸回路

在图 11-20 中，冲击气缸下腔充满压缩空气。当电磁换向阀 1 得电时，冲击气缸的下腔由

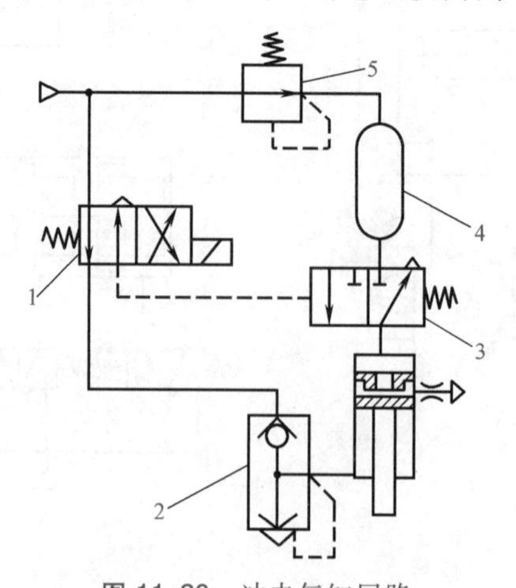

图 11-20 冲击气缸回路

1—电磁换向阀 2—快速排气阀 3—液动换向阀 4—气罐 5—减压阀

快速排气阀2通大气，同时液动换向阀3在气压作用下切换，气罐4内的压缩空气直接进入冲击气缸，使活塞以极高的速度运动，活塞将所具有的动能转换成很大的冲击力输出。减压阀5用以调节冲击力的大小。

五、真空吸附回路

图11-21所示回路采用三位三通阀控制真空吸附和真空破坏。当三位三通阀4的A端电磁铁得电时，真空发生器1与吸盘7接通，真空开关6检测真空度并发出信号给控制器，吸盘将工件吸起。当三位三通阀断电时，真空吸附状态保持。当三位三通阀4的B端电磁铁得电时，压缩空气进入真空吸盘，真空被破坏，吸盘与工件分离。此回路应注意配管和工件表面的泄漏。

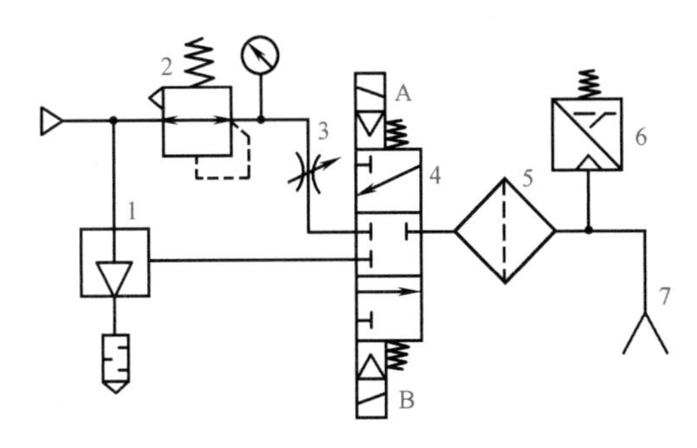

图11-21　真空吸附回路

1—真空发生器　2—减压阀　3—节流阀　4—三位三通阀　5—过滤器　6—真空开关　7—吸盘

习　题

11-1　设计四缸互锁回路。

11-2　图11-16所示双手操作回路是为保护操作者双手而设计的。但若一个操作阀弹簧折断，则回路失去保护功能。试设计另一个双手操作回路，克服上述缺点。

11-3　设计一个气动逻辑回路控制一个单作用气缸，要求被控单作用气缸实现逻辑功能：s=b+a，其中a、b为两个输入信号。

Chapter 12

第十二章

气动逻辑系统设计

常规的气压传动系统的设计步骤及方法与液压传动系统相同，这里不再赘述，气动篇只介绍气动逻辑系统的设计。

气动逻辑控制系统是自动化生产线和机器人中广泛应用的一种控制方式。气动逻辑控制系统包括非时序逻辑控制系统和时序逻辑控制系统两类。输入和输出都与时间和顺序无关的逻辑控制系统是非时序逻辑系统。输入和输出按一定的顺序进行的逻辑控制系统是时序逻辑系统。下面分别介绍两种逻辑控制系统的设计方法。

第一节　非时序逻辑系统设计

一、非时序逻辑问题及设计步骤

非时序逻辑问题的特点是：输入变量取值是随机的，输入没有先后顺序。系统输出只与输入变量的组合有关，与变量输入的先后顺序无关。系统的输入和输出的个数是预先给定的，或从工作条件中唯一确定。非时序逻辑问题实际上是事先给出了一个逻辑函数，只要求用有效、科学的方法找出这个逻辑函数及表达这个逻辑函数的线路来。这类逻辑问题常见的有：极限报警回路、气控分选回路等。

其设计步骤框图如图 12-1 所示。

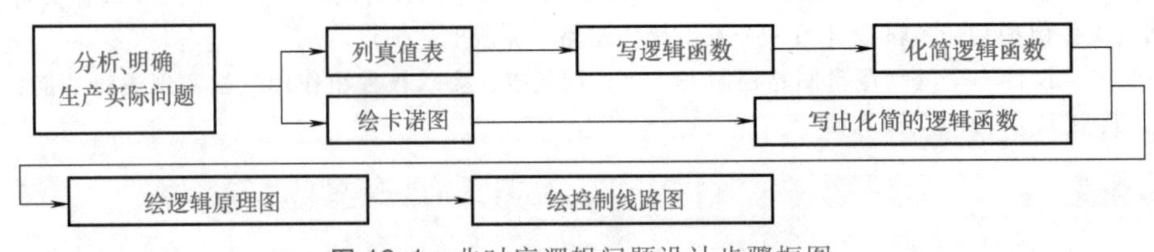

图 12-1　非时序逻辑问题设计步骤框图

二、逻辑代数设计法

“逻辑”表示思维的规律。它是逻辑回路的设计基础，是分析、设计和简化逻辑回路常用的数学工具。

1. 逻辑代数中两个逻辑量“0”和“1”

逻辑代数只研究正反两种情况（即变量只取“0”和“1”两个值）的逻辑问题。图 12-2 所示的气动控制系统中，每一个输入量 a_i（$i=1\sim n$）和输出量 S_j（$j=1\sim m$）都分别处于“有气”和“无气”两种状态。可以把这一类问题抽象地用两个量“0”和“1”来表示，若用“1”表示“有气”，则用“0”表示“无气”；同样若用“1”表示气缸“前进”，则用“0”表示“后退”。从这里可以看出，“0”和“1”并不是两个数，它们只表示相互独立的两个状态。气动系统中输入和输出的“有气”和“无气”所反映的逻辑关系正是逻辑代数研究的问题。

2. 逻辑代数的三种基本运算

逻辑代数的三种基本运算是：“或”运算、“与”运算、“非”运算。三种逻辑运算的符号和真值表在逻辑元件中已经做了介绍。

3. 逻辑代数的基本运算规律

逻辑代数有六个基本运算规律，见表 12-1。

表 12-1　逻辑代数基本运算规律

名　　称	公　　式
交换率	$a+b=b+a, a\cdot b=b\cdot a$
结合率	$a+b+c=(a+b)+c=a+(b+c)$ $a\cdot b\cdot c=(a\cdot b)\cdot c=a\cdot(b\cdot c)$
分配率	$a\cdot(b+c)=a\cdot b+a\cdot c$
否定之否定	$\bar{\bar{a}}=a$
吸收率	$a+0=a, a+1=1, a\cdot 0=0, a\cdot 1=a$ $a\cdot(a+b)=a, a+a\cdot b=a$ $a\cdot(\bar{a}+b)=a\cdot b, a+\bar{a}\cdot b=a+b$ $(a+b)\cdot(a+\bar{b})=a, a\cdot b+a\cdot\bar{b}=a$ $(a+b)\cdot(\bar{a}+c)\cdot(b+c+d)=(a+b)\cdot(\bar{a}+c)$ $a\cdot b+\bar{a}\cdot c+b\cdot c\cdot d=a\cdot b+\bar{a}\cdot c$
反演率	$\overline{a+b}=\bar{a}\cdot\bar{b}, \overline{a\cdot b}=\bar{a}+\bar{b}$

4. 逻辑函数及其化简

图 12-2 所示控制系统的输入与输出之间有一定的逻辑关系，该逻辑关系可表示为

$$S=f(a_1,a_2,\cdots,a_i)$$

这种逻辑关系称为逻辑函数，也称真值函数。S 的值为逻辑函数值，输入信号 a_1，a_2，…，a_i 称为逻辑变量。将输入与输出的逻辑关系列成一个表，这样的表称为逻辑关系表，也称为真值表。例如：“或”运算的数学表达式 S=a+b，其真值表见表 12-2。

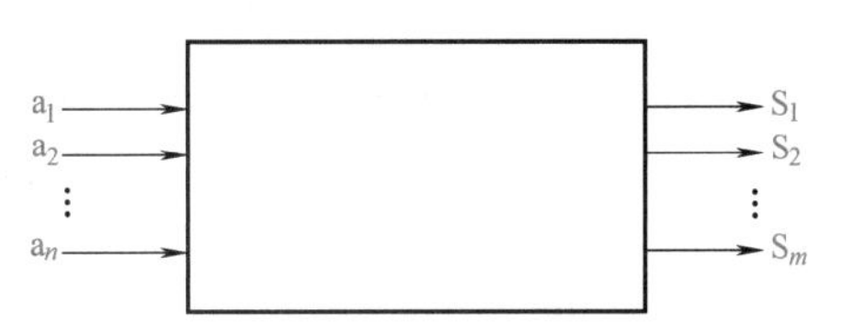

图 12-2　气动逻辑控制系统

表 12-2　“或”运算真值表

a	b	S	a	b	S
0	0	0	0	1	1
1	0	1	1	1	1

由真值表可以表写逻辑函数。表写逻辑函数有两种方式：积和式与和积式。

例 12-1　根据表 12-3 分别用积和式与和积式表写逻辑函数。

表 12-3　真值表

a_1	a_2	a_3	S	a_1	a_2	a_3	S
0	0	0	0	0	0	1	0
1	0	0	0	1	0	1	1
0	1	0	0	0	1	1	1
1	1	0	1	1	1	1	1

解 (1) 积和式表写 对应于S=1的变量组，先取积式，再取这些积式之和。积是按对应于S=1的变量组中，变量a_i是“1”取a_i，变量a_i是“0”取$\overline{a_i}$而作的乘积。依真值表，逻辑函数积和式表写为

$$S=a_1\cdot a_2\cdot \overline{a_3}+a_1\cdot \overline{a_2}\cdot a_3+\overline{a_1}\cdot a_2\cdot a_3+a_1\cdot a_2\cdot a_3$$

(2) 和积式表写 对应于S=0的变量组，先取和式，再取这些和式之积。和是按对应于S=0的变量组中，变量a_i是“1”取$\overline{a_i}$，变量a_i是“0”取a_i而作的和。依真值表，逻辑函数和积式表写为

$$S=(a_1+a_2+a_3)\cdot(\overline{a_1}+a_2+a_3)\cdot(a_1+\overline{a_2}+a_3)\cdot(a_1+a_2+\overline{a_3})$$

上面两种表写方式的形式不同，但实际上是相等的，证明从略。它们描述相同的逻辑量s。应用逻辑代数基本运算规律，就能求出化简的逻辑函数，并据此绘制逻辑原理图和控制线路图。

三、卡诺图设计法

卡诺图设计法是利用卡诺图直接化简逻辑函数的图解方法，可避免繁杂的逻辑运算。

(一) 卡诺图的结构

图12-3a~c所示分别为二变量、三变量、四变量卡诺图。

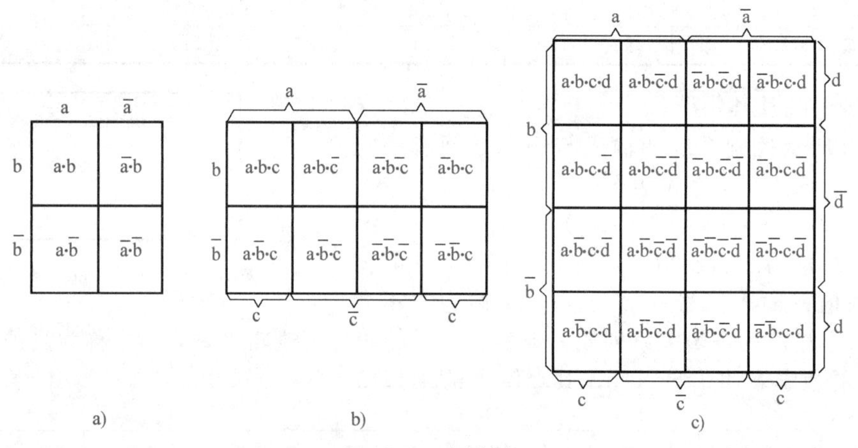

图12-3 卡诺图

a) 二变量 b) 三变量 c) 四变量

图中每个小格代表各个变量组合的积，由于n个变量有2^n个可能组合的积，而每个组合的积都在卡诺图上占有相应的方格，所以n个变量的卡诺图应有2^n个方格。

(二) 逻辑函数在卡诺图上的表示法

设某一逻辑函数为S，如果它的变量的某一组合的积能使S=1，则在卡诺图上表示这个变量组合的方格上应填“1”，表示函数占有这个方格；否则就填“0”，表示函数不占有这个方格。由于任一逻辑函数总可以表示为积和式，因此这些填上“1”和“0”的卡诺图就表示了这个逻辑函数。具体填法在例12-2中介绍。

(三) 利用卡诺图直接化简逻辑函数

卡诺图是反复利用逻辑运算规则（$a+\overline{a}=1$，$a+1=1$，$a+a=a$，$1\cdot a=a$，$a+\overline{a}\cdot b=a+b$）和卡诺图“相邻”的特点对逻辑函数进行化简的。其化简规则如下：

1) 将逻辑函数占有的2^n格圈在一起，组成正方形或矩形，可消去n个变量。

2）圈在一起的正方形或矩形，应包含尽可能多的方格，以便消去更多的变量。

3）逻辑函数占有的同一格可被不同的正方形或矩形取用。

4）逻辑函数在卡诺图上占有的每个方格都必须取用。具体化简方法在例 12-2 中介绍。

四、非时序逻辑问题设计举例

例 12-2　某工厂生产自动线上要控制温度、压力、浓度三个参数。若任意两个或两个以上参数达到上限，生产过程将发生事故，此时应自动报警，试设计此气控报警线路。

解　该例实际上要求考虑三个随机的输入参数与系统输出的逻辑关系，三个受控参数的取值是随机的，没有先后顺序，报警输出只与输入参数的组合有关。故该例所反映的是非时序逻辑问题。

设三个参数分别为 a、b、c，达到上限记“1”，低于上限记“0”，报警记 S=1，不报警记 S=0。

1. 用逻辑代数法设计

首先，列真值表，见表 12-3。由此表得知，三个参数共有八种组合状态，其中 a、b、c 分别对应表 12-3 中的 a_1、a_2、a_3。依题意共有四种状态应报警。用积和式表写逻辑函数得

$$S=a\cdot b\cdot \overline{c}+a\cdot \overline{b}\cdot c+\overline{a}\cdot b\cdot c+a\cdot b\cdot c$$

用逻辑代数运算规律将其化简得

$$S=a\cdot b+(a+b)\cdot c$$

最后，根据化简得到的逻辑函数 $S=a\cdot b+(a+b)\cdot c$ 绘制逻辑原理图，如图 12-4a 所示，气路图如图 12-4b 所示。

2. 用卡诺图法设计

首先，绘制图 12-5 所示的三变量卡诺图，并在卡诺图上填写逻辑函数。根据实际要求，图中 1、2、4、5 格中填入“1”，其余格中填入“0”，表示逻辑函数占有 1、2、4、5 格。然后，用卡诺图直接化简逻辑函数，取 1、2 格组成矩形消去变量 c 得 $a\cdot b$，取 1、5 格组成矩形消去变量 b 得 $a\cdot c$，取 1、4 格组成矩形消去变量 a 得 $b\cdot c$，因此

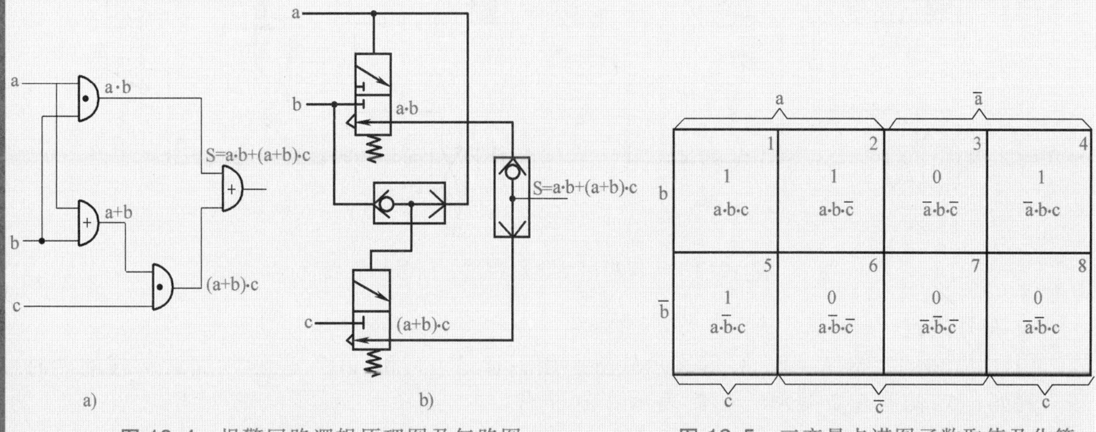

图 12-4　报警回路逻辑原理图及气路图

a）逻辑原理图　b）气路图

图 12-5　三变量卡诺图函数取值及化简

$$S=a\cdot b+a\cdot b+b\cdot c$$

$$S=a\cdot b+(a+b)\cdot c$$

这和用逻辑代数设计法所得结果相同，同样可绘出图 12-4 所示的逻辑原理图及气路图。

第二节 时序逻辑控制系统设计

一、时序逻辑控制的特点

时序逻辑控制也称顺序控制或程序控制。与非时序问题不同，系统的输出不仅与输入信号的组合有关，而且受一定顺序的限制，系统的输入信号不是随机的，而是有序的。常见的行程程序控制就属于时序逻辑控制系统。其控制框图如图12-6所示。

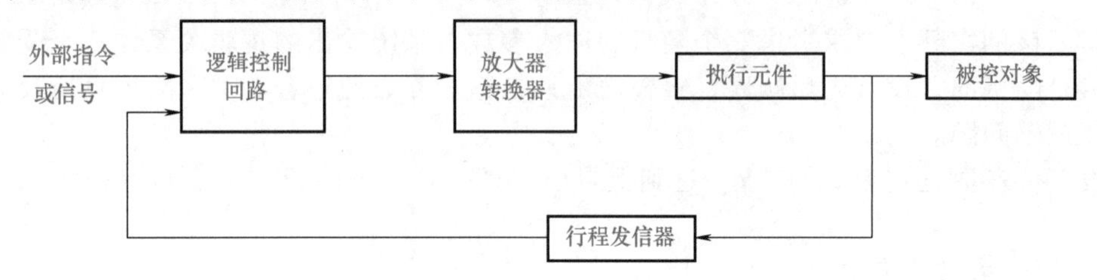

图12-6 行程程序控制框图

框图中外部指令信号是指启动信号或其他装置来的信号。逻辑控制回路由各种控制阀、逻辑元件组成，是行程程序回路设计的主要部分。控制回路的输出经转换器转换或放大器放大后，推动执行元件（气缸、气马达等），实现对被控对象的控制，再由行程发信器发出信号，输入逻辑控制回路，并经逻辑控制回路进行运算，输出下一个控制信号，直至完成预定的控制要求。实际上这是一种闭环控制系统。

二、气动行程程序控制系统设计概述

为了准确描述气动程序动作、信号及相位间的关系，必须用规定的符号、数字来表示，如图12-7所示。

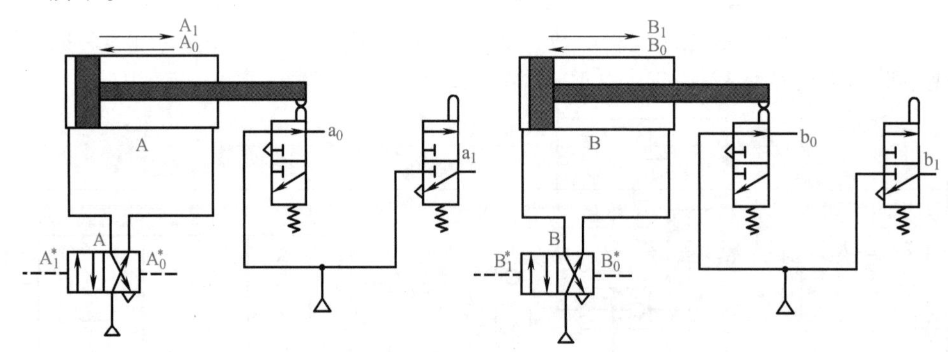

图12-7 行程程序动作、相位、信号示意图

1. 符号规定

1）用大写的字母A、B、C等表示气缸，用下标“1”和“0”表示气缸活塞杆的两种状态。例如：A_0表示A缸缩回，A_1则表示A缸伸出。

2）A缸的主控阀也用A表示。

3）主控阀两侧的气控信号称为执行信号，用A_0^*、A_1^*表示，A_0^*是控制A缸缩回的执行信号，A_1^*是控制A缸伸出的执行信号。

4）行程阀及其输出信号称为原始信号，如行程阀a_0及其输出a_0。当A缸缩回，行程阀a_0被压住，有气信号输出，记为a_0；当A缸伸出时，行程阀a_0复位，无输出，记为$\overline{a_0}$。行程阀的输出信号为长信号，即行程阀 a_0在 A 缸缩回时一直保持输出，当 A 缸伸出后才停止输出。限于篇幅，不讨论输出其他类型信号的行程阀。

2. 行程程序的相位与状态

用程序式来表示行程程序气缸的动作顺序。例如：气缸的动作顺序为：A 缸伸出→B 缸伸出→B 缸退回→A 缸退回，则用程序式表示为

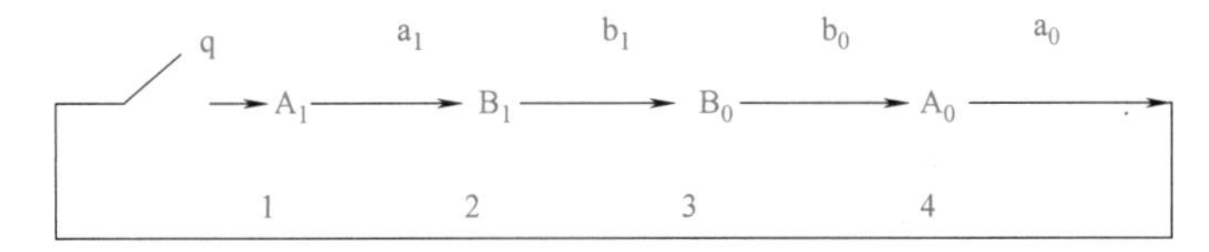

其中：q 为启动信号；a_1、b_1、b_0、a_0分别为气缸到位后由行程阀发出的原始信号。程序式还可以简写为［$A_1B_1B_0A_0$］。

程序式［$A_1B_1B_0A_0$］中四个动作将整个程序分为四段，每段为一个相位。A_1动作占程序的相位 1，B_1动作占程序的相位 2，B_0动作占程序的相位 3，A_0动作占程序的相位 4。A_1动作之前，A、B 两缸均处于 A_0、B_0状态。两缸压下行程阀 a_0、b_0，如有 a_0、b_0信号，称行程程序处于 $a_0 \cdot b_0$状态；A_1动作之后，压下行程阀 a_1，有 a_1、b_0信号，行程程序处于 $a_1 \cdot b_0$状态；B_1动作之后，压下行程阀 b_1，有 a_1、b_1信号，行程程序处于 $a_1 \cdot b_1$状态；B_0动作之后，压下行程阀 b_0，有 a_1、b_0信号，行程程序处于 $a_1 \cdot b_0$状态；A_0动作之后，压下行程阀 a_0，有 a_0、b_0信号，行程程序又回到 $a_0 \cdot b_0$状态。

3. 气动行程程序分类

从设计的角度看，气动行程程序分为标准程序和非标准程序。标准程序又分为无障碍标准程序和有障碍标准程序。

行程程序用气缸动作到位后压下行程阀发出的信号（a_1，a_0，b_1，b_0，…）作为控制回路的输入（相位信号一般不作为控制回路输入）。考虑每一时刻仅有一个气缸动作的简单情况，每个气缸动作之后只有一个行程阀被压下，然后也只有一个气缸在控制回路指挥下动作。若每个动作都能够用前一个动作的到位信号直接控制下一个动作执行，则称这样的程序为无障碍标准程序。此程序的执行信号都是原始信号。例如：程序［$A_1B_1A_0B_0$］就是无障碍标准程序。图 12-8 为其气路原理图。

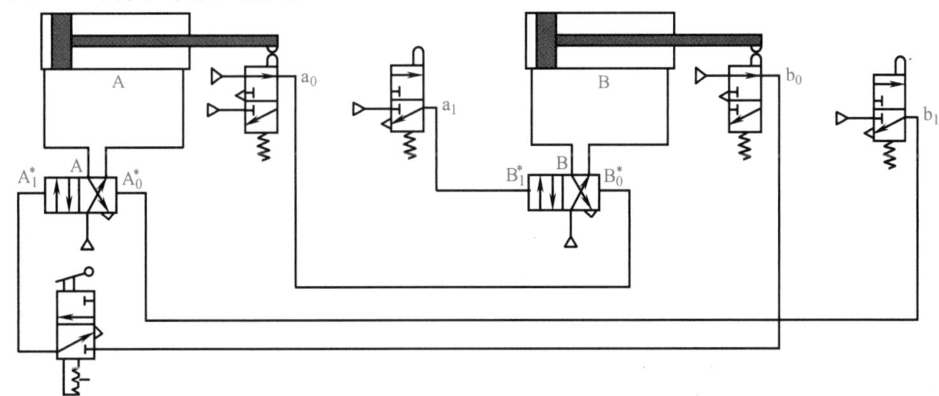

图 12-8　程序［$A_1B_1A_0B_0$］的气路原理图

大多数行程程序都是有障碍程序。例如：程序［$A_1B_1C_1A_0C_0B_0$］就有部分执行信号不能直接选用原始信号。但可在其原始信号的逻辑（“与”和“或”）组合中找到需要的执行信号。这类程序称为有障碍标准程序。其障碍可用原始信号的逻辑组合来排除，可参见后面的例子。

还有一些程序如［$A_1B_1B_0A_0$］，它有部分执行信号既不能选用原始信号本身，也不能在原

始信号的逻辑组合中找到，需要增加记忆元件才能完成逻辑控制。这类程序称为非标准程序。

4. 气动行程程序系统的设计步骤和方法

这里介绍的行程程序设计方法是一种通用的设计方法。其主要步骤是：首先对行程程序的程序式进行校核，判断程序是否标准。如果是标准程序，则直接用 X-D 图法或卡诺图法进行设计；如果是非标准程序，则进行校正设计，将非标准程序转换为标准程序，再用 X-D 图法或卡诺图法设计校正后的标准程序。图 12-9 为其设计步骤框图。

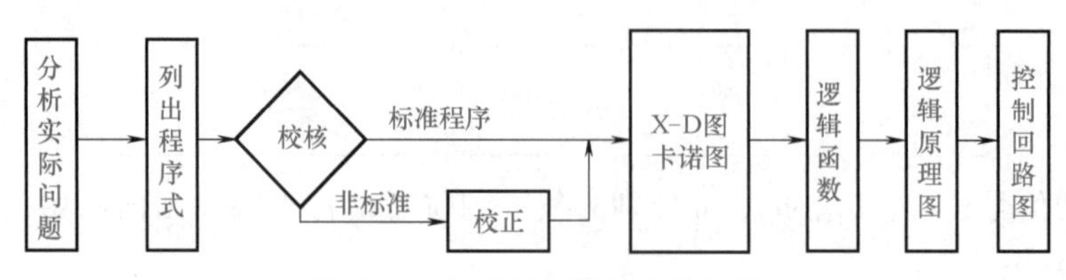

图 12-9 行程程序设计步骤框图

三、程序的校正设计

一个已知的行程程序，其执行元件（设为气缸）的动作由该动作在程序中所占的相位唯一确定。行程阀的作用只是检测执行元件动作的开始和结束。其检测信号输入控制回路，控制回路控制程序相位向后转变（相位递增），可用程序发生器、计算机完成对程序相位的控制，但最简单的方法是用行程阀和少数控制元件直接组成控制回路。

N 个执行元件（气缸）的程序有 $2N$ 个行程阀，即 N 对，每个执行元件一对。取行程阀被压下时有气输出为原始信号，每对行程阀（a_1，a_0，b_1，b_0，…）成为逻辑变量的两个状态，N 对行程阀组合起来共有 2^N 种不同状态。实际上由于执行元件只能按规定程序动作，相应的行程阀能够出现的组合状态通常少于 2^N 种。即使行程阀组成的信号组合状态达到 2^N 个，最多也只能控制 2^N 个不同的动作。实际行程程序中，由于同一执行元件多次动作，整个程序中动作次数可能多于 2^N 次；或由于行程阀组合状态达不到 2^N 种，则行程阀组成的控制信号组合状态的数量少于实际的动作次数，程序中不同动作将不能由不同控制信号组合状态控制，即程序中的不同动作将由同一个信号组合状态来控制，这样系统就会出现误动作或卡死。这就需要在设计行程程序控制回路之初先对控制系统进行预处理，加入一定的逻辑元件，保证程序中每一个动作都由不同的控制信号组合状态控制，然后对控制信号组合状态进行化简，得到各动作的实际执行信号。将这种预处理过程称为程序的校核及校正设计。行程程序中某一时刻所有行程阀的一种信号组合对应于逻辑函数中的最小项。

1. 程序的校核

行程程序中存在用同一信号组合控制不同动作的现象，称该程序为非标准程序，如程序 [$A_1B_1B_0A_0$]。行程程序中每一个动作都由不同的信号组合来控制，则该程序为标准程序，如 [$A_1B_1A_0B_0$]、[$A_1B_1C_1A_0C_0B_0$] 等。因此，判断行程程序是否标准只需判断它是否有最小项重复出现（简称重复小项），有重复小项（即存在同一信号组合控制不同动作）则是非标准程序，无重复小项则是标准程序。下面通过例 12-3 校核程序 [$A_1B_1C_1B_0A_0B_1C_0B_0$] 来说明程序校核过程。

例 12-3 校核程序 [$A_1B_1C_1B_0A_0B_1C_0B_0$]。

解 列程序的相位、信号关系表，见表 12-4。

例中行程阀的信号 a_1、a_0、b_1、b_0、c_1、c_0 随行程程序的进行按时序规律变化，并组成各自的最小项。表 12-4 中每一个动作都由不同的信号组合状态来控制，无重复小项，该程序为标准程序。

这是一个多缸多往复系统。所谓多缸多往复是指在一个程序循环中有一个或多个气缸的往复动作次数超过一次。例中B缸共动作了两次，A、C缸各动作一次，共有八个动作，需要八个不同的信号或信号组合来控制。系统中行程阀共有三对：a_0、a_1为一对；b_0、b_1为一对；c_0、c_1为一对。构成三个逻辑变量，最多可组成八种控制信号组合。例中信号组合恰好达到最多，有八种，控制全部八个动作。

表 12-4 程序的相位、信号关系表（一）

相位		1	2	3	4	5	6	7	8
程序名称		A_1	B_1	C_1	B_0	A_0	B_1	C_0	B_0
终端信号	q (b_0)	a_1	b_1	c_1	b_0	a_0	b_1	c_0	b_0
信号组合 $\begin{pmatrix}a\\b\\c\end{pmatrix}$ 最小项	$\begin{pmatrix}a_0\\b_0\\c_0\end{pmatrix}$	a_1 b_0 c_0	a_1 b_1 c_0	a_1 b_1 c_1	a_1 b_0 c_1	a_0 b_0 c_1	a_0 b_1 c_1	a_0 b_1 c_0	a_0 b_0 c_0
二进制表示最小项	(000)	100	110	111	101	001	011	010	000
十进制表示最小项	(0)	4	6	7	5	1	3	2	0

如果例中B缸往复动作次数为三次，程序中将有十个动作，但行程阀仍然只有三对，控制信号组合最多仍是八种。显然，控制信号将不够用，需要另外加入记忆元件，进行校正。

例 12-4 校核程序［$A_1B_1B_0A_0$］。

解 列程序的相位、信号关系表，见表12-5。

表 12-5 程序的相位、信号关系表（二）

相位		1	2	3	4
程序名称		A_1	B_1	B_0	A_0
终端信号	q (a_0)	a_1	b_1	b_0	a_0
信号组合 $\begin{pmatrix}a\\b\end{pmatrix}$ 最小项	$\begin{pmatrix}a_0\\b_0\end{pmatrix}$	a_1 b_0	a_1 b_1	a_1 b_0	a_0 b_0
二进制表示最小项	(00)	10	11	10	00
十进制表示最小项	(0)	2	3	2	0

从表12-5看出，2相位B_1动作和4相位A_0动作由同一个信号组合$a_1 \cdot b_0$控制，程序中有十进制重复小项2出现，如果不另外加入记忆元件或控制信号，程序将不能正常进行，该程序属非标准程序。

这是一个多缸单往复系统。所谓多缸单往复系统是指一个程序循环中，每个执行元件只往复动作一次的行程程序系统。例中共有两组行程阀，控制信号最多可有四种组合，但实际上按例中程序动作，控制信号仅出现三种组合状态，无法控制四个不同的动作，需要另外加入记忆元件。

2. 程序校正

在上面的例12-4中，同一个最小项$a_1 \cdot b_0$控制两个不同相位的动作A_0、B_1，这将产生二义性。解决这种问题，就需要将程序校正，破坏其二义性，使控制不同相位动作的最小项互不相同。一般情况下，程序校正遵守下列规则：

1）校正程序应当在适当位置插入记忆元件，记忆元件的插入位置应将重复小项连接的区间全部切断，以消除重复小项。

2）记忆元件应按 X_1X_0、$X_1Y_1X_0Y_0$、$X_1Y_1Z_1X_0Y_0Z_0$、…的顺序插入。这样，能保证将重复小项区间切断的同时不产生新的重复小项。

3）记忆元件的插入部位有必插入部位，也有可选择插入部位。因此，插入方案有时不是唯一的，可能有多种。选用不同的插入元件部位，所设计的气控回路也不同。

4）元件插入部位应在重复小项区间内。若元件插入位置选择在重复小项区间两端，则该重复小项未被切断。

5）保证消除重复小项的同时，应使插入元件数最少，则相应的控制回路为最简单。

记忆元件可以选择用二位三通阀或者二位四通（五通）阀。一般情况下，插入的记忆元件选择为二位四通阀，即记忆元件与执行元件的主控阀相同。这样，在后续的逻辑设计中，记忆元件与执行元件一样，都视为逻辑系统的被控制对象。

例 12-5　校正程序［$A_1B_1A_0B_0C_1B_1C_0B_0$］。

解　列程序的相位、信号关系表，见表 12-6。

表 12-6　程序的相位、信号关系表（三）

相位		1	2	3	4	5	6	7	8
程序名称		A_1	B_1	A_0	B_0	C_1	B_1	C_0	B_0
终端信号	q（b_0）	a_1	b_1	a_0	b_0	c_1	b_1	c_0	b_0
十进制表示最小项	(0)	4	6	2	0	1	3	2	0
0—0			├──┼──	──┤			├──┼──	──┤	
2—2		├──┼──	──┤			├──┼──	──┤		
插入元件			▲X_1				▲X_0		

列程序的相位、信号关系表时，若气缸数较少则可直接写出十进制表示最小项。两个重复小项之间为重复小项区间，除去两端位置成为可选择插入元件的区间。例 12-5 中用 X_1 和 X_0 可将全部重复小项区间切断。X_1 有两个插入位置：相位 1、2 之间和相位 2、3 之间；X_0 也有两个插入位置：相位 5、6 之间和相位 6、7 之间。本例共有四种不同的校正方案，可设计出四种不同的控制回路。

可以校核一下校正得到的新程序［$A_1B_1X_1A_0B_0C_1B_1X_0C_0B_0$］，发现已无重复小项，非标准程序已被校正为标准程序。

校正程序的过程中，元件插入部位及数量的确定可由下例说明。

例 12-6　校正程序［$A_1B_1C_1B_0C_0A_0A_1B_1A_0B_0A_1B_1A_0B_0$］。

解　列程序的相位、信号关系表，见表 12-7。

表 12-7 中抽象地用最小项直接表示终端信号。

在标出需要分断的重复小项区间（去掉重复小项本身占的位置），并对其编号之后，共有 12 个重复小项应插元件的区间段。先去掉不对插入元件位置和数量产生影响的区间段 1、4、11 段（分断区间段 6 则必分断区间段 1、4，同样，分断区间段 7 则必分断区间段 11）。在与其他区间段无关的独立区间段 6、7 中分别标注一个元件插入位置。剩下相互关

表 12-7 程序的相位、信号关系表（四）

相位		1	2	3	4	5	6	7	8	9	10	11	12	13	14
程序名称		A_1	B_1	C_1	B_0	C_0	A_0	A_1	B_1	A_0	B_0	A_1	B_1	A_0	B_0
最小项 a	(0)	1	1	1	1	1	0	1	1	0	0	1	1	0	0
最小项 b	(0)	0	1	1	0	0	0	0	1	1	0	0	1	1	0
最小项 c	(0)	0	0	1	1	0	0	0	0	0	0	0	0	0	0
十进制表示最小项	(0)	4	6	7	5	4	0	4	6	2	0	4	6	2	0
0—0		1.	—	—	—	—		2.	—	—		3.	—	—	
2—2	4.	—	—	—	—	—	—	—	—		5.	—	—		
4—4			6.	—	—			7.	8.	—	—		9.	—	—
6—6	10.	—		11.	—	—	—	—		12.	—	—		13.	—
		▲X_1	▲Y_1		▲Z_1			▲X_0		▲Y_0		▲Z_0			

联的 2、8、12、5、3、9、10 七个区间段还需要插入元件来分断。分断这些区间段的方法是取最前面的一个区间段 2，将元件插入部位标在它的最后一个可插入位置（相位 9 之后）。插入此元件后，区间段 2、8、12 已被分断，剩下 5、3、9、10 四个区间段需要继续分断。取剩下的四个区间段中最前面的一个区间段 5，将插入元件部位标在区间段 5 的最后可插入元件位置（相位 12 后）。最后剩下区间段 10 未被分断，需标一个元件插入位置，这样，全部区间段都被分断。

插入一个记忆元件有两个动作，因此，记忆元件插入部位应是 $2N$ 个（N 为整数）。例中只有五个记忆元件动作插入位置，还要补一个记忆元件动作插入位置，一般将它放在程序的最后。标注插入元件名称 X_1、Y_1、Z_1、X_0、Y_0、Z_0，并写出校正后的程序 [$A_1X_1B_1C_1Y_1B_0C_0A_0Z_1A_1B_1A_0X_0B_0A_1B_1Y_0A_0B_1Z_0$]。可以校核此新的程序，证明它是一个标准程序。

有的程序，如程序 [$A_1B_1C_1A_0C_0B_0A_1B_1A_0B_0$] 在校正过程中，会出现所有的应分断重复小项区间都相互关联的情况。此时应选择最短的一个区间段，列出分断该区间段及相应的分断其他全部区间段的全部可能。比较插入元件数，取最少的插入元件数为校正方案。

四、标准程序设计方法

行程程序的整个设计过程中，标准程序设计方法是以校核认为是标准程序或校正得到的标准程序为设计对象，采用 X-D 图法或卡诺图法，求出标准程序的逻辑函数表达式，即各动作的执行信号。

（一）用 X-D 图法设计标准程序

X-D 图法是“信号-动作状态图法”的简称，其特点是直观性强。从 X-D 图中能直接看出行程信号和被控缸的动作状态，并能按一定的方法和原理找出并排除障碍信号，求出各程序动作的执行信号。X-D 图法可不经程序校核和校正直接设计行程程序，但设计者需要有一定的经验，而且插入元件的情况不宜太复杂，这里只介绍用 X-D 图设计标准程序的方法。

X-D 图法根据行程程序的工作循环将各动作和信号在整个循环过程中的状态用相应的图线表示在 X-D 图中，然后从该图中找出并排除障碍，求出被控程序动作的执行信号。

下面通过例 12-7 用 X-D 图法设计标准程序 [$A_1B_1C_1B_0A_0B_1C_0B_0$] 来说明 X-D 图法的设

计过程和步骤。

例 12-7 用 X-D 图法设计标准程序 $[A_1B_1C_1B_0A_0B_1C_0B_0]$。

解 1. X-D 图的绘制（图 12-10）

X-D组		1 A_1	2 B_1	3 C_1	4 B_0	5 A_0	6 B_1	7 C_0	8 B_0	执行信号
1	b_0 A_1									$A_1^*=q\cdot b_0\cdot c_0$
2	b_0 A_0									$A_0^*=b_0\cdot c_1$
3	a_1 a_0 B_1									$B_1^*=a_1\cdot c_0+a_0\cdot c_1$
4	c_1 c_0 B_0									$B_0^*=c_1\cdot a_1+c_0\cdot a_0$
5	b_1 C_1									$C_1^*=b_1\cdot a_1$
6	b_1 C_0									$C_0^*=b_1\cdot a_0$

图 12-10 行程程序的 X-D 图

（1）绘 X-D 方格图 将已知程序的相位填入最上面的小方格中，并相应地填入程序的动作符号；最右边填写最后求出的执行信号；最左边从上到下分 2N 格，N 为气缸数，图中分为六格，填入各气缸的两个动作符号，并填入该动作的主控信号。动作符号在下，主控信号在上。A_1动作的主控信号为 b_0，将 A_1 和 b_0都填入一格；B_1动作两次，有两个主控信号，分别为 a_1和 a_0，则 B_1和 a_1、a_0都填入一格；同样可以填入其他气缸的动作和主控信号。

（2）绘制动作线（D 线） 按行程程序的次序画出所有动作从起点到终点的横线。横线又称动作线，其上下位置应与最左纵栏中的动作符号相对应。横线起点用“○”表示，终点用“×”表示，连接线用粗实线画出。B 缸的两次动作都应在其相应栏中画出。

（3）绘制信号线（X 线） 按行程程序的次序画出所有信号从起点到终点的横线，称信号线。其上下位置应与最左纵栏中的信号符号相对应。起点用“○”表示，终点用“×”表示；连接线用细实线画出。两段 b_0信号线都应与左栏 b_0符号平齐画出，第 1 相位的 b_0信号是 A_1动作的主控信号，第 5 相位的 b_0信号不控制 A_1动作，但也应在 X-D 图中画出。

（4）绘制 X-D 图应注意的问题

1）程序的最末一个动作和第 1 个动作应看成是闭合的，即可以认为第 8 相位的 B_0动作之后，紧接着是第 1 相位的 A_1动作。

2）程序的纵向分界线是换向阀和执行元件的切换线，信号线的起点就是信号开始执行点。实际上，考虑阀的切换、气缸的起动，信号线起点应超前一点，而终点应滞后一点，因这个值极小，对气路设计产生影响不大，一般不予考虑。

3）行程阀发出的都是长信号，即气缸动作到位后，相应的行程阀一直有信号输出，并保持到气缸相反动作的开始才结束。

4）由 X-D 图求出的执行信号填在最后一栏。

气马达或气缸有并列动作时的行程程序，用 X-D 图法求解比较麻烦，限于篇幅不予介绍。

2. 确定障碍信号

用 X-D 图设计气路时，首先应确定障碍信号。检查每一组动作信号线组，看是否有信号线比所控制的动作的动作线长的情况，如有则说明动作状态要改变，而其控制信号不允许它改变，参见图 12-10。这种阻止动作发生改变的信号称为障碍信号。信号线比动作线长的部分称障碍段，图 12-10 中用“～～～～～～”线表示信号的障碍段。每个控制信号的第一段是控制动作执行不可缺少的，称为执行段。除去执行段和障碍段以后的其他部分称为自由段。依次标出所有的障碍段。

障碍信号或信号的障碍段又分为两种情况：第一种，主控信号本身比动作线长，图 12-10中主控信号 a_1 比所控动作 B_1 长了第 4 相位段，这种障碍习惯上称为Ⅰ型障碍；第二种，仅在多往复气控系统中，由于主控信号的多次出现，阻碍某一被控制动作，图12-10中主控信号 b_0 在第 5 相位出现第二次时障碍 A_1 动作，习惯上称为Ⅱ型障碍。

3. 排除障碍

排除障碍的原则是保留主控信号的执行段，去掉其障碍段，自由段可以保留也可以去掉。可见排除障碍，就是缩短主控信号，使之成为最终执行信号。具体方法有多种，可采用机械活络挡铁或可通过式行程阀、脉冲阀、脉冲回路排除Ⅰ型障碍，用“顺序与”元件排除简单的Ⅱ型障碍等。这里介绍一种通用的排除障碍的方法，即采用“逻辑与”缩短主控信号。

在图 12-10 中，第一组动作—信号组中，出现Ⅱ型障碍——b_0 信号的第 5 相位段。采用主控信号 b_0“与”制约信号 c_0，可将含有障碍的 b_0 信号缩短至只剩下第 1 相位段，则 A_1 动作的执行信号为 $q \cdot b_0 \cdot c_0$，其中 q 为启动信号，表示为 $A_1^* = q \cdot b_0 \cdot c_0$ 并填入最右栏中。

分析第三组动作-信号组，B_1 动作有两个主控信号 a_1 和 a_0，a_1 信号对 B_1 第一个动作有Ⅰ型障碍，用主控信号 a_1“与”制约信号 c_0 可将 a_1 缩短，排除Ⅰ型障碍；a_0 信号对 B_1 第二个动作也有Ⅰ型障碍，用主控信号 a_0“与”制约信号 c_1 可将 a_0 缩短，排除Ⅰ型障碍。B_1 的执行信号是两个缩短的主控信号相“或”，表示为 $B_1^* = a_1 \cdot c_0 + a_0 \cdot c_1$ 并填入最右栏中。

读者可以按此方法求出其余动作的最终执行信号，并填在最右栏中。

在实际的气控回路中，信号的“与”运算和“或”运算可以直接用“与门”逻辑元件和“或门”逻辑元件来实现，也可用其他元件、阀来实现。

标准程序或经过校正设计得到的标准程序，在用逻辑“与”方法排除Ⅰ型和Ⅱ型障碍的过程中一定可以找到制约信号来排除障碍。而非标准程序，一定有一个或更多主控信号的障碍段不能从信号栏中找到制约信号来排除障碍（证明从略）。

4. 列写执行信号

将主控信号排除障碍后填入 X-D 图最右一栏，图 12-10 中 A_1 动作的主控信号排除障碍后成为 $b_0 \cdot c_0$。另外，考虑程序启动信号 q 共同成为 A_1 动作的执行信号，用 $A_1^* = q \cdot b_0 \cdot c_0$ 表示。同理可写出其他动作的执行信号。

5. 绘制气控逻辑原理图

气控逻辑原理图是根据 X-D 图的执行信号表达式，并考虑手动、起动、复位、联动等回路其他要求所画出的逻辑框图。它是由 X-D 图到气路原理图的桥梁。逻辑原理图上的各类元件可由阀类元件、逻辑元件及射流元件组成，具体用哪种元件要经过分析比较确定。

（1）气动逻辑原理图的基本组成及符号

1）气动逻辑原理图主要由“或”“与”“非”“记忆”等逻辑符号表示。应注意：其中任一符号为逻辑运算符号，不一定总代表某一确定的元件，因逻辑图上的某逻辑符号在气路原理图上可有多种表示方案，如“与”逻辑符号可以是一种逻辑元件，也可由两个气阀串接而成。

2）行程发信装置主要是行程阀，也包括起动阀、复位阀等。这些符号加上小方框表示各种原始信号，而在小方框上方画相应的符号则表示各种手动阀（图 12-11）。

3）执行元件的控制由主控阀的输出表示。主控阀常采用双气控方式，可用逻辑记忆符号表示。

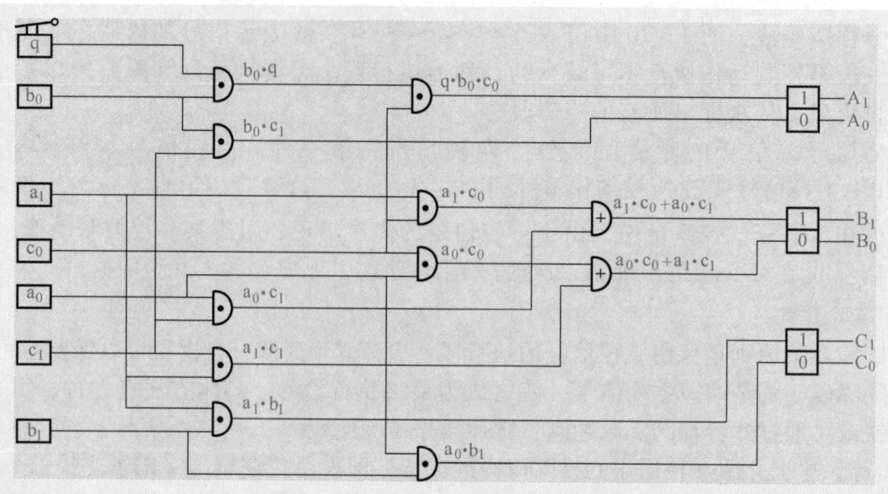

图 12-11 例 12-7 的逻辑原理图

（2）气动逻辑原理图的画法 主要根据 X-D 线图中执行信号栏的逻辑表达式用上述符号画出，步骤如下：

1）把系统中每个执行元件的两种状态与主控阀相连后，自上而下一个个画在图的右侧。

2）把发信器（如行程阀等）大致对应其所控制的元件，一个个列于图的左侧。

3）在图中要反映执行信号的逻辑表达式与逻辑符号之间的关系，并画出操作必须增加的阀（如起动阀等）。

图 12-11 是例 12-7 的逻辑原理图。所画行程阀上下顺序没有严格要求。但应注意：

第一，尽量使被控动作与相应信号在相近的横线上，这样可以减少信号线的相互交叉。

第二，要正确反映各执行信号的逻辑关系，如果程序结束需要自动循环，可用起动信号 q 和 $b_0 \cdot c_0$ 相“与”来表示。各执行信号用 A_1^*、A_0^*、…表示，分别去控制 A_1、A_0、…动作，表示为 $A_1^* = q \cdot b_0 \cdot c_0$，$A_0^* = b_0 \cdot c_1$，…，如图 12-11 所示。

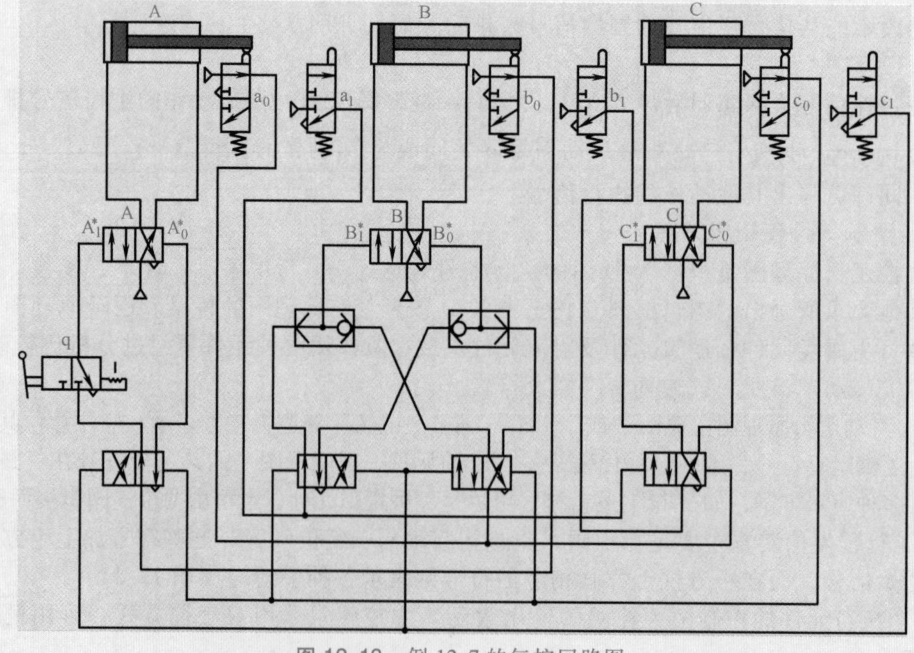

图 12-12 例 12-7 的气控回路图

6. 回路原理图的绘制

回路原理图是根据逻辑原理图绘制的。绘制时应注意下列几点：

1）要根据具体情况而选用气阀、逻辑元件或射流元件来实现。通常气阀及执行元件要按现行国家标准中的图形符号表示，而射流元件按通用符号表示。

2）一般规定行程程序的最后动作的终了时刻作为气动回路的初始位置，因此，回路原理图上行程阀等的供气及进出口连接位置，应按回路初始位置状态连接。

3）控制回路的连接一般用虚线表示，对较复杂的气控系统，为防止连线过乱，建议用细实线代替虚线。

4）“与”“或”“非”“记忆”等逻辑关系的具体线路表达，可参考有关“气压传动及控制”方面的书籍，这里不做介绍。

5）绘制气路原理图时，应在图上写明行程程序对操作要求的说明。

6）气控回路习惯上将系统全部执行元件都水平或垂直排列，执行元件下面画相应的主控阀及控制阀，行程阀直观地画在气缸的活塞杆伸出、缩回状态对应的位置上。图 12-12 所示为例 12-7 的气控回路。

（二）用卡诺图法设计标准行程程序

卡诺图法是基于卡诺图化简逻辑函数的原理，将行程程序变量（行程发信器）和函数（程序动作）表示在卡诺图上，再按一定的规则化简逻辑函数，获得各程序的控制逻辑表达式，即得出程序动作的执行信号。用卡诺图法设计的程序必须是标准的行程程序。

行程程序中气缸终点的每个行程阀都可以看作一个逻辑量。例如：A 缸退回时压住的行程阀 a_0 是一个逻辑量，该逻辑量的两个状态为 a_0 和$\overline{a_0}$。由此作出的卡诺图为全卡诺图，全卡诺图取用了信号的反，如$\overline{a_0}$、$\overline{a_1}$、$\overline{b_0}$、$\overline{b_1}$、…，而且存在不可能出现的信号组合，如 $a_0 \cdot a_1$、$b_0 \cdot b_1$、…。将行程程序气缸终点的一对行程阀看作一个逻辑量的两个对立状态。例如：将 A 缸的一对行程阀 a_0 和 a_1 看作一个逻辑量的两个对立状态，由此作出的卡诺图称为全简化卡诺图。用卡诺图法设计行程程序时，采用全简化卡诺图，不采用全卡诺图。

下面用一个例子说明用卡诺图设计标准程序的步骤。

例 12-8　用卡诺图设计标准程序［$A_1B_1C_0B_0A_0C_1$］。

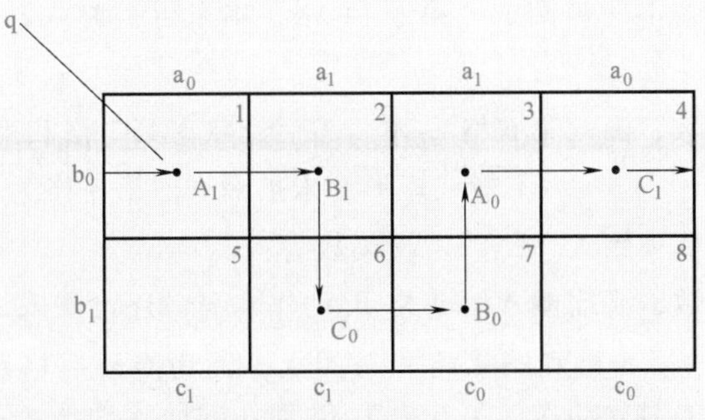

图 12-13　程序［$A_1B_1C_0B_0A_0C_1$］的卡诺图

解　1. 在卡诺图中画标准程序的工作程序线

先作出程序的全简化卡诺图，如图 12-13 所示。作图时保证卡诺图最左上一格由第一个动作之前的信号组成。例中第一个动作 A_1 之前的信号为 $a_0 \cdot b_0 \cdot c_1$。当加入起动信号 q 后，A 缸开始伸出，气缸的状态由 $A_0B_0C_1$ 变为 $A_1B_0C_1$。可在此格内画上一个“•”，再把被控制的动作 A_1 填入，表示信号 $a_0 \cdot b_0 \cdot c_1$ 控制 A_1 动作。当 A_1 动作完成发出 a_1 信号时，B_1 动作开始，此时控制 B_1 动作的信号为 $a_1 \cdot b_0 \cdot c_1$，此信号在第二格，因此在此格上画一个“•”，还应把第二动作 B_1 填入，表示信号 $a_1 \cdot b_0 \cdot c_1$ 控制 B_1 动作。再由第1格向第2格画一个箭头线，表示 A_1 已完成。同理，B_1 动作完成后，发出 b_1 信号，开始 C_0 动作，此时的控制信号为 $a_1 \cdot b_1 \cdot c_1$，此信号在第6格，表示 B_1 动作完成的箭头线应向第6格画去，并在第6格画“•”及填入动作代号 C_0。依次类推，画出封闭的工作程序线。

标准程序［$A_1B_1C_0B_0A_0C_1$］的工作程序线如图12-13所示，工作程序线在卡诺图上经过的方格称为“满格”，其余为“空格”。

2. 化简逻辑函数

标准程序可用“满格”信号状态——逻辑最小项直接写出逻辑函数。

$a_0 \cdot b_0 \cdot c_1 \rightarrow A_1^*$　　$a_1 \cdot b_0 \cdot c_1 \rightarrow B_1^*$　　$a_1 \cdot b_1 \cdot c_1 \rightarrow C_0^*$

$a_1 \cdot b_1 \cdot c_0 \rightarrow B_0^*$　　$a_1 \cdot b_0 \cdot c_0 \rightarrow A_0^*$　　$a_0 \cdot b_0 \cdot c_0 \rightarrow C_1^*$

用此逻辑函数表示的控制线路是最复杂的一种，本例需用十二个“与门”元件。实际上都要先对逻辑函数进行化简。卡诺图是通过画圈来化简逻辑函数的。

画圈的原则是：

1）圈入的方格必须成正方形或矩形，为使逻辑函数最简，圈入的格子越多越好。任一格都可被不同圈重复使用。

2）程序动作的后续状态可被圈入，空格是不存在的变量组合，可根据需要随时被圈入。

3）程序动作的对立动作及其后续状态不能被圈入。

4）主控信号一定要存在，不能被消掉，即程序动作的前接动作不能被圈入。

图12-13中为化简 A_1 逻辑函数，可圈入1、2、5、6格。第1格是 A_1 动作的主控信号状态，第2、6格是 A_1 动作的后续状态，第5格是空格都被圈入。第7格是 A_1 动作的后续状态，第8格为空格，本来也可被圈入，但因圈入后使所圈方格不成矩形，所以不能被圈入。第3、4格是 A_1 动作的对立动作 A_0 本身及其后续动作，不能被圈入，所以只能圈入1、2、5、6格，A_1 动作的执行信号 $A_1^* = q \cdot c_1$。

化简 B_1 动作，圈入2、6格。第2格为 B_1 动作主控信号状态，第6格是 B_1 动作后续状态，故被圈入。第3、4、7格为 B_1 动作对立动作 B_0 本身及其后续动作，不能被圈入。第1格为 B_1 动作前接状态，不能被圈入。第5、8格，本来可被圈入，但因不能圈成矩形，也不圈入。所以 $B_1^* = a_1 \cdot c_1$。

化简 C_0 的逻辑函数，圈入第6格 C_0 本身、后续状态第7格和第5格第8格两空格。第3格为 C_0 的后续状态，因圈入后不能成矩形，未被圈入。第4格为 C_0 的对立动作，第2格为 C_0 的前接状态，不能被圈入。C_0 的逻辑函数为：$C_0^* = b_1$。

化简 B_0 的逻辑函数，必需圈入第7格 B_0 动作本身，还可圈入 B_0 动作后续状态第3、4格及空格第8格。空格第5格和第1格未被圈入，因为圈入后格数不是 2^N，会使变量增加。第2格为 B_0 动作的对立动作，第6格为 B_0 动作的前接动作，不能被圈入。所以 B_0 动作的逻辑函数为：$B_0^* = c_0$。

化简 A_0 的逻辑函数，只能圈入 A_0 动作本身第3格和 A_0 动作后续状态第4格。A_1 动作及其后续动作第1、2、6、7格不能圈入。空格第5、8格圈入后不能成矩形。所以 A_0 动作的逻辑函数为：$A_0^* = b_0 \cdot c_0$。

化简 C_1 动作的逻辑函数，圈入第4格 C_1 动作本身。空格第5格和第8格，圈入 C_1 动作后续状态第 1 格，不能圈入 C_1 动作的对立动作 C_0 和其后续状态第 6、7、3 格。第 2 格为 C_1 动作的后续状态，但圈入后不成矩形，也不被圈入。C_1 的逻辑函数化简为：$C_1^* = a_0$。

列出全部的逻辑函数：

$A_1^* = q \cdot c_1$（圈入 1、2、5、6 格）

$B_1^* = a_1 \cdot c_1$（圈入 2、6 格）

$C_0^* = b_1$（圈入 5、6、7、8 格）

$B_0^* = c_0$（圈入 3、4、7、8 格）

$A_0^* = b_0 \cdot c_0$（圈入 3、4 格）

$C_1^* = a_0$（圈入 4、8、1、5 格）

3. 画逻辑原理图

根据逻辑函数表达式画出程序式［$A_1B_1C_0B_0A_0C_1$］的逻辑原理图，如图 12-14 所示。

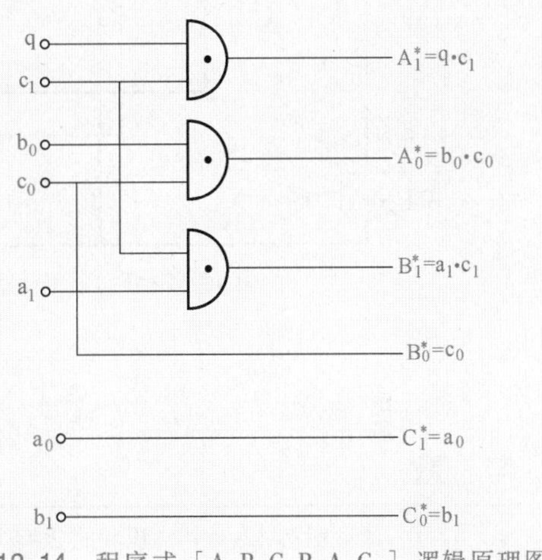

图 12-14　程序式［$A_1B_1C_0B_0A_0C_1$］逻辑原理图

4. 画回路原理图

回路原理图如图 12-15 所示。由于二位三通行程阀具有逻辑“与”功能，使用 a_1 行程阀实现 $a_1 \cdot c_1$，使用 b_0 行程阀实现 $b_0 \cdot c_0$ 后，回路得以简化。

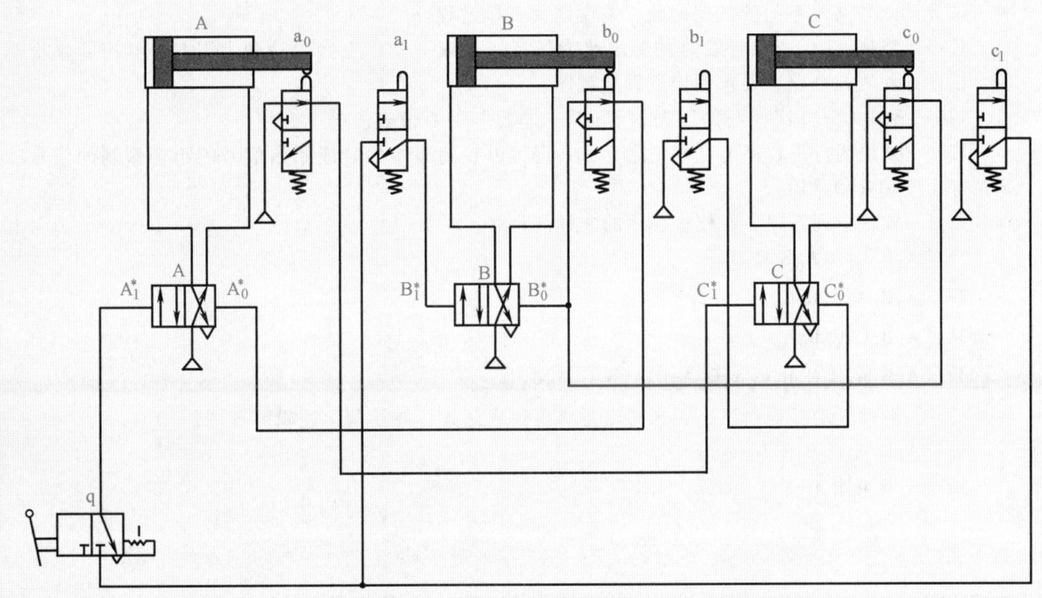

图 12-15　标准程序［$A_1B_1C_0B_0A_0C_1$］的回路原理图

这里需要说明：本例中如果标准程序［$A_1B_1C_0B_0A_0C_1$］是由行程程序［$A_1B_1B_0A_0$］校正得到的，则 C 不再是执行元件，而是插入的记忆元件，回路原理图如图 12-16 所示。当记忆元件选择为二位四通阀时，其执行信号为二位四通阀的两个换向控制信号，二位四通阀的两个输出则分别替代执行元件的两个行程阀的输出，为 c_0、c_1 信号。

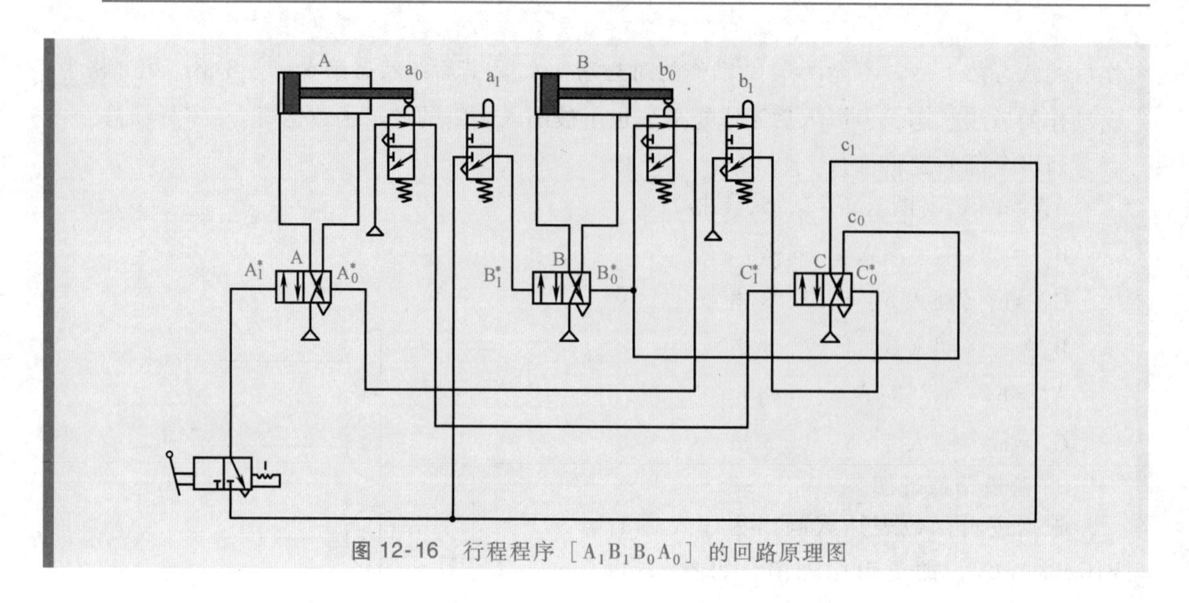

图 12-16 行程程序 $[A_1B_1B_0A_0]$ 的回路原理图

习 题

12-1 试证明例 12-1 中“积和式表写”与“和积式表写”两种方法所表达的两个逻辑函数相等。

12-2 公共汽车门采用气动控制，司机和售票员各有一个控制气动开关，控制汽车门的开和关，试设计此公共汽车门的气控回路，并说明其工作过程。

12-3 将例 12-2 中报警线路的要求改为任意一个或一个以上参数达到上限时，气控回路报警，试设计此气控回路，要求画出逻辑原理图。

12-4 列写“是门”“与门”“或门”及“非门”的真值表。

12-5 试说明行程程序经过校正之后，一定可以找到原始信号或原始信号的组合作制约信号来消除Ⅰ型和Ⅱ型障碍。

12-6 校核下列程序，并校正其中的非标准程序。

1）$[A_1B_1C_1D_1A_0B_0C_0D_0]$。

2）$[A_0B_1A_1C_1B_0C_0]$。

3）$[A_1B_1C_1C_0B_0A_0]$。

4）$[A_1B_1A_0B_0C_1B_1C_0A_1C_1A_0B_0A_1B_1C_0A_0B_0]$。

12-7 设计气动行程程序，要求写出逻辑函数表达式，并绘制出逻辑原理图。

1）$[A_1B_1A_0D_1B_0C_1D_0C_0]$。

2）$[A_1B_1B_0B_1B_0A_0]$。

Chapter 13

第十三章

气压传动系统实例

气动技术是实现工业生产机械化、自动化的方式之一。由于气压传动系统使用安全、可靠，可以在高温、振动、腐蚀、易燃、易爆、多灰尘、强磁、辐射等恶劣环境下工作，所以应用日益广泛。本章简要介绍几种气压传动及控制系统在生产中的应用实例。

第一节　气控机械手

在某些高温、粉尘及噪声等环境恶劣的场合，用气控机械手替代手工作业是工业自动化发展的一个方向。本节介绍的气控机械手模拟人手的部分动作，按预先给定的程序、轨迹和工艺要求实现自动抓取、搬运，完成工件的上料或卸料。为完成这些动作，系统共有四个气缸，可在三个坐标内工作，其结构示意图如图 13-1 所示。其中 A 缸为抓取机构的松紧缸，其活塞后退时抓紧工件，前进时松开工件。B 缸为长臂伸缩缸。C 缸为机械手升降缸。D 缸为立柱回转缸，该气缸为齿轮齿条缸，把活塞的直线运动改变为立柱的旋转运动，从而实现立柱的回转。

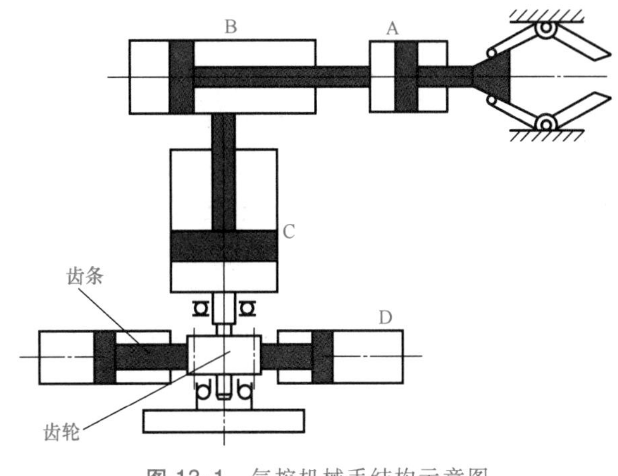

图 13-1　气控机械手结构示意图

机械手的动作程序如图 13-2 所示。

对机械手的控制要求为：手动阀起动后，程序控制从第一个节拍连续运转到最后一个节拍，把机械手右下方的工件搬到左上方的位置上去。

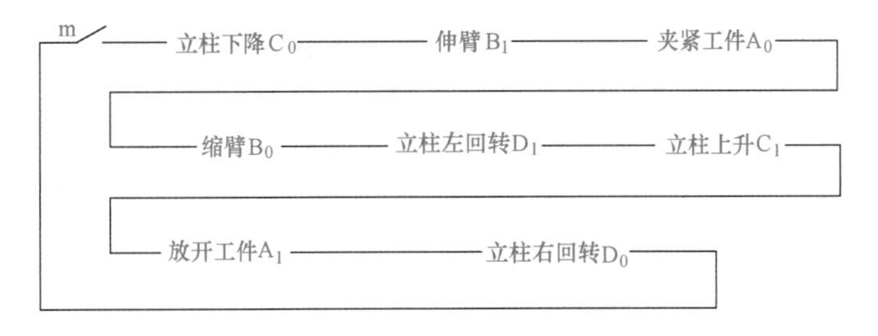

图 13-2　机械手的动作程序

上面的程序可以简写为图 13-3。

下面分别用信号-动作状态线图法和卡诺图法设计机械手气控回路。

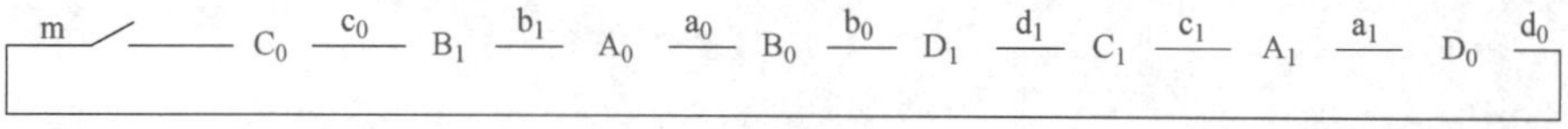

m — C_0 $\overline{c_0}$ B_1 $\overline{b_1}$ A_0 $\overline{a_0}$ B_0 $\overline{b_0}$ D_1 $\overline{d_1}$ C_1 $\overline{c_1}$ A_1 $\overline{a_1}$ D_0 $\overline{d_0}$

图 13-3 机械手的简化动作程序

一、用信号-动作状态线图法设计的气控回路

1）经校核该气动程序为标准程序。

2）按程序绘制多缸单往复系统 X-D 线图。X-D 线图的绘制如第十二章所述。绘制的结果如图 13-4a 所示。

3）排除障碍，找出执行信号。从图 13-4a 得知有两个障碍信号 c_0（B_1）和 b_0（D_1）。根据逻辑“与”消障法，找出原始信号消障，其消障后的执行信号为 $B_1^* = c_0 \cdot a_1$，$D_1^* = b_0 \cdot a_0$。

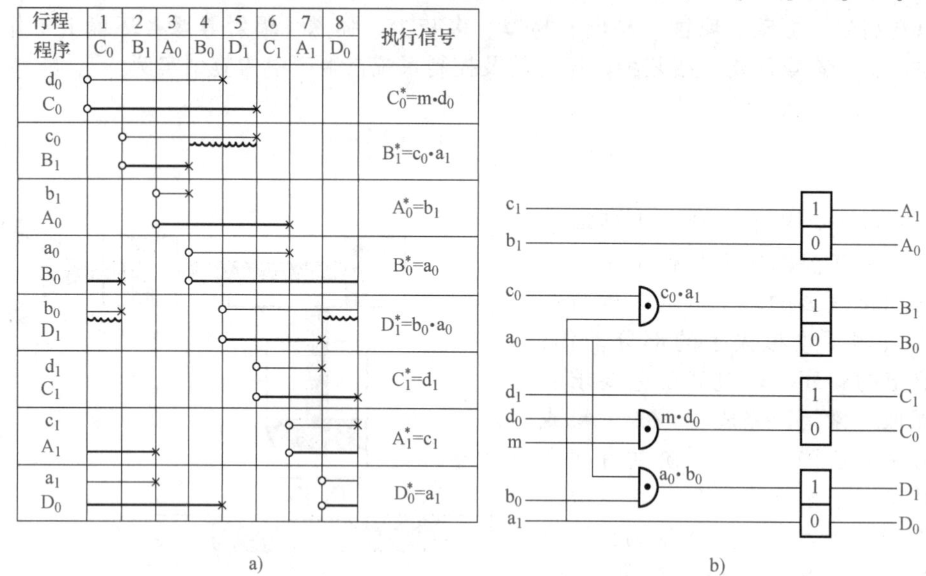

图 13-4 气控机械手的 X-D 线图法设计
a）X-D 线图 b）逻辑原理图

4）根据 X-D 线图上的执行信号可画出逻辑原理图，如图 13-4b 所示。

5）由逻辑原理图可画出气动回路原理图如图 13-5 所示。

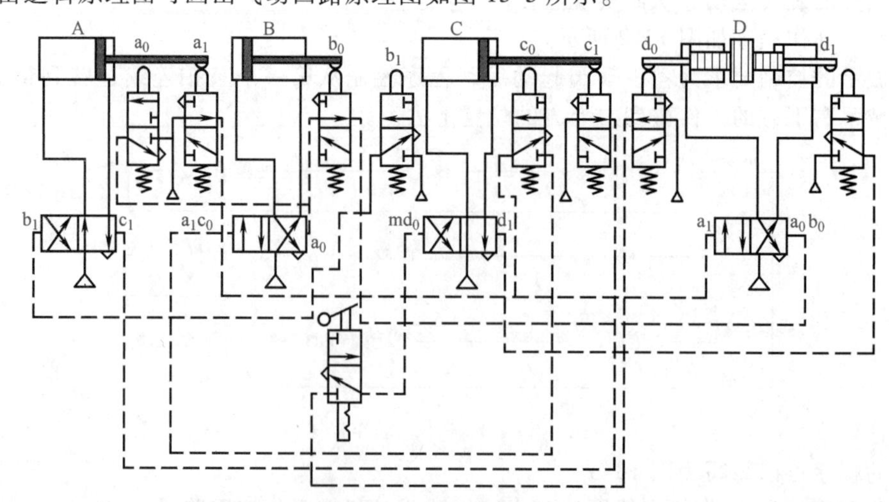

图 13-5 X-D 线图法设计的气控机械手气动回路原理图

画气动回路原理图时应注意哪个行程阀为有源元件，哪个行程阀为无源元件。一般采用逻辑“与”消障的信号，其两个发信元件只有一个有源，而另一个为无源元件，其中有障碍信号的原始信号为无源元件，所以在图 13-5 中 b_0 和 c_0 两行程阀为无源元件。

二、用卡诺图图解法设计的气控回路

1）按机械手的程序 $[C_0B_1A_0B_0D_1C_1A_1D_0]$ 画出其卡诺图及顺序循环线图，如图 13-6 所示。

2）在卡诺图上圈方格群，根据方格群的分组原则可圈成八个方格群，而每个方格群的逻辑函数为最简逻辑函数可写成如下形式

$C_0^* = m \cdot d_0$（1~8）

$B_1^* = c_0 \cdot a_1$（5、8、9、12）

$A_0^* = b_1$（3、4、7、8、11、12、15、16）

$B_0^* = a_0$（2、3、6、7、10、11、14、15）

$D_1^* = b_0 \cdot a_0$（2、6、10、14）

$C_1^* = d_1$（9~16）

$A_1^* = c_1$（1~4，13~16）

$D_0^* = a_1$（1、4、5、8、9、12、13、16）

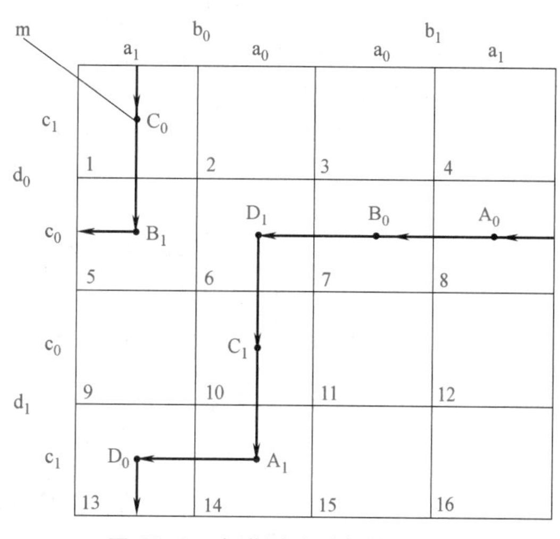

图 13-6　卡诺图及顺序循环线图

根据上面的简化逻辑函数可看出它们和 X-D 线图的执行信号是完全一致的。所以采用上面逻辑函数画的逻辑原理图及气动回路图与采用 X-D 线图设计法画的图 13-5 是完全一致的。

第二节　气动计量系统

一、概述

在工业生产中，经常会碰到要对传送带上连续供给的粒状物料进行计量并按一定质量分装的问题。图 13-7 所示就是这样一套气动计量装置。当计量箱中的物料质量达到设定值时，要求暂停传送带上物料的供给，然后把计量好的物料卸到包装容器中。当计量箱返回到图示位置后，物料再次落入计量箱中，开始下一次的计量。

装置的动作原理如下：气动装置在停止工作一段时间后，因泄漏气缸活塞会在计量箱重力的作用下缩回。因此首先要有计量准备动作使计量箱到达图示位置。随着物料落入计量箱中，计量箱的质量不断增大，计量缸 A 慢慢被压缩。计量的质量达到设定

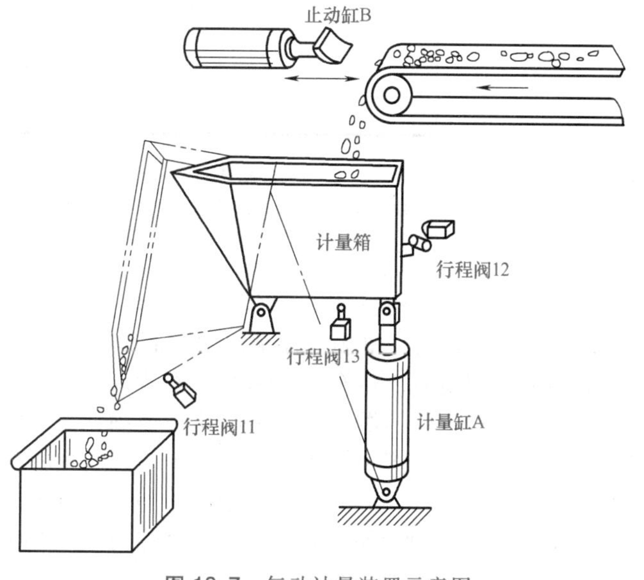

图 13-7　气动计量装置示意图

值时，止动缸 B 活塞杆伸出，暂时停止物料的供给。计量缸 A 换接高压气源后活塞杆伸出把物料卸掉。经过一段时间的延时后，计量缸 A 活塞杆缩回，为下次计量做好准备。

二、气动控制系统

（一）气动系统动作原理

气动计量系统回路图如图 13-8 所示。气动计量装置起动时，先切换手动换向阀 14 至左位，减压阀 1 调节的高压气体使计量缸 A 外伸，当计量箱上的凸块通过设置于行程中间的行程阀 12 的位置时，手动换向阀切换到右位，计量缸 A 以排气节流阀 17 所调节的速度下降。当计量箱侧面的凸块切换行程阀 12 后，行程阀 12 发出的信号使气控阀 6 换至图示位置，使止动缸 B 缩回。然后把手动换向阀切换至中位，计量准备工作结束。

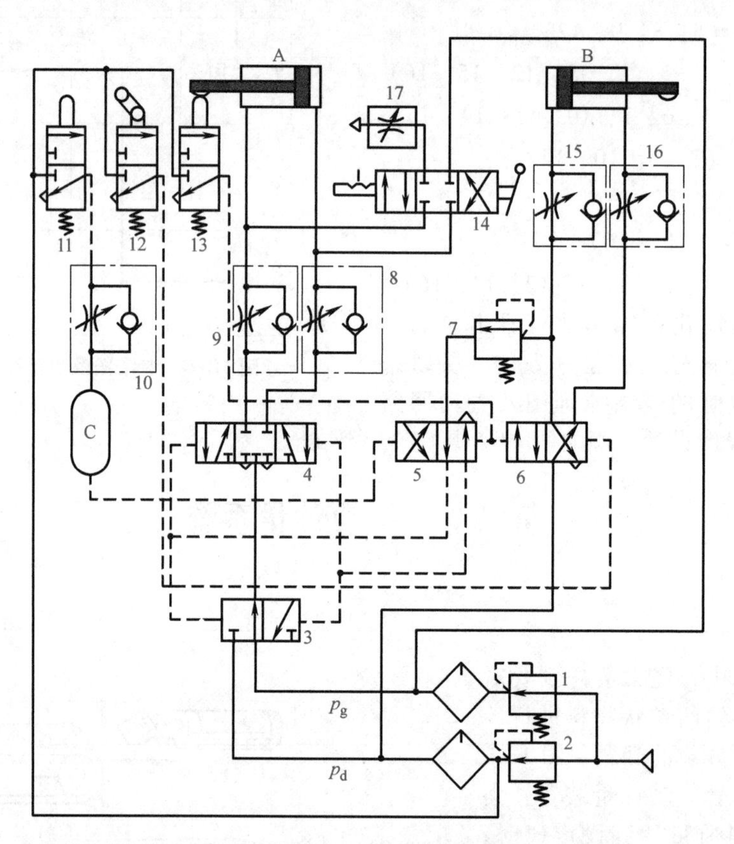

图 13-8 气动计量系统回路图

A—计量缸 B—止动缸 C—气容 1、2—减压阀 3—高低压切换阀 4—主控阀 5、6—气控阀 7—顺序阀 8、9、10、15、16—单向节流阀 11、12、13—行程阀 14—手动换向阀 17—排气节流阀

随着来自传送带的被计量物落入计量箱中，计量箱的质量逐渐增加，此时计量缸 A 的主控阀 4 处于中间位置，缸内气体被封闭住而呈现等温压缩过程，即计量缸 A 活塞杆慢慢缩回。当质量达到设定值时，切换行程阀 13。行程阀 13 发出的气压信号切换气控阀 6，使止动缸 B 外伸，暂停被计量物的供给。同时切换气控阀 5 至图示位置。止动缸 B 外伸至行程终点时无杆腔压力升高，顺序阀 7 打开。计量缸 A 主控阀 4 和高低压切换阀 3 被切换，压力为 6×10^5Pa 的高压空气使计量缸 A 外伸。当计量缸 A 行至终点时，行程阀 11 动作，经过由单向节流阀 10 和气容 C 组成的延时回路延时后，切换气控阀 5，其输出信号使主控阀 4 和高低压切换阀 3 换向，压力为 3×10^5Pa 的压缩空气进入计量缸 A 的有杆腔，计量缸 A 活塞杆以单向节流阀 8 调

节的速度内缩。单方向作用的行程阀 12 动作后，发出的信号切换气控阀 6，使止动缸 B 活塞杆内缩，来自传送带上的粒状物料再次落入计量箱中。

（二）回路的特点

1）止动缸 B 安装行程阀有困难，所以采用了顺序阀发信的方式。

2）在整个动作过程中，计量和倾倒物料都是由计量缸 A 完成的，所以回路采用了高低压切换回路，计量时用低压，计量结束倾倒物料时用高压。计量质量的大小可以通过调节低压减压阀 2 的调定压力或调节行程阀 12 的位置来进行调节。

第三节　气动自动钻床

一、概述

在机械加工自动化流水线上，自动钻床是必不可少的设备，用于完成钻孔、攻螺纹工序。其工作循环为：工件自动夹装→钻头前进→钻头后退排屑→钻头再前进，直至完成钻孔（或攻螺纹）→松开工件，如图 13-9 所示。

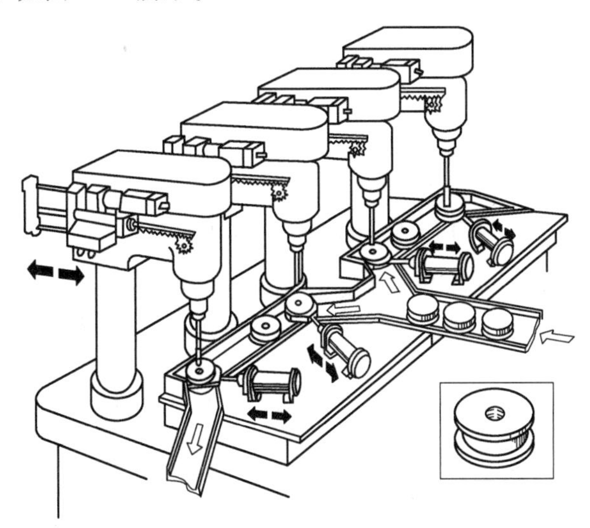

图 13-9　机械加工自动化流水线

气动自动钻床在零件加工时，由夹紧气缸将零件定位夹紧，然后由自动进给气缸通过齿轮齿条机构实现钻头前进、后退。当加工孔较深时，通过控制自动进给气缸多段进退将铁屑排出。

二、控制系统分析

此自动钻床工作程序为：按下起动按钮，夹紧气缸 A 前进，将工件夹紧，进给气缸 B 带动钻头进给，当钻头进给至行程开关 b_2 时，进给气缸 B 退回至 b_1，排除铁屑；继续进给至 b_3，再退回至 b_1，排除铁屑；最后进给至 b_4，退回至 b_0，完成钻孔；夹紧气缸 A 退回，松开工件。以上八个程序的程序式可写为［$A_1B_2B_1B_3B_1B_4B_0A_0$］。

下面介绍用两种不同的方法设计的控制系统。

1. 采用全气动控制

根据自动钻床工作程序要求，设计气动控制系统如图 13-10 所示。

气动控制系统的核心为由一个二位三通阀和一个双压阀组成的全气动步进模块，整个行

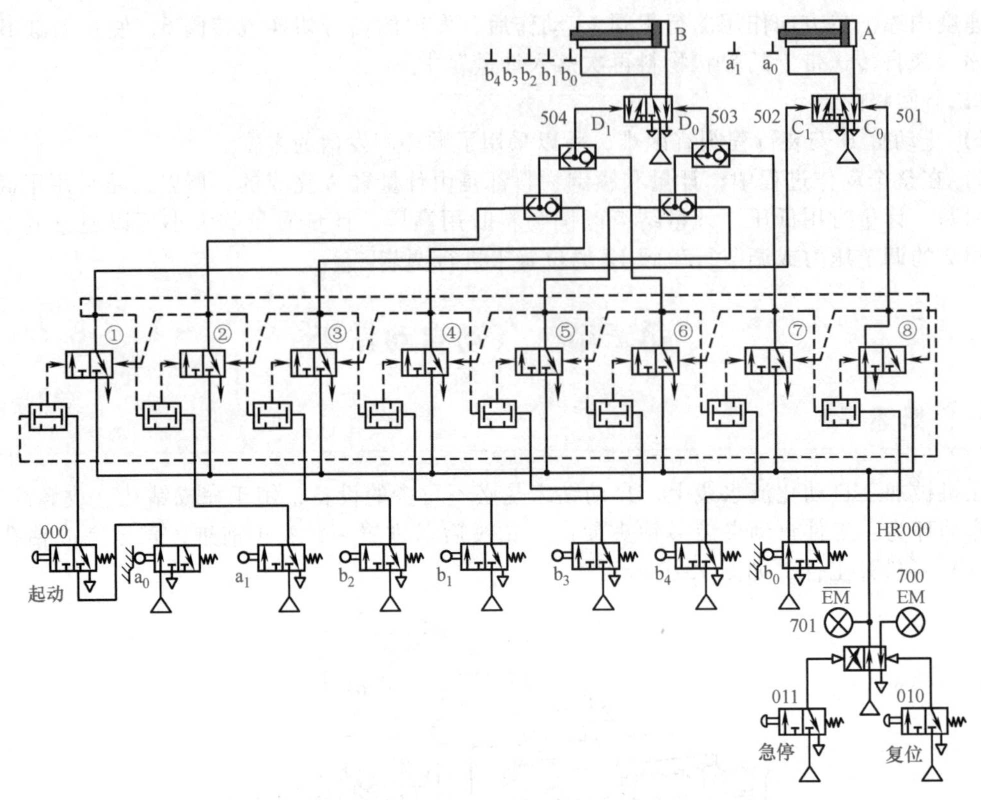

图 13-10 自动钻床气动控制系统

程程序共有八个动作，需要对应八个步进模块。图 13-10 所示为初始状态，步进模块①~⑦无输出，步进模块⑧的二位三通阀有输出。此时，夹紧气缸 A、进给气缸 B 都处于缩回状态，行程阀 a_0、b_0被压下。

按下起动按钮 000，行程阀 a_0被压下输出信号，切换步进模块①的二位三通阀，步进模块①有气压信号输出，行程程序受步进模块①控制。步进模块①的输出有三个作用：第一，向夹紧气缸 A 的主控阀 C 左端供气，完成第一个动作 A_1，并压下行程阀 a_1；第二，向步进模块②的双压阀左端供气，提供步进模块②的准备信号；第三，向步进模块⑧的二位三通阀右端供气，使步进模块⑧复位，无气输出。

当夹紧气缸 A 伸出，压下行程阀 a_1后，行程阀 a_1输出信号切换步进模块②，步进模块②有气压信号输出作用在主控阀 D 的左端，进给气缸 B 右腔通压缩空气，进给气缸 B 进给（钻孔或攻螺纹），至预定位置 b_2，完成动作 B_2，压下行程阀 b_2。行程阀 b_2有气信号输出，经步进模块③的双压阀作用在二位三通阀的左端，二位三通阀左位工作，步进模块③的气信号输出至主控阀 B 的右端，同时作用在步进模块②的二位三通阀的右端，于是主控阀 B 换向，进给气缸 B 退回完成排屑动作 B_1，退回至位置 b_1，压下行程阀 b_1。行程阀 b_1压下后，步进模块④起作用，进给气缸 B 再次进给，完成动作 B_3。依此类推，依次完成 B_1、B_4、B_0、A_0等动作，一个工作循环结束。在这里要注意的是，行程阀 b_1被压下后，行程阀 b_1同时向步进模块④和⑥的二位三通阀左端提供切换控制信号，而模块④和⑥是否切换则取决其二位三通阀的右端是否有气压信号存在，在步进模块⑤有输出，完成动作 B_3时，模块⑥可切换，而模块④不能切换。因此进给气缸 B 进给到位置 b_2时，即使压下行程阀 b_2，进给气缸也不会退回，只有到位置 b_3时，进给气缸才能退回排屑。

每按一次起动按钮 000，钻床自动完成一次钻孔工作程序。

自动加工过程中，如果出现紧急情况，按下急停按钮 011，二位四通阀左位工作，钻孔进给气缸 B 停止进给，同时显示急停信号 EM。排除紧急情况后，按下复位按钮，二位四通换向阀右位工作，气动系统恢复工作，同时显示正常信号。

气动系统有如下特点：

1）采用气动步进模块，简化了复杂的逻辑设计过程。

2）标准化的步进模块提高了气动系统工作的可靠性。

3）安装调试气动系统时，应保证只有一个步进模块处于输出状态，其他步进模块都处于复位状态。

2. 采用 PLC 控制

将二位五通气控换向阀换成二位五通电控换向阀，对应于 PLC 的输出地址：A_0—501，A_1—502，B_0—503，B_1—504。将行程开关换成电接近开关，对应于 PLC 的输入地址：a_0—001，a_1—002，b_0—003，b_1—004，b_2—005，b_3—006，b_4—007。其 PLC 控制梯形图如图 13-11所示。

采用 PLC 进行逻辑控制，不仅简化了气动系统的结构，而且所控制的气动系统能方便、灵活地适应不同的行程程序动作要求。

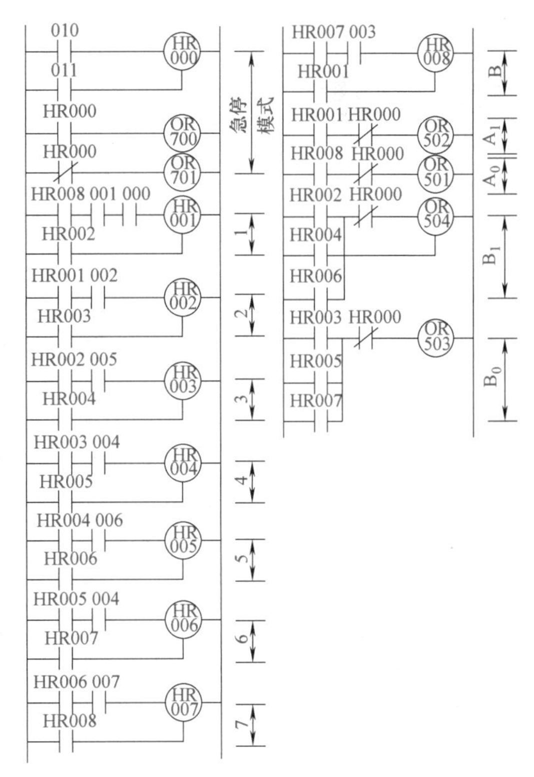

图 13-11 自动钻床 PLC 控制梯形图

习 题

13-1 采用 X-D 状态线图法完成图 13-7 所示气动计量装置气动系统的设计过程。指出是否出现障碍信号，如何消除障碍信号。

13-2 在图 13-7 所示的气动计量装置气动系统中，若采用卡诺图图解法进行设计，试比较设计结果与题 13-1 的结果是否相同。

13-3 对图 13-1 所示气控机械手的气动系统改用 PLC 进行控制，试设计 PLC 控制的梯形图，体会 PLC 控制的简洁和方便。

13-4 对图 13-9 所示气动自动钻床系统改用 X-D 状态线图法进行设计，对比 PLC 控制的气动系统，体会其系统复杂性和设计繁琐程度。

附　录

附录 A　液压控制元件图形符号

（摘自 GB/T 786.1—2009）

名称		图形符号	描　述
阀	控制机构		带有分离把手和定位销的控制机构
		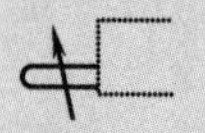	具有可调行程限制装置的顶杆
			带有定位装置的推或拉控制机构
			手动锁定控制机构
		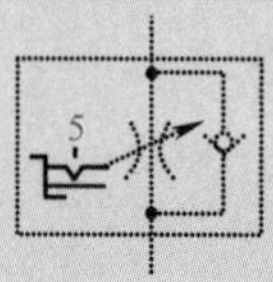	具有五个锁定位置的调节控制机构
			用作单方向行程操纵的滚轮杠杆
			使用步进电动机的控制机构
		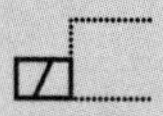	单作用电磁铁，动作指向阀芯
		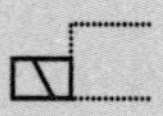	单作用电磁铁，动作背离阀芯
		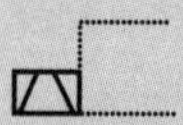	双作用电气控制机构，动作指向或背离阀芯
		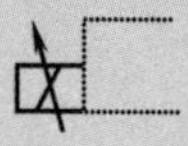	单作用电磁铁，动作指向阀芯，连续控制
		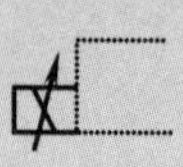	单作用电磁铁，动作背离阀芯，连续控制

（续）

名称		图形符号	描　述
阀	控制机构		双作用电气控制机构，动作指向或背离阀芯，连续控制
		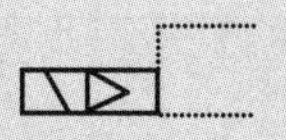	电气操纵的气动先导控制机构
		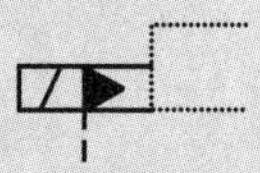	电气操纵的背有外部供油的液压先导控制机构
		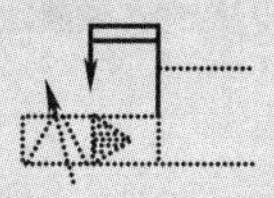	机械反馈
		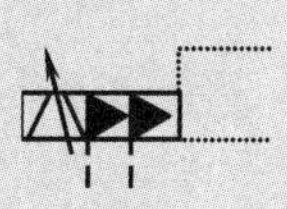	具有外部先导供油，双比例电磁铁，双向操作，集成在同一组件，连续工作的双先导装置的液压控制机构
	方向控制阀	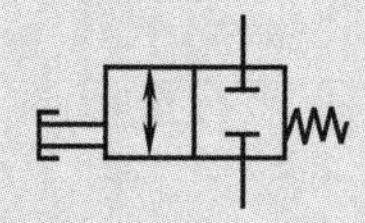	二位二通方向控制阀，两通，两位，推压控制机构，弹簧复位，常闭
		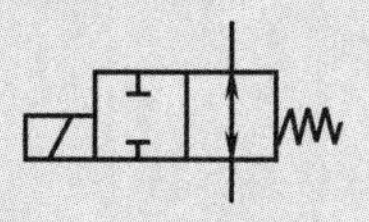	二位二通方向控制阀，两通，两位，电磁铁操纵，弹簧复位，常开
		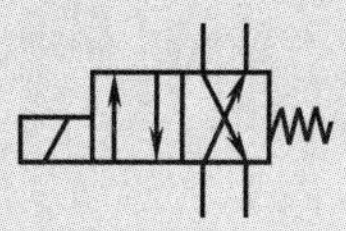	二位四通方向控制阀，电磁铁操纵，弹簧复位
		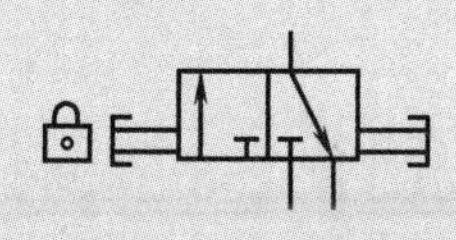	二位三通锁定阀
		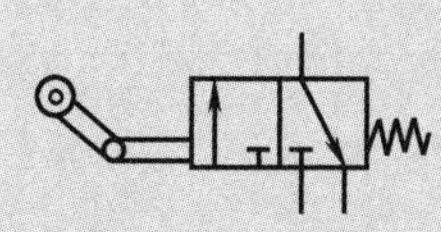	二位三通方向控制阀，滚轮杠杆控制，弹簧复位
		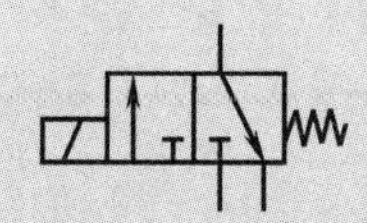	二位三通方向控制阀，电磁铁操纵，弹簧复位，常闭
		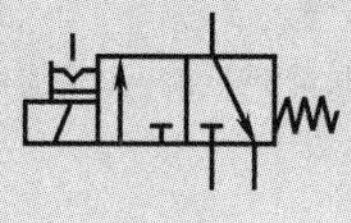	二位三通方向控制阀，单电磁铁操纵，弹簧复位，定位销式手动定位

（续）

名称		图形符号	描　　述
阀	方向控制阀	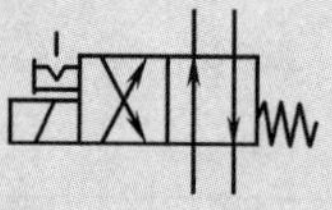	二位四通方向控制阀，单电磁铁操纵，弹簧复位，定位销式手动定位
		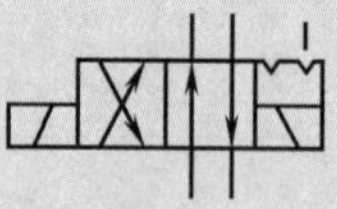	二位四通方向控制阀，双电磁铁操纵，定位销式（脉冲阀）
		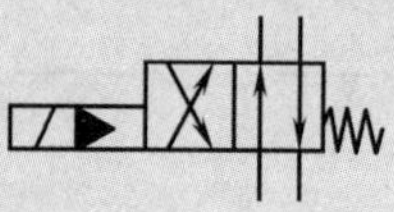	二位四通方向控制阀，电磁铁操纵液压先导控制，弹簧复位
		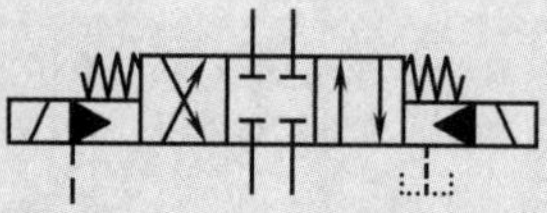	三位四通方向控制阀，电磁铁操纵先导级和液压操作主阀，主阀及先导级弹簧对中，外部先导供油和先导回油
			三位四通方向控制阀，弹簧对中，双电磁铁直接操纵，不同中位机能的类别
		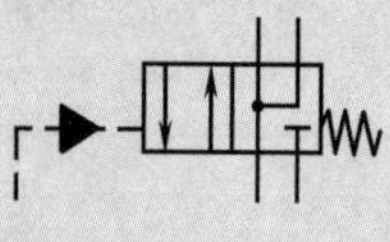	二位四通方向控制阀，液压控制，弹簧复位
		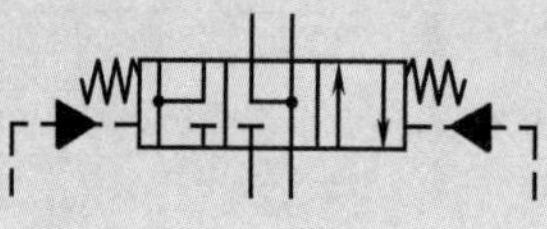	三位四通方向控制阀，液压控制，弹簧对中

（续）

名称		图形符号	描述
阀	方向控制阀	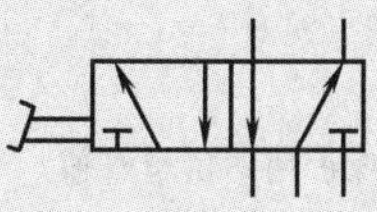	二位五通方向控制阀，踏板控制
		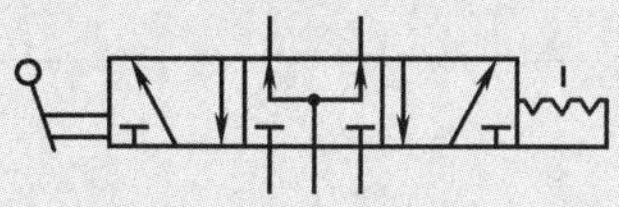	三位五通方向控制阀，定位销式，各位置杠杆控制
		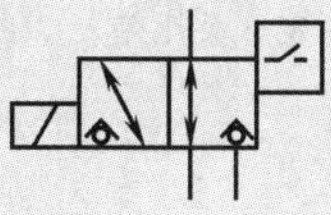	二位三通液压电磁换向座阀，带行程开关
		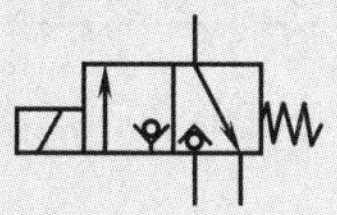	二位三通液压电磁换向座阀
	压力控制阀	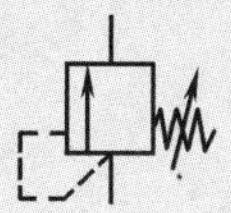	溢流阀，直动式，开启压力由弹簧调节
		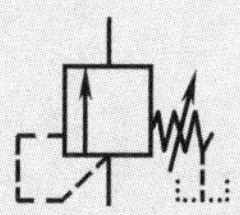	顺序阀，手动调节设定值
		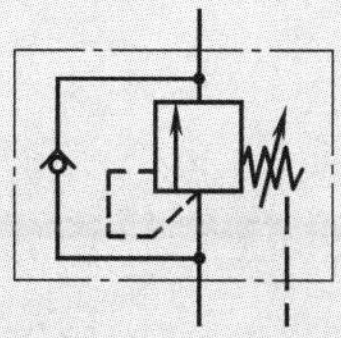	顺序阀，带有旁通阀
		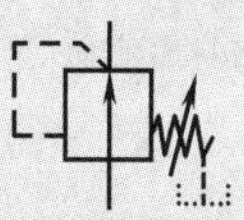	二通减压阀，直动式，外泄型
		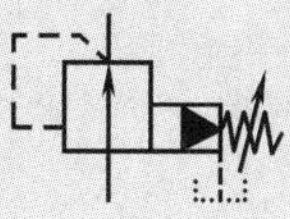	二通减压阀，先导式，外泄型

（续）

名称		图形符号	描　述
阀	压力控制阀	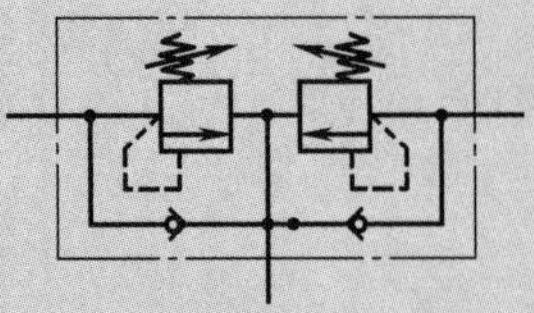	防气蚀溢流阀，用来保护两条供给管道
		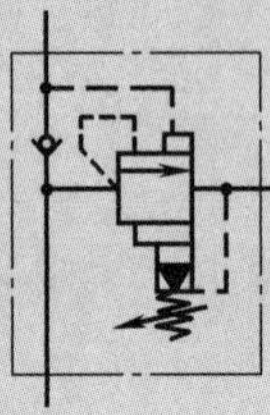	蓄能器充液阀，带有固定开关压差
		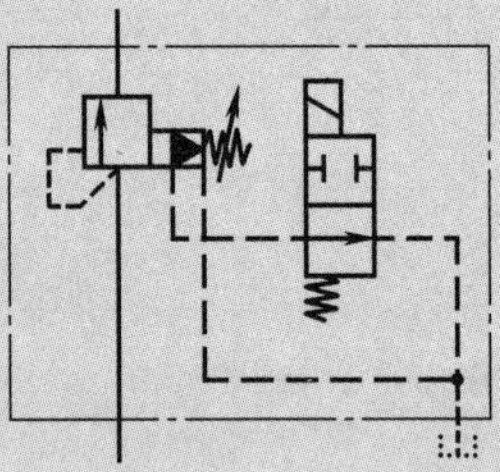	电磁溢流阀，先导式，电器操纵预设定压力
		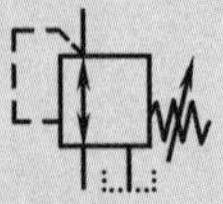	三通减压阀（液压）
	流量控制阀		可调节流量控制阀
		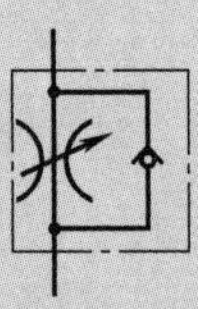	可调节流量控制阀，单向自由流动
		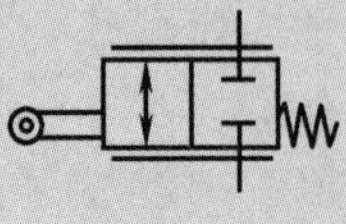	流量控制阀，滚轮杠杆操纵，弹簧复位

（续）

名称		图形符号	描述
阀	流量控制阀		二通流量控制阀，可调节，带旁通阀，固定设置，单向流动，基本与黏度和压差无关
			三通流量控制阀，可调节，将输入流量分成固定流量和剩余流量
			分流器，将输入流量分成两路输出
			集流阀，保持两路输入流量相互恒定
	单向阀和梭阀		单向阀，只能在一个方向自由流动
			单向阀，带有弹簧复位，只能在一个方向自由流动，常闭
			先导式液控单向阀，带有复位弹簧，先导压力允许在两个方向自由流动
			双单向阀，先导型
			梭阀（“或”逻辑），压力高的入口自动与出口接通

（续）

名称		图形符号	描述
阀	比例方向控制阀	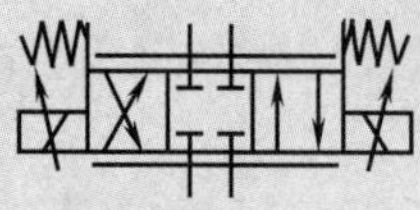	直动式比例方向控制阀
		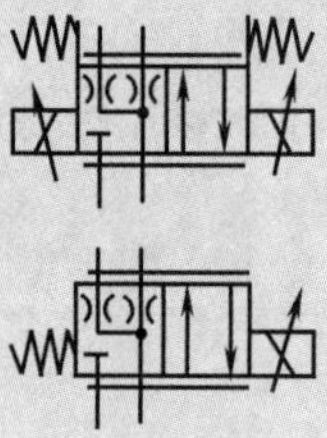	比例方向控制阀，直接控制
		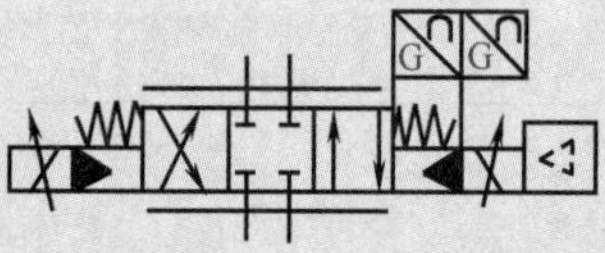	先导式比例方向控制阀，带主级和先导级的闭环位置控制，集成电子器件
		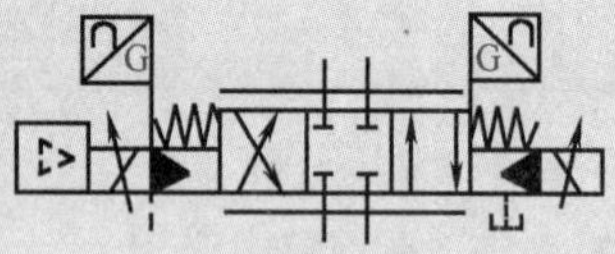	先导式伺服阀，带主级和先导级的闭环位置控制，集成电子器件，外部先导供油和回油
		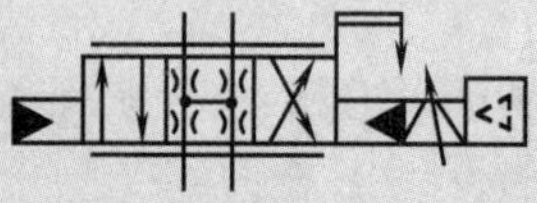	先导式伺服阀，先导级双线圈电气控制机构，双向连续控制，阀芯位置机械反馈到先导装置，集成电子器件
		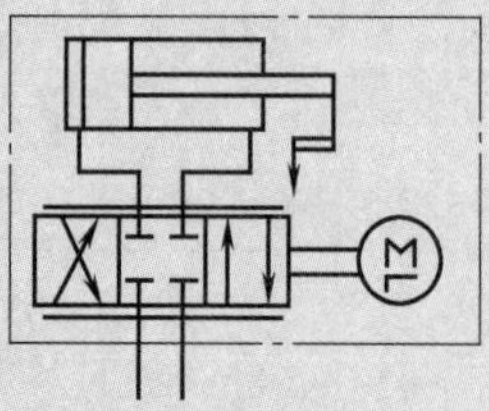	电液线性执行器，带由步进电动机驱动的伺服阀和液压缸位置机械反馈
		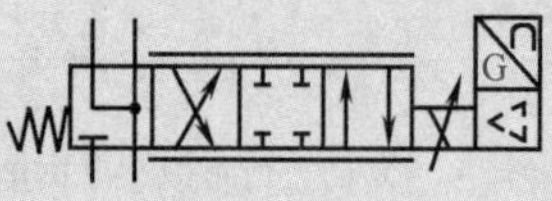	伺服阀，内置电反馈和集成电子器件，带预设动力故障位置

（续）

名称		图形符号	描述
阀	比例压力控制阀	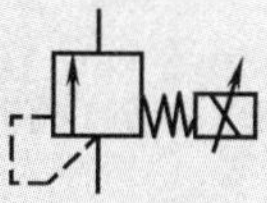	比例溢流阀，直控式，通过电磁铁控制弹簧工作长度来控制液压电磁换向座阀
		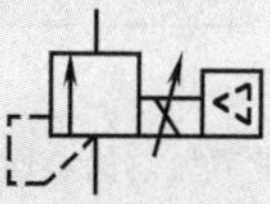	比例溢流阀，直控式，电磁力直接作用在阀芯上，集成电子器件
		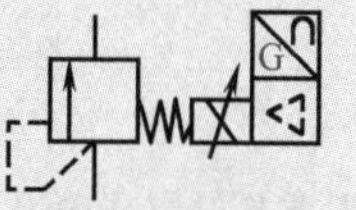	比例溢流阀，直控式，带电磁铁位置闭环控制，集成电子器件
		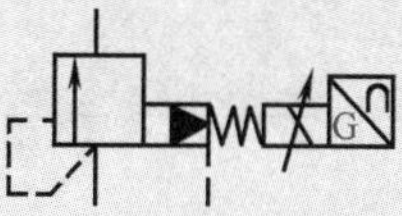	比例溢流阀，先导控制，带电磁铁位置反馈
		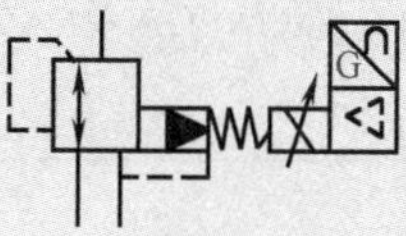	三通比例减压阀，带电磁铁闭环位置控制和集成式电子放大器
		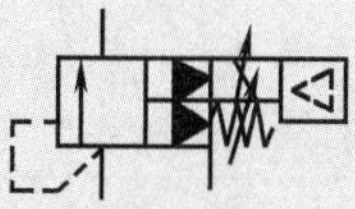	比例溢流阀，先导式，带电子放大器和附加先导级，以实现手动压力调节或最高压力溢流功能
	比例流量控制阀	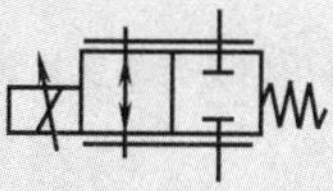	比例流量控制阀，直控式
		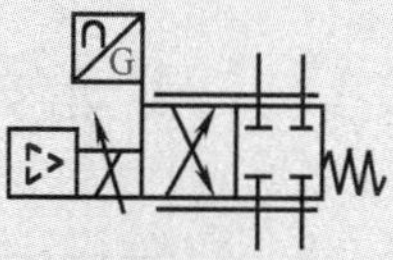	比例流量控制阀，直控式，带电磁铁位置闭环控制和集成式电子放大器
		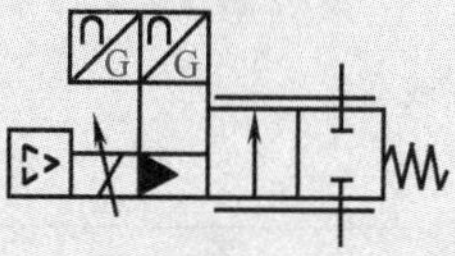	比例流量控制阀，先导式，带主级和先导级的位置控制和电子放大器
			流量控制阀，用双线圈比例电磁铁控制，节流孔可变，特性不受黏度变化的影响
	二通盖板式插装阀	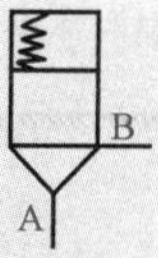 B A	压力控制和方向控制插装阀插件，座阀结构，面积比 1∶1
		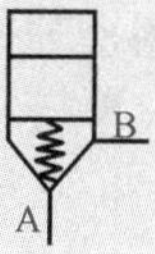 B A	压力控制和方向控制插装阀插件，座阀结构，常开，面积比1∶1

（续）

名称		图形符号	描述
阀	二通盖板式插装阀	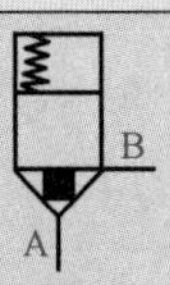 B A	方向控制插装阀插件，带节流端的座阀结构，面积比≤0.7
		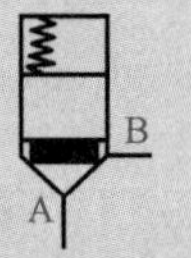 B A	方向控制插装阀插件，带节流端的座阀结构，面积比>0.7
		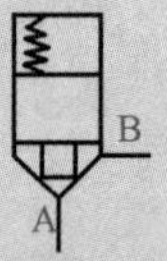 B A	方向控制插装阀插件，座阀结构，面积比≤0.7
		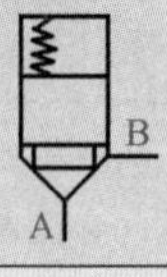 B A	方向控制插装阀插件，座阀结构，面积比>0.7
泵和马达		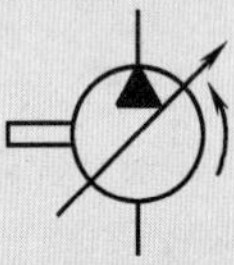	变量泵
		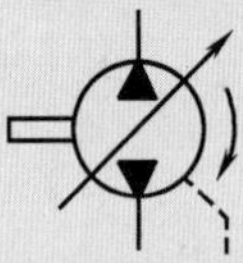	双向流动，带外泄油路单向旋转的变量泵
		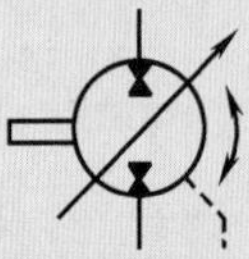	双向变量泵或马达单元，双向流动，带外泄油路，双向旋转
		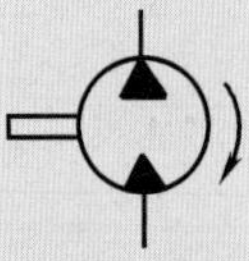	单向旋转的定量泵或马达
		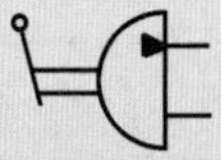	操纵杆控制，限制转盘角度的泵
		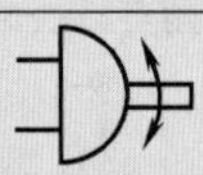	限制摆动角度，双向流动的摆动执行器或旋转驱动
		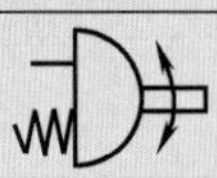	单作用的半摆动执行器或旋转驱动
		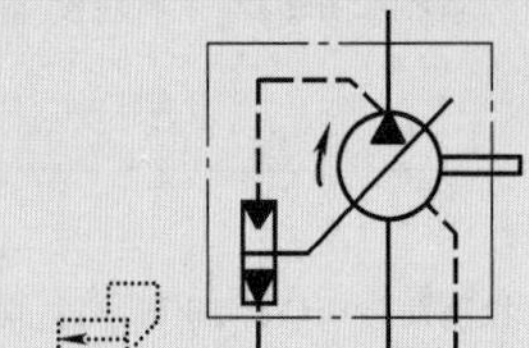	变量泵，先导控制，带压力补偿，单向旋转，带外泄油路

（续）

名称	图形符号	描　　述
缸	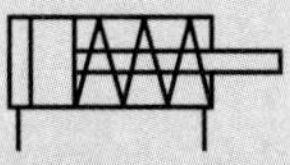	单作用单杆缸，靠弹簧力返回行程，弹簧腔带连接油口
	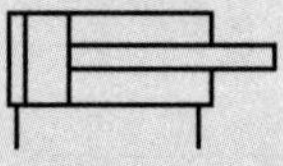	单作用单杆缸
	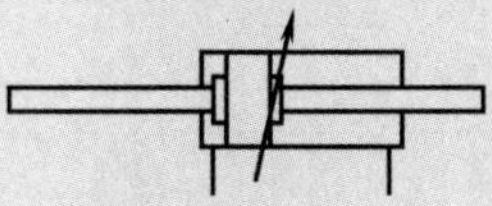	双作用双杆缸，活塞杆直径不同，双向缓冲，右侧带调节
	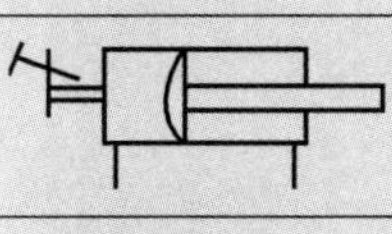	带行程限制器的双作用膜片缸
	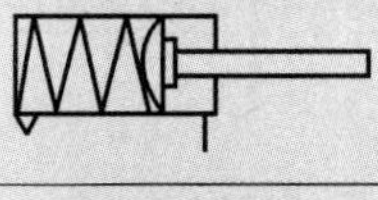	活塞杆终端带缓冲的单作用膜片缸，排气口不连接
	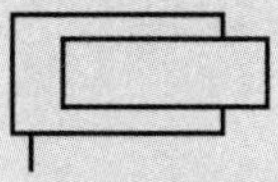	单作用缸，柱塞缸
	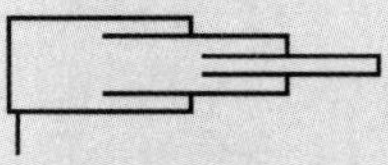	单作用伸缩缸
	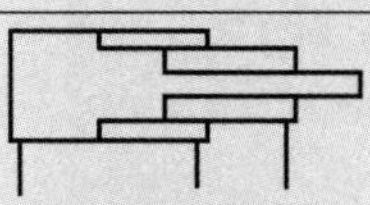	双作用伸缩缸
	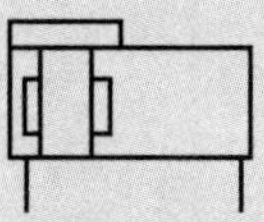	双作用带状无杆缸，活塞两端带终点位置缓冲
	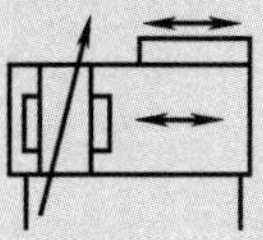	双作用缆绳式无杆缸，活塞两端带可调节终点位置缓冲
	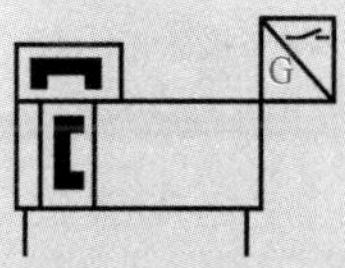 G	双作用磁性无杆缸，仅右边终端位置切换
	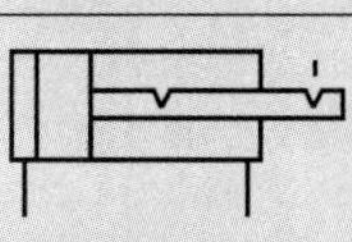	行程两端定位的双作用缸
	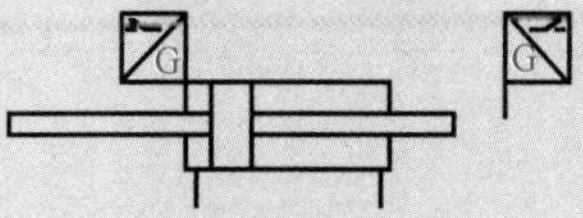 G G	双杆双作用缸，左终点带内部限位开关，内部机械控制，右终点有外部限位开关，由活塞杆触发
	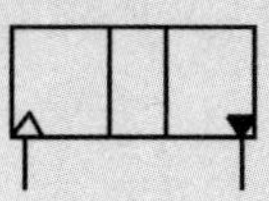	单作用压力介质转换器，将气体压力转换为等值的液体压力，反之亦然

（续）

名称	图形符号	描　　述
缸	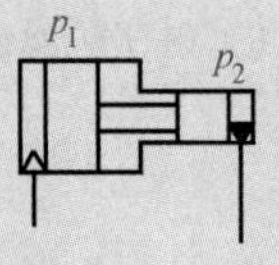	单作用增压器，将气体压力 p_1 转换为更高的液体压力 p_2
连接和管接头		软管总成
		三通旋转接头
	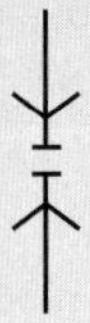	不带单向阀的快换接头，断开状态
		带单向阀的快换接头，断开状态
		带两个单向阀的快换接头，断开状态
		不带单向阀的快换接头，连接状态
		带一个单向阀的快换接头，连接状态
		带两个单向阀的快换接头，连接状态

（续）

名称	图形符号	描　述
电气装置		可调节的机械电子压力继电器
	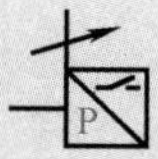	输出开关信号，可电子调节的压力转换器
	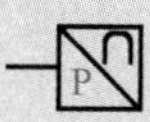	模拟信号输出压力传感器
测量仪和指示器		光学指示器
		数字式指示器
		声音指示器
		压力测量单元（压力表）
		压差计
		温度计
	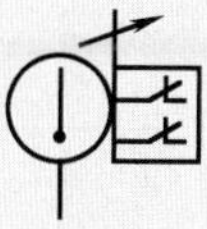	可调电气常闭触点温度计（接点温度计）
		液位指示器
	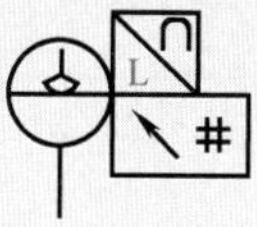	模拟量输出，数字式电气液位监控器

（续）

名称	图形符号	描述
测量仪和指示器		流量指示器
	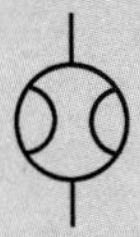	流量计
	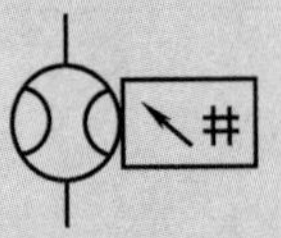	数字式流量计
	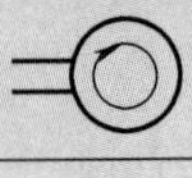	转速仪
	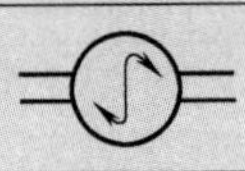	转矩仪
过滤器与分离器	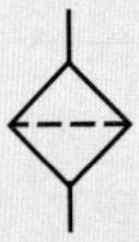	过滤器
	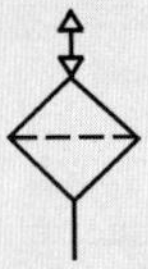	油箱通气过滤器
		带附属磁性滤芯的过滤器
	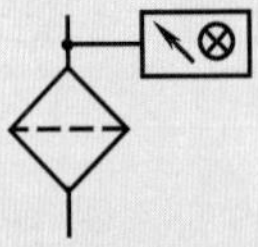	带光学阻塞指示器的过滤器
	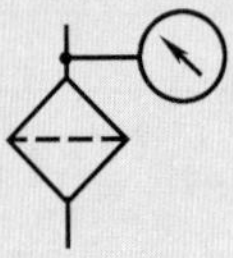	带压力表的过滤器
	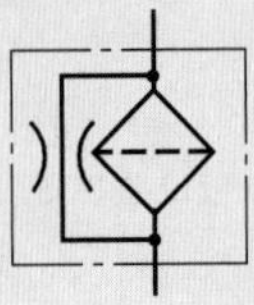	带旁路节流的过滤器

（续）

名　称	图形符号	描　述
过滤器与分离器	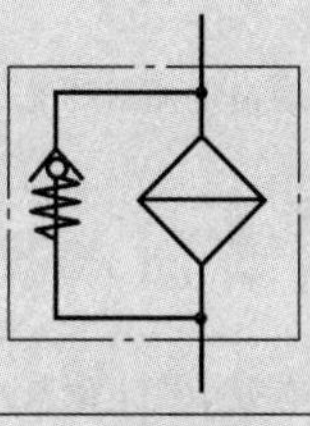	带旁路单向阀的过滤器
	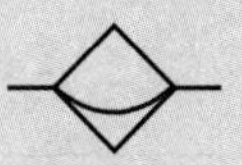	离心式分离器
蓄能器	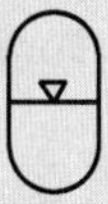	隔膜式充气蓄能器（隔膜式蓄能器）
		囊隔式充气蓄能器（囊式蓄能器）
	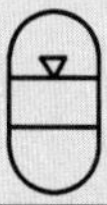	活塞式充气蓄能器（活塞式蓄能器）
		气瓶
	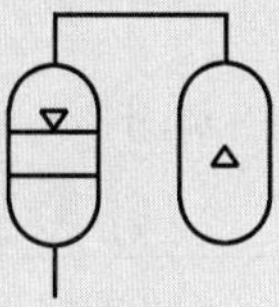	带下游气瓶的活塞式蓄能器
润滑点		润滑点

附录 B　气动控制元件图形符号

（摘自 GB/T 786.1—2009）

名　称		图形符号	描　述
阀	控制机构		带有分离把手和定位销的控制机构
		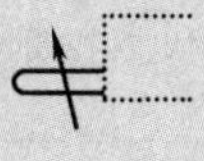	具有可调行程限制装置的柱塞
			带有定位装置的推或拉控制机构

（续）

名称		图形符号	描述
阀	控制机构	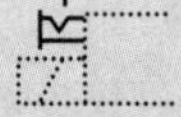	手动锁定控制机构
		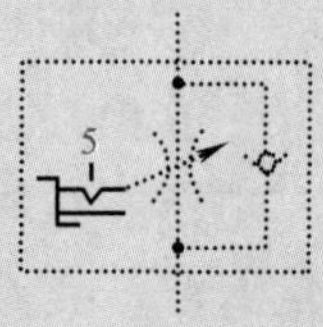	具有五个锁定位置的调节控制机构
		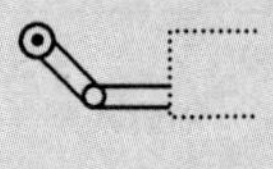	单方向行程操纵的滚轮手柄
		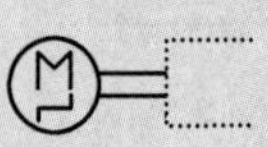	用步进电动机的控制机构
		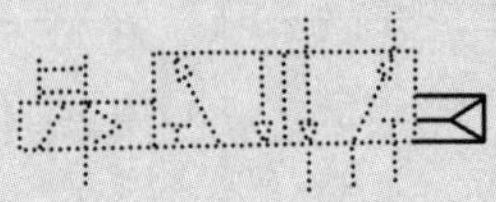	气压复位，从阀进气口提供内部压力
		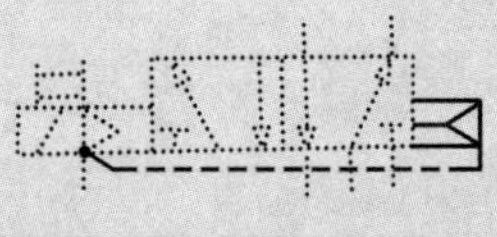	气压复位，从先导口提供内部压力（注：为了更易理解，图中标出外部先导线）
		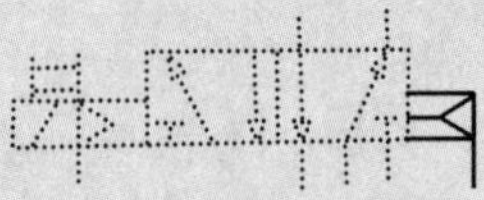	气压复位，外部压力源
		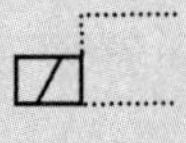	单作用电磁铁，动作指向阀芯
		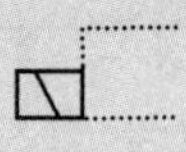	单作用电磁铁，动作背离阀芯
		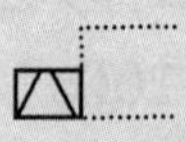	双作用电气控制机构，动作指向或背离阀芯
		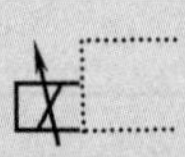	单作用电磁铁，动作指向阀芯，连续控制
		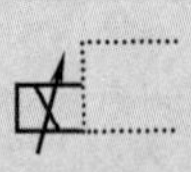	单作用电磁铁，动作背离阀芯，连续控制
		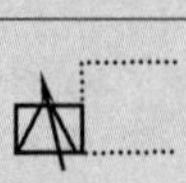	双作用电气控制机构，动作指向或背离阀芯，连续控制
		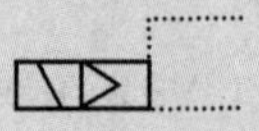	电气操纵的气动先导控制机构

（续）

名称		图形符号	描述
阀	方向控制阀		二位二通方向控制阀，两通，两位，推压控制机构，弹簧复位，常闭
			二位二通方向控制阀，两通，两位，电磁铁操纵，弹簧复位，常开
			二位四通方向控制阀，电磁铁操纵，弹簧复位
			气动软起动阀，电磁铁操纵，内部先导控制
			延时控制气动阀，其入口接入一个系统，使得气体低速流入，直至达到预设压力才使阀口全开
			二位三通锁定阀
			二位三通方向控制阀，滚轮杠杆控制，弹簧复位
			二位三通方向控制阀，电磁铁操纵，弹簧复位，常闭
			二位三通方向控制阀，单电磁铁操纵，弹簧复位，定位销式手动定位
			带气动输出信号的脉冲计数器
			二位三通方向控制阀，差动先导控制
			二位四通方向控制阀，单电磁铁操纵，弹簧复位，定位销式手动定位
			二位四通方向控制阀，双电磁铁操纵，定位销式（脉冲阀）

（续）

名称		图形符号	描述
阀	方向控制阀	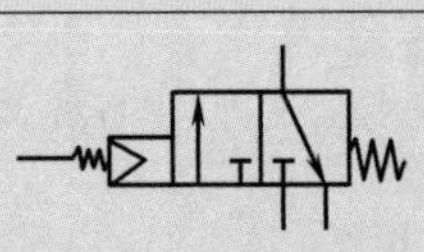	二位三通方向控制阀，气动先导式控制和扭力杆，弹簧复位
		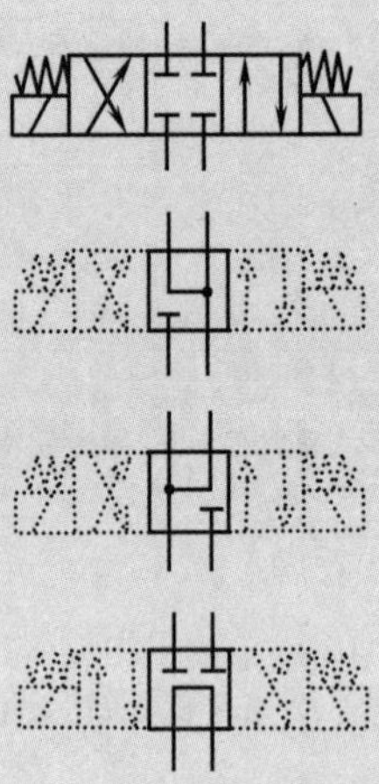	三位四通方向控制阀，弹簧对中，双电磁铁直接操纵，不同中位机能的类别
		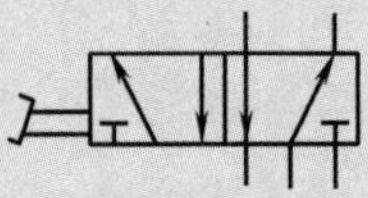	二位五通方向控制阀，踏板控制
		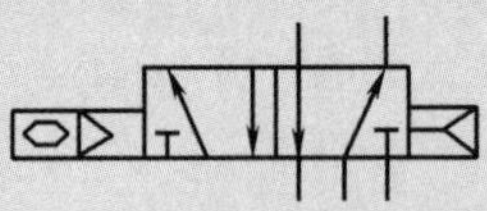	二位五通气动方向控制阀，先导式压电控制，气压复位
		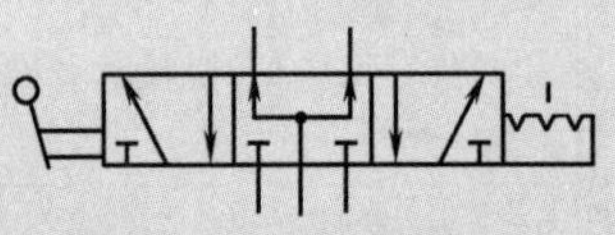	三位五通方向控制阀，手动拉杆控制，位置锁定
		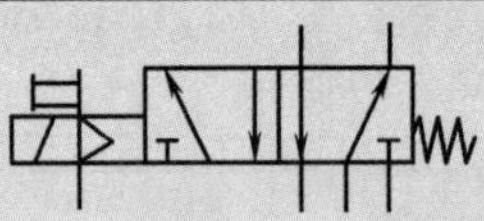	二位五通气动方向控制阀，单作用电磁铁，外部先导供气，手动操纵，弹簧复位
		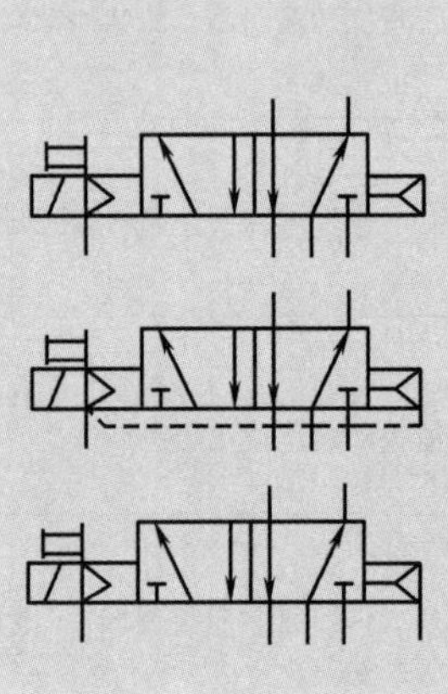	二位五通气动方向控制阀，电磁铁先导控制，外部先导供气，气压复位，手动辅助控制。气压复位供压具有如下可能： 从阀进气口提供内部压力 从先导口提供内部压力 外部压力源

（续）

名称		图形符号	描述
阀	方向控制阀	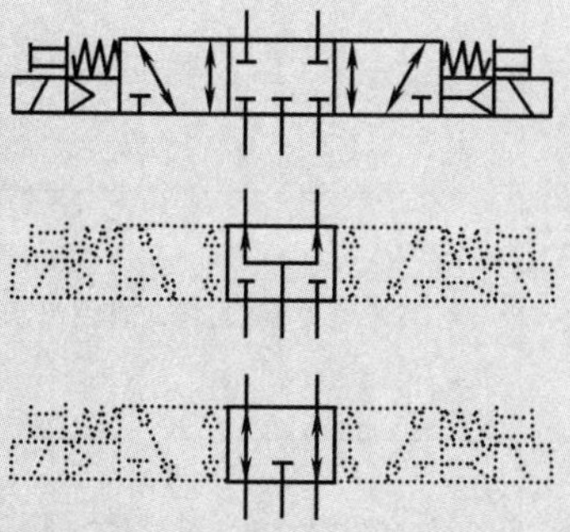	不同中位机能的三位五通气动方向控制阀，两侧电磁铁与内部先导控制和手动操纵控制，弹簧复位至中位
		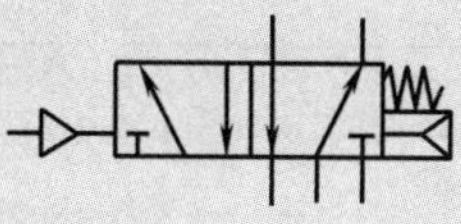	二位五通直动式气动方向控制阀，机械弹簧与气压复位
		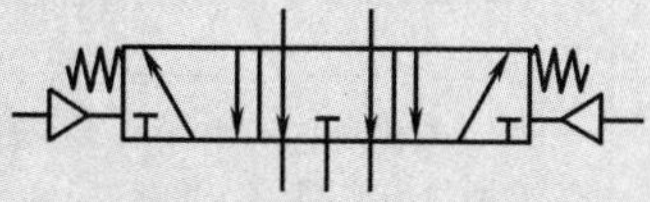	三位五通直动式气动方向控制阀，弹簧对中，中位时两出口都排气
	压力控制阀	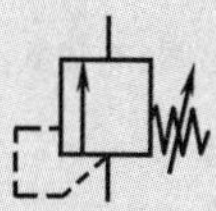	溢流阀，直动式，开启压力由弹簧调节
		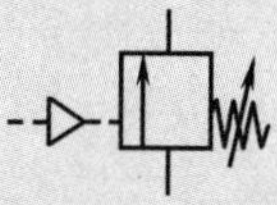	外部控制的顺序阀
		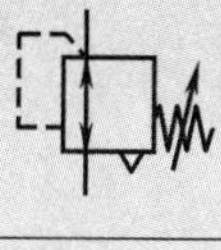	内部流向可逆调压阀
		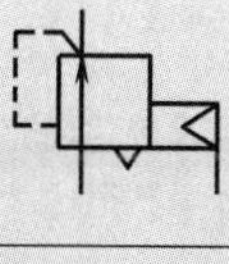	调压阀，远程先导可调，溢流，只能向前流动
		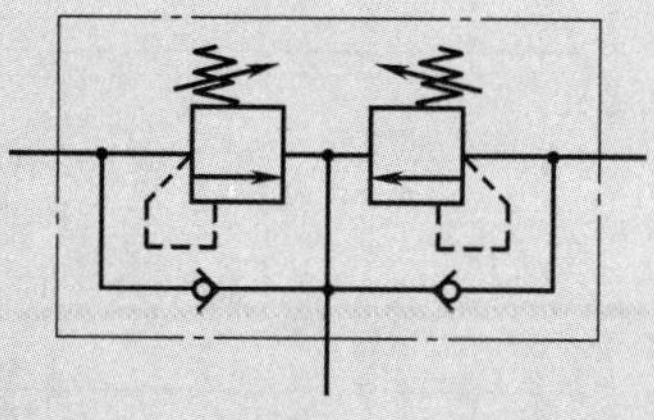	防气蚀溢流阀，用来保护两条供给管道
		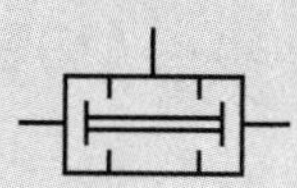	双压阀（“与”逻辑），仅当两进气口有压力时才会有信号输出，较弱的信号从出口输出

（续）

名称		图形符号	描述
阀	流量控制阀		可调流量控制阀
		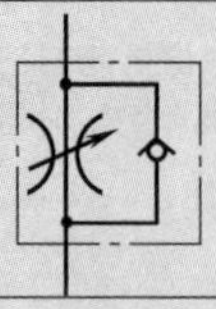	可调流量控制阀,单向自由流动
		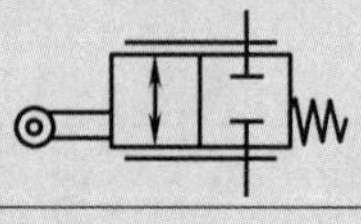	流量控制阀,滚轮杠杆操纵,弹簧复位
	单向阀和梭阀		单向阀,只能在一个方向自由流动
			单向阀,带有弹簧复位,只能在一个方向自由流动,常闭
			先导式液控单向阀,带有复位弹簧,先导压力允许在两个方向自由流动
		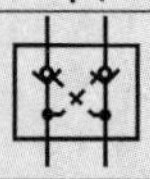	双单向阀,先导式
		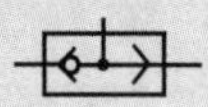	梭阀(“或”逻辑),压力高的入口自动与出口接通
		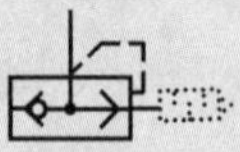	快速排气阀
	比例方向控制阀	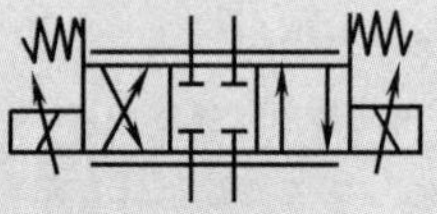	直动式比例方向控制阀
	比例压力控制阀	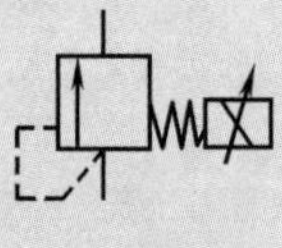	比例溢流阀,直控式,通过电磁铁控制弹簧工作长度来控制液压电磁换向座阀
		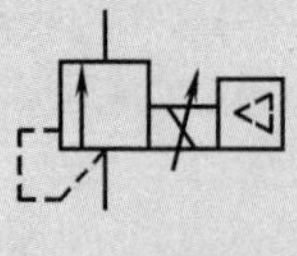	比例溢流阀,直控式,电磁力直接作用在阀芯上,集成电子器件
		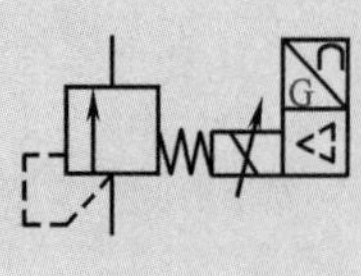	比例溢流阀,直控式,带电磁铁位置闭环控制,集成电子器件

（续）

名称		图形符号	描述
阀	比例流量控制阀	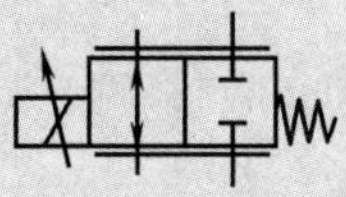	比例流量控制阀，直控式
		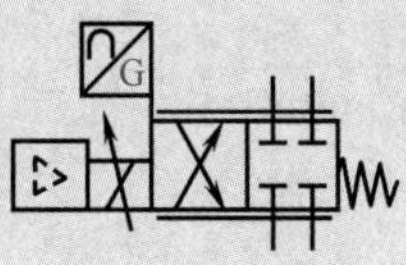	比例流量控制阀，直控式，带电磁铁位置闭环控制和集成式电子放大器
空气压缩机和马达		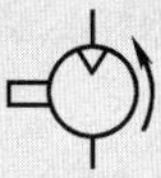	马达
		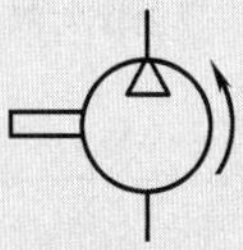	空气压缩机
		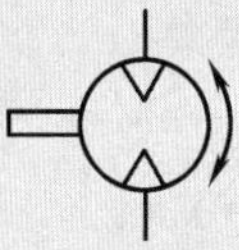	变方向定流量双向摆动马达
		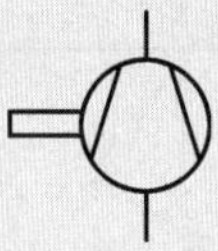	真空泵
		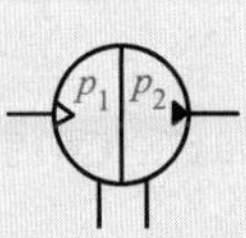 p_1 p_2	连续增压器，将气体压力 p_1 转换为较高的液体压力 p_2
		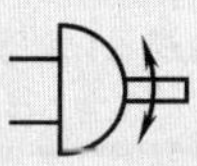	摆动气缸或摆动马达，限制摆动角度，双向摆动
		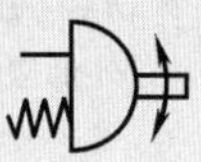	单作用的摆动马达

（续）

名　称	图形符号	描　述
缸		单作用单杆缸，靠弹簧力返回行程，弹簧腔带连接口
		单作用单杆缸
		双作用双杆缸，活塞杆直径不同，双向缓冲，右侧带调节
		带行程限制器的双作用膜片缸
		活塞杆终端带缓冲的单作用膜片缸，排气口不连接
		双作用带状无杆缸，活塞两端带终点位置缓冲
		双作用缆索式无杆缸，活塞两端带可调节重点位置缓冲
	G	双作用磁性无杆缸，仅右边终端位置切换
		行程两端定位的双作用缸
	G　G	双杆双作用缸，左终点带内部限位开关，内部机械控制，右终点有外部限位开关，由活塞杆触发

（续）

名　称	图形符号	描　述
缸		单作用压力介质转换器，将气体压力转换为等值的液体压力，反之亦然
	p_1 p_2	单作用增压器，将气体压力 p_1 转换为更高的液体压力 p_2
		双作用缸，加压锁定与解锁活塞杆机构
		波纹管缸
		软管缸
		永磁活塞双作用夹具
		永磁活塞双作用夹具
		永磁活塞单作用夹具
		永磁活塞单作用夹具
连接和管接头		软管总成
	1 2 3 1 2 3	三通旋转接头

（续）

名　称	图形符号	描　述
连接和管接头		不带单向阀的快换接头，断开状态
		带单向阀的快换接头，断开状态
		带两个单向阀的快换接头，断开状态
		不带单向阀的快换接头，连接状态
		带一个单向阀的快换接头，连接状态
		带两个单向阀的快换接头，连接状态
电气装置		可调节的机械电子压力继电器
	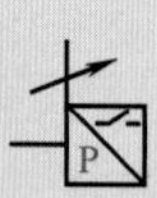 P	输出开关信号，可电子调节的压力转换器
	 P	模拟信号输出压力传感器
	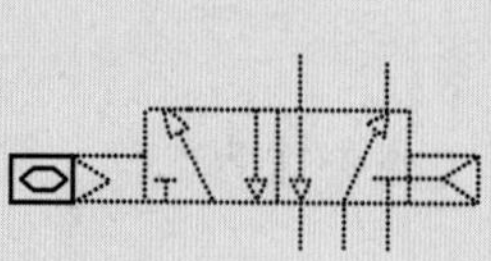	压电控制机构

（续）

名　称	图形符号	描　述
测量仪和指示器		光学指示器
		数字式指示器
		声音指示器
		压力测量单元(压力表)
		压差计
	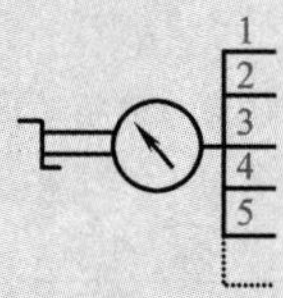 1 2 3 4 5	带选择功能的压力表
	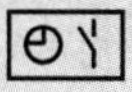	开关式压力表
		计数器
过滤器与分离器	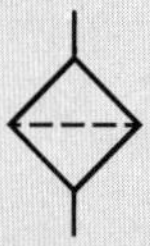	过滤器
	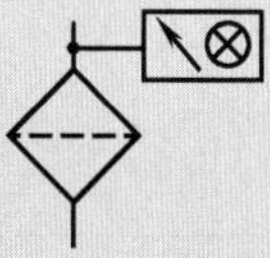	带光学阻塞指示器的过滤器
	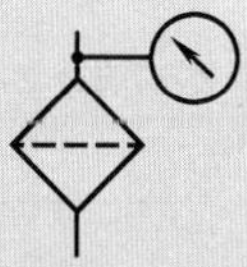	带压力表的过滤器
	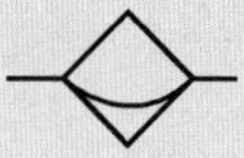	离心式分离器

（续）

名称	图形符号	描述
过滤器与分离器	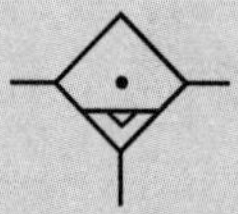	自动排水聚结式过滤器
	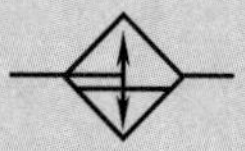	双相分离器
	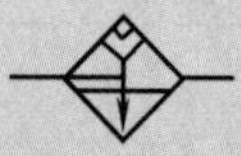	真空分离器
	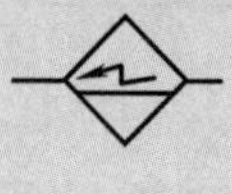	静电分离器
	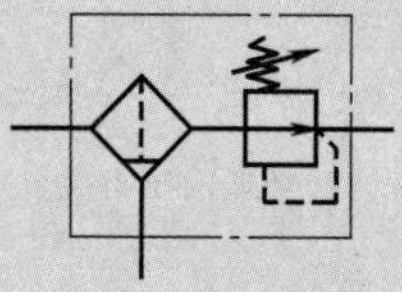	不带压力表的手动排水过滤器，手动调节，无溢流
	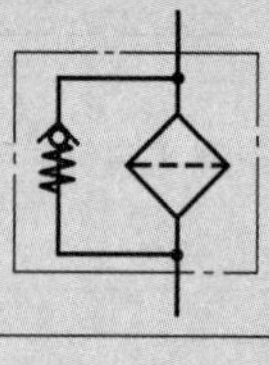	带旁路单向阀的过滤器
	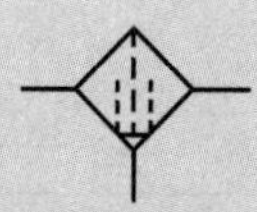	油雾分离器
	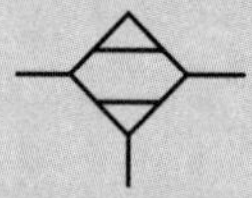	空气干燥器
	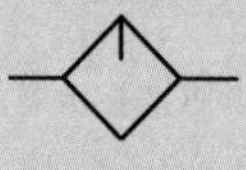	油雾器
	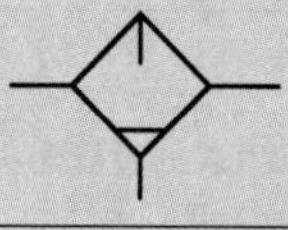	手动排水式油雾器
	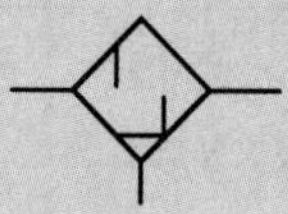	手动排水式重新分离器

（续）

名　　称	图形符号	描　　述
蓄能器(压力容器、气瓶)	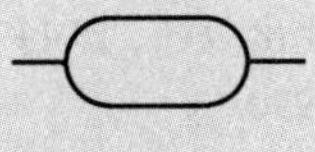	气罐
真空发生器		真空发生器
	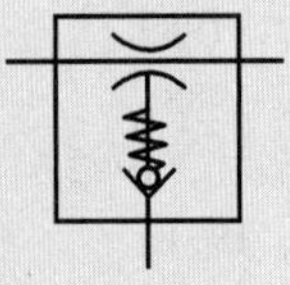	带集成单向阀的单级真空发生器
吸盘		吸盘
		带弹簧压紧式推杆和单向阀的吸盘

参考文献

[1] 路甬祥，等. 液压气动技术手册［M］. 北京：机械工业出版社，2002.
[2] 李壮云，葛宜远. 液压元件与系统［M］. 北京：机械工业出版社，2011.
[3] 雷天觉. 液压工程手册［M］. 北京：机械工业出版社，1990.
[4] 盛敬超. 工程流体力学［M］. 北京：机械工业出版社，1988.
[5] 薛祖德. 液压传动［M］. 北京：中央广播电视大学出版社，1995.
[6] 章宏甲，黄谊，王积伟. 液压与气压传动［M］. 北京：机械工业出版社，2005.
[7] 林建亚，何存兴. 液压元件［M］. 北京：机械工业出版社，1988.
[8] 官忠范. 液压传动系统［M］. 北京：机械工业出版社，1989.
[9] 王春行. 液压伺服控制系统［M］. 北京：机械工业出版社，1989.
[10] 郑洪生. 气压传动及控制［M］. 北京：机械工业出版社，1988.
[11] 林文坡. 气压传动及控制［M］. 西安：西安交通大学出版社，1992.
[12] 陈书杰. 气压传动及控制［M］. 北京：冶金工业出版社，1991.
[13] 王庭树，余从晞. 液压及气动技术［M］. 北京：国防工业出版社，1988.
[14] 孟繁华，李天贵. 气动技术在自动化中的应用［M］. 北京：国防工业出版社，1989.
[15] 俞新陆，杨津光，巢克念. 液压机［M］. 北京：机械工业出版社，1990.
[16] 北京化工学院，天津轻工业学院. 塑料成型机械［M］. 北京：轻工业出版社，1985.
[17] 广州机床研究所. 机床液压系统设计指导手册［M］. 广州：广东高等教育出版社，1993.
[18] 闻邦椿. 机械设计手册：第5卷［M］. 5版. 北京：机械工业出版社，1992.
[19] 刘银水. 水液压传动技术基础及工程应用［M］. 北京：机械工业出版社，2013.